面向数字化时代高等学校计算机系列教材 · 网络空间安全



# 数据安全

白杨 陈丁 熊熙 主编

汤殿华 齐伟钢 周益民 副主编

清華大學出版社

北京

## 内容简介

本书涵盖数据安全领域所涉及的各方面知识，旨在帮助读者构建系统的数据安全理论、方法和技能。通过对本书内容的全面阅读，读者可建立起完整的数据安全理论和实践的知识体系。

全书共13章，分为三部分。第1部分（第1～3章）为数据安全基础和参考防护架构，主要包括数据安全概述、数据分类分级、数据安全防护参考架构等。第2部分（第4～11章）为数据安全原理与技术，主要包括数据加密、数据脱敏、数据访问控制、数据水印、数据容灾备份、数据安全销毁、隐私计算、数据审计等。第3部分（第12、13章）为数据安全治理与典型产品介绍，为读者提供了在实际应用中解决数据安全问题的能力、工具和方案。

本书可作为高等院校信息安全、网络空间安全、计算机科学等专业的教材，也可作为感兴趣读者的自学读物，还可作为相关行业技术人员的参考用书。



**图书在版编目（CIP）数据**

数据安全 / 白杨，陈丁，熊熙主编. -- 北京 ：清华大学出版社，2025. 7.
（面向数字化时代高等学校计算机系列教材）. -- ISBN 978-7-302-69835-7
Ⅰ. TP274
中国国家版本馆 CIP 数据核字第 2025SM4365 号

**策划编辑**：魏江江
**责任编辑**：葛鹏程　薛　阳
**封面设计**：刘　键
**责任校对**：韩天竹
**责任印制**：沈　露

**出版发行**：清华大学出版社
**网　　址**：https://www.tup.com.cn，https://www.wqxuetang.com
**地　　址**：北京清华大学学研大厦A座　　**邮　　编**：100084
**社 总 机**：010-83470000　　**邮　　购**：010-62786544
**投稿与读者服务**：010-62776969，c-service@tup.tsinghua.edu.cn
**质量反馈**：010-62772015，zhiliang@tup.tsinghua.edu.cn
**课件下载**：https://www.tup.com.cn，010-83470236
**印 装 者**：大厂回族自治县彩虹印刷有限公司
**经　　销**：全国新华书店
**开　　本**：185mm×260mm　　**印　　张**：19.25　　**字　　数**：502千字
**版　　次**：2025年8月第1版　　**印　　次**：2025年8月第1次印刷
**印　　数**：1～1500
**定　　价**：59.80元

产品编号：106585-01

# 面向数字化时代高等学校计算机系列教材

## 编审委员会

# 序

随着物联网、大数据、云计算、人工智能等新一代信息技术的突破性发展，数字经济已跃升为重组全球要素资源、重构经济格局的关键变量，成为大国博弈的战略制高点。我国数字经济规模持续攀升，对高质量发展的支撑作用愈发显著，而数字技术的迭代创新与产业场景的深度融合，对计算机人才培养提出了全新命题——打造一支既掌握核心技术能力，又具备跨界整合思维的高素质人才队伍，这也是数字中国建设的核心议题。在此背景下，教育部高等学校计算机类专业教学指导委员会立足时代前沿，策划出版了“面向数字化时代高等学校计算机系列教材”。

本系列教材以“双维驱动、三阶融合”为核心理念展开建设。其一，锚定数字产业变革与产教融合需求。教材体系全面覆盖计算机科学与技术、软件工程、物联网工程、数据科学与大数据技术等传统与新兴专业，特别关注人工智能、网络空间安全等战略领域，既回应数字产业对基础软件、工业互联网等关键技术的迫切需求，又前瞻布局量子计算、隐私计算等前沿方向，构建“基础理论-技术原理-产业应用”的完整知识链。其二，践行包括成果导向在内的工程教育专业认证倡导的基本工程教育理念和要求。严格对标工程教育专业认证标准，将计算思维、系统能力、工程伦理融入教材，引导落实培养学生解决复杂工程问题的能力，并通过模块化设计支持“课程思政”与“新工科”建设，展现数字化时代计算机课程与教学改革成果，支持本科工程教育基本毕业要求的全面达成。其三，强化实践创新与资源赋能。教材以“案例驱动、任务导向”为特色，引入智慧产业、数字孪生等新场景案例，配套电子课件、知识图谱、虚拟仿真实验等数字化资源，并融合微课、MOOC、二维码等多元形态，构建“纸质教材＋数字资源＋实践平台”的立体化教学生态。

为了确保系列教材规划的科学性、先进性、前瞻性和实用性，同时保证教材编写质量，严把政治关和学术关，成立了“面向数字化时代高等学校计算机系列教材”编审委员会（以下简称“编委会”）。由本人担任编委会主任，吉林大学黄岚教授任秘书长，联合部分教育部高等学校计算机类专业教学指导委员会委员、院系专业负责人及企业技术专家，包括一批国家级教学名师和省市级教学名师，形成“产学研”协同的高水平编委会团队。编委会建立质量管控体系，严把政治方向与学术规范，同时设立动态更新机制，根据技术发展趋势与教学反馈，每两年启动教材修订，确保内容始终与产业前沿同频共振。

优秀教材的建设绝非一朝一夕之功，而是需要教育工作者以“十年树木”的定力持续耕耘。在数字化浪潮奔涌的今天，计算机教育的使命早已超越技术工具的传授，更在于塑造兼具创新思维、跨界视野与人文情怀的复合型人才。本系列教材的诞生，凝聚着编写团队对学科规律的深刻洞察、对教学痛点的精准解构，更承载着对教育生态优化的殷切期盼。我们期待，这套教材能成为一座“有温度的桥梁”——连接理论前沿与产业实践，融合技术理性与价值关怀，让学习者在代码与算法的探索中，既触摸到科技的温度，更肩负起时代的责任。

教材的生命力源于传承与创新。我们诚邀更多同仁加入这场“静水深流”的教育实践，以匠心雕琢知识体系，以开放姿态拥抱变革，让教材成为数字时代人才培养的“基石”与“引擎”。愿这套教材能助力青年学子以数字技术为桨、以创新梦想为帆，在时代洪流中劈波斩浪，书写属于他们的精彩篇章！

投稿邮箱：340289782@qq. com jsjjc@tup. tsinghua. edu. cn
联系电话：黄老师 18686640011，魏老师 13601331987

“面向数字化时代高等学校计算机系列教材”编审委员会 主任

# 前言

随着数字经济的蓬勃发展，数据被增列为新型生产要素。数据已经成为数字化、网络化、智能化的基础。2021年12月27日，国务院发布的《“十四五”国家信息化规划》中提出，加快推动数据要素流通，建立高效利用的数据要素资源体系，充分发挥数据作为新生产要素的关键作用，以数据资源开发利用、共享流通、全生命周期治理和安全保障为重点，建立完善数据要素资源体系，激发数据要素价值，提升数据要素赋能作用。数据安全作为数据基础制度的重要支撑，是数据要素流通赋能的首要条件。在数据要素的发展和被利用的同时，数据泄露、黑客攻击、恶意软件等安全威胁也日益增多，给个人隐私、企业利益乃至国家安全带来了极大的风险和挑战。为适应数字经济发展及数据安全产业发展需要，满足网络空间安全人才培养诉求，本书主编依托在数据安全领域的教学与科研优势，发挥“产教融合、科教融汇”思想，组织编写了这本理论与实践紧密结合的《数据安全》教材。

本书主要特色如下。

(1) 注重理论与实践相结合。本书不仅介绍数据安全的理论知识，还结合实际案例和应用场景，深入探讨数据安全的具体操作和技术方法，使读者能够从理论到实践全面掌握数据安全相关知识。

(2) 强调系统性与实用性。本书内容涵盖数据安全领域的多方面，涉及数据分类、加密、脱敏、访问控制、水印、容灾备份、数据销毁、隐私计算、审计和治理等，具有较强的系统性和实用性，可为读者提供全面的数据安全知识体系。

(3) 关注前沿技术与趋势发展。本书介绍包括差分隐私、同态加密、联邦学习等在内的前沿数据安全技术，关注数据安全领域的最新趋势和发展动态，使读者能够及时了解和掌握数据安全领域的前沿技术和应用趋势。

为便于教学，本书提供丰富的配套资源，包括教学课件、教学大纲、电子教案、程序源码、习题答案和在线作业。

**资源下载提示**

**课件资源**：扫描目录上方的二维码获取下载方式。

**在线作业**：扫描封底的作业系统二维码，登录网站在线做题及查看答案。

本书第1、3、5、13章由白杨编写，第7～9章由熊熙编写，第6、11章由陈丁编写，第2章由熊熙和周益民编写，第4章由白杨和汤殿华编写，第10章由陈丁和汤殿华编写，第12章由白杨和齐伟钢编写。全书由白杨统稿，汤殿华、齐伟钢、周益民审校。此外，特别感谢为本书内容编排、校对及实验论证工作中提供支撑帮助的邢高杰、吴鸿宴、杨文涛、饶雨唐。

由于时间和编者水平有限，书中难免存在疏漏和不足之处，敬请广大读者给予批评指正。

编　者

2025年7月

资源下载

# 目录

## 第1部分 数据安全基础和参考防护架构

### 第1章 数据安全概述



### 第2章 数据分类分级

# 第 2 部分 数据安全原理与技术

## 第 4 章 数据加密



## 第 5 章 数据脱敏

## 第 6 章 数据访问控制

## 第 9 章 数据安全销毁



## 第 10 章 隐私计算

# 第 11 章 数据审计



# 第 3 部分 数据安全治理与典型产品介绍

# 第 12 章 数据安全治理

## 第 13 章 数据安全能力与典型产品介绍



## 参考文献 …… 291

# 第1部分

# 数据安全基础和参考防护架构

# 第1章 数据安全概述

**本章学习目标**

- 熟练掌握数据基础概述。
- 了解典型数据处理场景。
- 熟练掌握数据安全概念。
- 了解数据安全威胁与防护措施。
- 熟练掌握数据安全法律与规范。

本章首先介绍数据基础概述和典型的数据处理场景，然后引入数据安全的概念，接着介绍数据安全的威胁与防护措施，最后介绍数据安全法律与规范。

## 1.1 数据基础

### 1.1.1 数据的定义及特征

按照《中华人民共和国数据安全法》中给出的定义，数据是指任何以电子或者其他方式对信息的记录。由此可见，数据本身可以有丰富的表现形式。

百度百科指出，数据是事实或观察的结果，是对客观事物的逻辑归纳，是用于表示客观事物的未经加工的原始素材。数据可以是连续的值，如声音、图像，称为模拟数据；也可以是离散的，如符号、文字，称为数字数据。在计算机系统中，数据以二进制信息单元0、1的形式表示。

维基百科认为，数据又称为资料，是通过观测得到的数字性的特征或信息。更专业地说，数据是一组关于一个或多个人或对象的定性或定量变量。数据可以是一堆杂志、一叠报纸、开会记录或是病人的病历记录。

《数据要素白皮书》将数据定义为对事实、活动等现象的记录。

《辞海》(第7版)将数据定义为描述事物的数字、字符、图形、声音等的表示形式。

数据的基本特征包括：多样性、变异性、分布性和关联性。

(1) 多样性。

指数据集中包含不同类型的数据。数据可以是数字、文本、图像、视频等。这些数据类型都有不同的特征和属性，需要使用不同的方法和技术来处理和分析。

(2) 变异性。

指数据集中的数据值之间的差异。数据的变异性可以通过测量数据的离散程度来衡量。例如，标准差和方差等统计量可以用来测量数据的变异性。

(3) 分布性。

指数据集中数据值的分布情况。数据的分布可以通过绘制直方图、箱线图等图表来可视化。数据的分布可以是正态分布、偏态分布、离散分布等。

(4) 关联性。

指数据集中不同变量之间的关系。关联性可以通过计算相关系数等统计量来衡量。数据的关联性可以是正相关、负相关或无关。

大数据的特征如下。

(1) 数据量大(Volume)。

第一个特征是数据量大,大数据的起始计量单位至少是 PB(约 1000TB)、EB(约 100 万 TB)或 ZB(约 10 亿 TB)。

(2) 类型繁多(Variety)。

第二个特征是数据类型繁多,包括网络日志、音频、视频、图片、地理位置信息等,多类型的数据对数据的处理能力提出了更高的要求。

(3) 价值密度低(Value)。

第三个特征是数据价值密度相对较低。例如,随着物联网的广泛应用,信息感知无处不在,信息海量,但价值密度较低,如何通过强大的机器算法更迅速地完成数据的价值"提纯",是大数据时代亟待解决的难题。

(4) 速度快、时效高(Velocity)。

第四个特征是处理速度快,时效性要求高。这是大数据区分于传统数据挖掘最显著的特征。

## 1.1.2 数据分类

数据可以按多维度进行分类,按照结构化特征标准通常分为结构化数据,半结构化(HTML 等)和非结构化数据三种形式;按照敏感性级别标准可分为敏感数据(L4 级),较敏感数据(L3 级),低敏感数据(L2 级),不敏感数据(L1 级);按照开放属性标准可分为禁止开放类、受限开放类、无条件开放类。

### 1. 结构化特征标准分类

1) 结构化数据

结构化数据也称定量数据,指符合预定义结构或模型的数据。具有明确定义的数据格式和组织方式,通常以表格、数据库记录等形式存储,易于通过计算机程序进行处理和分析。主要使用关系数据库表示和存储,可以用二维表来逻辑表达实现。例如,Excel(见图 1.1)、MySQL、企业 ERP、OA、HR 里的数据。

2) 半结构化数据

半结构化数据并不符合关系型数据库或其他数据表的形式关联起来的数据模型结构,但包含相关标记,用来分隔语义元素以及对记录和字段进行分层,数据的结构和内容混在一起,没有明显的区分,因此,它也被称为自描述的结构。简单地说,半结构化数据就是介于完全结构化数据和完全无结构的数据之间的数据。最为常见的半结构化数据包括日志文件、XML 文档、JSON 文档、E-mail、HTML 文档(见图 1.2)等。

图 1.1 结构化数据 Excel

```
<person>
    <name>A</name>
    <age>13</age>
    <gender>female</gender>
</person>


<person>
    <name>B</name>
    <gender>male</gender>
</person>
```

图 1.2 半结构化数据 HTML 文档

3）非结构化数据

非结构化数据是定性数据，没有内部结构，没有固定的数据模型或组织形式，通常保存为不同类型的文件，如文本文件、图片、音频、视频等（见图 1.3），通常需要特殊的技术和工具才能进行有效处理和分析。

图 1.3　非结构化数据

**2. 敏感性级别标准分类**

为了更好地保护公共数据安全，确保公共数据中的敏感数据不被未经授权地访问和使用，可以根据敏感性级别进行分类。但由于目前没有通用的分类，各省逐步对此进行了分类。尽管都分为 4 级，但都有区别。

1）浙江省

根据浙江省《数字化改革 公共数据分类分级指南 DB33/T 2351—2021》，数据的安全级别可按照公共数据破坏后对国家安全、社会秩序、公共利益以及对公民、法人和其他组织的合法权益（受侵害客体）的危害程度来确定，共分为 4 级，由高至低分别为敏感数据（L4 级）、较敏感数据（L3 级）、低敏感数据（L2 级）、不敏感数据（1 级）。

（1）敏感数据（L4 级）。

有下列情形之一：对全社会、多个行业、行业内多个组织造成严重影响；对单个组织的正常运作造成极其严重影响；对人身和财产安全、个人名誉造成严重损害。

（2）较敏感数据（L3 级）。

有下列情形之一：对全社会、多个行业、行业内多个组织造成中等程度的影响；对单个组织的正常运作造成严重影响；对个人名誉造成中等程度的损害。

（3）低敏感数据（L2 级）。

有下列情形之一：对全社会、多个行业、行业内多个组织造成轻微影响；对单个组织的正常运作造成中等程度或轻微影响；对个人的合法权益造成轻微损害。

（4）不敏感数据（L1 级）。

对社会秩序、公共利益、行业发展、信息主体均无影响。

2）江西省

根据江西省《公共数据分类分级指南 DB36/T 1713—2022》，数据的安全级别可按照公共数据遭到篡改、破坏、泄露或者非法获取、非法利用后的影响对象、影响程度来确定，共分为 4 级，由高至低分别为敏感数据（L4 级）、较敏感数据（L3 级）、低敏感数据（L2 级）、不敏感数据（L1 级）。

（1）敏感数据（L4 级）。

数据遭到破坏后，对公共管理和服务机构及个人合法权益造成严重影响；对社会秩序及公共利益造成中等及以上影响；对国家安全造成影响。

（2）较敏感数据（L3 级）。

数据遭到破坏后，对公共管理和服务机构及个人合法权益造成中等影响；对社会秩序及公共利益造成轻微影响；对国家安全几乎无影响。

（3）低敏感数据（L2 级）。

数据遭到破坏后，对公共管理和服务机构及个人合法权益造成轻微影响；对社会秩序及公共利益、国家安全几乎无影响。

（4）不敏感数据（L1 级）。

数据遭到破坏后，对公共管理和服务机构及个人合法权益几乎无影响；对社会秩序、公共利益以及国家安全几乎无影响。

3）四川省

根据四川省《政务数据 数据分类分级指南 DB51/T 3056—2023》，数据的安全级别可按照数据的安全属性破坏后的影响对象、影响程度划分为4级，由高至低分别为极敏感数据（四级）、敏感数据（三级）、低敏感数据（二级）、不敏感数据（一级）。

（1）极敏感数据（四级）。

数据遭到破坏后，对国家安全造成轻微影响、中等影响或者严重影响，对社会秩序及公共利益造成中等影响或者严重影响，对政府机构、企事业单位及其他社会组织造成严重影响，对个人权益造成严重影响。数据特性如下。

① 数据一般不可被共享和开放，或可通过申请向特定单位或人员公开。

② 数据发生泄露、篡改、丢失或滥用后，对个人权益、政府机构、企事业单位及其他社会组织造成严重影响；对社会秩序及公共利益造成中等及以上影响；对国家安全造成影响。

（2）敏感数据（三级）。

数据遭到破坏后，对国家安全无影响，对社会秩序及公共利益造成轻微影响，对政府机构、企事业单位及其他社会组织造成中等影响，对个人权益造成中等影响。数据特性如下。

① 数据可进行有条件共享和开放。可提供给相关政务部门共享使用或仅能够部分提供给所有政务部门共享使用；可提供给部分或部分提供给个人和组织开放使用。

② 数据发生泄露、篡改、丢失或滥用后，对个人权益、政府机构、企事业单位及其他社会组织的正常运作和合法权益造成中等影响；对社会秩序及公共利益造成轻微影响；对国家安全不造成影响。

（3）低敏感数据（二级）。

数据遭到破坏后，对国家安全无影响，对社会秩序及公共利益无影响，对政府机构、企事业单位及其他社会组织造成轻微影响，对个人权益造成中等影响。数据特性如下。

① 数据可进行有条件共享和开放。可提供给相关政务部门共享使用或仅能够部分提供给所有政务部门共享使用；可提供给部分或部分提供给个人和组织使用。

② 数据发生泄露、篡改、丢失或滥用后，对个人权益、政府机构、企事业单位及其他社会组织的正常运作及合法权益造成轻微影响；对社会秩序及公共利益、国家安全不造成影响。

（4）不敏感数据（一级）。

数据遭到破坏后，对国家安全、社会秩序及公共利益、政府机构、企事业单位及其他社会组织、个人权益无影响。数据特性如下。

① 原则上可提供给所有政务部门共享使用，并面向社会完全开放或脱敏后开放。

② 数据发生泄露、篡改、丢失或滥用后，对个人权益、政府机构、企事业单位及其他社会组织的正常运作及合法权益不造成影响或影响微弱可以忽略；对社会秩序、公共利益以及国家安全不造成影响。

**3. 开放属性标准分类**

根据浙江省《数字化改革 公共数据分类分级指南 DB33/T 2351—2021》，公共数据是指国家机关、法律法规规章授权的具有管理公共事务职能的组织（以下统称公共管理和服务机构）在依法履行职责和提供公共服务过程中获取的数据资源以及法律法规规章规定纳入公共数据管理范围的其他数据资源。公共数据按照开放属性可分为：禁止开放类、受限开放类、无条件开放类。

1）禁止开放类

（1）开放后危及国家安全、公共安全、经济安全和社会稳定的。

(2) 涉及商业秘密、个人隐私的。

(3) 因数据获取协议或者知识产权保护等禁止开放的。

(4) 法律、法规规定不得开放的。

2) 受限开放类

(1) 涉及商业秘密、个人隐私,其指向的特定公民、法人或者其他组织同意开放,且法律、法规未禁止的。

(2) 开放后将严重挤占公共基础设施资源,影响公共数据处理效率的。

(3) 开放安全风险难以评估的。

(4) 依法经脱敏、脱密等处理的禁止开放类公共数据,符合受限开放的,应列为受限开放类公共数据。

3) 无条件开放类

(1) 除禁止开放类与受限开放类公共数据以外的其他公共数据。

(2) 已脱敏、脱密等处理的禁止开放类与受限开放类公共数据,符合无条件开放的,可列为无条件开放类公共数据。

根据四川省《政务数据 数据分类分级指南 DB51/T 3056—2023》,政务数据按照开放属性可分为不予开放/有条件开放类、有条件开放类、无条件开放类。

1) 不予开放/有条件开放类

不宜提供给任何自然人、法人和非法人组织开放使用,原则上不予开放,或在不违反法律法规的条件下提供可用不可见的有条件开放。

2) 有条件开放类

可提供给部分自然人、法人和非法人组织使用,仅能够部分提供给所有自然人、法人和非法人组织开放使用或在不违反法律法规的条件下,面向社会脱敏后有条件开放。

3) 无条件开放类

原则上在不违反法律法规的条件下,面向社会完全开放或脱敏后开放。

### 1.1.3 数据生命周期

国家标准 GB/T 37988—2019《信息安全技术 数据安全能力成熟度模型》中给出了数据生存周期的 6 个阶段,它是从数据处理的各个阶段来划分的,本质上是一种派生数据处理过程。而《中华人民共和国数据安全法》中指出:“数据处理,包括数据的收集、存储、使用、加工、传输、提供、公开等”。因此,本书综合上述内容,提出了新的数据生命周期(见图 1.4),共包含 8 个阶段,这里将它称为动态数据生命周期,其各个阶段分别是:数据采集、数据存储、数据使用、数据加工、数据传输、数据提供、数据公开和数据销毁。特定的数据所经历的生命周期由实际的业务所决定,可为完整的 8 个阶段或是其中的几个阶段。

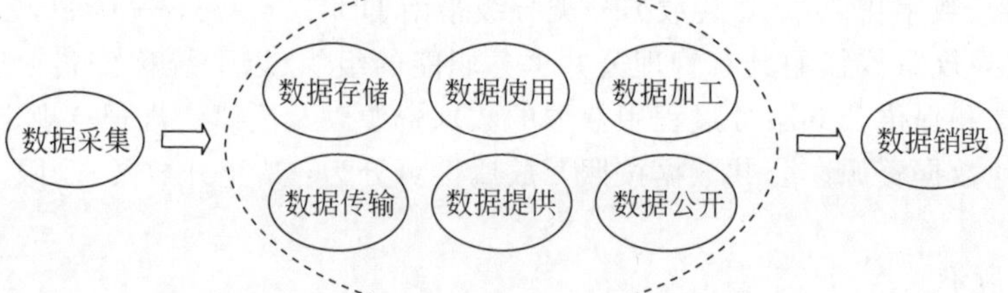


图 1.4 数据生命周期

**1. 数据采集**

数据采集是指从外部收集数据和在企业内部系统中生成新数据的阶段，采集数据应坚持“合法、正当、必要”原则，明确采集和处理的目的、方式、范围、规则。数据采集的方式通常有数据库查询、网络爬虫、API获取、日志文件和传感器数据等。

**2. 数据存储**

数据存储是指将数据保存在持久性存储介质中，以便后续访问、处理和保留。数据存储通常用于长期保存数据，并提供数据的读取和写入功能。存储方式通常有数据库系统、文件系统、云存储服务，物理存储介质（硬盘驱动器、固态硬盘、磁带等）和内存存储等。

**3. 数据使用**

数据使用是指利用存储在各种数据存储介质中的数据来进行分析、处理、应用和决策的过程。数据使用可以帮助组织和个人发现有用的信息、洞察趋势、支持业务决策，并实现各种应用场景。数据使用方式主要有数据分析、数据可视化、机器学习和人工智能等。

**4. 数据加工**

数据加工是指在数据生命周期中对数据进行各种操作，包括清洗、转换、整合、分析和应用。数据加工的主要方式有手动数据加工、脚本编程、数据管道、分布式计算框架和ETL工具等。

**5. 数据传输**

数据传输是指数据从一个实体传送到另一个实体的阶段。这个过程可以在不同的系统、设备或网络之间进行，旨在实现数据共享、通信或备份等目的。数据传输可以是单向的（从源到目的地），也可以是双向的（双向通信）。双向数据传输通常需要建立双向通信通道，以便源和目的地之间能够互相发送和接收数据。数据传输方式主要是有线传输（如以太网、USB）、无线传输（如Wi-Fi、蓝牙）以及通过互联网进行传输等。

**6. 数据提供**

数据提供是指为个人、企业或组织提供数据的过程。数据提供者可以是个人、组织或系统，他们负责确保数据的准确性、完整性和可靠性，并根据需要将数据进行过滤和处理并提供给其他实体以支持决策、分析或其他操作。数据提供的方式主要有API提供、文件下载、数据库访问和数据共享平台。

**7. 数据公开**

数据公开是指将数据向公众开放和可访问，以促进数据的共享、透明度和创新。数据公开的实现方式有政府部门、组织或机构建立的开放数据门户、数据共享平台、开源项目和数据许可协议。

**8. 数据销毁**

数据销毁是指数据承载的模块、设备、系统在弃置、转售、捐赠前或因数据不再需要彻底清除所存储的数据。方式主要有数据擦除和物理销毁等。

# 1.2 典型数据处理场景

## 1.2.1 数据开发利用场景

数据开发利用场景通过各种系统和设备产生海量数据，然后将这些数据收集与存储起来，进行数据分析与处理，从中提取有价值的信息，并通过数据展现与分享的方式传达给相关人员，帮助他们做出更明智的决策，如图 1.5 所示。其主要目的是为企业提供有价值的数据支持和洞察。数据开发在各个行业和领域都有广泛的应用场景，如零售和电商行业、金融服务行业、医疗保健行业、制造业……

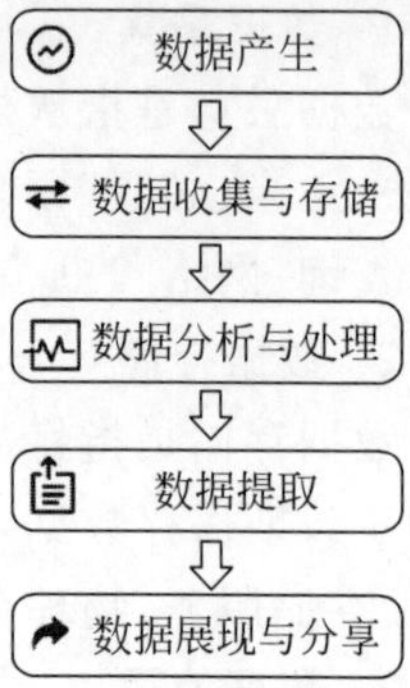

图 1.5　数据开发利用场景

## 1.2.2　数据合作共享场景

数据合作共享场景（见图 1.6）主要有以下三种方式。

（1）参与对象主要包括数据归属方、数据使用方和集中管理方。数据归属方拥有数据资源的归属权，数据使用方拥有数据使用权（包含使用权限和边界），集中管理方拥有共享管理权（主要负责数据目录和共享记录）。数据使用方可以向集中管理方提出使用需求，然后集中管理方给数据归属方发送数据共享指令。数据集中管理方对数据使用方负有数据使用监管的责任。

（2）数据归属方直接给数据使用方提供共享数据。

（3）通过共享交换平台进行合作共享，数据使用方将数据汇集到共享交换平台，通过平台提供数据资源给数据使用方。

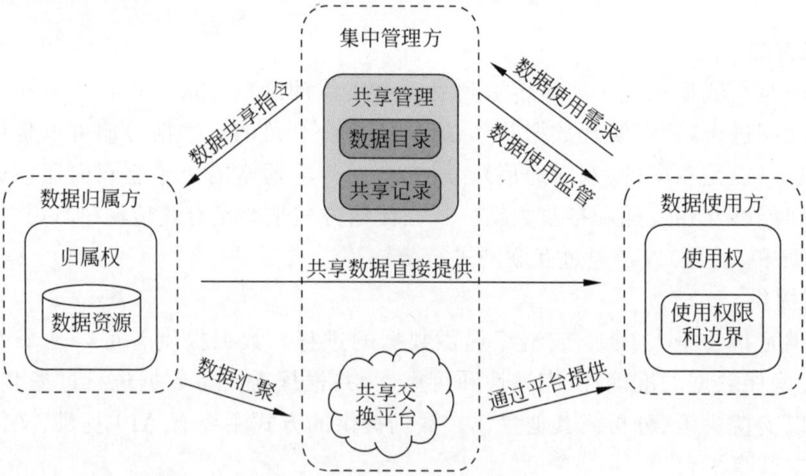

图 1.6　数据合作共享场景

## 1.2.3　数据交易场景

数据交易场景参与对象主要包括数据提供方、数据需求方和数据交易服务机构（数据交易服务平台），如图 1.7 所示。数据交易服务机构主要负责交易过程，包括交易申请、交易磋商、交易实施、交易结束。

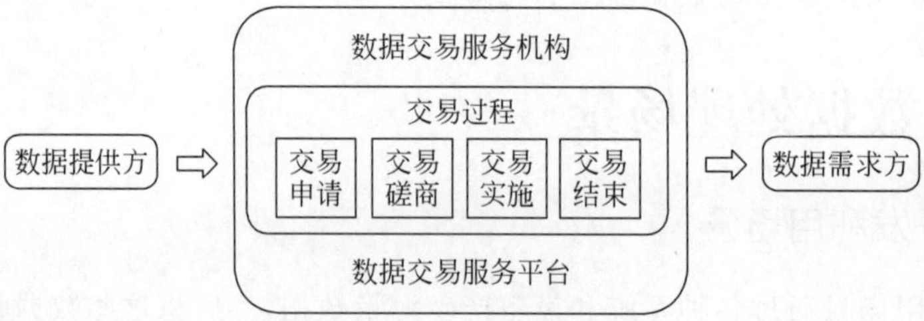

图 1.7　数据交易场景

### 1.2.4　大数据处理场景

大数据处理场景参与对象主要包括外部数据源(大数据提供者)、数据总线(负责数据抽取和消息队列)、大数据处理中心(负责大数据计算、大数据分析和大数据存储)、数据服务者、数据应用提供者,如图 1.8 所示。数据总线对外部数据源的数据进行数据抽取,再将数据提交给大数据处理中心,数据在此可进行计算和分析。在这里,数据可以直接进行存储,再向数据总线反馈,也可以将存储的数据提供给数据服务者进行数据应用。

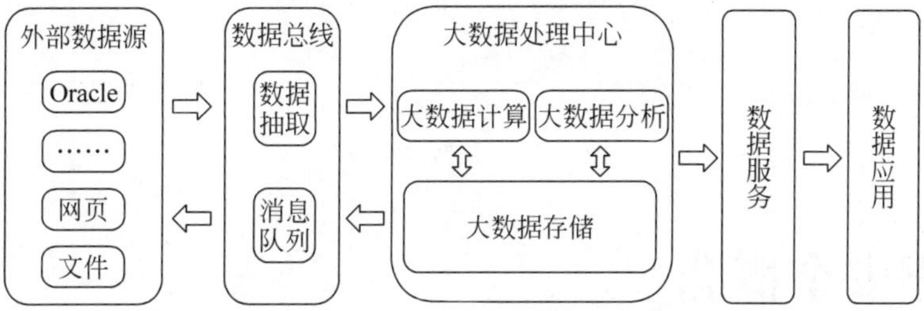


图 1.8　大数据处理场景

### 1.2.5　多方数据融合场景

多方数据融合场景指的是整合来自不同来源、不同格式、不同领域的数据,进行综合分析和挖掘的过程。在这种场景下,各方可以共享、整合和利用各自的数据资源,实现跨部门、跨组织的数据共享与应用,从而产生更全面、更深入的见解和价值。通过多方数据融合,可以实现数据的互通互联,促进信息共享和智能决策,推动创新发展和智慧应用,如图 1.9 所示。

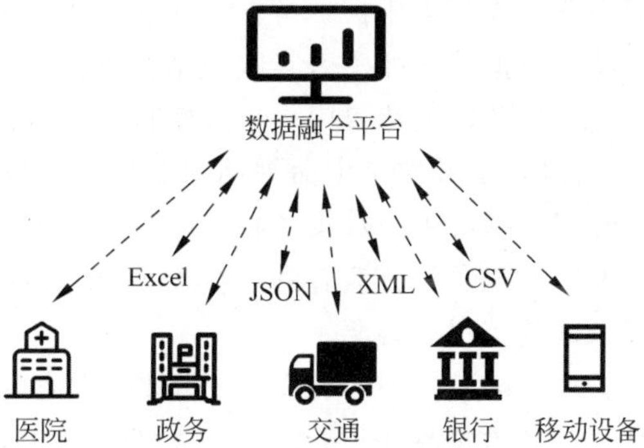


图 1.9　多方数据融合场景

### 1.2.6　数据跨境场景

数据跨境场景指的是数据在不同国家或地区之间的流动和应用。在这种场景下,数据可以以跨境贸易、国际合作、全球化业务等形式进行传输和交换。数据跨境涉及数据的安全、隐私保护、法律合规等复杂问题,需要考虑不同国家或地区的数据保护法规和政策要求。同时,数据跨境也带来了巨大的机遇,可以促进跨国企业合作、推动创新发展、支持全球化经济。在数据跨境场景中,重要的是平衡数据的自由流动与数据安全保护之间的关系,确保数据的合法合规和双方利益的平衡,如图 1.10 所示。

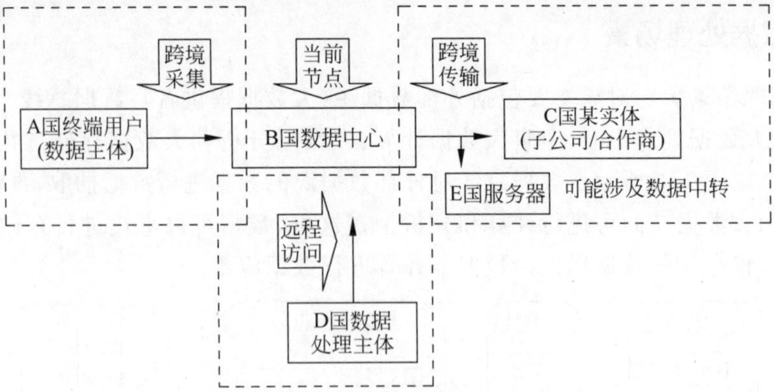


图 1.10　数据跨境场景

# 1.3　数据安全概念

## 1.3.1　数据安全概念

《中华人民共和国数据安全法》中第三条数据安全的定义：是指通过采取必要措施，确保数据处于有效保护和合法利用的状态，以及具备保障持续安全状态的能力。

Elastic 公司认为，数据安全是组织保护其数字信息免遭未经授权的访问、使用、修改、损坏、利用、丢失和盗窃的流程。它是网络安全一个必不可少的组成部分，涉及实施工具和措施以确保数据的机密性、完整性和可用性。

Oracle 公司指出，数据安全性是指采用保护措施来防止数据受到未经批准的访问并保持数据机密性、完整性和可用性。数据安全性优秀实践包括数据保护技术，如数据加密、密钥管理、数据编辑、数据子集和数据屏蔽，以及特权用户访问控制、审计和监视。

微软公司认为数据安全有助于在其整个生命周期中保护敏感数据，了解用户活动和数据的上下文，并防止未经授权使用数据或丢失数据。在这个网络安全威胁和内部风险不断增加的时代，数据安全的重要性不容小觑。了解拥有的数据类型、防止未经授权使用数据，以及识别并减轻与数据相关的风险，这些都很有必要。

华为云指出，数据安全有对立的两方面的含义：一是数据本身的安全，主要是指采用现代密码算法对数据进行主动保护，如数据保密、数据完整性、双向强身份认证等；二是数据防护的安全，主要是采用现代信息存储手段对数据进行主动防护，如通过磁盘阵列、数据备份、异地容灾等手段保证数据的安全。数据安全是一种主动的保护措施，数据本身的安全必须基于可靠的加密算法与安全体系，主要是有对称算法与公开密钥密码体系两种。

## 1.3.2　数据安全内涵与三要素

数据安全的内涵指的是保护数据的机密性、完整性和可用性，建立有效的访问控制和权限管理机制，遵守法律法规和行业标准，采取防护措施预防恶意攻击，以及进行数据安全风险管理，从而确保数据在存储、传输和处理过程中的安全性和隐私性。其中，数据的机密性、完整性和可用性是数据安全的三要素。

### 1. 机密性

数据安全首先要求数据在存储、传输和处理过程中不被未经授权的人员或系统访问和使用。确保只有得到授权的用户或系统才能获取敏感数据，采取技术手段如加密、访问控制等来保护数据的机密性。例如，A 军给 B 军发送了一封加密的文件，只有 B 军通过密码本能看懂，这体现了机密性。

**2. 完整性**

指确保数据的准确性和完整性，防止数据在传输或存储过程中被篡改或损坏。通过使用各种技术，如数据校验，可以有效地保证数据的完整性。这是为了防止数据被恶意篡改或意外破坏，保证数据的真实性和可信度。例如，C 军截获 A 军发给 B 军的加密文件并篡改后发给 B 军，但是 B 军通过文件中的数据校验位，可以看出这个文件已经被篡改，这体现了完整性。

**3. 可用性**

指确保数据在需要时可随时使用和访问。数据应该在合理的时间范围内可供授权用户使用，不受任何不可预见的干扰或故障的影响。为实现可用性，需要采用冗余备份、容错机制和灾备计划等措施，确保数据具有高可靠性和可用性。

## 1.4 数据安全威胁分析

Data Breach Investigations Report(DBIR)是网络安全行业最受期待的报告之一，它基于对大量真实的数据安全事件进行分析。在 2023 DBIR 中，Verizon 分析了 16 312 起安全事件和 5199 起数据泄露事件，从分析中可以发现，网络黑客攻击持续增加，恶意软件中的勒索软件持续成为数据泄露中出现最频繁的攻击类型之一，社会工程攻击中的商业电子邮件泄露(BEC)攻击由于是非常有效且利润丰厚的攻击，所以在整个事件数据集中几乎翻了一倍，而物联网安全问题中的云安全漏洞和供应链攻击也成为关注焦点。

### 1.4.1 黑客攻击

**事件一：MOVEit Transfer 数据盗窃攻击**

2023 年 5 月，勒索软件 Clop 组织利用了 Progress 的 MOVEit 文件传输工具中的一个严重漏洞，开始了大规模的勒索软件攻击活动。与传统的勒索软件攻击不同，本次的攻击行动并没有采用任何加密机制，而是以非法泄露数据作为勒索条件。Clop 声称，如果受害者公司支付赎金，它将不会在其暗网站上泄露受害者的被盗数据。针对数百家选择不支付赎金的公司，Clop 确实是这么做的。

目前尚不清楚哪些公司实际上支付了赎金。但据网络安全事件响应公司 Coveware 估计，Clop 将从攻击活动中获利 7500 万～1 亿美元。截至目前，受 MOVEit 活动影响的组织总数或许已经接近 3000 家。就已知受影响的个人而言，如今总数接近 8400 万人。这使其成为 2023 年影响最广泛的攻击之一，也使其成为近年来最严重的数据泄露事件之一。在 IT 行业，MOVEit 数据勒索活动的受害者包括 IBM、高知特、德勤、普华永道和安永。

**事件二：微软云电子邮件泄露**

2023 年 6 月，属于多家美国政府机构的微软云电子邮件账户遭到非法入侵，其中包括多位高级政府官员的电子邮件。据报道，美国国务院的 10 个邮件账户中共有 6 万封电子邮件被盗。这起事件促使美国参议员 Ron Wyden 要求联邦政府展开调查，以确定微软公司松懈的安全防护措施是否是导致本次泄密事件的主要原因。

微软公司表示，安全专家已经发现了使威胁团伙“Storm-0558”得以闯入美国官员云电子邮件账户的原因和问题。在 2021 年 Windows 系统崩溃后，一个漏洞导致攻击中使用的 Azure Active Directory 密钥被不适当地捕获，并存储在一个文件中。微软表示，有一个漏洞导致这些不规范存放的密钥没有被检测出来。

此外，这次攻击的幕后黑手是通过侵入属于微软工程师的公司账户来访问含有密钥的文件。而微软此前表示，被盗的 Azure Active Directory 密钥可以被用来伪造身份验证令牌，并访问来自约 25 家组织的电子邮件。

**事件三：Citrix Bleed 漏洞**

2023 年 10 月，又发生了一波大规模黑客攻击，这次是利用 Citrix NetScaler 系统中的一个严重漏洞。Citrix Bleed 漏洞允许黑客从受影响的 Citrix NetScaler 系统中提取敏感信息，例如会话 Cookie、用户名和密码，从而使黑客能够更深入地访问易受攻击的网络。安全研究人员表示，他们观察到攻击者利用这个漏洞闯入世界各地的零售、医疗保健和制造业组织，包括航空航天巨头波音公司、安理国际律师事务所等已知受害者。

上述案件涉及黑客攻击，指黑客通过各种手段（如 SQL 注入、跨站脚本攻击、钓鱼邮件等）获取系统或网络中的敏感信息，包括用户名、密码、信用卡号、企业机密等。

MOVEit Transfer 数据盗窃攻击利用了 MOVEit 文件传输工具中的漏洞，攻击者未使用加密机制，而是以非法泄露数据作为勒索条件。这种攻击方式与传统的勒索软件攻击不同，凸显了黑客们不断创新的手段。攻击者通过利用软件漏洞，获取并控制了受害者的敏感数据，并以此来威胁受害者支付赎金。

微软云电子邮件泄露攻击利用了微软的安全漏洞，攻击者通过获取公司账户中的 Azure Active Directory 密钥，伪造身份验证令牌，访问了大量的电子邮件。这种攻击方式利用了漏洞的存在，绕过了安全措施，从而获取了高级政府官员的电子邮件等敏感信息。黑客通过窃取和泄露这些邮件，可能对国家安全和个人隐私造成严重威胁。

Citrix Bleed 漏洞利用了 Citrix NetScaler 系统中的漏洞，攻击者能够从受影响的系统中提取敏感信息，如会话 Cookie、用户名和密码。这种攻击方式使黑客能够更深入地访问易受攻击的网络。攻击者通过利用漏洞，进入了多个行业的组织，包括零售、医疗保健和制造业等。这种漏洞利用的方式可以导致大规模的数据泄露和系统入侵。

在现实的网络环境中，要防范黑客攻击的措施主要是从两方面入手：建立具有安全防护能力的网络和改善已有网络环境的安全状况；强化网络专业管理人员和计算机用户的安全防范意识，提高防止黑客攻击的技术水平和应急处理能力。具体地说，对于国家企事业单位新建或改建计算机管理中心和网站时，一定要建成具有安全防护能力的网站，在硬件配置上要采用防火墙技术、设置陷阱网络技术、黑客入侵取证技术，进行多层物理隔离保护；在软件配置上要采用网络隐患扫描技术、查杀病毒技术、分级限权技术、重要数据加密技术、数据备份和数据备份恢复技术、数字签名技术、入侵检测技术、黑客攻击事件响应（自动报警、阻塞和反击）技术、服务器上关键文件的抗毁技术等；在网络专业管理人员的配备中必须有专门的安全管理人员，始终注意提高他们的安全防范意识和防黑客攻击的技术水平、应急处理能力。对于普通计算机用户而言，要安装查杀病毒和木马的软件，及时修补系统漏洞，重要的数据要加密和备份，注意个人的账号和密码保护，养成良好的上网习惯。

### 1.4.2　恶意软件与病毒

**事件一：ESXi 勒索软件攻击**

2023 年 2 月，“ESXiArgs”勒索软件组织攻击了运行 VMware ESXi 虚拟机管理程序的客户。据美国联邦调查局和美国计算机安全管理局调查数据显示，全球受到攻击影响的服务器数量超过了 3800 台。

据网络安全供应商 Censys 的安全研究人员介绍，这次活动的目标主要是针对美国、加拿大、法国和德国等国家的企业组织，攻击者利用了一个已经存在两年之久的漏洞（编号为 CVE-2021-21974），主要影响旧版本 VMware ESXi 中的 OpenSLP 服务，可以被用来远程执行代码。此次 ESXiArgs 勒索软件攻击事件，再次凸显了保护虚拟化应用基础设施的重要性。

在提交给蒙大拿州总检察长办公室的安全事件通知中，该公司解释说，攻击行为发生在 2022 年 12 月 23 日，但直到 27 天后的 2023 年 1 月 10 日，百事可乐才检测到攻击，修复则需要更长的时间。

**事件二：百事可乐遭遇恶意软件攻击发生数据泄露**

“根据我们的初步调查，有人在 2022 年 12 月 23 日前后未授权访问了我们的内部 IT 系统，安装了恶意软件，并下载了 IT 系统中的某些信息，”百事可乐的通知中写道。“我们迅速采取行动来控制事件并保护我们的系统。虽然我们正在继续监控我们的系统是否存在未经授权的活动，但未经授权的 IT 系统访问的最后一个已知日期是 2023 年 1 月 19 日。”

根据百事可乐最新的内部调查结果，受影响用户的以下个人信息遭到泄露：全名、家庭住址、财务账户信息（包括密码、PIN 和访问号码）、州和联邦政府颁发的身份证号码和驾驶执照号码、身份证、社会安全号码（SSN）、护照信息、数字签名，与福利和就业有关的信息（健康保险索赔和病史）。

据悉，百事可乐瓶装风险投资公司已实施额外的网络安全措施，重置所有公司密码，并通知执法部门。目前，对可能受影响的记录和系统的审查仍在进行中，所有受影响的运营系统都已关闭。百事可乐还通过 Kroll 向受数据泄露影响的用户提供为期一年的免费身份监控服务，以帮助他们防止因数据被盗而可能发生的身份盗用。

目前尚不清楚有多少人受到数据泄露的影响，以及受影响的各方是否包括百事可乐的客户或员工。

上述案件则涉及恶意软件与病毒，恶意软件（如勒索软件、木马、蠕虫等）能潜入系统、破坏数据、篡改文件、传播自身，甚至发起分布式拒绝服务攻击。

在 ESXi 勒索软件攻击事件中，攻击者利用一个已知漏洞来入侵运行 VMware ESXi 虚拟机管理程序的服务器。该漏洞可以远程执行代码，使攻击者能够获取对服务器的控制权。攻击者通过安装勒索软件对受影响的服务器进行加密，并要求受害者支付赎金以解密其数据。这种类型的攻击是一种常见的勒索软件攻击，旨在通过加密受害者的数据来胁迫他们支付赎金。

而百事可乐遭遇的恶意软件攻击导致了数据泄露。攻击者未经授权地访问了百事可乐的内部 IT 系统，并安装了恶意软件。攻击者下载了 IT 系统中的某些信息，其中包括用户的个人信息，如全名、家庭住址、财务账户信息、身份证号码等。这种攻击通常是为了获取敏感信息并可能被用于身份盗用、欺诈等活动。

为了防范此类威胁，应采用反病毒软件和恶意软件防御工具，设置实时扫描和自动隔离功能；部署安全事件管理系统，以便快速响应和处理疑似感染事件；定期对设备进行漏洞扫描，修补已知的安全漏洞；安装可信赖的安全软件，使用可信赖的杀毒软件和安全防护程序，定期更新病毒库和程序版本，确保设备系统受到及时的保护；定期进行系统和应用程序更新，及时安装操作系统和应用程序的最新安全补丁，以修补已知漏洞，减少恶意软件利用的机会；定期备份重要数据到安全的位置，确保即使系统受到恶意软件攻击，也能够及时恢复数据；配置防火墙以监控和控制网络流量，过滤恶意流量，并设置权限规则以防止未授权访问；实施多层次的安全措施，包括网络安全、端点安全、数据加密等，以形成综合的安全防护体系；部署入侵检测系统（IDS）和入侵防御系统（IPS），监控网络流量和系统日志，及时发现异常行为和威胁；建立严格的安全策略和访问控制措施，限制用户访问权限，避免未经授权的程序和活动；建立完善的安全事件应急响应计划，指导团队在发生恶意软件攻击时如何迅速、有效地应对和恢复系统。

### 1.4.3 社交工程攻击

**赌场运营商被攻击**

2023 年 9 月，攻击者针对赌场运营商米高梅和凯撒娱乐发起了极具破坏性的攻击，攻击手法包括利用社会工程伎俩欺骗 IT 求助台，非法进入米高梅的网络系统。在此次攻击的调查中还发现，一个名为 Scattered Spider 的年轻黑客组织与俄罗斯背景的勒索软件团伙 Alphv 相互勾结、狼狈为奸。

据安全研究人员声称，Scattered Spider 的黑客使用了 Alphv 提供的 BlackCat 勒索软件（Alphv 团伙的成员之前隶属于发动 Colonial Pipeline 攻击的 DarkSide 团伙）。虽然多年来勒索软件及服务在东欧一直日益猖獗，但欧美黑客与俄罗斯背景黑客团伙结为联盟似乎在让威胁领域向更加令人不安的新方向发展。

以上案件则涉及社交工程攻击，指利用人性弱点，如信任感缺失、好奇心驱使等，诱骗用户透露个人信息或执行危险操作。这起案件涉及社交工程攻击的典型手法，以下是分析案件如何涉及社交工程攻击的具体内容。

**1. 钓鱼邮件**

攻击者可能发送伪装成正规求助或紧急通知的电子邮件给赌场运营商的 IT 求助台，要求他们采取某种行动，如单击恶意链接、下载附件或提供敏感信息。

**2. 冒充身份**

攻击者可能假装成赌场内部员工、客户或合作伙伴的身份，通过电话或电子邮件与 IT 求助台进行沟通，并请求执行某些操作或提供敏感信息。

**3. 社交工程电话**

攻击者可能通过电话联系 IT 求助台，声称是内部员工或高级管理人员，并以紧急情况为由，诱使他们执行某些操作，如重置密码、打开远程访问权限等。

4. 社交工程攻击模拟

攻击者可能伪装成内部培训或安全测试的一部分，通过模拟恶意攻击场景，诱使 IT 求助台员工采取不安全的行为或泄露敏感信息。

为了防范此类威胁，应培养公众增强信息安全意识，提高防范“钓鱼”电话、冒充官方机构诈骗邮件、虚假网站登录等社交工程手段的能力。同时，采取必要的安全措施和技术手段，如防火墙、入侵检测系统、数据加密等，保护企业信息和资产的安全；建立健全内部沟通流程和紧急联络渠道，一旦遇到可疑情况，能够及时向相关人员报告并请求支援；了解社会工程攻击的常见手法和手段，时刻保持警惕，不轻易相信来自不明来源的信息和请求；学会识别虚假信息和诱饵，不轻易单击链接、下载附件或提供个人信息；限制个人信息的公开和分享，避免在社交媒体等公共场合透露敏感信息；定期更改密码、使用强密码策略、启用两步验证等措施增强账号安全；在接收来自未知来源的信息和请求时，务必验证其真实性；通过与可信来源核实或使用官方渠道验证信息来源是否可靠；谨慎发布个人信息和状态更新，避免泄露过多个人信息；注意观察和识别社交媒体上的虚假信息和操纵行为，不参与或传播谣言和恐慌情绪；谨慎接听未知号码的电话和打开未知发件人的邮件，避免泄露个人信息或财务交易，对于可疑的电话和邮件，可以通过官方渠道进行核实或寻求专业意见。

### 1.4.4　物联网安全问题

**思科 IOS XE 漏洞曝光，42 000 台设备陷入风暴**

2023 年 10 月中旬，针对思科 IOS XE 客户的攻击迅速成为有史以来影响最广泛的边缘攻击之一。据 Censys 研究人员表示，10 月 16 日发现的一个严重 IOS XE 漏洞导致近 42 000 台思科设备中招。这些产品包括分支路由器、工业路由器和聚合路由器，以及 Catalyst 9100 接入点和支持物联网的 Catalyst 9800 无线控制器。

这起案件涉及物联网安全的重要问题，以下是分析案件如何涉及物联网安全的具体内容。

1. 漏洞影响范围

针对思科 IOS XE 客户的攻击影响了包括分支路由器、工业路由器、聚合路由器以及物联网相关设备在内的约 42 000 台思科设备。这些设备可能连接到物联网设备、传感器或其他物联网基础设施，因此漏洞的利用可能导致对物联网环境的直接威胁。

2. 物联网设备受影响

在受影响的设备中，包括支持物联网的 Catalyst 9800 无线控制器和 Catalyst 9100 接入点。这些设备通常用于连接和管理物联网设备，例如，智能家居设备、工业传感器、智慧城市设备等。因此，漏洞的利用可能会导致对物联网设备的远程控制、信息窃取或其他恶意操作。

3. 漏洞的危害

由于漏洞的严重性，攻击者可以利用它来获取对设备的未授权访问、执行远程代码、篡改设备配置等。这些操作可能导致物联网设备的瘫痪、数据泄露、网络入侵等后果，严重影响物联网环境的安全性和稳定性。

对于物联网设备，必须采取以下措施：第一，采用安全设计原则，为设备固件和通信协议增加认证、加密、身份验证等功能；第二，加强对物联网设备供应商的筛选与评估，确保其具备良好的安全管理体系和合规性；第三，对联网设备进行安全配置管理和定期升级维护，防止潜在风险。

# 1.5 数据安全法律与规范

## 1.5.1 国内法律与规范

《中华人民共和国网络安全法》《中华人民共和国数据安全法》《中华人民共和国个人信息保护法》共同构建了我国的数据安全保护体系，强调了网络安全、数据安全和个人信息保护的重要性，并规定了相关的基本原则、要求和责任。当前，我国数据安全保护的整体法律法规在不断完善和加强，旨在应对日益复杂的网络环境和数据安全挑战，保障国家安全、公共利益和个人合法权益。

**1.《中华人民共和国网络安全法》**

《中华人民共和国网络安全法》(以下简称《网络安全法》)从法律层面保障了广大人民群众在网络空间的利益，有效维护了国家网络空间主权和安全，是国家基本法律。该法于 2016 年 11 月通过，于 2017 年 6 月施行，是中国首部针对网络安全领域的法律，规定了网络安全的基本要求、责任和义务，以及网络安全管理、网络安全技术、网络安全应急处置等方面的内容。

近年来，各机构组织和企业因网络安全防护能力薄弱进而导致的网络攻击、网络安全事件层出不穷，数据泄露及毁损危机凸显。网络安全的主要内容之一则是保障网络数据的完整性、保密性、可用性，因此，《网络安全法》对于构建数据安全保障体系有着重要意义。具体而言，《网络安全法》通过规定下述措施，以增强数据安全保障。

1) 保障网络运行安全

《网络安全法》第 21 条构建了网络安全等级保护制度，国家根据信息系统的重要性和对国家安全、经济社会运行的影响程度，将信息系统划分为不同的网络安全等级，实施相应的安全保护措施。网络运营者应根据国家有关标准和技术要求，自行确定其信息系统所属的网络安全等级，并进行安全评估。此评估涉及的内容包括信息系统的功能、重要程度、技术状态等。网络运营者应对其信息系统所属的网络安全等级及采取的安全保护措施进行告知，并向相关部门报备。同时，还要与相关单位和个人建立安全合作关系，共同维护网络安全。在保障网络系统安全的技术体系上，《网络安全法》要求采取包括防范计算机病毒和网络攻击、网络侵入等危害网络安全行为的技术措施；采取监测、记录网络运行状态、网络安全事件的技术措施，并按照规定留存相关的网络日志不少于 6 个月；采取数据分类、重要数据备份和加密等措施。

针对关键信息基础设施的运营者，《网络安全法》在第三章第二节中施加了更多的安全保护义务。同时，第 37 条强化对关键信息基础设施运营者数据跨境传输的监管，提出数据本地化存储及跨境传输安全评估的要求，明确"关键信息基础设施的运营者在中华人民共和国境内运营中收集和产生的个人信息和重要数据应当在境内存储。因业务需要，确需向境外提供的，应当按照国家网信部门会同国务院有关部门制定的办法进行安全评估；法律、行政法规另有规定的，依照其规定"。

2) 保障网络用户信息安全

在保障网络数据安全的总体要求上，《网络安全法》第 10 条提出保障网络数据完整性、保密性和可用性的要求；在保障网络用户信息安全的管理体系上，第 40 条要求建立健全用户信息保护制度；在保障网络用户信息安全的技术措施上，第 40、42 条重点要求对其收集的用户信息严格保密；采取技术措施和其他必要措施，确保其收集的个人信息安全，防止信息泄露、毁损、丢失。同时，第 47 条加强对其用户发布的信息的管理，发现法律、行政法规禁止发布或者传输的信息的，应当立即停止传输该信息，采取消除等处置措施，防止信息扩散，保存有关记录，并向有关主管部门报告。

**2.《中华人民共和国数据安全法》**

《中华人民共和国数据安全法》(以下简称《数据安全法》)是数据安全领域的基础性法律，该法于 2021 年 6 月通过，于 2021 年 9 月施行，是中国首部专门针对数据安全领域的法律，规定了数据安全的基本要求、责任和义务，以及数据安全管理、数据安全保护、数据安全监测预警等方面的内容，对数据开发利用与数据安全并重。

《数据安全法》共计 7 章 55 条。以对数据、数据活动、数据安全的界定为出发点，厘清数据安全风险，构建数据安全保护管理全面、系统的制度框架。在第 1 条立法目的中，《数据安全法》就将"保障数据安全，促进数据开发利用"纳入，强调数据开发利用与保障数据安全并重的思路。

1）构建数据安全制度体系

由于不同维度的数据的价值不一，而且对于国家、社会、个人的利益有着不同程度的影响，数据安全治理首先需要实施数据分类分级保护，以避免因重要数据泄露、损毁带来影响国家安全、社会安全的严重后果。

鉴于此，《数据安全法》第 21 条确立了以数据分类分级为核心的安全制度，根据数据在经济社会发展中的重要程度，以及一旦遭到篡改、破坏、泄露或者非法获取、非法利用，对国家安全、公共利益或者个人、组织合法权益造成的危害程度，对数据实行分类分级保护。同时，第 22 条要求建立相应的数据安全风险评估、报告、信息共享、监测预警机制及数据安全应急处置机制等。对于开展数据处理活动的主体，可以数据分类分级为基础，形成组织、管理、技术体系相融合的数据安全治理体系。

2）实施全生命周期的数据安全保护

《数据安全法》第四章紧盯数据泄露、数据漏洞以及非法使用数据的风险，从数据处理的全生命周期提出合规要求，包括开展数据处理活动应当建立健全全流程数据安全管理制度；采取相应的技术措施和其他必要措施，保障数据安全；加强风险监测，发现数据安全缺陷、漏洞等风险时，应当立即采取补救措施；不得窃取或者以其他非法方式获取数据等。为了实现数据生命周期安全保护的要求，开展数据处理活动可采取集中策略管控能力与单点防护能力结合的防控措施，统一部署防护策略，在数据收集、存储、使用、加工、传输、提供、公开等数据处理活动中采取相适应的防护技术和能力。数据的安全和发展在国家层面给出明确指示。

**3.《中华人民共和国个人信息保护法》**

某些企业、机构甚至个人因利益而随意收集、违法获取、过度使用、非法买卖个人信息，侵扰人民群众生活安宁，危害人民群众生命健康和财产安全。为了解决此问题，在保障个人信息权益的基础上，促进信息数据依法合理有效利用，我国专门制定了保护个人信息的法律《中华人民共和国个人信息保护法》(以下简称《个人信息保护法》)。该法于 2021 年 8 月 20 日通过，自 2021 年 11 月 1 日起施行，且与《数据安全法》一起从法律层面提供了数据安全保障和个人信息保护。这部法律以数据中的"个人信息"为主要规范对象，划定个人信息全生命周期处理的安全保护规则，以保护个人信息权益、促进个人信息合理利用。具体如下。

1）个人信息全生命周期处理的防护

根据《个人信息保护法》，个人信息的处理包括个人信息的收集、存储、使用、加工、传输、提供、公开、删除等的全生命周期，相应个人信息处理的风险也贯穿于个人信息处理的始终。例如，在个人信息采集传输阶段，因网络端口及传输通道的安全性问题而导致个人信息的毁损和丢失；在个人信息存储阶段，因未采取加密、脱敏存储而导致敏感信息的泄露；在个人信息使用阶段，因超权限的访问或者未经授权的使用而导致个人信息对外泄露、个人信息滥用；在个人信息销毁阶段，因未及时、有效销毁存储介质上的个人信息而导致的个人信息泄露等。

鉴于此，《个人信息保护法》以第一章总则及第二章的一般规定划定了个人信息全生命周期处理的规则，要求个人信息处理应具备包括征得个人主体同意在内的合法基础，告知个人完整的个人信息处理事项。同时，《个人信息保护法》也对需重点保护的敏感个人信息、风险程度较高的个人信息跨境提供予以特别规定。在第二章第二节项下，对于处理敏感个人信息的，须具备特定的目的和充分的必要性及采取严格保护措施下方可处理，并且还要求取得个人的单独同意等；在第三章项下，对于个人信息跨境提供，划定应当具备的条件，根据第38条，满足下列条件之一才可向境外提供个人信息，包括：①通过国家网信部门组织的安全评估；②经专业机构进行个人信息保护认证；③按照国家网信部门制定的标准合同与境外接收方订立合同等条件；④法律、行政法规或者国家网信部门规定的其他条件。

2）赋予个人充分的个人信息权利，保障个人信息权益

根据《个人信息保护法》第四章，我国赋予个人充分的个人信息权利，包括个人对其个人信息的处理享有知情权、决定权，有权限制或者拒绝他人对其个人信息进行处理；个人有权向个人信息处理者查阅、复制其个人信息；个人有权请求个人信息处理者更正、补充不准确或不完整的个人信息；个人在特定情形下有权请求个人信息处理者删除个人信息；个人有权要求个人信息处理者对其个人信息处理规则进行解释说明等。

而且，第50条要求个人信息处理者应当建立便捷的个人行使权利的申请受理和处理机制，并赋予个人可以在个人信息处理者拒绝个人行使权利的请求下向法院起诉的权利。上述做法充分保障了个人在其个人信息处理活动中的权益。

《中华人民共和国网络安全法》、《中华人民共和国数据安全法》以及《中华人民共和国个人信息保护法》共同构成了我国数据保护的基础体系，整体的法律法规脉络关系见图1.11。

### 1.5.2 国外法律与规范

#### 1.《欧盟网络与信息安全指令》(NIS)

该指令于2016年7月6日颁布，是欧盟针对网络和信息安全问题制定的法规，要求成员国采取措施加强关键网络基础设施的安全保护。该指令明确了关键基础设施的定义和范围，要求成员国对这些设施进行识别和保护，并采取必要的技术和管理措施来防范网络攻击和数据泄露。

#### 2. 欧盟《通用数据保护条例》(GDPR)

该条例于2018年5月生效，是欧盟首部专门针对个人数据保护的法律，规定了个人数据处理的基本要求、责任和义务，以及个人数据保护、隐私保护等方面的内容。GDPR面向所有收集、处理、存储、管理欧盟公民个人数据的企业，限制了收集与处理用户个人信息的权限，将个人信息的最终控制权交还给用户本人，凡涉及欧盟个人数据的行为，都可被GDPR所管辖。在个人数据保护方面，GDPR是目前全球规定最为严格、处罚最为严厉的法规之一。GDPR由

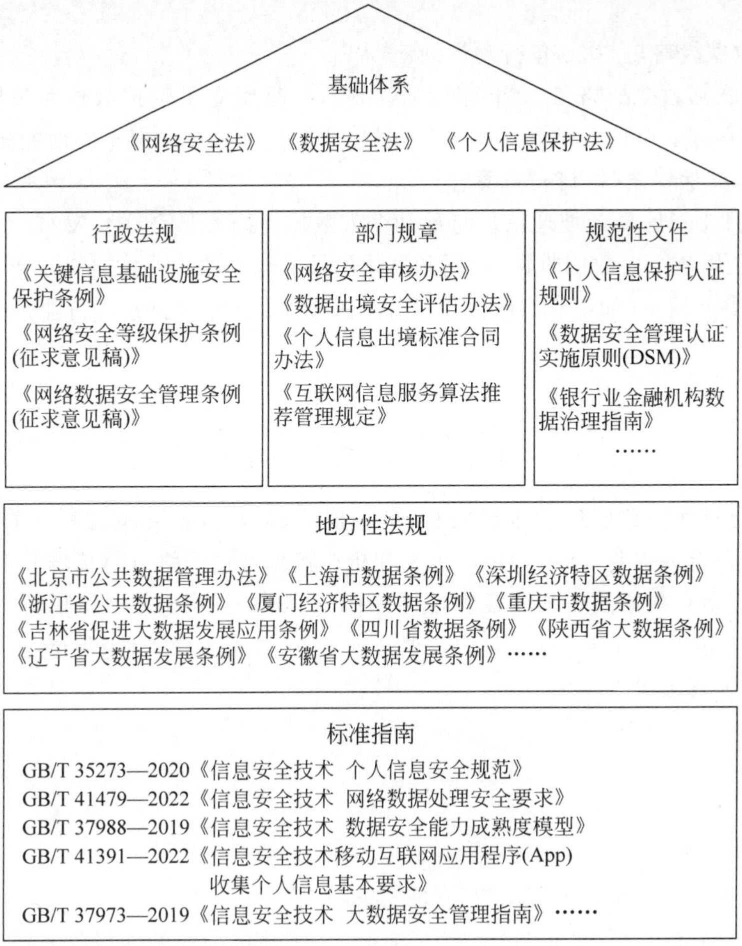

基础体系
《网络安全法》《数据安全法》《个人信息保护法》
行政法规
《关键信息基础设施安全保护条例》
《网络安全等级保护条例(征求意见稿)》
《网络数据安全管理条例(征求意见稿)》
部门规章
《网络安全审核办法》
《数据出境安全评估办法》
《个人信息出境标准合同办法》
《互联网信息服务算法推荐管理规定》
规范性文件
《个人信息保护认证规则》
《数据安全管理认证实施原则(DSM)》
《银行业金融机构数据治理指南》
……
地方性法规
《北京市公共数据管理办法》《上海市数据条例》《深圳经济特区数据条例》
《浙江省公共数据条例》《厦门经济特区数据条例》《重庆市数据条例》
《吉林省促进大数据发展应用条例》《四川省数据条例》《陕西省大数据条例》
《辽宁省大数据发展条例》《安徽省大数据发展条例》……
标准指南
GB/T 35273—2020《信息安全技术 个人信息安全规范》
GB/T 41479—2022《信息安全技术 网络数据处理安全要求》
GB/T 37988—2019《信息安全技术 数据安全能力成熟度模型》
GB/T 41391—2022《信息安全技术移动互联网应用程序(App)收集个人信息基本要求》
GB/T 37973—2019《信息安全技术 大数据安全管理指南》……


图 1.11　整体法律脉络图

两部分组成：通用数据保护条例，这“将让人们更好地控制其个人数据”；数据保护指令，对于警察和刑事司法领域，这“可确保数据受害人、证人和犯罪嫌疑人在刑事调查或执法行动中受到应有的保护”。这些明确的法规特别适合数字时代，能提供强有力的保护，同时在欧洲数字单一市场创造机会和鼓励创新，将让公民和企业都受益。

**3.《非个人数据自由流动条例》**

2018/1807 号条例《非个人数据自由流动条例》于 2018 年 11 月 14 日发布，该条例对数据本地化要求、主管当局的数据获取及跨境合作、专业用户的数据迁移等问题做出了具体规定，并考虑了服务提供商负担过度及市场扭曲等问题，进一步完善了欧盟数据治理框架。

**4.《2019 网络安全法案》**

2019 年 4 月 17 日，第 2019/881 号条例《关于 ENISA 和信息通信技术网络安全认证的条例》(又称《2019 网络安全法案》)正式颁布，这是欧盟网络安全治理的里程碑事件。法案指定欧盟网络和信息安全署(ENISA)为永久性欧盟网络安全机构，确立了第一份欧盟范围的网络安全认证计划，以确保向欧盟境内提供的产品、服务满足其网络安全标准。

**5. 美国《加州消费者隐私法案》(CCPA)**

该法案于 2018 年通过，于 2020 年生效，是加州首部专门针对消费者隐私保护的法律，规定了消费者个人数据处理的基本要求、责任和义务，以及消费者隐私保护、数据泄露通知等方面的内容。

**6.《联邦数据战略与2020年行动计划》**

美国发布《联邦数据战略与2020年行动计划》，一是确立了保护数据完整性、确保流通数据真实性、数据存储安全性等基本原则，二是强化数据及个人信息保护方面的相关立法。

**7.《个人数据保护法(修订)》草案**

2020年5月14日，新加坡通信信息部和个人数据保护委员会联合发布《个人数据保护法(修订)》草案，是规范个人数据收集、使用和披露的综合性立法。为配合该法更好地执行，当地还配套出台了特定领域(如电信、房地产、教育、医疗、社会公益服务等行业)的个人数据保护指南。

# 小结

数据安全是指保护数据免受未经授权访问、泄露、损坏或破坏的过程。在当今数字化时代，数据安全变得至关重要，因为大量的个人和机构数据通过网络进行传输和存储。只有确保数据的安全才能防止数据泄露和黑客攻击，从而防止数据被恶意获取和利用。本章主要讲解数据安全概述，包括数据基础概述、典型数据处理场景、数据生命周期、数据安全威胁与防护措施、数据安全法律规范等内容。

# 习题

在线测试

**一、单项选择题**

1. 以下行为不违反计算机使用道德规范的是(　　)。

A. 利用网络窃取他人信息　　B. 攻击他人的网络服务器

C. 给计算机安装杀毒软件　　D. 故意传播计算机病毒

2. 网络不是法外之地，在网上也要遵守法律，以下行为不构成违法的是(　　)。

A. 利用电子邮件传播计算机病毒

B. 利用网络盗取用户个人信息并卖给他人

C. 利用“黑客”技术攻击网站

D. 为防泄密而给计算机资料加密

3. 以下属于半结构化数据的是(　　)。

A. 数据库记录　　B. 文本文件　　C. 视频　　D. XML

4. 以下不属于恶意软件的是(　　)。

A. 广告软件　　B. 特洛伊木马　　C. 病毒　　D. 网络钓鱼

5. 以下属于数据的三要素的是(　　)。

A. 不可否认性　　B. 机密性　　C. 单向性　　D. 溯源性

6. 以下参与构成我国数据保护的基础体系的法律是(　　)。

A.《中华人民共和国个人信息保护法》

B.《中华人民共和国刑法》

C.《关键信息基础设施安全保护条例》

D.《数据安全管理认证实施规则》(DSM)

7.《中华人民共和国数据安全法》经十三届全国人大常委会第二次会议通过并正式发布，于(    )起施行。

A. 2022年6月1日　　B. 2022年8月1日
C. 2022年9月1日　　D. 2022年10月1日

8.《中华人民共和国数据安全法》第21条的内容是(    )。

A. 以数据分类分级为核心的安全制度
B. 数据泄露、数据漏洞以及非法使用数据的风险
C. 强调数据开发利用与保障数据安全并重
D. 提出保障网络数据完整性、保密性和可用性的要求

9. (    )对构建数据安全保障体系有着重要意义。

A.《中华人民共和国网络个人信息保护法》
B.《中华人民共和国网络安全法》
C.《中华人民共和国民法典》
D.《中华人民共和国刑法》

10. (    )是美国颁布的数据安全法律。

A. GDPR　　B. CCPA　　C. NIS　　D.《欧洲数据战略》

**二、判断题**

1. 数据可分为结构化数据、非结构化数据。(    )
2. 数据安全的三要素：机密性、完整性、可用性。(    )
3.《网络安全法》从法律层面保障了广大人民群众在网络空间的利益，有效维护了国家网络空间主权和安全，是国家基本法律。(    )
4.《数据安全法》是相关领域的基础性法律，该法于2021年6月通过。(    )
5.《中华人民共和国网络安全法》《中华人民共和国数据安全法》以及《中华人民共和国个人信息保护法》共同构成了我国数据保护的基础体系。(    )

**三、简答题**

1. 数据安全是什么？它的三要素是哪三要素？谈谈你的理解。
2. 哪三种法律构成我国数据保护的基础体系的法律？试简要概述你的认识。
3. 典型的数据处理场景有哪些？试具体描述一个场景。

# 第 2 章 数据分类分级

本章学习目标

- 了解数据元素、数据分类分级的概念。
- 熟练掌握数据分类分级的方法和流程。

本章首先介绍数据元素，然后介绍如何进行数据分类，最后介绍数据分级。

## 2.1 数据元素

### 1. 数据元素的概念

**数据元素**是通过定义、标识、表示以及允许值等一系列属性描述的数据单元。在特定的语义环境中被认定为不可再分的最小的数据单元。

一个数据元素由以下三部分组成。

(1) **对象类**：现实世界中的想法、抽象概念或事物的集合，具有清晰的边界和含义，其特性和行为遵循一致的原则，并能够被标识。对象类表明数据元素所属的事物或概念，在数据元素中占据主导地位。

(2) **特性**：对象类中的所有个体所共有的某种显著的、有区别的性质。

(3) **表示**：值域、数据类型的组合，必要时也包括度量单位或字符集，描述了数据元有效值集合的格式。

"对象类"是用于收集和存储数据的事物，如船舶、教师和发票等。"特性"用来区别和描述对象，是对象类的特征，构成对象类的内涵，如种类、年龄和价格等。"表示"描述数据的形式，其中最重要的方面是值域。值域是数据元素允许值的集合。例如，表示国家领土面积的数据元素可以用非负整数集(以平方千米为单位)作为值域。非负整数集是一个非穷举域，也可以使用穷举域作为值域，例如：

1　$0\sim10\,000\text{km}^2$

2　$10\,001\sim100\,000\text{km}^2$

3　$100\,001\sim1\,000\,000\text{km}^2$

4　$1\,000\,001\sim+\infty\text{km}^2$

该值域采用类别清单的形式，每个类别都具有一个标识符。在穷举域和非穷举域的例子中，都度量了同样的对象类和特性组合——国家领土面积。

对象类和特性的组合构成了一个**数据元素概念**。数据元素概念是能够以数据元素的形式表示的概念，不包含具体的表示。以国家领土面积为例，它是一个数据元素概念，具有两种可能的表示形式，一是具体面积数值，二是相对面积比较。因此，数据元素可以看成由数据元素概念和表示两个部分组成。

树，作为一个对象类，泛指任何一棵树，而非特指某一棵具体的树。将树的高度作为其特性，得到的树高可视为一个对象类加上一个特性(数据元素概念)，但尚未形成一个数据元，因为尚未从多种度量树高的方式中选择出一个确定的表示形式。

**2. 数据元素命名规则**

**数据元素名称**：用于标识数据元素的主要手段，由一个或多个词构成的命名。

一个描述测量树的高度的数据元素应有一个数据元名称"Tree Height Measure"(树的高度测量)。其中，"Tree"是数据元素的对象类词，"Height"是特性词，"Measure"(测量)是表示词。

描述人的姓氏的数据元素也应该有一个名称"Person Last Name Name"(人的姓氏名称)。第二个"Name"是数据元素的表示词。为了使表达更清晰，将重复的词删除，即一般使用"Person Last Name"来描述该数据元素。

**语法规则**：

(1) 数据元素名称中，对象类词、特性词和表示词都有且只有一个。

(2) 对象类词位于名称的第一(最左)位置，特性词位于第二位置，表示词位于最后位置。

(3) 当表示词与特性词有重复时，可以将冗余词删除。

(4) 唯一性原则：在同一语境中，所有数据元素名称都是唯一的。

**3. 数据库系统中的数据元素**

数据元素出现在数据库或文件中，是一个组织管理数据的基本单元。在组织内部，数据库或文件由记录、段和元组等组成，而记录、段和元组则由数据元素组成。

**关系数据库**中的数据元素以字符列的形式出现于表格中。表2.1标明了关系数据库中与数据元素有关联的术语，表2.2给出了数据库表格中数据元素的一个例子。

**表2.1　关系数据库中与数据元素对应的术语**

| 数据元素 | | 对象类 | 特性 | 表示 |
|---|---|---|---|---|
| 关系数据库系统(RDBMS) | 表 | 行 | 列 | 数据值 |

**表2.2　数据库表格中的数据元素**

| 记录 | 雇员 | | | |
|---|---|---|---|---|
| 属性 | 号码 | 姓 | 出生日期 | 工资额 |
| 数据值 | 1 | 刘 | 1970/09/10 | 8000 |
| | 2 | 李 | 1982/01/05 | 6000 |
| | 3 | 张 | 1985/06/20 | 5000 |

数据元素允许值的集合称为值域。数据元素从不以单一数值的形式表示，因为它代表的是一个类而不是单一实例。例如，雇员号码是一个数据元素，其值域由一个特定企业中允许值的完整列表描述。在这种情况下，数据值仅是雇员号码所有实例的一个列表。数据元素的每个实例只有一个单一数据值，称为"数据元素实例"。

## 2.2　数据分类

数据分类是构建数据安全和数据合规体系的基础。不论是制定数据安全策略、评估数据合规性，还是进行事件响应和引导数据安全意识，都离不开对数据进行有效的标记和分类。

### 2.2.1 数据分类的概念

根据数据的属性或特征，将其按一定的原则和方法进行区分和归类，并建立起一定的分类体系和排列顺序的过程。

### 2.2.2 数据分类的目的

对数据进行分类一般有以下几个目的。

- **保护敏感数据**：识别和标记出敏感数据，从而采取更严格的安全控制和管理措施，以确保敏感数据不被未经授权地访问和使用。
- **合理分配资源**：将安全资源和控制措施针对性地分配到不同的数据类别中，使得对敏感数据和非敏感数据的保护措施更加有效和经济合理。
- **便于管理和审计**：帮助组织建立清晰的数据管理策略和安全控制措施，并为数据审计和监管提供依据。通过对数据进行分类，可以更有效地跟踪、监控和审计数据的访问和使用情况，及时发现和应对潜在的安全风险。
- **促进数据共享与交换**：有助于标准化数据格式和结构，使得数据更容易在不同的系统和组织之间共享和交换。这有助于提高数据的互操作性，促进跨平台和跨领域的合作。

### 2.2.3 数据分类的基本原则

**1. 科学性**

基于数据的多维特征及其逻辑关系，依据数据的本质和内在规律进行科学系统化的分类。

**2. 实用性**

数据分类应当以基础库建设和数据应用等实际需求为出发点，确保每个类别都包含真实有价值的数据，不设立无价值的类别，所设定的数据类别应当符合普遍认知，并且具备综合实用性。

**3. 稳定性**

选择最为稳定和最本质的特征指标和属性指标进行数据分类，一旦分类确定生效，应在一定时期内保持相对稳定不变。

**4. 扩展性**

数据分类应保证类目的可扩展性、兼容性，可适应时间变化、政策变化、业务场景变化或基础库建设规划调整导致的类目增减和数据类型变化等情况。

### 2.2.4 数据分类的基本方法

**1. 线分类法**

线分类法是一种简单直接的分类方法，其基本思想是将数据根据某种特征或属性分为两个或多个不同的类别，这些类别之间是相互排斥的，不会有重叠。线分类法通常使用一系列的判断条件，根据这些条件将数据进行逐层分类，直到所有数据都被分到了相应的类别中为止。

线分类法适用于针对一个类别只选取单一维度进行分类的场景。

1）步骤

(1) 确定分类维度：选择适当的属性或特征，用于区分不同的数据类别。

(2) 确定分类类别：根据分类维度，确定分类类别。分类依据可以是简单的逻辑判断，也可以是复杂的条件组合。

(3) 进行分类：对数据逐个进行分类，根据不同的条件将数据分到相应的类别中。

2) 特点

(1) 简单直观，易于理解和实施。

(2) 适用于数据较为简单且类别明确的情况。

(3) 分类结果具有明显的界限和排他性。

3) 示例

采用线分类法，将证券期货业数据分成4个层级，第一层级表示基本业务条线，第二层级根据“业务管理主体和范围”进一步细分出业务二级子类，第三层级确定各个业务二级子类下的全部数据，表示数据一级子类，第四层级进一步细分出数据二级子类。部分数据分类示例如表2.3所示。

**表2.3　证券期货业数据分类示例**

| 业务条线 | | 数据 | |
|---|---|---|---|
| 一级子类 | 二级子类 | 一级子类 | 二级子类 |
| 交易 | 交易管理 | 成交信息 | |
| | | 委托信息 | |
| | | 交易日志信息 | 订单日志 |
| | | | 成交日志 |
| | 投资者管理 | 投资者基本信息 | 个人投资者基本信息 |
| | | | 机构投资者基本信息 |
| | | 投资者开户/账户信息 | |
| | | 投资者鉴别信息 | |
| 监管 | 监察与评价管理 | 监察参考信息 | |
| | | 监管统计及预警信息 | 监管统计分析结果 |
| | | | 监管预警信息 |
| | | 评价、处罚与违规信息 | |
| | 上报信息 | 上报信息 | |
| 信息披露 | 信息披露管理 | 产品发行信息(公开) | |
| | | 产品发行信息(未公开) | |

**2. 面分类法**

面分类法是一种将数据按照多个属性或特征进行分类的方法，形成多维分类结构，不同类别之间可能存在重叠或交叉。面分类法考虑了数据的多个属性或特征，以更全面的视角对数据进行分类，因此在处理复杂数据和多维度属性的情况下具有很好的适用性。

面分类法是并行化分类方式，同一层级可有多个分类维度。面分类法适用于对一个类别同时选取多个分类维度进行分类的场景。

1) 步骤

(1) 确定分类维度：首先要确定用于分类的多个属性或特征，这些属性可以是数值型、类别型或其他类型的属性。

(2) 形成分类面：根据选择的多个维度，组合形成多个分类面。

(3) 确定分类类别：为每个分类面确定分类条件或规则，划分各个分类面的分类类别。

(4) 进行分类：将数据根据其在不同分类面上的位置进行分类，确定其所属的类别。

2) 特点

(1) 多维度分类：面分类法考虑了数据的多个属性或特征，能够对数据进行多维度的分类。

(2) 灵活性：由于可以根据不同属性组合形成多个分类面，因此面分类法具有较高的灵活性，适用于不同类型和特征的数据。

(3) 分类结果可能重叠：由于不同属性之间可能存在关联或重叠，因此分类结果可能不是完全排斥的，而是存在一定的交叉或重叠。

(4) 适用于复杂数据：面分类法适用于处理属性多样、复杂度高的数据。

3) 示例

对企业进行分类可以采取面分类法，分别从组织形式、行业、地理区域和经济类型 4 个维度进行归类，如表 2.4 所示。

**表 2.4　企业分类示例**

| 组织形式 | 行业 | 地理区域 | 经济类型 |
|---|---|---|---|
| | 科技 | 亚洲 | 私营 |
| 个人独资 | 制造业 | 美洲 | 国有 |
| 合伙制企业 | 金融 | 欧洲 | 合资 |
| 公司 | 新闻传媒 | 非洲 | 混合所有制 |
| | 医疗健康 | 大洋洲 | 集体所有制 |
| | …… | | …… |

### 3. 混合分类法

混合分类法是一种点面结合的分类方法，以克服单一分类方法的局限性，达到更好的分类效果。混合分类法可以根据不同的情况，以一种分类方法为主，另一种作为补充。

混合分类法适用于以一个分类维度划分大类、另一个分类维度划分小类的场景。

1) 特点

(1) 结合了线分类法和面分类法的优点，灵活性和适用性较高，可以根据不同情况选择分类方式，达到更好的分类效果。

(2) 适用于数据特征复杂、分类需求多样的情况。

2) 示例

在面分类法的企业分类示例中，"地理区域"这个分类面确定了 5 个分类类别，可以利用线分类法，参考 UN M.49(联合国地理方案)进一步划分子类，如表 2.5 所示。

**表 2.5　地理区域分类示例**

<table>
<tr><th>宏观地理区域</th><th>地 理 亚 区</th><th>国家或地区</th></tr>
<tr><td rowspan="8">亚洲</td><td rowspan="4">东亚</td><td>中国</td></tr>
<tr><td>日本</td></tr>
<tr><td>蒙古</td></tr>
<tr><td>……</td></tr>
<tr><td>南亚</td><td>……</td></tr>
<tr><td>中亚</td><td>……</td></tr>
<tr><td>东南亚</td><td>……</td></tr>
<tr><td>西亚</td><td>……</td></tr>
</table>

续表

| 宏观地理区域 | 地理亚区 | 国家或地区 |
|---|---|---|
| 欧洲 | 东欧 | …… |
| | 北欧 | …… |
| | 南欧 | …… |
| | 西欧 | …… |
| …… | | |

## 2.2.5 数据分类的基本流程

### 1. 分类准备

(1) 调研数据现状：对数据的产生情况、存储现状、质量情况、业务类型、敏感程度、应用情况、时效性情况以及权属情况等进行调查研究。

(2) 确定分类对象：对数据分类的业务场景、产生的起止时间、数据量大小、产生频率、产生来源、结构化特征等进行梳理。

(3) 选择分类维度：梳理分类视角的数据特征，根据数据特征选取分类维度。

(4) 选择分类方法：根据数据特征和分类需求选择分类方法，确定分类方法后需明确分类维度的排列顺序和组合方式。

### 2. 分类实施

(1) 拟定实施流程：结合数据的实际应用场景拟定具体的分类实施流程。

(2) 开发工具脚本：使用自动化开发工具或脚本编写分类算法，对数据进行分类。

(3) 记录实施过程：记录分类实施过程中的各个步骤及其分类结果。

(4) 输出分类结果：完成数据分类后，对各个步骤的分类结果进行梳理，形成数据分类表。

### 3. 结果核查

对数据分类表和分类过程记录进行核查，验证分类结果及实施过程是否合规。

## 2.2.6 数据分类案例

### 1. 水利信息分类

根据上述提出的分类对象、分类维度和分类方法，以水利信息分类为例，进行数据分类实践。

(1) 分类对象、分类维度和分类方法。

水利信息的分类对象涵盖了水利业务活动或水利管理过程产生的各类信息，一般包括水文资源管理、水环境治理、水利工程建设与管理等。

分类维度选择按水利业务、水利行政和业务阶段三个维度进行分类。

分类方法采用线分类法和面分类法结合的混合分类法。

(2) 分类实施和分类结果。

在进行水利信息分类实施时，首先采用面分类法，划分为水利业务、水利行政和业务阶段三个维度，每个维度按线分类法划分类目。具体的分类过程如下。

采用面分类法，将数据分别从水利业务、水利行政和业务阶段三个维度进行分类，得到一级类目，如图 2.1 所示。

- 按水利业务进行分类，将水利信息分为水文、水资源、水环境、水利工程等一级类目。
- 按水利行政进行分类，将水利信息分为综合办公、政策与法规、财务与审计等一级类目。
- 按业务阶段进行分类，将水利信息分为规划阶段、前期阶段、建设阶段和运行阶段等一级类目。

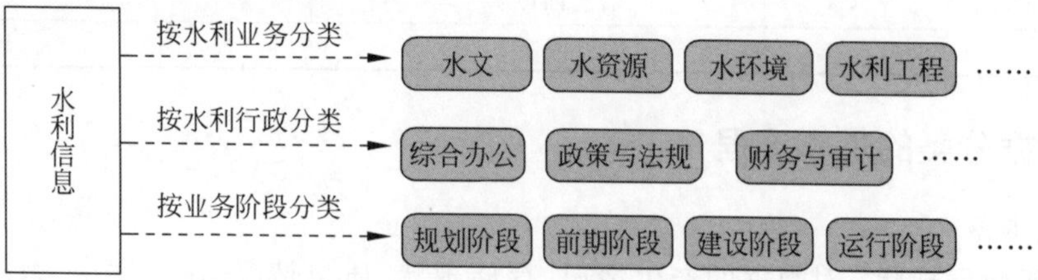


图 2.1　水利信息——面分类法的分类结果

采用线分类法，在每个维度的一级类目下进一步划分出二级目录。例如，在上述业务阶段分类面中，一级类目可以根据业务归属细分出二级类目，如图 2.2 所示。

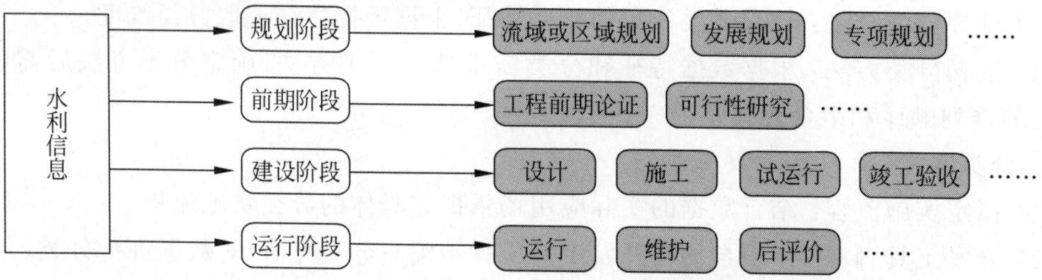


图 2.2　水利信息——线分类法的分类结果

2. 智能制造工业数据分类

以智能制造工业数据分类为例，进行数据分类实践。

(1) 分类对象、分类维度和分类方法。

分类对象：在智能制造工业领域中，涉及企业的所有生产活动和服务所产生的数据。

分类维度：系统层级、生命周期和智能特征三个维度。

分类方法：线分类法和面分类结合的混合分类法。

(2) 分类实施和分类结果。

在进行智能制造工业数据分类实施时，首先采用面分类法，划分为系统层级、生命周期和智能特征三个维度，每个维度按线分类法划分类目。具体的分类过程如下。

采用面分类法，将数据分别从三个维度进行分类，得到一级类目，如图 2.3 所示。

- 系统层级是指与企业生产活动相关的组织结构的层级划分，按系统层级进行分类，将工业数据分为设备层、单元层、车间层、企业层和协同层等一级类目。
- 生命周期是指从产品原型研发开始到产品回收再制造的各个阶段，按生命周期进行分类，将工业数据分为设计、生产、物流、销售、服务等一级类目。
- 智能特征是指制造活动具有自感知、自学习、自决策、自执行、自适应之类的功能表征，按智能特征进行分类，将工业数据分为资源要素、互联互通、融合共享、系统集成和新兴业态等一级类目。

采用线分类法，在每个维度的一级类目下进一步划分出二级目录。例如，在上述系统层级分类面中，一级类目可以进一步细分出二级类目，如图 2.4 所示。

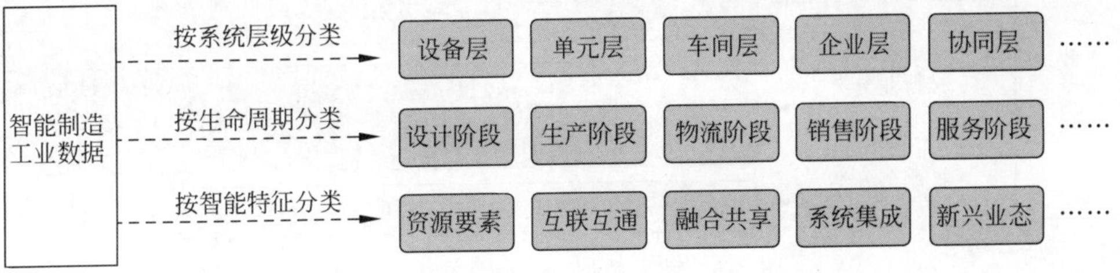


图 2.3　工业数据——面分类法的分类结果

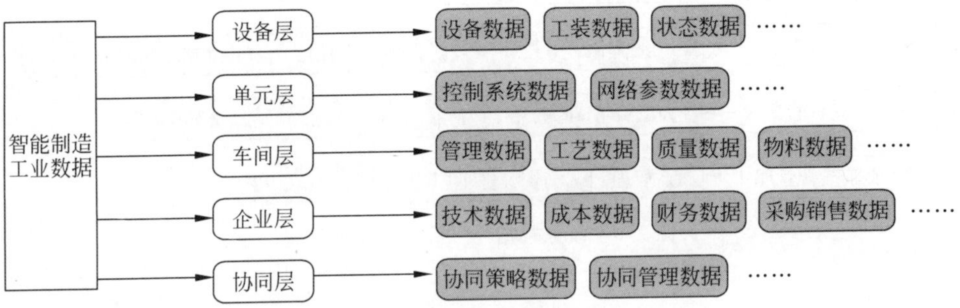


图 2.4　工业数据——线分类法的分类结果

### 3. 政务数据分类

以政务数据资源分类为例，进行数据分类实践。

（1）分类对象、分类维度和分类方法。

分类对象：政府各职能部门依法在办理业务及进行决策时产生的数据资源，包括对社会公民及法人进行数据采集、业务处理和业务决策产生的数据资源。

分类维度：主题、行业和服务三个维度。

分类方法：线分类法和面分类结合的混合分类法。

（2）分类实施和分类结果。

在进行政务数据分类实施时，首先采用面分类法，划分为主题分类、行业分类和服务分类三个维度，每个维度按线分类法划分类目。具体的分类过程如下。

采用面分类法，将数据分别从三个维度进行分类，得到一级类目，如图 2.5 所示。

- 主题分类是根据政务数据资源所涉及的知识范畴，将政务数据分为综合政务、经济管理、国土资源、能源、工业；交通、邮政、信息产业；城乡建设、环境保护；农业、水利；财政等一级类目。
- 行业分类是根据政务数据资源所涉及的行业领域范畴，将政务数据分为农、林、牧、渔业；采矿业；制造业；电力、热力、燃气及水生产和供应业；建筑业；批发和零售业；交通运输、仓储和邮政业；住宿和餐饮业；信息传输、软件和信息技术服务业；金融业等一级类目。
- 服务分类是根据服务型政府形态下政务数据资源所涉及的政府职能范畴，将政务数据分为惠民服务；服务交付方式；服务交付的支撑和政府资源管理等一级类目。

采用线分类法，在每个维度的一级类目下进一步划分出二级目录。例如，在上述服务分类面中，一级类目可以进一步细分出二级类目，如图 2.6 所示。

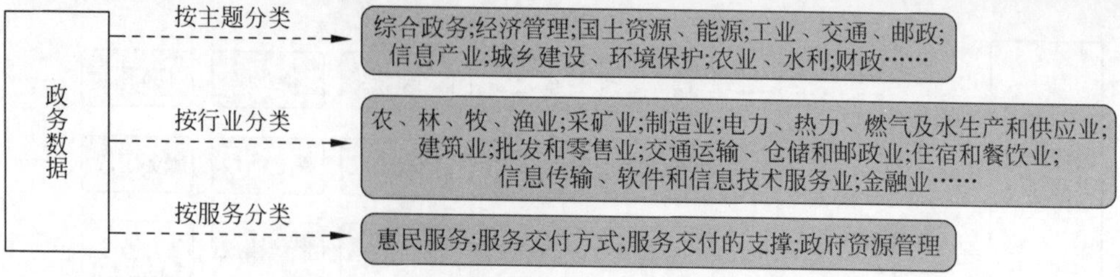


图 2.5　政务数据——面分类法的结果

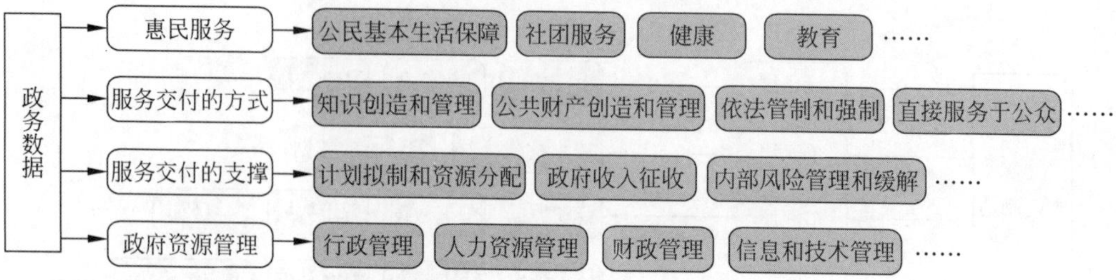


图 2.6　政务数据——线分类法的结果

# 2.3　数据分级

数据分级管理是建立统一、完善的数据生命周期安全保护框架的基础工作,能够为制定有针对性的数据安全管控措施提供支撑。

## 2.3.1　数据分级的概念

数据分级是指根据数据的重要程度、数据的敏感程度、数据泄露造成风险程度等,将数据按一定的原则、流程和方法划分为不同等级,并为每个等级制定相应的安全控制和管理策略的过程。

## 2.2.2　数据分级的目的

在数据安全管理中,数据分级一般有以下几个目的。

- **指导数据安全策略制定,优化资源分配**:完成数据分级后,可以针对不同级别的数据制定相应的安全策略和措施。高风险数据要实施更严格的访问控制、加密存储和数据备份等,低风险数据实施相较而言更加简单的安全策略。通过差异化的安全策略实施,安全资源可以基于数据的风险等级进行合理分配,避免了资源浪费或分配不当。
- **引导用户的数据安全意识**:通过公布数据分级政策,可以引导用户理解不同数据的敏感度和重要性,提高用户的数据安全意识。
- **支持数据生命周期管理**:数据分级可以指导各级别数据的采集、汇聚、传输、存储、加工、共享、开放、使用、销毁等环节的管理工作。
- **指导应急响应处理**:在发生数据泄露或其他安全事件时,数据分级信息有助于正确评估风险,采取针对性的应急措施,从而更有效地响应和恢复。

### 2.3.3 数据分级的基本原则

**1. 合法合规原则**

数据分级应遵循相关法律法规及行业主管部门的规定要求，优先对国家或行业有专门管理要求的数据进行定级和管理，满足相应的数据安全管理要求，以确保数据的合法性、合规性。

**2. 分级明确原则**

数据分级的目的是保护数据安全，数据分级的各级别应界限明确，不同级别的数据应采取不同的保护措施。

**3. 就高从严原则**

数据分级时采用就高不就低的原则确定数据分级，当多个因素可能影响数据分级时，按照可能造成的最高影响**对象和影响程度**确定数据级别。

**4. 动态调整原则**

根据数据的业务属性、重要性和可能造成的危害程度的变化，对数据分级、**重要数据目录**等进行定期审核并及时调整。

**5. 自主定级原则**

数据分级应根据本机构自身数据管理需要（如战略需要、业务需求、风险接受程度等），在国家数据分级标准的框架下自主确定数据的安全级别。

### 2.3.4 数据分级的基本方法

**1. 数据分级框架**

根据数据在经济社会发展中的重要程度，以及一旦遭到泄露、篡改、损毁或非法获取、使用、共享后，对国家安全、公共利益或个人、组织合法权益造成的危害程度，将数据从高到低分为四级、三级、二级和一级共 4 个级别。

**2. 数据分级要素**

确定了数据分级的对象后，首先应识别数据分级要素情况。影响数据分级的要素包括定性要素和定量要素，这些要素是用于评估和确定数据安全级别的关键因素。每个要素都从不同的角度反映了数据的特性和潜在风险，它们在数据分级流程中起到了至关重要的作用。表 2.6 列示了主要的分级要素及分类。

**表 2.6 数据分级要素**

| 数据分级要素 | | | |
|---|---|---|---|
| **定性要素** | 领域<br>群体<br>区域<br>重要性 | **定量要素** | 精度<br>规模<br>覆盖度 |

以下是相关数据分级要素的详细解释以及其在分级流程中的作用。

1）领域

定义：数据描述的业务或内容范畴，包括行业领域、业务条线、流程环节、内容主题等。

作用：通过识别数据所属的特定领域，可以更准确地评估数据的价值和敏感性，从而确定合适的分级。

2）群体

定义：数据主体或描述对象集合，涉及人群、组织、网络和信息系统、资源物资等。

作用：确定数据与特定群体的关联程度，有助于评估数据泄露或滥用可能对群体造成的影响。

3）区域

定义：数据涉及的地区范围，包括行政区划、特定地区等。

作用：了解数据与地理位置的关联，有助于评估数据泄露可能对特定区域的安全和稳定造成的影响。

4）精度

定义：数据的精确或准确程度，包括数值精度、空间精度、时间精度等。

作用：高精度数据可能包含更多细节，对决策和分析更有价值，因此需要更高级别的保护。

5）规模

定义：数据规模及数据描述的对象范围或能力大小，包括数据存储量、群体规模、区域规模等。

作用：大规模数据集可能涉及更多个体或更广泛的区域，因此其安全级别可能更高。

6）覆盖度

定义：数据对领域、群体、区域、时段等的覆盖分布或疏密程度。

作用：广泛覆盖的数据可能对更广泛的受众产生影响，因此需要更高级别的安全措施。

7）重要性

定义：数据在经济社会发展中的重要程度。

作用：对于具有高重要性的数据，需要采取特别的保护措施，因为它们对国家、社会和经济的影响更为显著。

在数据分级流程中，这些要素被用来评估数据的敏感性和潜在风险。通过对这些要素的综合分析，可以确定数据的级别，并据此制定相应的数据安全保护措施。

表 2.7 以基础电信企业中的“联系人信息”为例，说明分级要素识别过程。

**表 2.7 基础电信企业联系人信息——分级要素识别**

| 分级要素 | 要素识别 | 说明 |
| --- | --- | --- |
| 领域 | 联系人信息属于电信行业，特别是与用户通信服务直接相关的数据类型 | 电信行业是国家关键基础设施的重要组成部分，联系人信息对于电信服务的提供和运营至关重要，同时也是用户日常生活中不可或缺的一部分 |
| 群体 | 联系人信息涉及的群体包括所有电信服务的个人用户和企业客户 | 由于电信服务的普遍性，联系人信息可能包含大量用户的个人隐私和敏感通信数据，这些信息的泄露或不当使用可能对用户权益造成严重影响 |
| 区域 | 联系人信息覆盖的区域可能包括电信企业服务的所有地区，通常是全国范围 | 广泛的地理覆盖意味着数据可能影响不同地区的用户，一旦发生数据泄露，可能会对广泛的社会群体产生影响，包括影响社会秩序和公共利益 |
| 精度 | 联系人信息通常包含详细的联系细节，如电话号码、电子邮件地址等 | 高精度的数据使得联系人信息具有较高的利用价值，同时也意味着一旦泄露，可能对个人隐私造成严重威胁 |

续表

| 分级要素 | 要素识别 | 说明 |
| --- | --- | --- |
| 规模 | 联系人信息的数据规模可能非常庞大，因为它涉及电信企业的所有用户 | 大规模的数据集增加了数据管理的复杂性，一旦发生安全事件，可能对大量用户造成影响，同时也增加了数据保护的难度 |
| 覆盖度 | 联系人信息的覆盖度很高，几乎涉及所有电信服务的用户 | 高覆盖度意味着联系人信息对社会的影响广泛，一旦发生泄露，可能会对公共利益和社会秩序产生广泛影响 |
| 重要性 | 联系人信息对于电信企业的业务运营至关重要，同时也是用户日常生活中不可或缺的一部分 | 联系人信息的重要性意味着其对于电信企业和社会的正常运作具有显著影响，因此需要采取严格的保护措施以防止数据泄露或滥用 |

通过上述分级要素识别，可以得出“基础电信企业联系人信息”具有高重要性，涉及多个敏感领域，具有高精度和广泛覆盖度，可能对国家安全、经济运行、社会秩序和公共利益造成严重影响。

分级要素识别是确定数据安全等级的关键步骤。完成分级要素识别后，通过分析相关数据对国家安全、社会秩序、企业经营和用户利益等对象的潜在影响，可以为数据确定适当的安全级别。

**3. 数据影响分析**

数据影响分析是数据分级过程中的一项关键活动，它涉及评估数据泄露、篡改、损毁、非法获取、使用、共享可能对不同对象造成的影响及其严重程度，是确定数据安全级别的重要判断依据。下面主要从影响对象与影响程度两方面进行数据影响分析。

1）影响对象

影响对象是指数据安全事件可能影响的对象。依据《中华人民共和国数据安全法》的规定，数据分级应充分考虑数据遭受安全威胁时，对国家安全、公共利益或者个人、组织合法权益造成的危害程度。下面将数据分级需要考虑的影响对象划分为国家安全、公共利益、组织权益和个人权益。

（1）国家安全。

影响对象为国家安全的情况，一般指数据遭受安全威胁时，可能对国家政权、主权、统一和领土完整、人民福祉、经济社会可持续发展和国家其他重大利益、保障持续安全状态的能力造成影响。

（2）公共利益。

影响对象为公共利益的情况，一般指数据遭受安全威胁时，可能对社会的公共服务、公共设施、公共资源及其他公用事业等公共利益和公众的身心健康、政治权利、人身自由、经济权益等造成影响。

（3）组织权益。

影响对象为组织权益的情况，一般指数据遭受安全威胁时，可能对某政府机构、企事业单位或其他社会组织的生产经营、声誉形象、公信力、资金资产等造成影响。

（4）个人权益。

影响对象为个人权益的情况，一般指数据遭受安全威胁时，可能对个人的人身权、财产权、隐私权、个人信息权益等个人权益造成影响。

2）影响程度

影响程度是指发生数据安全事件后所产生影响的大小，从高到低划分为严重损害、一般损害和轻微损害。影响程度的判定应综合考虑数据类型、数据规模、受影响对象范围、是否可控等因素,同时结合影响所造成的实际损害程度。判定的参考依据如表 2.8 所示。

**表 2.8　影响程度判定参考依据**

| 影响程度 | 定　义 |
| --- | --- |
| 轻微损害 | 数据遭到泄露、篡改、损毁或非法获取、使用、共享后,对影响对象的运行、资产、安全及合法权益造成轻微损害,范围较小、程度可控,结果可以补救 |
| 一般损害 | 数据遭到泄露、篡改、损毁或非法获取、使用、共享后,对影响对象的运行、资产、安全及合法权益造成较为严重的损害,范围较大、程度可控,结果可以补救或范围较小、结果不可逆但可以采取措施降低损失 |
| 严重损害 | 数据遭到泄露、篡改、损毁或非法获取、使用、共享后,对影响对象的运行、资产、安全及合法权益造成严重损害,影响的范围、程度不可控且结果不可逆 |

**4. 数据分级基本规则**

1) 分级参考规则

在分级要素识别、数据影响分析的基础上,确定数据级别的规则如下。

(1) 满足以下任一条件的数据,确定为四级数据。

- 数据一旦遭受安全威胁,直接对国家安全造成严重损害、一般损害或轻微损害。
- 数据一旦遭受安全威胁,直接对公共利益产生严重损害或一般损害。
- 数据一旦遭受安全威胁,直接对组织权益产生严重损害。
- 数据一旦遭受安全威胁,直接对个人权益产生严重损害。

(2) 满足以下任一条件的数据,确定为三级数据。

- 数据一旦遭受安全威胁,直接对公共利益产生轻微损害。
- 数据一旦遭受安全威胁,直接对组织权益产生一般损害。
- 数据一旦遭受安全威胁,直接对个人权益产生一般损害。

(3) 满足以下任一条件的数据,确定为二级数据。

- 数据一旦遭受安全威胁,直接对组织权益产生轻微损害。
- 数据一旦遭受安全威胁,直接对个人权益产生轻微损害。

(4) 数据遭受安全威胁后,对组织权益和个人权益不产生损害或仅产生可以忽略的微弱损害,但不损害国家安全和公共利益,确定为一级数据。

表 2.9 为数据级别与影响对象、影响程度的对应关系。

**表 2.9　数据分级参考规则**

| 影响对象 | 影响程度 | | | |
| --- | --- | --- | --- | --- |
| | 严重损害 | 一般损害 | 轻微损害 | 无损害 |
| 国家安全 | 四级数据 | 四级数据 | 四级数据 | 一级数据 |
| 公共利益 | 四级数据 | 四级数据 | 三级数据 | 一级数据 |
| 组织权益 | 四级数据 | 三级数据 | 二级数据 | 一级数据 |
| 个人权益 | 四级数据 | 三级数据 | 二级数据 | 一级数据 |

2) 综合确定级别

(1) 按照上述数据分级参考规则,识别四级数据、三级数据、二级数据和一级数据。

(2) 当分级要素涉及多个要素、多个影响对象或影响程度时,应按照就高从严原则确定数据级别。

(3) 数据集级别可基于数据项级别，按照就高从严的原则确定。通常情况下，将数据集中包含的数据项的最高级别作为数据集的默认级别。然而，同时也应考虑到分级要素(例如数据规模)可能会发生变化，需要相应地调整数据集的级别。

(4) 根据数据重要程度和可能造成的危害程度的变化，应对数据级别进行动态更新。

## 2.3.5　数据分级的基本流程

当按照数据分级框架和数据分级基本规则对数据进行定级时，可参考如图2.7所示流程实施。

数据分级的具体步骤如下。

(1) 确定分级对象：确定待分级的数据，如数据项、数据集等。

注：数据项即为数据元素，通常表现为数据库表的某一列字段。数据集由多个数据项组成，表现为数据库表、数据库一行或多行记录集合、数据文件等。

(2) 分级要素识别：结合数据自身的类型、特征和规模，识别数据涉及的分类要素情况。

(3) 数据影响分析：结合数据分级要素识别情况，分析数据一旦遭到泄露、篡改、损毁或非法获取、使用、共享后，可能影响的对象和影响程度。

(4) 综合确定级别：按照数据分级基本规则，综合确定数据级别。

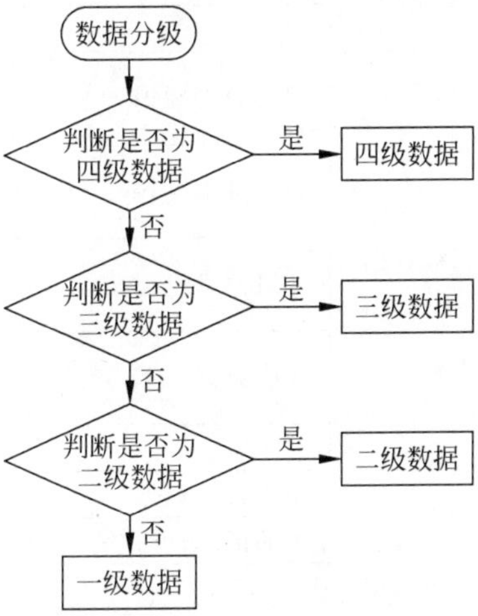


图2.7　数据分级流程

## 2.3.6　数据分级案例

本节以基础电信企业数据分级为例，进行数据分级实践。

基础电信企业数据指的是基础电信企业生产经营和管理活动中产生、采集、加工、使用或管理的网络数据或非网络数据，分级对象为最小数据项。

根据基础电信企业数据重要程度和敏感程度，确定数据资源的安全等级。表2.10为最终的分级示例。

**表2.10　基础电信企业数据分级示例**

| 数据级别 | 数据项 | 内容 |
|---|---|---|
| 四级数据 | 实体身份证明 | 身份证、护照、驾照、营业执照等证件影印件；指纹、声纹、虹膜等 |
| | 用户私密资料 | 揭示个人种族、家属信息、居住地址、宗教信仰、个人健康、私人生活等用户私密信息；<br>《征信业管理条例》等法律、行政法规规定禁止公开的用户其他信息 |
| | 用户密码及关联信息 | 用户网络身份密码及关联信息，如手机客服密码，以及与密码关联的密码保护答案等 |
| | 联系人信息 | 用户通讯录、好友列表、群组列表等用户资料数据 |
| | …… | |

续表

| 数据级别 | 数 据 项 | 内 容 |
|---|---|---|
| 三级数据 | 自然人身份标识 | 客户姓名、证件类型及号码、驾照编号、银行账户、客户实体编号、集团客户编号、集团客户名称等 |
| | 用户使用习惯分析数据 | 用户偏好、消费习惯,通话、短信频次、上网等数量与频次等 |
| | 用户上网行为相关统计分析数据 | 用户网络行为、用户画像等 |
| | 企业发展战略 | 战略计划、战略风险评估等 |
| | …… | |
| 二级数据 | 网络身份标识 | 联系电话、邮箱地址、网络客户编号、即时通信账号、网络社交用户账号等 |
| | 用户基本资料 | 客户职业、工作单位、年龄、性别、籍贯、兴趣爱好等;集团客户所在省市、所在行业等 |
| | 渠道信息 | 渠道(佣金、业务受理等)数据,CP/SP(结算、业务订购等)数据等 |
| | 客服数据 | 满意度调研数据、分析报告,实体渠道第三方监测、营业厅服务质检等信息 |
| | …… | |
| 一级数据 | 违规记录数据 | 用户违规记录和业务违规记录 |
| | 产品信息 | 产品 ID、套餐设置、销售品 ID 等 |
| | 公开业务运营服务数据 | 产品数字内容业务运营数据:业务平台文本、视频、知识库等数字内容运营数据等;资费信息、公开的业务运营数据等 |

## 2.4 数据分类分级案例:运营商数据分类分级

### 2.4.1 概述

#### 1. 分类分级背景

随着通信技术的不断进步和移动网络的广泛覆盖,运营商积累了大量的用户数据,这些数据在提升服务质量、优化网络体验、进行市场分析等方面发挥了重要作用。然而,随之而来的是数据安全和隐私保护问题,尤其是对于敏感数据的非法获取、滥用和泄露,可能严重侵犯用户的隐私权益,影响社会稳定和公共安全。

针对运营商数据面临的安全挑战,进行数据分类分级,对于规范运营商在数据收集、存储、处理、传输、共享等环节的行为,确保数据的合法合规使用,保护用户的隐私权益,维护网络空间安全和社会公共利益,具有重要的现实意义和深远的战略价值。通过建立科学合理的数据分类分级体系,可以有效识别和区分不同级别的数据,对高风险数据采取更加严格的保护措施,同时促进数据资源的合理利用和安全流通,为构建和谐、安全的网络环境提供有力支撑。

#### 2. 数据分类

运营商数据分类方法采用线分类法分为两层,第一层由 13 个一级子类组成,第二层由一级子类的数据元素组成。

(1) 分类对象。运营商在提供通信服务过程中收集和生成的,能够反映用户通信行为、位置轨迹、消费习惯等各类信息的数据集合。

(2) 分类维度。按照业务属性(或特征),对运营商数据进行一级子类的划分,然后按照一级子类内部的数据隶属逻辑关系,将每个一级子类的数据进一步细分为若干二级子类。

(3) 分类类别。运营商数据被分为13个一级子类:位置数据、通信详单、部分用户画像、用户业务基本信息、业务订购信息、合同信息、围栏信息、消费信息、账单、客户服务信息、服务日志、部分用户画像、违规记录;第二层细分成相关的数据元素,例如,一级子类“消费信息”下的数据元素包括预存款、缴费情况、付费方式、话费余额、受赠情况、交易历史记录
等数据元素。

**3. 数据分级**

针对运营商数据发生泄露、篡改、损毁或非法获取、使用、共享后的影响对象、影响程度等要素,进行了数据分级,包括一级、二级和三级三种数据级别。

(1) 确定分级对象。在该运营商数据分级示例中,结合运营商数据量具有较大范围影响规模的背景,单纯针对单个数据项进行分级判定。

下面以二级子类“通话详单”为例进行分级要素识别、数据影响分析以及综合确定级别。

(2) 分级要素识别。在对通话详单进行分级时,需要识别的要素包括数据的精度(如通话记录的详细程度)、规模(涉及的用户数量)、覆盖度(数据覆盖的地理范围)等。

(3) 数据影响分析。如果通话详单数据泄露,可能对用户的隐私权造成损害,影响程度可能从轻微到严重不等,具体取决于泄露数据的规模和类型。同时,数据泄露还可能对运营商的声誉和客户信任造成损害。综合考虑大多数情况下通话详单的数据类型、规模和一旦泄露所造成的实际损害程度等,可以认为通话详单数据遭受安全威胁时,直接对个人利益产生一般损害。

(4) 综合确认级别。基于分级要素识别和影响分析的结果,将通话详单数据判定为三级数据。

## 2.4.2 结果

运营商数据分类分级参考结果如表2.11所示。

**表2.11　运营商数据分类分级参考结果**

| 数据类目(一级子类) | 数据元素(二级子类) | 影响对象 | 影响程度 | 数据级别 |
|---|---|---|---|---|
| 位置数据 | 装机地址 | 自然人 | 一般损害 | 三级 |
| | 行踪轨迹 | 自然人 | 一般损害 | 三级 |
| | 位置经纬度 | 自然人 | 一般损害 | 三级 |
| | 小区代码 | 自然人 | 一般损害 | 三级 |
| | 基站编号 | 自然人 | 一般损害 | 三级 |
| | 位置文字描述 | 自然人 | 一般损害 | 三级 |
| 通信详单 | 通话详单 | 自然人 | 一般损害 | 三级 |
| | 短信详单 | 自然人 | 一般损害 | 三级 |
| | 彩信详单 | 自然人 | 一般损害 | 三级 |
| | 增值业务详单 | 自然人 | 一般损害 | 三级 |
| | 上网流量详单 | 自然人 | 轻微损害 | 二级 |
| 部分用户画像 | 交往圈 | 自然人 | 轻微损害 | 二级 |
| | 家庭信息 | 自然人 | 轻微损害 | 二级 |

续表

| 数据类目（一级子类） | 数据元素（二级子类） | 影响对象 | 影响程度 | 数据级别 |
|---|---|---|---|---|
| 用户业务基本信息 | 用户状态 | 自然人 | 轻微损害 | 二级 |
| | 入网方式 | 自然人 | 轻微损害 | 二级 |
| | 入网起止时间 | 自然人 | 轻微损害 | 二级 |
| | 在网时长 | 自然人 | 轻微损害 | 二级 |
| | 停开机 | 自然人 | 轻微损害 | 二级 |
| | 协议起止时间 | 自然人 | 轻微损害 | 二级 |
| | 消费额度 | 自然人 | 轻微损害 | 二级 |
| | 发展渠道 | 自然人 | 轻微损害 | 二级 |
| | 发展人 | 自然人 | 轻微损害 | 二级 |
| 业务订购信息 | 业务订购 | 自然人 | 轻微损害 | 二级 |
| 合同信息 | 集团客户业务合同 | 其他机构 | 轻微损害 | 二级 |
| | 个人客户协议 | 自然人 | 轻微损害 | 二级 |
| | 优惠信息 | 自然人 | 轻微损害 | 二级 |
| 围栏信息 | 是否在规定围栏范围内 | 自然人 | 一般损害 | 三级 |
| 消费信息 | 预存款 | 自然人 | 一般损害 | 三级 |
| | 缴费情况 | 自然人 | 一般损害 | 三级 |
| | 付费方式 | 自然人 | 一般损害 | 三级 |
| | 话费余额 | 自然人 | 一般损害 | 三级 |
| | 受赠情况 | 自然人 | 一般损害 | 三级 |
| | 交易历史记录 | 自然人 | 一般损害 | 三级 |
| 账单 | 固定费用 | 自然人 | 一般损害 | 三级 |
| | 通信费用 | 自然人 | 一般损害 | 三级 |
| | 欠费信息 | 自然人 | 一般损害 | 三级 |
| 客户服务信息 | 服务等级 | 自然人 | 轻微损害 | 二级 |
| | 信用等级 | 自然人 | 轻微损害 | 二级 |
| | 信用额度 | 自然人 | 轻微损害 | 二级 |
| | 积分 | 自然人 | 轻微损害 | 二级 |
| | VIP 信息 | 自然人 | 轻微损害 | 二级 |
| 服务日志 | Cookie 内容 | 自然人 | 轻微损害 | 二级 |
| | 上网日志 | 自然人 | 轻微损害 | 二级 |
| | App 使用日志 | 自然人 | 轻微损害 | 二级 |
| | 软件使用记录 | 自然人 | 轻微损害 | 二级 |
| | 单击记录 | 自然人 | 轻微损害 | 二级 |
| 部分用户画像 | 兴趣爱好 | 自然人 | 轻微损害 | 二级 |
| | App 偏好 | 自然人 | 轻微损害 | 二级 |
| | 终端偏好 | 自然人 | 轻微损害 | 二级 |
| | 内容偏好 | 自然人 | 轻微损害 | 二级 |
| 违规记录 | 垃圾短信记录 | 自然人 | 无损害 | 一级 |
| | 骚扰电话记录 | 自然人 | 无损害 | 一级 |
| | 诈骗电话记录 | 自然人 | 无损害 | 一级 |
| | 黑名单 | 自然人 | 无损害 | 一级 |

# 小结

本章对数据元素、数据分类和数据分级进行了深入的讲解。数据元素是数据管理的基本单元,通过对对象类、特性和表示的组合,可以定义和识别各种数据。数据分类和数据分级是确保数据安全和合规性的重要手段,它们帮助组织有效管理数据资源,保护敏感信息,并促进数据的合理利用。数据分类是按照数据的属性或特征进行区分和归类的过程,它有助于组织建立清晰的数据管理策略和安全控制措施。而数据分级则是根据数据的重要程度和敏感性,将数据划分为不同的等级,并为每个等级制定相应的安全控制和管理策略。本章案例分析介绍了如何对运营商数据进行分类分级,这不仅有助于规范数据管理,还能够提升数据安全水平,保护用户隐私及维护社会公共利益。

# 习题

在线测试

**一、单项选择题**

1. 数据元素的三个组成部分不包括以下哪项?(　　)

   A. 对象类　　B. 特性　　C. 表示　　D. 数据类型

2. 数据分类的主要目的不包括以下哪项?(　　)

   A. 保护敏感数据　　B. 合理分配资源
   C. 促进数据共享与交换　　D. 增加数据存储空间

3. 在数据分类中,线分类法的特点不包括以下哪项?(　　)

   A. 简单直观　　B. 分类结果具有排他性
   C. 适用于复杂数据　　D. 易于理解和实施

4. 数据分级的基本原则不包括以下哪项?(　　)

   A. 合法合规原则　　B. 分级明确原则　　C. 就低从宽原则　　D. 动态调整原则

5. 数据分级时,影响对象不包括以下哪项?(　　)

   A. 国家安全　　B. 公共利益　　C. 组织权益　　D. 环境权益

6. 数据影响分析的主要内容包括哪两方面?(　　)

   A. 影响对象和影响程度　　B. 数据类型和数据规模
   C. 数据来源和数据用途　　D. 数据精度和数据覆盖度

7. 在数据分级中,以下哪项不是数据分级要素?(　　)

   A. 领域　　B. 群体　　C. 区域　　D. 数据来源

8. 根据数据分级基本规则,以下哪项数据应确定为三级数据?(　　)

   A. 数据一旦遭受安全威胁,直接对个人权益产生严重损害
   B. 数据一旦遭受安全威胁,直接对公共利益产生轻微损害
   C. 数据一旦遭受安全威胁,直接对组织权益产生一般损害
   D. 数据一旦遭受安全威胁,对国家安全、公共利益、组织权益和个人权益均不产生影响

9. 在数据分级中,以下哪项不是影响程度的判定依据?(　　)

   A. 数据来源　　B. 影响对象范围

C. 是否可控　　D. 造成的实际损害程度

## 二、多项选择题

1. 数据元素的组成包括哪些部分？（　　）

A. 对象类　　B. 特性　　C. 表示　　D. 数据值

2. 数据分类的目的包括以下哪些？（　　）

A. 保护敏感数据　　B. 优化存储结构

C. 合理分配资源　　D. 便于管理和审计

3. 数据分类的基本原则包括以下哪些？（　　）

A. 科学性　　B. 实用性　　C. 稳定性　　D. 随意性

E. 扩展性

4. 数据分级应遵循的原则包括以下哪些？（　　）

A. 合法合规原则　　B. 分级明确原则

C. 就高从严原则　　D. 动态调整原则

E. 自主定级原则

5. 数据分级要素包括以下哪些？（　　）

A. 领域　　B. 群体　　C. 区域　　D. 精度

E. 规模

6. 数据影响分析需要考虑的方面包括哪些？（　　）

A. 影响对象　　B. 影响程度　　C. 数据类型　　D. 数据用途

E. 数据来源

7. 以下哪些属于数据分级要素的定性要素？（　　）

A. 领域　　B. 群体　　C. 区域　　D. 精度

E. 规模

8. 以下哪些属于数据分级要素的定量要素？（　　）

A. 精度　　B. 规模　　C. 覆盖度　　D. 重要性

E. 数据来源

9. 数据分级基本规则中，以下哪些条件可以确定为四级数据？（　　）

A. 数据一旦遭受安全威胁，直接对国家安全造成严重损害

B. 数据一旦遭受安全威胁，直接对公共利益产生轻微损害

C. 数据一旦遭受安全威胁，直接对组织权益产生一般损害

D. 数据一旦遭受安全威胁，直接对个人权益产生严重损害

10. 运营商数据分类分级案例中，以下哪些数据元素属于“消费信息”一级子类？（　　）

A. 预存款　　B. 缴费情况　　C. 付费方式　　D. 服务等级

E. 交易历史记录

## 三、判断题

1. 数据元素是数据管理的基本单元，它由对象类、特性和表示三部分组成。（　　）

2. 数据分类的目的是增加数据存储空间和提高数据处理速度。（　　）

3. 线分类法适用于针对一个类别只选取单一维度进行分类的场景。（　　）

4. 数据分级时，应采用就低从宽的原则确定数据分级。（　　）

5. 数据影响分析只考虑数据泄露、篡改、损毁或非法获取、使用、共享后对个人权益的

影响。(　　)

6. 数据分级要素中的定量要素包括精度、规模和覆盖度。(　　)

7. 在数据分级基本规则中，对国家安全产生轻微损害的数据应确定为三级数据。(　　)

8. 运营商数据分类分级案例中，“服务等级”属于“消费信息”一级子类的数据元素。(　　)

9. 数据分级可以帮助组织对数据进行有效管理，保护敏感信息，并促进数据的合理利用。(　　)

10. 数据分类分级是确保数据安全和合规的关键步骤。(　　)

**四、简答题**

1. 简述数据元素的概念及其组成部分。
2. 简述数据分类的过程和它在数据安全管理中的作用。
3. 简述数据分级的概念及其在数据安全管理中的重要性。
4. 简述数据分类和数据分级之间的区别和联系。
5. 简述数据分级对于提升数据安全水平的意义。

**五、论述题**

结合实际案例，分析数据分类分级对企业数据治理和合规性的影响。

# 第 3 章 数据安全防护参考架构

**本章学习目标**

- 掌握数据全生命周期各阶段含义。
- 了解数据全生命周期安全体系。
- 熟悉各阶段的防护需求和安全技术。

本章编者结合数据安全产业经验，提出了数据全生命周期安全防护参考框架，再根据各个阶段的特点介绍其防护需求和实现技术。

## 3.1 数据全生命周期安全

数据作为一种资产，具备资产的通用属性，有完整的生命周期，在数据的整个生命周期各个环节均存在数据安全风险。数据生命周期安全则是从数据生命周期的观点出发，确保数据在生命周期的每个活动阶段的行为和特征符合预期和数据本质。因此，数据生命周期为建设数据安全提供了一种方法论。

数据全生命周期安全是一种综合性的安全理念和实践，旨在保障数据在其从采集、存储、使用、加工、传输、提供、公开到销毁的整个生命周期中的安全性。这种安全策略涵盖了从数据的生成点到最终销毁的全过程，以确保数据在各个阶段都受到适当的保护和控制，防范数据泄露、篡改、滥用和未经授权的访问。

本书根据当前各权威标准、法规，提出了新的数据生命周期，并在此基础上提出了数据全生命周期安全体系，如图 3.1 所示。该体系大致可以分为 5 部分，分别是数据安全治理、数据安全分级防护、数据安全防护技术、数据分级分类和数据安全标准规范。

**1. 数据安全治理**

数据安全治理包含数据安全规划、数据安全建设、数据安全运营和数据安全评估优化 4 项内容。数据安全规划阶段主要确定组织数据安全治理工作的总体定位和愿景，根据组织整体发展战略内容，结合实际情况进行现状分析，制定数据安全规划，并对规划进行充分论证。数据安全建设阶段主要对数据安全规划进行落地实施，建成与组织相适应的数据安全治理能力，包括组织架构建设、制度体系完善、技术工具建立和人员能力培养等。数据安全运营阶段通过不断适配业务环境和风险管理需求，持续优化安全策略措施，强化整个数据安全治理体系的有效运转。数据安全评估优化阶段主要是通过内部评估与第三方评估相结合的方式，对组织的数据安全治理能力进行评估分析，总结不足并动态纠偏，实现数据安全治理的持续优化及闭环工作机制的建立。关于这 4 项内容的详细介绍，请参考第 12 章。

**2. 数据安全分级防护**

数据安全分级防护是基于数据生命周期各个阶段的精细化安全策略。从数据采集开始，到数据存储、使用、加工、传输、提供、公开、销毁等各个环节，都面临着不同的安全挑战和风险。为了确保数据在这些阶段都得到适当的保护，数据安全分级防护提出了针对性的安全防护策

图 3.1 数据全生命周期安全体系

略。关于每个阶段所提出的策略，在本章的后续均会进行详细的介绍。

**3. 数据安全防护技术**

数据安全防护技术涵盖了数据加密、数据脱敏、数据访问控制、数据水印、数据容灾备份、数据安全销毁、隐私计算、数据审计、数据安全治理共 9 部分。数据加密是保障数据传输和存储安全的重要手段，通过使用加密算法和密钥管理技术，确保数据在传输和存储过程中不会被未授权访问或篡改。此外，通过对敏感数据进行脱敏处理，即在保留数据格式的同时去除或替换其中的敏感信息，可以平衡数据安全和业务需求之间的关系。数据访问控制是数据安全基础服务的重要组成部分。通过对用户身份进行验证和授权，确保只有合法用户能够访问和操作数据，有助于防止未经授权的访问和操作，保障数据的安全性和完整性。数据水印是一种用于追踪和保护数据的技术手段，通过在数据中添加特定的标记信息，可以追溯数据的来源。数据容灾备份可以拆分为数据容灾和数据备份。其中，数据容灾是为了在遭遇灾害时能保证信息系统能正常运行，数据备份是为了应对灾难来临时造成的数据丢失问题。数据安全销毁要求针对数据的内容进行清除和净化，以确保攻击者无法通过存储介质中的数据内容进行恶意恢复。隐私计算是指通过在保证数据提供方不泄露原始数据的前提下，对数据进行分析计算，可以保障数据以“可用不可见”的方式进行安全流通。数据审计是通过对数据进行采集、转换、清理、验证和分析，帮助审计人员掌握总体情况，发现审计线索，搜集审计证据，从而进一步形成审计结论，实现审计目标。数据安全治理以人与数据为中心，通过平衡业务需求与风险，制定数据安全策略，对数据分级分类，对数据的全生命周期进行管理，从技术到产品、从策略到管理，提供完整的产品与服务支撑。

**4. 数据分类分级**

数据分类分级对于数据基础制度建设具有重要意义，不仅是完善数据产权、规范数据交易的前提条件，也是维护数据安全的必要手段。国家和地方制定出台系列法律政策和标准规范，如《网络安全法》《数据安全法》《个人信息保护法》《网络数据安全管理条例（征求意见稿）》《工业数据分类分级指南（试行）》等，为数据分类分级提供上位法和操作指导。

**5. 数据安全标准规范**

在对数据进行安全防护的同时，也需要遵守相应的数据安全标准规范。当前，已有许多政府或企业等官方机构出台了数据安全的标准规范，例如 2019 年 8 月 30 日，国家市场监督管理总局和中国国家标准化管理委员会发布的国家标准 GB/T 37973—2019《信息安全技术 大数据安全管理指南》；2023 年，中关村网络安全与信息化产业联盟和数据安全治理专业委员会编著的《数据安全治理白皮书 5.0》。众多标准规范出台，不仅意味着数据安全的重要性与日俱增，更指明了数据安全的发展正朝着更加合理规范的方向稳步前进。

总体而言，数据全生命周期安全体系的作用是建立一个全面、系统的数据安全框架，保障数据在其整个生命周期中受到有效的保护，从而维护组织的声誉、确保业务的正常运作，并遵守法规和合规性要求。

此外，数据全生命周期安全体系具有多重意义，对个人、组织和社会都具有重要影响，主要体现在以下几方面。

(1) 保护隐私和个人信息安全。

在今天的数字化时代，个人信息安全至关重要。通过数据全生命周期安全体系，可以确保个人信息在数据的创建、传输、存储和处理过程中得到有效保护，防止个人隐私泄露和身份盗窃等问题。

(2) 维护商业机密和竞争优势。

对于企业和组织而言，数据往往是最宝贵的资产之一。数据全生命周期安全确保了商业机密和敏感信息在整个生命周期中受到保护，避免了竞争对手和恶意行为者获取关键信息，从而维护了企业的竞争优势和商业利益。

(3) 确保数据的准确性和完整性。

数据在整个生命周期中可能会经历多次处理、传输和存储，这些过程中可能会出现数据损坏、篡改或丢失的风险。数据全生命周期安全通过技术手段和管理措施，确保数据的准确性和完整性，提高了数据的可信度和可用性。

(4) 遵守法规和合规性要求。

许多国家和地区都制定了严格的数据安全保护法规和合规性要求，要求组织在处理数据时必须保证数据的安全和隐私。数据全生命周期安全帮助组织确保其数据处理活动符合法规和合规性要求，避免了可能的法律责任和罚款。

(5) 增强信任和声誉。

组织通过有效保护数据的安全和隐私，可以增强用户、客户和合作伙伴对其的信任度，提升企业的声誉和品牌形象。信任是企业长期发展的基石，良好的数据安全措施有助于建立和维护信任关系。

(6) 降低安全风险和成本。

数据泄露、数据丢失和数据被篡改等安全事件可能导致严重的商业损失和声誉损害。通过实施全生命周期安全措施,可以降低数据面临的安全风险,减少潜在的损失和成本。

# 3.2 数据采集安全

## 3.2.1 安全要求概述

数据采集安全是指根据组织对数据采集的安全要求,建立数据采集安全管理措施和安全防护措施,规范数据采集相关的流程,从而保证数据采集的合法、合规、正当和诚信。数据采集过程涉及包括个人信息和商业数据在内的海量数据,当前对个人隐私和商业秘密的保护提出了很高要求,为了防止个人信息和商业数据滥用,采集过程需要获得信息主体的授权,其间需要遵守国家相关法律、行政法规的规定和用户的约定。另外,还要在满足法律法规的前提下,在数据应用和数据安全保护之间寻找一个适度平衡。

在数据采集环节,风险威胁涵盖保密性威胁、完整性威胁,以及超范围采集用户信息等。保密性威胁指攻击者对信息流向、流量、通信频度和长度等参数的分析,窃取敏感的、有价值的信息;完整性威胁指攻击者实施数据伪造、刻意篡改、数据与元数据的错位,或者在源数据端注入破坏完整性的恶意代码。

下面将根据图3.2中的内容展开叙述。

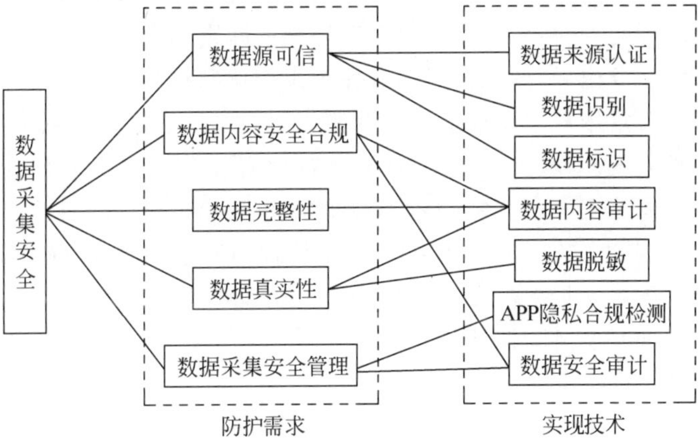


图3.2 数据采集阶段需求——技术映射图

## 3.2.3 防护需求与技术

### 1. 数据源可信

随着数据量的增加,数据可靠性和质量变得越来越重要。可信数据是指可信任、可靠、准确的数据。在大数据领域,可信数据的重要性更是凸显。可信数据可以帮助企业更好地做出决策,提高业务效率,降低风险。

数据采集安全首要考虑的应当是数据源的安全问题。对数据采集来源进行管理的目的是确保采集数据的数据源是安全可信的,确保采集对象是可靠的。采集数据源的安全可通过数据源可信验证技术来实现,包括可信管理、身份鉴定、用户授权等。

数据来源认证是数据采集安全过程中的重要步骤,可分为数据源鉴别和数据源记录两部分。数据源鉴别是指对收集的数据源进行身份识别，以防止组织机构采集到其他非法或不被认可的数据源产生的数据，防止采集到错误的或失真的数据；数据源记录是指对需要提供数据采集服务的数据源进行标识与记录，保证可以在必要时对数据源进行追踪和溯源。

**2. 数据内容安全合规**

亿万数据要素市场的有效运转，离不开数据安全合规这一基础和前提。2023 年 12 月 31 日，国家数据局等 17 个部门联合发布《"数据要素×"三年行动计划(2024—2026 年)》，对加强数据安全保障提出了系统要求。随着制度体系逐步建立健全，落实数据安全法规制度、网络安全等级保护、关键信息基础设施安全保护等制度，根据数据分类分级保护的要求，加强个人信息和重要数据的保护，成为当前数据安全合规治理的重点。

1) 个人信息保护

个人信息保护是数据内容安全合规的一大关键。事实上，从我国数据合规的立法与执法案例不难窥见，其中关于个人信息的全面保护一直以来都是企业数据合规中的最关键目的和立法的制度核心。我国关于个人信息的立法保护最早可以追溯到 2004 年 1 月 1 日生效的《居民身份证法》，规定公安机关对因制作、发放、查验、扣押居民身份证而知悉的公民的个人信息，应当予以保密。而各行业的意识全面提升和技术手段跟进，是从 2017 年《网络安全法》的实施开始，从"网络信息安全"的角度明确规定了网络运营者的多项个人信息保护义务。同年，《民法总则》颁布，规定任何组织和个人不得非法收集、使用、加工、传输、提供或公开他人个人信息，从民事基本法层面确立了公民就个人信息享有权益。2020 年通过的《中华人民共和国民法典》在此基础上更进一步，以专章对"隐私权和个人信息保护"做出规定。2021 年，《个人信息保护法》出台实施，细化、完善个人信息保护应遵循的原则和个人信息处理规则，明确个人信息处理活动中的权利义务边界，健全个人信息保护工作体制机制。

《网络安全法》对收集用户信息规定了明示原则，并要求对收集的用户信息严格保密并建立健全用户信息保护制度。《数据安全法》从宏观方面对保护数据安全做出了规定，如开展数据处理活动不得危害国家安全、公共利益，不得损害个人、组织的合法权益；收集数据应当采取合法、正当的方式；应建立健全全流程数据安全管理制度，采取相应的技术措施和其他必要措施保障数据安全；开展数据处理活动应当加强风险监测；重要数据的处理者应当按照规定对其数据处理活动定期开展风险评估等。

2) 重要数据保护

2022 年 9 月 14 日发布的国家标准《信息安全技术 网络数据分类分级要求》征求意见稿给出了重要数据的定义：特定领域、特定群体、特定区域或达到一定精度和规模的数据，一旦被泄露或篡改、损毁，可能直接危害国家安全、经济运行、社会稳定、公共健康和安全。为了加强重要数据的保护，《数据安全法》在国家数据安全制度构建方面，除了规定建立数据分类分级保护制度，数据安全风险评估、报告、信息共享、监测预警机制，数据安全应急处置机制等基本制度外，还针对重要数据规定了重要数据目录制定、数据安全审查和数据出口管制等制度。

(1) 重要数据目录的制定。

制定重要数据目录一般应当考虑以下因素。

第一，数据的类型。有关国家安全、国计民生、公共利益行业或领域的数据，因其关系重大，通常应作为重要数据进行保护。其中，关系国家安全、国民经济命脉、重要民生、重大公共利益的数据，还应作为国家核心数据进行严格保护。

第二，数据的数量。数据数量往往会影响其所蕴含的社会、经济价值；数量越大，所蕴含的社会、经济信息价值越大，发生泄露、披露或滥用时，危害国家安全和损害社会公共利益的风险越大。因此，大规模的数据应当纳入重要数据范畴。

第三，可能的危害后果。数据的重要性还可以从危害后果角度进行评估。假定数据遭到了篡改、破坏、泄露或者非法获取、非法利用，根据其对国家安全、公共利益或者个人、组织合法权益造成的危害程度，如经济损失、负面影响、持续时间等，通常可以分为三类：危害较小，危害较大，危害巨大。可能造成较大危害或巨大危害的数据，就可以纳入重要数据范围。

（2）重要数据的安全审查制度。

数据安全审查源于《国家安全法》上的国家安全审查制度。《国家安全法》规定，国家建立国家安全审查和监管的制度和机制，对影响或者可能影响国家安全的外商投资、特定物项和关键技术、网络信息技术产品和服务，涉及国家安全事项的建设项目，以及其他重大事项和活动，进行国家安全审查，有效预防和化解国家安全风险。

（3）重要数据的出口管制制度。

根据《数据安全法》第25条规定，国家对与维护国家安全和利益、履行国际义务相关的属于管制物项的数据依法实施出口管制。上述有关管制物项的数据，通常也属于重要数据。与维护国家安全和利益相关的管制物项数据自然属于重要数据范畴，而与履行国家义务相关的管制物项数据，因为对该项数据的不当泄露或出口，会直接影响我国对国际义务的履行，事关我国国家信誉和国际形象，直接或间接损害国家利益，因而也应纳入重要数据范畴。

3）数据跨境传输

当前各界对数据跨境界定仍存在差异，尚未形成统一认知。通常将其理解为“数据从一法域被转移至另一法域的行为”或“跨越国界对存储在计算机中的机器可读数据进行处理”。以“境外实体接触”为标准，数据跨境主要包括以下三类。

第一类：数据跨越国界的传输、转移行为。

第二类：尽管数据尚未跨越国界，但能够被境外的主体进行访问。

第三类：数据跨越国界采集，直接从位于另一法域的数据主体处采集数据至处理方所在地。

随着《数据安全法》《个人信息保护法》的最终颁布施行，《数据安全出境评估办法》（征求意见稿）、《网络数据安全管理条例》（征求意见稿）、《网络安全审查办法》（征求意见稿）对于执行细节制定工作的稳步推进，我国已建立了数据出境的基本合规框架，为数字经济的发展奠定了最坚实的基础。该框架一方面采纳了国际通行的数据跨境流动原则及制度，将我国的数据出境合规规则积极地融入全球数据跨境流动的规则体系中去；同时，其展现的创新性安全审查审批制度、安全与发展的平衡之道，也为全球的数据跨境流动体系做出了“中国贡献”。

针对数据内容安全合规问题，通常使用数据识别、数据标识、数据内容审计、数据脱敏、App隐私合规检测和数据安全审计等技术，以确保采集的数据符合各项法规制度和要求。数据识别技术通过对数据进行分类和识别，帮助确定哪些数据是敏感数据，从而为数据保护和合规性检测提供基础。数据标识通过对数据进行标签化，明确标识其敏感性等级和使用权限，确保合规要求得到遵守。数据内容审计通过实时监控和记录数据操作行为，及时发现数据访问和处理过程中的异常情况，保证操作的合法性和合规性。数据脱敏技术可以在保留数据的可用性同时，降低数据泄露风险。App隐私合规检测通过分析应用程序的数据收集、存储、使用和共享行为，避免数据滥用和泄露。数据安全审计技术能对数据处理和访问全过程进行全程监控和审计，确保每个环节符合合规性要求，并提供合规性报告，从而减少法律和安全风险。

**3. 数据完整性**

数据完整性是信息安全的三个基本要点之一，是指在传输、存储信息或数据的过程中，确保信息或数据不被未授权地篡改或在篡改后能够被迅速发现。许多行业和法规对数据的完整性提出了具体要求，如金融行业的合规性要求、医疗行业的个人隐私保护要求等。保证数据的完整性有助于组织和企业遵守相关的合规性要求，避免面临法律责任和处罚。数据完整性的一个主要目标是防止数据在传输或存储过程中被未经授权地篡改。通过数据完整性保护机制，如加密、数字签名等技术，可以检测到数据是否被篡改，并在发现篡改时及时做出响应，保证数据的完整性。利用数据识别技术，可以准确识别和分类不同类型的数据，从而为数据完整性的保护提供基础。此外，还可以通过数据内容审计技术，进一步检验数据采集过程中的内容完整性和合规性。

**4. 数据真实性**

由于数据采集来源的多样性和数量庞大，以及当前生成式人工智能技术的兴起，确保采集到的数据真实可信变得异常困难。此外，在涉及个人隐私的数据采集过程中，保护数据所有者的隐私也是一个至关重要的任务。因此，为了确保数据真实性和保护隐私，需要运用相应的技术手段提供保障。

首先，数据识别可以识别数据的来源和类型，有助于验证数据的真实性，确保数据没有经过伪造或篡改。然后，数据标识通过为每类数据分配唯一标识符或标签，提供数据的追溯能力，可以验证数据的原始性和完整性。最后，通过建立真实数据规则库及采用数据内容审计技术，检验数据的真实性。通过这种方式可以创建一个基于真实数据的规则库，然后利用数据内容审计技术来验证采集到的数据是否符合这些规则，从而确保数据的可信度和真实性。

**5. 数据采集安全管理**

数据采集安全管理，在 GB/T 37988—2019《信息安全技术 数据安全能力成熟度模型》中描述定义为在采集外部客户、合作伙伴等相关方数据的过程中，组织应明确采集数据的目的和用途，确保满足数据源的真实性、有效性和最少够用等原则要求，并明确数据采集渠道、规范数据格式以及相关的流程和方式，从而保证数据采集的合规性、正当性、一致性。

在数据采集安全管理环节，通常采用 App 隐私合规检测和数据安全审计等技术。App 隐私合规检测是一种评估和确保移动应用程序(App)在处理用户个人信息时遵守相关法律法规的过程。这个过程包括对 App 的隐私政策文本的合规性(形式合规)和代码层面的合规性(实质合规)进行检查。检测的目标是从个人信息收集、权限使用场景、超范围采集、隐私政策、三方 SDK 等多个维度帮助企业和开发者提前识别 App 隐私合规相关风险，规避监管通报、应用下架等重大风险。对于数据安全审计，陕西省地方标准 DB 61/T 1636—2022《数据安全审计规范》给出的定义是，对被审计对象的数据在数据安全运营、数据安全风险、数据安全事件中的合规性和安全性进行审查、监督与持续改进。数据安全审计涉及的技术包括数据加密技术、访问控制技术、身份认证技术、审计追踪技术等，利用这些技术能够有效规避数据采集过程中的风险。

通过上述严格的数据采集安全管理措施，可以有效预防数据泄露、篡改、损坏等风险，保护个人隐私和机密信息不受未经授权的访问和利用。同时，数据采集安全管理也有助于提升数据质量和可信度，为数据分析、决策和创新提供可靠的基础。

## 3.3 数据存储安全

### 3.3.1 安全要求概述

数据存储安全是指根据组织内部数据存储安全要求，提供有效的技术和管理手段，防止对存储介质的不当使用而可能引发的数据泄露风险，并规范数据存储的冗余管理流程，保障数据可用性，实现数据存储安全。数字经济时代，信息技术已经渗透到生活的方方面面，人工智能、大数据、5G等新技术发展使得数据量呈指数级增长，数据激增带来存储计算需求的飞速增长，为数据存储安全带来了新需求、新挑战和新机遇。

在数据存储环节，风险威胁来自外部因素、内部因素、数据库系统安全等。外部因素包括黑客脱库、数据库后门、挖矿木马、数据库勒索、恶意篡改等；内部因素包括内部人员窃取、不同利益方对数据的超权限使用、弱口令配置、离线暴力破解、错误配置等；数据库系统安全包括数据库软件漏洞和应用程序逻辑漏洞，如SQL注入、提权、缓冲区溢出，存储设备丢失等其他情况。

本节将通过先介绍数据存储合规、数据存储安全、存储完整性和数据时效性来讲述数据存储安全的防护需求，然后简单介绍数据加密、数据容灾备份、数据脱敏、访问控制和数据安全审计等技术，如图3.3所示。

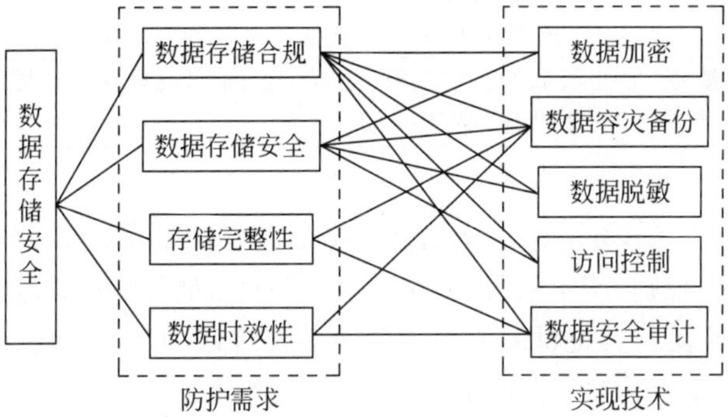


图3.3　数据存储安全需求-技术映射图

## 3.3.2　防护需求与技术

### 1. 数据存储合规

1）存储期限

不同的法律法规及文件针对存储时间有着不同的规定，这些规定往往基于不同的行业标准、数据类型和法律要求。理解和遵守相关法律法规以及内部政策对于确定数据存储时间非常重要。应根据自身业务需求、法律要求和最佳实践制定合适的数据管理策略，确保数据存储合规性。这里总结了部分数据存储时间的明文规定，如表3.1所示。

**表3.1　数据存储时间规定**

| 依据法条 | 具体规定 |
| --- | --- |
| 《网络安全法》第21条 | 网络运营者应当履行以下安全保护义务：制定内部安全管理制度和操作规程，确定网络安全负责人，落实网络安全保护责任，采取防范计算机病毒和网络攻击、网络侵入等危害网络安全行为的技术措施；采取监测、记录网络运行状态网络安全事件的技术措施，并按照规定留存相关的网络日志不少于6个月 |
| 《个人信息保护法》第19条 | 除法律、行政法规另有规定外，个人信息的保存期限应当为实现处理目的所必要的最短时间 |

续表

| 依 据 法 条 | 具 体 规 定 |
| --- | --- |
| GB/T 35273—2020《信息安全技术个人信息安全规范》第 6.1a) | 个人信息存储期限应为实现个人信息主体授权使用的目的所必需的最短时间，法律法规另有规定或者个人信息主体另行授权同意的除外。超出上述个人信息存储期限后，应对个人信息进行删除或匿名化处理 |
| 《数据安全管理办法(征求意见稿)》第 20 条 | 网络运营者保存个人信息不应超出收集使用规则中的存储期限，用户注销账号后应当及时删除其个人信息，经过处理无法关联到特定个人且不能复原(以下称匿名化处理)的除外 |
| 《网络游戏管理暂行办法》第 19 条 | 网络游戏运营企业发行网络游戏虚拟货币的，应当遵守以下规定：(三)保存网络游戏用户的购买记录。保存期限自用户最后一次接受服务之日起，不得少于 180 日 |
| 《网络游戏管理暂行办法》第 20 条 | 网络虚拟货币交易服务企业应当遵守以下规定：(四)接到利害关系人、政府部门、司法机关通知后，应当协助核实交易行为的合法性。经核实属于违法交易的，应当立即采取措施终止交易服务并保存有关记录。(五)保存用户间的交易记录和账务记录等信息不得少于 180 日 |
| 《互联网直播服务管理规定》第 16 条 | 互联网直播服务提供者应当记录互联网直播服务使用者发布内容和日志信息，保存 60 日 |

2）存储范围

《网络安全法》第 41 条规定：网络运营者收集、使用个人信息，应当遵循合法、正当、必要的原则，公开收集、使用规则，明示收集、使用信息的目的、方式和范围，并经被收集者同意。

网络运营者不得收集与其提供的服务无关的个人信息，不得违反法律、行政法规的规定和双方的约定收集、使用个人信息，并应当依照法律、行政法规的规定和与用户的约定，处理其保存的个人信息。

由此可见，网络运营者想要搜集、存储个人信息，应当遵循“必要性原则”。

《个人信息保护法》第 6 条也指出，处理个人信息应当具有明确、合理的目的，并应当与处理目的直接相关，采取对个人权益影响最小的方式。

收集个人信息，应当限于实现处理目的的最小范围，不得过度收集个人信息，存储数据的范围应当为实现目的的最小范围。

为了实现数据存储合规，从技术层面上来说可以分为存储内容、访问控制、存储安全管理三个部分。首先，针对存储内容本身的安全，通常用到的技术包括数据加密、数据容灾备份和数据脱敏。数据加密能确保被存储数据的完整性和机密性，数据容灾备份可以应对数据丢失的情况，数据脱敏能够保护数据的隐私。其次，访问控制技术在数据存储安全中的作用主要体现在保护数据隐私、防止数据泄露和篡改、遵守合规性要求，以及管理数据权限等方面，是确保数据存储安全和合规性的重要手段之一。最后，存储安全管理需要用到数据安全审计技术，来发现安全漏洞、监控数据访问、合规性验证、事后追溯和调查。对于上述技术，读者可以翻阅教材第 2 部分——数据安全原理与技术，进行更加深入的学习。

**2. 数据存储安全**

数据存储安全可以确保个人和敏感信息的保密性，例如，使用数据加密和数据脱敏技术对数据的完整性和隐私提供保障。对于个人、企业和组织来说，数据是宝贵的资产，其中可能包含有关客户、员工、合作伙伴以及业务运营的敏感信息。通过采取合适的安全措施，如访问控制可以防止未经授权的访问和数据泄露，保护个人隐私和敏感信息的安全。数据存储安全措施还可以确保数据的完整性和可用性。例如，数据丢失或损坏可能由多种原因引起，如硬件故障、自然灾害、人为错误等。而通过定期备份数据、实施冗余存储和恢复策略，可以最大限度地减少数据丢失风险，并保证数据在需要时能够及时恢复。

**3. 存储完整性**

存储完整性指的是数据在存储过程中保持完整、不被篡改或损坏的状态。这种完整性的保证对于数据的可信度、可靠性和可用性至关重要。数据在存储过程中如果遭到意外损坏或篡改，可能导致数据不可用或不完整，进而影响到数据的使用和分析。通过确保存储完整性，可以最大程度地减少数据损坏或篡改的风险，确保数据的可靠性和可用性，保障业务的正常运行，此种情况通常会使用数据容灾备份技术来实现。而数据安全审计可以通过分析审计日志，发现数据存储系统中存在的潜在安全风险和漏洞。例如，检测到频繁的登录失败或异常的数据访问行为可能暗示着未经授权的访问尝试，需要及时进行调查和处理，以防止数据泄露或篡改等安全事件发生。

**4. 数据时效性**

数据时效性是指数据在不同的时间具有很大的性质上的差异，这个差异性定义为数据时效性，时效性影响着数据质量，随着时间的推移，数据质量会快速地下降。

数据的时效性对数据确权、入表、交易等方面都有很大影响。一是在数据确权方面，由于原始数据贬值最快，因此，原始数据所有者对数据的权益最小，甚至可以忽略不计；二是在数据定价和入表方面，由于数据贬值速度快，当企业将数据产品以无形资产或存货科目计入企业资产时，应该计提相应的大比例的无形资产减值准备或存货减值准备；三是在数据交易方面，对数据卖方来说，数据交易的前期沟通时间越长，其拥有数据的价值就越低，而对于数据买方来说，交易的数据对象如果没有及时交付，其价值就会大打折扣。因此，对数据时效性的把控是一个重要任务。

通常，在突发情况下导致的数据丢失会破坏已存储数据的时效性，此时需要使用数据容灾备份技术进行及时补救。例如，在日常工作时需要制定备份计划，备份数据到磁带、硬盘等存储介质中，并存放在安全的地方，以便需要时进行数据恢复。此外，数据安全审计在数据时效性方面的作用主要是确保数据的处理、传输和存储过程中能够及时准确地反映数据的最新状态，从而保障数据的时效性和可用性。

## 3.4 数据使用安全

### 3.4.1 安全要求概述

数据使用指通过数据分析和数据可视化等技术从数据中提取信息，提炼出有用知识和价值的系列操作。数据使用的主要操作包括但不限于数据查询、数据读取、数据索引、批处理、交互式处理、流处理、数据统计分析、数据预测分析、数据关联分析、数据可视化、生成分析报告等。

在数据使用环节，风险威胁来自于外部因素、内部因素、系统安全等。外部因素包括账户劫持、APT 攻击、身份伪装、认证失效、密钥丢失、漏洞攻击、木马注入等；内部因素包括内部人员、DBA 违规操作窃取、滥用、泄露数据等，如非授权访问敏感数据、非工作时间、工作场所访问核心业务表、高危指令操作；系统安全包括不严格的权限访问、多源异构数据集成中隐私泄露等。针对上述威胁需要采取众多防护技术予以保障。下面将根据图 3.4 对本节内容展开介绍。

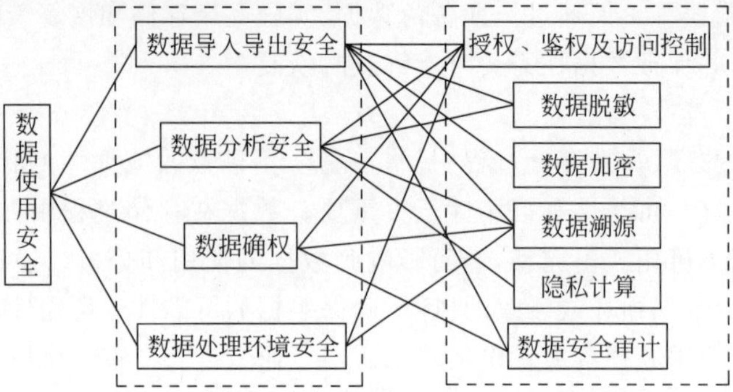


图 3.4　数据使用安全需求-技术映射图

### 3.4.2　防护需求与技术

**1. 数据导入导出安全**

数据导入导出是数据交换过程中的重要步骤，因为在数据交换的过程中存在着大量数据导入导出的场景及需求，而在此过程中，由于导入导出的数据量一般来说都是比较大的，因此数据导入导出过程更容易成为攻击者瞄准的目标。数据导入导出过程面临着十分严峻的数据泄露、数据篡改等安全风险，所以进行数据导入导出安全管理的建设十分有必要。通过数据导入导出过程中对数据的安全性进行管理，防止数据导入导出过程中可能对数据自身的可用性和完整性构成的危害，降低可能存在的数据泄露风险。

数据导入导出安全的技术工具应从两方面来设计：一方面是数据导入安全，其作用是防止导入恶意数据，造成数据被篡改或破坏；另一方面是数据导出安全，其作用是防止导出未授权的数据，造成敏感信息泄露。完整的数据导入导出安全工具应该同时包含两方面。其次，由于导入导出作业的数据量一般都比较大，因此数据导入导出安全的技术工具还需要具备对导入导出的数据进行可用性和完整性校验的功能。

数据导入导出安全的全流程必须包含以下几个技术。

（1）授权、鉴权及访问控制。

只有通过身份认证的用户才可以使用数据导入导出管理平台/工具，进行后续的数据导入导出作业，身份认证应为多因素认证。不同的身份访问数据导入导出管理平台/工具，会获得不同的数据导入导出权限，权限分配应遵循“最小够用”原则。

（2）数据脱敏。

导入数据时进行脱敏处理可以防止内部人员造成的数据泄露，导出数据时对某些敏感数据进行脱敏可以保护数据所有者的隐私。

（3）数据加密。

在数据导入或导出阶段对数据进行加密，可以在数据传输过程中确保数据的完整性不被破坏。

（4）数据溯源。

将数据溯源技术应用于数据导入导出阶段，可以确保数据在传输过程中出现被篡改、伪造或发生泄漏等情况时，能够追本溯源，以明确责任承担方。

（5）数据安全审计。

在执行数据导入操作时，在进行最终的导入之前，需要对数据的格式、安全性和完整性等进行审计,只有通过审计的数据,才允许执行最终的导入动作;在执行数据导出操作时,需要对导出的数据先进行完整性校验,校验通过后才能结束导出作业。

上述几种技术的详细内容读者可查阅本教材第2部分数据安全原理与技术的相应章节。

**2. 数据分析安全**

通过在数据分析过程中采取适当的安全控制措施,可以防止数据挖掘、分析过程中有价值信息和个人隐私泄露的安全风险。在当前信息爆炸的时代,数据面临着越来越多的威胁。黑客、病毒、恶意软件等安全风险无时不在,数据泄露和信息窃取的事件也屡见不鲜。数据安全分析的重要性体现在以下几方面。

(1) 及早发现潜在的安全威胁,避免数据遭受损失。

(2) 提高数据安全性和保密性,保护个人隐私和商业机密。

(3) 加强对数据的监控和管理,防止未授权的访问和篡改。

(4) 遵守相关法律法规,避免因数据泄露而面临的法律风险和商誉损失。

通常在数据分析中,为了提供安全保障,会采用访问控制、数据脱敏、数据溯源、隐私计算等技术。通过权限管理和身份验证,限制用户对数据的访问,确保只有授权用户可以访问敏感数据,并根据其权限级别控制其对数据的操作。在分析之前对数据进行脱敏处理,可以减少敏感信息的泄露风险。此外,使用数据溯源确保对数据的修改、操作都可以被追溯和审计。隐私计算则通过加密技术或安全多方计算等方法,确保在数据分析过程中保护用户隐私,防止敏感数据暴露。

**3. 数据确权**

所谓数据确权,是通过对数据处理者等赋权,使其对数据享有相应的法律控制手段,从而在一定程度或范围内针对数据具有排除他人侵害的效力。数据确权有利于激励数据生产,有利于促进数据流通,有利于解决"数据孤岛"困境。在数据使用阶段,需要通过数据确权,明确数据处理者的权限。一方面,可以限制数据处理者使用数据的权利,防止数据滥用;另一方面,可以进一步保护数据内容,防止数据遭受篡改、窃取等恶意攻击。

在数据确权中,需要用到授权、鉴权、访问控制、数据溯源和数据安全审计技术。在数据确权中,授权定义了哪些用户或实体有权访问特定的数据资源,鉴权用于验证用户或实体是否具有访问特定数据资源的权限,有效的访问控制机制可以防止未经授权的访问和潜在的数据泄露风险,从而保护数据的安全性和隐私性。数据溯源在数据确权中通过记录数据的操作和传输历史,保证数据的可信度、完整性和安全性,同时为解决数据纠纷和责任追究提供了有力的支持。数据安全审计可以验证数据使用是否符合相关法规和政策要求,确保数据处理者的操作符合法律规范。

**4. 数据处理环境安全**

数据处理环境安全是指如何有效地防止数据损坏,丢失或泄密等问题,例如,数据在录入、处理、统计或打印的过程中,由于硬件故障、断电、死机、人为的误操作、程序缺陷、病毒等造成的数据库损坏或数据丢失问题,以及某些敏感或保密的数据可能会被不具备资格的人员操作或读取,从而造成数据泄密的问题。

为了保证数据处理环境的安全,需要使用访问控制和数据溯源技术。

1) 网络访问控制措施

网络访问控制措施通常包含网络隔离,部署堡垒机和远程运维管理等,具体如下。

(1) 网络隔离。

数据处理平台对生产数据网络与非生产数据网络进行安全隔离,由于从非生产数据网络不能直接访问生产数据网络中的任何服务器和网络设备,因此从非生产数据网络中不能对生产数据网络发起攻击。

(2) 部署堡垒机。

为了平衡效率和安全性,在运维入口部署堡垒机,只允许办公网的运维人员快速通过堡垒机进入数据处理平台进行运维管理。运维人员登录堡垒机时,需要使用域账号密码加动态口令的方式进行双因素认证,堡垒机通常会使用高强度加密算法,以保障运维通道数据传输的机密性和完整性。

(3) 远程运维管理。

可以为不在公司的员工提供远程运维通道,运维人员需要预先向数据处理环境安全管控部门申请 VPN 接入公司办公网之后访问堡垒机的权限。VPN 在接入公司办公网络的接入区时,需要使用域账号密码加动态口令的方式进行双因素认证,再从办公网接入区访问堡垒机,VPN 通常会使用高强度加密算法,以保障运维通道数据传输的机密性和完整性。

2) 数据溯源

制定数据处理溯源策略和溯源机制,溯源数据存储和使用的管理制度,并制定溯源数据的表达方式和格式规范,从而实现溯源数据的规范化组织、存储和管理。

# 3.5 数据加工安全

## 3.5.1 安全要求概述

数据加工是指对原始数据进行清洗、转换、整合等操作,以便于进行后续的数据分析和挖掘。数据加工的主要目标是将原始数据转换为有价值的信息,以满足企业或个人的需求。数据加工包括但不限于数据清洗、数据转换、数据整合、数据质量检查等。

在数据加工环节,泄露风险主要是由分类分级不当、数据脱敏质量较低、恶意篡改/误操作等情况所导致。接下来将围绕图 3.5 展开叙述。

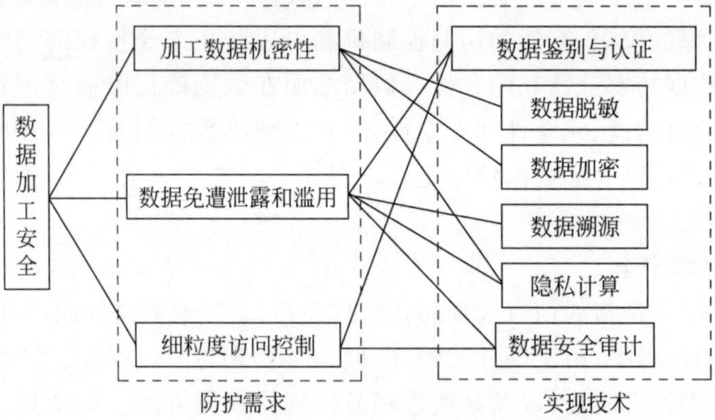


图 3.5 数据加工安全需求-技术映射图

## 3.5.2 防护需求与技术

### 1. 加工数据机密性

在数据加工过程中,保护数据的机密性是至关重要的。这要求采取严格的防护措施,确保敏感信息在清洗、整合、转换和分析等各个环节不被未授权访问或泄露。为此，需实施如数据加密、数据脱敏、隐私计算等策略，以保障数据在加工过程中的安全性，防止机密数据遭受非法获取或滥用，从而维护数据所有者的隐私权益。同时，还需关注加工环境的物理安全和网络安全，确保整个数据加工过程符合相关法律法规的要求，降低数据泄露风险。

**2. 数据免遭泄露和滥用**

在数据加工过程中，面临着诸多潜在的安全威胁，包括数据泄露、不当访问、数据滥用等风险。同时，敏感信息可能因网络攻击、内部人员失误等原因泄露给未经授权的第三方。因此，需要使用数据鉴别与认证、数据溯源、隐私计算、数据安全审计等措施来降低数据泄露的风险。

数据鉴别通过验证数据的来源和完整性，建立数据的信任基础；而数据认证则利用技术手段如数字签名、加密算法和哈希函数，进一步保障数据在加工过程中的安全性和机密性。数据溯源能够在数据加工过程出现数据泄露和滥用的情况下，通过数据流转路径及时溯源，找到威胁来源。隐私计算能在保护数据本身不被泄露的前提下，实现数据的分析计算，有利于保护数据在加工阶段的隐私。数据安全审计通过对数据加工过程进行全面审计，确保数据加工活动符合安全规范，有效预防数据泄露和滥用。

**3. 细粒度访问控制**

在数据加工过程中，由于数据会经过多个不同权限用户的处理，如数据录入员、数据分析师、数据科学家以及管理层等，每个角色对数据的访问和操作需求各不相同。因此，仅依靠传统的粗粒度访问控制已无法满足复杂的数据安全需求。为了确保数据的安全性和完整性，需要使用更加细粒度的访问控制策略来进行权限管控。这包括对用户进行角色划分，为不同角色设定不同的数据访问和操作权限，以及实现动态的权限管理，根据业务需求和用户行为实时调整权限设置。通过实施细粒度的访问控制，可以有效地防止数据泄露、误操作等风险，保障数据加工过程的顺利进行。

细粒度访问控制是基于对单个数据资源的多个条件和/或多个权限来授予或拒绝对关键资产(如资源和数据)的访问的能力。在细粒度访问控制中，对于每个数据资源，都可以定义精细的访问控制规则，以确保数据的安全性和保密性。细粒度访问控制通常用于对数据安全要求非常高的系统，如金融、医疗等领域。在此基础上，使用数据鉴别与认证和数据安全审计等技术能够进一步构建一个更加安全、可靠的数据加工环境，为数据安全提供有力保障。

# 3.6　数据传输安全

## 3.6.1　安全要求概述

2022年7月，工业和信息化部网络安全产业发展中心编写的《数据传输安全白皮书》给出了数据传输安全的定义，即指通过采取必要措施，确保数据在传输阶段，处于有效保护和合法利用的状态，以及具备保障持续安全状态的能力。随着新一代信息技术的迭代发展和数字经济的快速推进，各类数据海量汇聚，数据安全问题日益凸显，成为关系国家安全和经济社会发展，关系广大人民群众切身利益的重大问题。数据传输安全作为数据全生命周期安全的关键环节，对于保障数据整体安全有着重要的意义。

在数据传输环节，会遇到网络攻击、传输泄露等风险。网络攻击包括DDoS攻击、APT攻击、通信流量劫持、中间人攻击、DNS欺骗和IP欺骗、泛洪攻击威胁等；传输泄露包括电磁泄漏或搭线窃听、传输协议漏洞、未授权身份人员登录系统、无线网安全薄弱等。

从国家层面看，保障数据传输安全是保护数据安全，维护国家安全，保障数字经济健康发展，推动构筑国家竞争新优势的重要部分。从企业层面看，保障数据传输安全对于保护企业数据安全，维护企业经济利益、竞争力以及持续经营能力有着重要意义。从个人层面看，保障数据传输安全对于保护个人信息安全，维护个人合法权益和人身安全有着重要作用。接下来将围绕图 3.6 展开叙述。

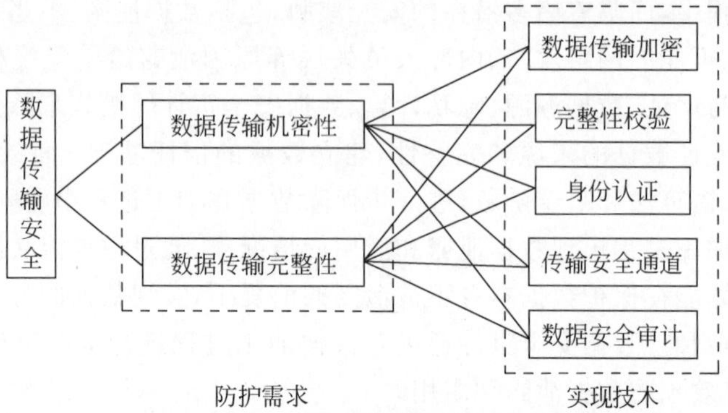


图 3.6　数据传输安全需求-技术映射图

## 3.6.2　防护需求与技术

### 1. 数据传输机密性

数据传输活动的“主体”涉及发送方、接收方以及传输路径上的多个中间节点等多个实体。这些实体共同构成了数据传输的安全责任主体。在数据处理过程中，确保主体的真实性是首要的安全需求，这意味着所有参与方的身份必须是真实可信的，以防止任何未经授权的访问或干预。对于传输的数据本身，除了真实性之外，还包括两个核心的安全需求：机密性和完整性。机密性指的是数据在传输过程中必须得到保护，防止被未授权的第三方访问。这意味着必须采用加密技术来确保数据在传输过程中的保密性，防止数据泄露给潜在的窃听者。此外，数据的完整性要求保证数据在传输过程中不被篡改或损坏，确保接收方接收到的数据与发送方发送的数据完全一致。

### 2. 数据传输完整性

在数据传输过程中，存在多种威胁可能导致数据的泄露或篡改。首先，数据泄露是数据传输中最常见的安全问题之一。攻击者可能会通过网络窃取数据，或者从内部获取敏感数据，从而导致数据泄露，给数据所有者带来损失。其次，中间人攻击是另一种常见的威胁形式，攻击者会植入恶意节点来拦截传输的数据，并可能篡改数据或者偷窃敏感信息。此外，恶意软件也可能通过感染传输过程中的设备来窃取数据或者篡改数据内容。面对上述威胁，保护数据传输的完整性至关重要。

对于数据传输的机密性和完整性，在进行安全防护时并没有特别明显的区分，往往是两者同时进行保护。常用的技术如下。

(1) 数据传输加密。

采用加密技术可以确保数据在传输过程中的机密性，而数字签名等技术则可以验证数据的完整性，防止数据在传输过程中被篡改。

(2) 完整性校验。

完整性校验技术可以帮助用户确保数据的完整性。其核心思想是对数据进行哈希算法等运算,生成唯一的摘要信息并记录下来,可帮助用户在数据传输或存储过程中检测出是否被篡改。

(3) 身份认证。

常见的身份认证方式包括口令认证技术、双因素身份认证技术、数字证书的身份认证技术、基于生物特征的身份认证技术、Kerberos 身份认证机制、协同签名技术、标识认证技术等。

(4) 传输安全通道。

传输通道可分为代理服务器到终端、代理服务器到互联网和代理服务器到代理服务器。安全防护保障由基于 SSL 协议、IPSec 协议或其他协议的传输加密技术提供。

(5) 数据安全审计。

数据安全审计可以监控数据传输的始末,包括数据从源到目的地的传输路径、传输速度、传输量等信息,确保数据在传输过程中没有被篡改、窃取或丢失。

# 3.7　数据提供安全

## 3.7.1　安全要求概述

目前信息系统主要采取物理隔离、访问控制、数据加密、行为审计等安全措施,解决电子数据在存储、传输中的安全问题,但是随着信息化的发展,尤其是智能手机的普及,电子屏幕和纸质文档已然成为重要的安全管控缺口,通过拍摄、扫描、复印等造成的数据泄露威胁日益严峻,成为数据安全管控的重灾区,迫切需要有效的管控措施。

在数据提供环节,风险威胁来自不合规的提供和共享;缺乏数据复制的使用管控和终端审计、行为抵赖、数据发送错误、非授权隐私泄露/修改、第三方过失而造成数据泄露;恶意程序入侵、病毒侵扰、网络宽带被盗用等情况。下面将根据图 3.7 对本节内容展开介绍。

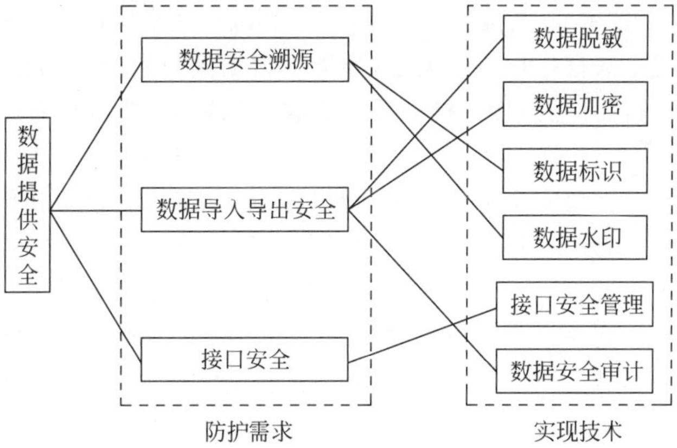


图 3.7　数据提供安全需求-技术映射图

## 3.7.2　防护需求与技术

### 1. 数据安全溯源

数据提供安全作为数据安全的关键一环,亟待解决电子屏幕和纸质文档被拍照泄露后,存在管控难、溯源难和管理抓手缺失等难题。通过先进的数据标识和数据水印技术可精准定位泄露源头,对责任人形成巨大震慑作用的同时,进一步减少违规拍摄、复印等行为的发生,最大化地有效降低数据泄露风险。

数据标识技术是一种基于密码技术的高安全、高可信和高可用的数据属性标注与识别技术。它以规范化的数据格式描述数据属性,采用密码技术对描述信息进行安全保护,能够确保信息完整有效和真实可信。数据水印是将特定的数字信号嵌入数字产品中保护数字产品版权、完整性、防复制或去向追踪的技术。一方面,数据水印能够标识共享数据的接收方信息,数据共享后,如果发生数据泄露,能够从泄露数据中提取出数字水印信息进行追踪溯源,及时发现泄露者。另一方面,数据水印技术也能够标识数据发布方信息,数据发布后,如果需要对数据版权进行确认,能够从数据中提取出水印信息以进行版权确认。

**2. 数据导入导出安全**

数据导入导出广泛存在于数据交换过程中,通过数据导入导出,数据被批量化流转,加速数据应用价值的体现。如果没有安全保障措施,非法人员可能通过非法技术手段导出非授权数据,导入恶意数据等,带来数据篡改和数据泄露的重大事故。由于一般数据导入导出的数据量都很大,因此相关安全风险和安全危害也会被成倍放大。所以,需要采取有效的技术措施控制数据导入导出的安全风险。

使用数据脱敏技术能保护导入导出阶段的数据隐私,使用数据加密技术能保护数据在此过程中的机密性和完整性,使用数据安全审计技术能够对导入导出全过程进行监管记录,及时防范各种威胁和风险。

**3. 接口安全**

近年来,随着 API 等数据接口的应用范围急剧增长,由于对其安全保障措施和监测预警机制不足,导致大规模数据泄露等安全事件频出。例如,2023 年 12 月,据央视新闻报道,一求职招聘类 App 短信验证码接口遭遇了 1300 多万次的攻击,黑客获取到大量个人信息和公司账号数据在境外出售。

因此,开展数据接口安全风险监测是避免数据遭受泄露、篡改、滥用等的重要举措。2023年,国家标准《信息安全技术 数据接口安全风险监测方法》在全国信息安全标准化技术委员会立项制定,该标准描述了数据接口要素关系,分析了数据接口自身脆弱性、接口不合理承载数据的脆弱性、接口调用行为威胁、接口提供活动威胁等风险源,为开展数据接口安全风险监测工作提出了方法。

从技术层面上看,对接口安全进行管理通常包含接口鉴权和接口访问控制两种技术。接口鉴权时需要对接口调用方实行用户鉴权,对访问 API 的权限进行限制,如果鉴权通过则允许用户调用 API,在这个过程中一般需要使用数据加密和数据签名等方法。通过接口访问控制,可以细粒度地管理不同用户或客户端对接口的访问权限。通过合理配置访问控制列表,可以限制非法流量的流入,减少不必要的请求,从而提高网络性能和接口的响应速度。

## 3.8 数据公开安全

### 3.8.1 安全要求概述

在一般数据全生命周期安全保护中,要求公开前须对其数据进行分析研判,判断是否可公开、是否需脱敏等。例如,应在数据公开前对数据公开的必要性、范围、规模、方式等进行分析研判,研判结果为可以公开的,应根据数据特点、应用场景等采取合适方法对数据进行必要的脱敏处理,确保数据公开安全。在数据公开时,需要注意数据导入/导出安全和接口安全。

在数据公开环节,风险主要是很多数据在未经过严格保密审查、未进行泄密隐患风险评估,或者未意识到数据情报价值或涉及公民隐私的情况下随意发布的情况。下面将依照图 3.8 展开介绍。

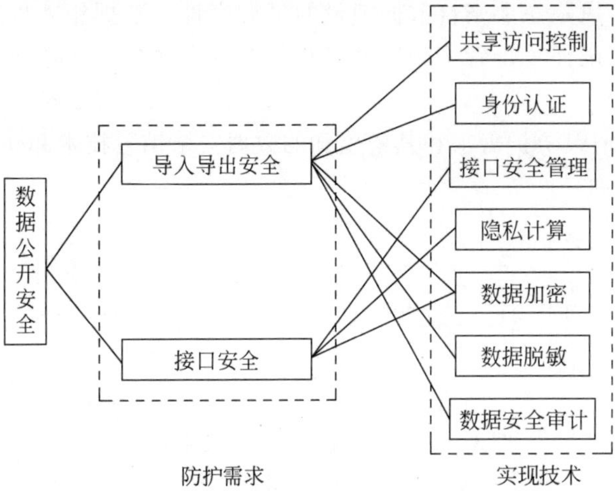


图 3.8　数据公开安全需求-技术映射图

### 3.8.2　防护需求与技术

**1. 导入导出安全**

在数据公开阶段,特别是在数据导入导出过程中,面临着多种安全威胁,这些威胁包括数据泄露、中间人攻击、敏感信息未加密传输、数据篡改以及 API 安全漏洞等。为了确保数据安全,需要实施以下防护措施：采用共享访问控制策略,确保只有经过授权的用户或系统才能访问特定的数据或资源；采用多因素认证(MFA)机制,如密码、生物识别和智能卡等技术,以增强用户身份的验证强度,防止未授权访问；在数据传输过程中应用强加密算法,如 AES(高级加密标准)和 TLS(传输层安全性),以保护数据不被未授权的第三方读取；在必要时对敏感数据进行脱敏处理,例如,使用数据掩码、伪匿名化或数据伪装技术,确保在数据导入导出过程中个人隐私和敏感信息不会被泄露；建立全面的数据安全审计系统,记录和监控所有数据访问和修改活动,以便在发生安全事件时能够快速检测、响应和追溯。

**2. 接口安全**

在数据公开阶段,用来获取数据最常见的方式之一是使用数据接口,所以数据接口也成为攻击者重点关注的对象,因为一旦数据接口出现问题,就会导致数据在通过数据接口时发生数据泄露等风险,所以为了规范数据接口调用行为,对数据接口进行安全管理十分有必要。

数据接口安全阶段的技术检测,需要使用技术工具对数据接口的调用进行接口鉴权和接口访问控制,以确保所有人对数据接口的访问与调用都是合法的、符合标准的；对数据接口传输的内容应用隐私计算技术,允许数据使用者在保护隐私的同时,充分利用数据的价值；使用加密和脱敏技术能够进一步确保接口调用时的数据完整性、机密性和隐私安全。

## 3.9　数据销毁安全

### 3.9.1　安全要求概述

数据销毁安全是指通过制定数据销毁机制,实现有效的数据销毁管控,防止因对存储介质中的数据进行恢复而导致的数据泄露风险。为了满足合规要求及组织机构本身的业务发展需求,组织机构需要对数据进行销毁处理。

在数据销毁环节,风险主要来自数据销毁的不彻底性。数据销毁处理要求针对数据的内容进行清除和净化,以确保攻击者无法通过存储介质中的数据内容进行恶意恢复,而造成严重的敏感信息泄露问题。

下面将围绕安全销毁防护需求和其中用到的数据安全销毁技术和介质安全销毁技术进行讲解,如图 3.9 所示。

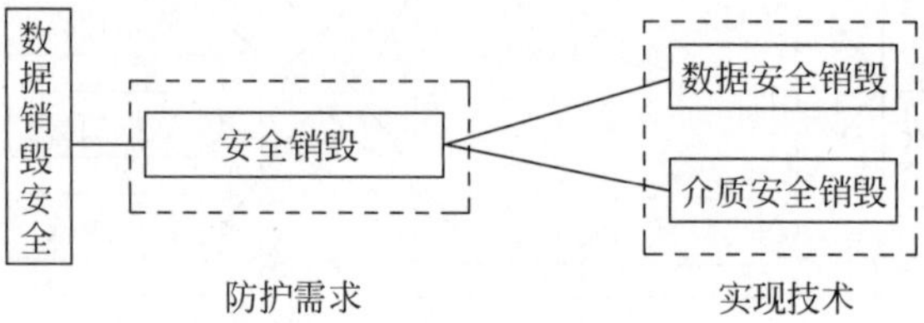


图 3.9 数据销毁安全需求-技术映射图

### 3.9.2 防护需求与技术

在文义解释层面,《个人信息保护法》所规定的"删除权"通常被理解为从信息处理者的数据库中删除已经"过期"或自然人不愿再留存的个人信息,即达到了数据销毁的效果;但是在技术方案层面,"删除"和"销毁"并不是两个完全等同的概念。数据销毁与数据删除具有典型的技术语境属性。数据销毁通常被视为数据安全业务流程的最后环节,直接目的是避免第三人通过数据复原、存储介质窃取等方式重新复原业已销毁的数据;而数据删除并不是数据安全业务流程的必备环节,而是数据处理者根据法定义务、业务需求等多种因素选择不再对外公开特定数据。

数据销毁安全是指在监管业务和服务涉及的系统及设备中清除数据时,通过建立针对数据的删除、销毁、净化机制,防止数据被恢复而采取的一系列防控措施。不及时、不彻底的销毁将给内部人员和黑客提供可乘之机,可能产生数据泄露、个人信息被重新识别、数据二次转售等恶性影响,特别是当数据存储在云端时,云服务商可能拒绝按照用户的删除指令销毁数据,而是恶意保留数据,从而使数据面临被泄露的风险。

因此,为了减小数据销毁可能产生的安全威胁,数据销毁应满足以下原则。

(1) 合法合规原则:在法律法规规定的范围内,开展数据销毁处理活动。

(2) 保密性原则:应对销毁过程中所接触的数据进行保密,不得随意向外泄露。数据销毁设备在执行销毁作业时,除作业必需的基本数据,如设备序列号、型号和存储结构等信息外,严格禁止读取和传送任何数据信息。

(3) 安全可靠性原则:应通过安全可靠的方式对存储介质中的数据或存储介质进行销毁,实现对数据及其蕴含信息的有效清除,以防范通过对存储介质中的内容进行恢复而导致的数据或信息泄露风险。

(4) 就高不就低原则:应依据存储介质载有的最高级别数据确定存储介质的销毁方式,并对应执行销毁措施。

从技术层面上看,可以分为数据安全销毁技术和介质安全销毁技术。

(1) 数据安全销毁技术。一般包含本地数据销毁技术和网络数据销毁技术。本地数据销毁可使用数据覆写,即将非敏感数据写入以前存有敏感数据的存储位置,以达到清除数据的目的。网络数据销毁技术又分为基于密钥销毁的数据不可用销毁方式和基于时间过期机制的数据自销毁方式。基于密钥销毁的数据不可用销毁方式不会销毁数据本身，它销毁的是加密数据的密钥，进而实现数据不可访问的目的。基于时间过期机制的数据自销毁方式是云存储环境下的另外一种安全的数据销毁方式，其思想也是通过数据不可用来实现数据销毁的目的。

(2) 介质安全销毁技术。对存储介质如闪存盘、磁盘、磁带、光盘等进行物理销毁，确保数据无法复原。目前主要是通过物理、化学的方式直接销毁存储介质。物理销毁可分为消磁、捣碎、焚毁等方法。化学销毁方法主要是滴盐酸法。

# 小结

数据安全防护架构是一个全面而系统的保障体系，旨在确保数据在其整个生命周期中得到有效的保护。本章涵盖了数据安全的各个关键方面，包括数据处理的各个阶段。通过综合考虑数据安全的各个方面，建立完善的安全防护体系，以确保数据在整个生命周期中的机密性、完整性和可用性，从而有效应对各种潜在的安全威胁与风险。通过本章的学习，可以帮助读者构建数据安全防护架构的相关体系，使读者对数据安全的各阶段有一个初步的了解，以便后续的进一步学习。

# 习题

在线测试

**一、单项选择题**

1. 数据全生命周期安全体系共包括 5 部分，(　　)不属于该体系。

A. 数据安全治理　　B. 数据安全分级防护
C. 数据安全防护技术　　D. 数据加密安全

2. 数据使用环节的外部风险威胁不包括(　　)。

A. 账户劫持　　B. APT 攻击
C. DBA 违规操作窃取　　D. 密钥丢失

3. 在数据处理环境安全中，网络访问控制措施不包括(　　)。

A. 网络隔离　　B. 堡垒机　　C. 数据溯源　　D. 远程运维

4. 防泄露技术不包括(　　)。

A. 数据鉴别与认证　　B. 隐私计算
C. 数据存储技术　　D. 数据安全审计

5. 在数据传输环节可能遇到的网络攻击不包括(　　)。

A. DDoS 攻击　　B. APT 攻击　　C. 搭线窃听　　D. 通信流量劫持

6. 身份认证访问控制是指通过身份认证技术限制用户对数据或资源的访问。常见的身份认证方式不包括(　　)。

A. 口令认证技术　　B. 双因素身份认证技术
C. 数据加密技术　　D. 数字证书的身份认证技术

7. 数据存储安全的防护需求不包括(　　)。

A. 数据存储合规　　B. 数据源可信　　C. 存储完整性　　D. 数据时效性

8. 网络访问控制措施通常不包含(　　)。

A. 单因素认证　　B. 网络隔离　　C. 部署堡垒机　　D. 远程运维管理

9. 数据销毁应满足的原则不包括(　　)。

A. 合法合规原则　　B. 就高不就低原则

C. 主体参与原则　　D. 安全可靠性原则

10. 存储介质的物理销毁方法不包括(　　)。

A. 焚毁法　　B. 腐蚀法　　C. 消磁法　　D. 剪碎法

**二、判断题**

1. 数据生命周期只包括数据采集、数据传输、数据存储、数据处理、数据交换以及数据销毁。(　　)

2. 数据作为一种资产,具备资产的通用属性,有完整的生命周期,在数据的整个生命周期各个环节均存在数据安全风险。(　　)

3. 一般来说,仅应用加密技术就能够有效确保数据存储安全。(　　)

4. 在数据销毁环节,风险主要来自数据销毁的不彻底性。(　　)

5. 可信数据是指可信任、可靠、准确的数据。(　　)

**三、简答题**

1. 建立完善的数据全生命周期安全体系有何具体作用?试简要描述。

2. 列举在数据传输安全中所使用的技术,要求不少于 3 个。

3. 简述数据销毁安全所用到的销毁技术。

# 第2部分 数据安全原理与技术

# 第4章 数据加密

**本章学习目标**

- 掌握数据加密定义。
- 掌握加密算法。
- 掌握数据存储加密、数据传输加密、数据加密实例。

数据加密是信息安全领域中至关重要的技术，旨在确保数据的机密性、完整性和可用性。通过加密算法，将原始数据转换为难以理解或访问的密文，从而保护数据免受未经授权的访问或篡改。本章主要讲解数据加密原理与实例构建。通过本章的学习，读者应掌握加密算法、数据传输加密、数据加密实例构建等内容。

## 4.1 密码算法

在现代社会中，个人的身份信息、银行卡信息、密码等敏感数据的安全性至关重要。这些信息一旦落入不法分子手中，可能导致个人隐私曝光，进而造成财产损失或其他不利后果。数据加密技术可以有效应对这一挑战。通过将敏感信息转换为密文，即使在数据传输或存储过程中被黑客获取，攻击者也无法轻易解读其含义。因此，数据加密为个人隐私提供了坚实的保护屏障，确保个人数据在被处理、传输或存储时的安全性和保密性。

而数据加密技术离不开加密算法，加密算法是一种保护数据安全及隐私的技术，其核心作用就是将原始数据的明文转换为密文，只有知道相应密钥内容的一方才能通过解密得到密文对应的明文，通过这样的方法来保护数据的机密性。

加密算法主要分为对称加密算法以及非对称加密算法，对称加密算法使用同一个密钥进行加解密，而非对称加密算法使用一对公钥和私钥来进行加解密操作，后者提供了更强的安全性，因为其允许数据在不共享密钥的情况下进行验证。

还有一类加密算法，是哈希算法，通过将哈希函数应用到任意数量的数据得到固定大小的结果。与对称加密算法和非对称加密算法不同的是，它是一种单向密码体制，即它是一个从明文到密文的不可逆的映射过程，只有加密过程，无解密过程。被加密的明文只有一个字母或者数字不同，产生的哈希值也是不同的，想要找到具有同一个哈希值的两个不同的输入，在计算上是不可行的，所以哈希算法也能检查数据的完整性。

### 4.1.1 AES

| | | | |
|---|---|---|---|
| $a_{0,0}$ | $a_{0,1}$ | $a_{0,2}$ | $a_{0,3}$ |
| $a_{1,0}$ | $a_{1,1}$ | $a_{1,2}$ | $a_{1,3}$ |
| $a_{2,0}$ | $a_{2,1}$ | $a_{2,2}$ | $a_{2,3}$ |
| $a_{3,0}$ | $a_{3,1}$ | $a_{3,2}$ | $a_{3,3}$ |

图4.1 状态(State)矩阵

高级加密标准(Advanced Encryption Standard，AES)算法是最常见的对称加密算法，在该算法中，加解密均在一个4×4的状态(State)矩阵上运作，该矩阵每列有4B(即32b)数据，如图4.1所示。AES算法的分组长度固定为128b，因此AES的明文列数等于固定值 4。

AES 算法中初始状态矩阵由 1 组长度为 128b 的明文分组构成，以 B 为单位，则总共有 16B，记为 $b_0$、$b_1$、$b_2$、…、$b_{15}$。AES 的算法明文分组可以构成一个 4×4 的初始矩阵，如图 4.2 所示。

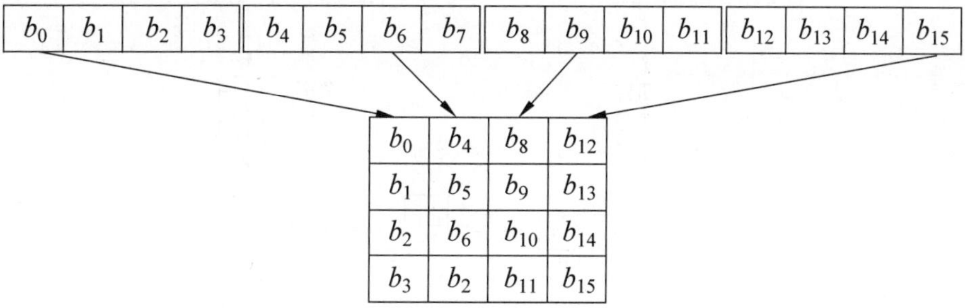


图 4.2 明文初始矩阵

AES 算法中的密钥以 B 为单位进行计算，密钥列数记为 $N_k$，密钥状态也是 4 行，每列有 4B 数据，即 32b，如式(4.1)所示。

$$N_k = \frac{\text{密钥长度(b)}}{32} \tag{4.1}$$

AES 算法的密钥长度为 128b、192b、256b，因此密钥列数 $N_k$ 也可分为 4、6、8。假设密钥长度为 128b，以 B 为单位，则总共有 16B，记为 $k_0$、$k_1$、$k_2$、…、$k_{15}$。类似地，每 4B 为一列依次排序，总共 4 列，每列子密钥记为 $K_0$、$K_1$、$K_2$、$K_3$，如图 4.3 所示。

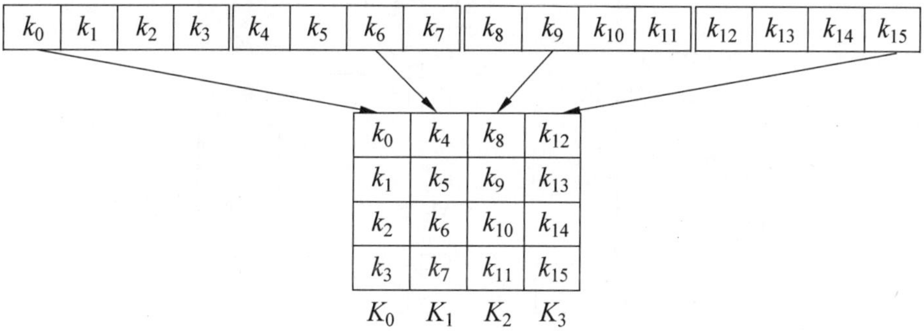


图 4.3 初始密钥矩阵

AES 加密算法的加密流程如图 4.4 所示，由多轮加密构成，除了结尾的一轮，其他轮都是由 4 个步骤组成：字节代替、行移位、列混合、轮密钥加。而最后一轮仅包括字节代替、行移位、轮密钥加这三步。轮数与密钥的长度相关，16B 的密钥对应着迭代 10 轮，24B 的密钥对应着迭代 12 轮，32B 的密钥对应着迭代 14 轮。AES 算法每一个步骤都是可逆的，因此只要把 AES 加密中的每一步换成其逆变换，即可得到 AES 解密算法。值得注意的是，解密算法也是先进行第 0 轮，而且最后一轮也是只有三步。接下来逐步讲解字节替代、行移位、列混合、轮密钥加、密钥扩展及解密过程。

### 1. 字节替代

字节替代将输入的状态矩阵的每一个字节通过查表将其映射为另外一个字节，该表大小为 16×16，如表 4.1 所示。

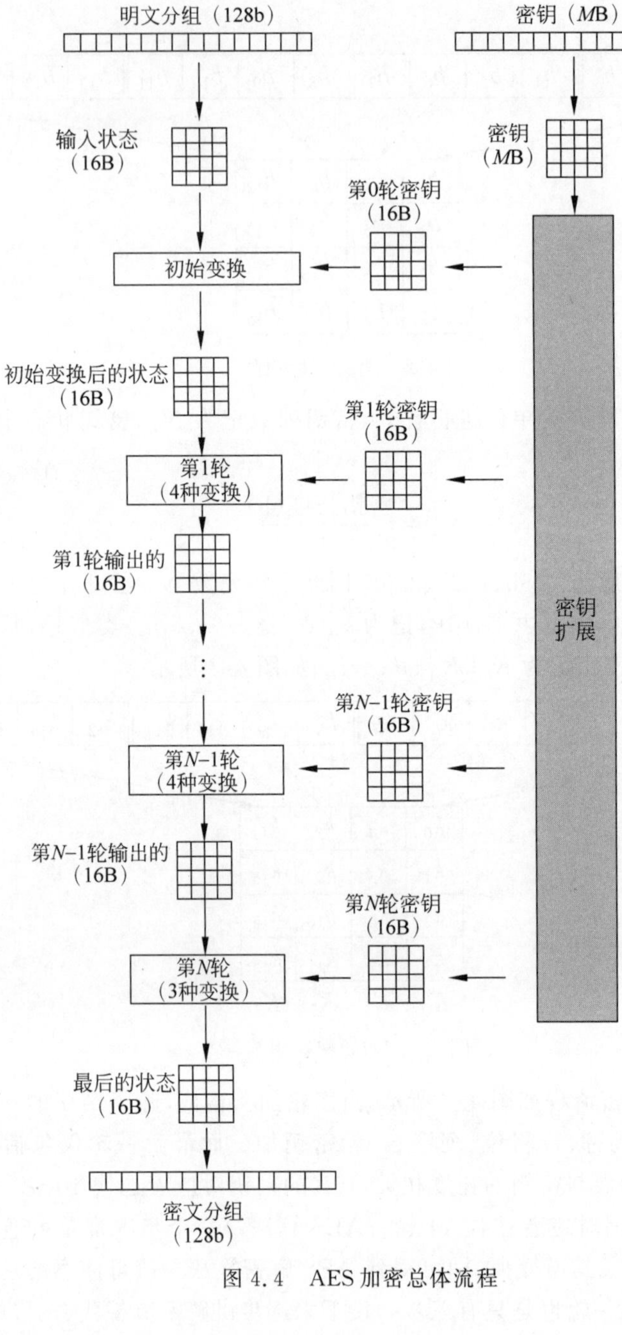
明文分组（128b）
密钥（MB）
输入状态
（16B）
密钥
（MB）
第0轮密钥
（16B）
初始变换
初始变换后的状态
（16B）
第1轮密钥
（16B）
第1轮
（4种变换）
第1轮输出的
（16B）
密钥
扩展
第N–1轮密钥
（16B）
第N–1轮
（4种变换）
第N–1轮输出的
（16B）
第N轮密钥
（16B）
第N轮
（3种变换）
最后的状态
（16B）
密文分组
（128b）

图 4.4　AES 加密总体流程

**表 4.1 AES 算法的 S 盒(十六进制)**

| Y / X | **0** | **1** | **2** | **3** | **4** | **5** | **6** | **7** | **8** | **9** | **A** | **B** | **C** | **D** | **E** | **F** |
|---|---|---|---|---|---|---|---|---|---|---|---|---|---|---|---|---|
| 0 | 63 | 7C | 77 | 7B | F2 | 6B | 6F | C5 | 30 | 01 | 67 | 2B | FE | D7 | AB | 76 |
| 1 | CA | 82 | C9 | 7D | FA | 59 | 47 | F0 | AD | D4 | A2 | AF | 9C | A4 | 72 | C0 |
| 2 | B7 | FD | 93 | 26 | 36 | 3F | F7 | CC | 37 | A5 | E5 | F1 | 71 | D8 | 31 | 15 |
| 3 | 04 | C7 | 23 | C3 | 18 | 96 | 05 | 9A | 07 | 12 | 80 | E2 | EB | 27 | B2 | 75 |
| 4 | 09 | 83 | 2C | 1A | 1B | 6E | 5A | A0 | 52 | 3B | D6 | B3 | 29 | E3 | 2F | 84 |
| 5 | 53 | D1 | 00 | ED | 20 | FC | B1 | 5B | 6A | CB | BE | 39 | 4A | 4C | 58 | CF |
| 6 | D0 | EF | AA | FB | 43 | 4D | 33 | 85 | 45 | F9 | 02 | 7F | 50 | 3C | 9F | A8 |
| 7 | 51 | A3 | 40 | 8F | 92 | 9D | 38 | F5 | BC | B6 | DA | 21 | 10 | FF | F3 | D2 |
| 8 | CD | 0C | 13 | EC | 5F | 97 | 44 | 17 | C5 | A7 | 7E | 3D | 64 | 5D | 19 | 73 |
| 9 | 60 | 81 | 4F | DC | 22 | 2A | 90 | 88 | 46 | EE | B8 | 14 | DE | 5E | 0B | DB |
| A | E0 | 32 | 3A | 0A | 49 | 06 | 24 | 5C | C2 | D3 | AC | 62 | 91 | 95 | E4 | 79 |
| B | E7 | C8 | 37 | 6D | 8D | D5 | 4E | A9 | 6C | 56 | F4 | EA | 65 | 7A | AE | 08 |
| C | BA | 78 | 25 | 2E | 1C | 6A | B4 | C6 | E8 | DD | 74 | 1F | 4B | BD | 8B | 8A |
| D | 70 | 3E | B5 | 66 | 48 | 03 | F6 | 0E | 61 | 35 | 57 | B9 | 86 | C1 | 1D | 9E |
| E | E1 | F8 | 98 | 11 | 69 | D9 | 8E | 94 | 9B | 1E | 87 | E9 | CE | 55 | 28 | DF |
| F | 8C | A1 | 89 | 0D | BF | E6 | 42 | 68 | 41 | 99 | 2D | 0F | B0 | 54 | BB | 16 |

查表方法：输入字节的前 4 比特指定 S 盒的行值，后 4 比特指定 S 盒的列值。例如，输入明文为(十六进制)“85”，那么根据上述方法第 8 行第 5 列，对应的值为“97”。S 盒替换示例如图 4.5 所示。

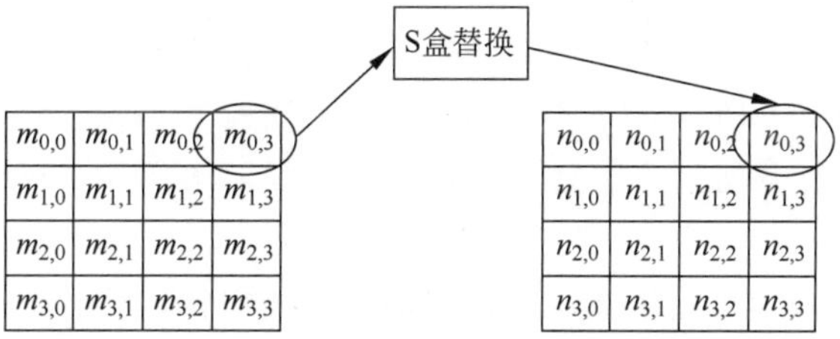


图 4.5 S 盒替换示例

### 2. 行移位

行移位操作作用于 S 盒的输出，其中，矩阵的每一行以 8b 也就是 1B 为基本单位进行左移，假设 $N_b$ 为列数，$C_i$ 为第 $i$ 行，每一行循环左移的偏移量如表 4.2 所示。

**表 4.2 行移位偏移量**

| $N_b$(列数) | $C_0$(第一行) | $C_1$(第二行) | $C_2$(第三行) | $C_3$(第四行) |
|---|---|---|---|---|
| 4 | 0 | 1 | 2 | 3 |
| 6 | 0 | 1 | 2 | 3 |
| 8 | 0 | 1 | 3 | 4 |

由表 4.2 可知,每一行循环左移的偏移量由明文分组的大小和所在行数共同决定,AES 算法中列数固定为 4,即第一行循环左移 0B,第二行循环左移 1B,第三行循环左移 2B,第四行循环左移 3B。

假设有一组 4×4 的状态矩阵作为行移位的输入,并且以第一列的元素作为基准,进行移位的结果如图 4.6 所示。

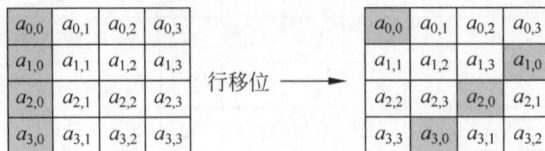

| | | | |
|---|---|---|---|
| $a_{0,0}$ | $a_{0,1}$ | $a_{0,2}$ | $a_{0,3}$ |
| $a_{1,0}$ | $a_{1,1}$ | $a_{1,2}$ | $a_{1,3}$ |
| $a_{2,0}$ | $a_{2,1}$ | $a_{2,2}$ | $a_{2,3}$ |
| $a_{3,0}$ | $a_{3,1}$ | $a_{3,2}$ | $a_{3,3}$ |

行移位 ⟶

| | | | |
|---|---|---|---|
| $a_{0,0}$ | $a_{0,1}$ | $a_{0,2}$ | $a_{0,3}$ |
| $a_{1,1}$ | $a_{1,2}$ | $a_{1,3}$ | $a_{1,0}$ |
| $a_{2,2}$ | $a_{2,3}$ | $a_{2,0}$ | $a_{2,1}$ |
| $a_{3,3}$ | $a_{3,0}$ | $a_{3,1}$ | $a_{3,2}$ |

图 4.6　行移位操作结果

### 3. 列混合

列混合是将输入的状态矩阵的每列与固定的多项式 $a(x)$ 在有限域 $GF(2^8)$ 上相乘,然后模多项式 $x^4+1$,其中多项式 $a(x)$ 为 $a(x)=\{03\}x^3+\{01\}x^2+\{01\}x+\{02\}$,{}内的数表示字节,列混合操作方式如下。

$$c(x)=a(x)\otimes b(x)=a(x)\times b(x)\bmod(x^4+1) \tag{4.2}$$

列混合可用矩阵相乘来实现:

$$\begin{bmatrix} c_0 \\ c_1 \\ c_2 \\ c_3 \end{bmatrix}=\begin{bmatrix} 02 & 03 & 01 & 01 \\ 01 & 02 & 03 & 01 \\ 01 & 01 & 02 & 03 \\ 03 & 01 & 01 & 02 \end{bmatrix}\cdot\begin{bmatrix} b_0 \\ b_1 \\ b_2 \\ b_3 \end{bmatrix} \tag{4.3}$$

以式(4.2)为例:

$$c_0=\{02\}\cdot\{b_0\}\oplus\{03\}\cdot\{b_1\}\oplus\{01\}\cdot\{b_2\}\oplus\{01\}\cdot\{b_3\}$$

$$c_1=\{01\}\cdot\{b_0\}\oplus\{02\}\cdot\{b_1\}\oplus\{03\}\cdot\{b_2\}\oplus\{01\}\cdot\{b_3\}$$

$$c_2=\{01\}\cdot\{b_0\}\oplus\{01\}\cdot\{b_1\}\oplus\{02\}\cdot\{b_2\}\oplus\{03\}\cdot\{b_3\}$$

$$c_3=\{03\}\cdot\{b_0\}\oplus\{01\}\cdot\{b_1\}\oplus\{01\}\cdot\{b_2\}\oplus\{02\}\cdot\{b_3\}$$

### 4. 轮密钥加

轮密钥加是将列混合的输出矩阵与子密钥进行异或运算,如图 4.7 所示。

$$\begin{bmatrix} c_{0,0} & c_{0,1} & c_{0,2} & c_{0,3} \\ c_{1,0} & c_{1,1} & c_{1,2} & c_{1,3} \\ c_{2,0} & c_{2,1} & c_{2,2} & c_{2,3} \\ c_{3,0} & c_{3,1} & c_{3,2} & c_{3,3} \end{bmatrix}\oplus\begin{bmatrix} k_{0,0} & k_{0,1} & k_{0,2} & k_{0,3} \\ k_{1,0} & k_{1,1} & k_{1,2} & k_{1,3} \\ k_{2,0} & k_{2,1} & k_{2,2} & k_{2,3} \\ k_{3,0} & k_{3,1} & k_{3,2} & k_{3,3} \end{bmatrix}=\begin{bmatrix} d_{0,0} & d_{0,1} & d_{0,2} & d_{0,3} \\ d_{1,0} & d_{1,1} & d_{1,2} & d_{1,3} \\ d_{2,0} & d_{2,1} & d_{2,2} & d_{2,3} \\ d_{3,0} & d_{3,1} & d_{3,2} & d_{3,3} \end{bmatrix}$$

图 4.7　轮密钥加

在轮密钥加的过程中,子密钥状态矩阵的长度应等于明文状态矩阵长度。而具体轮密钥加的过程则见式(4.4):

$$c_{i,j}\oplus k_{i,j}=d_{i,j} \tag{4.4}$$

### 5. 密钥扩展

在 AES 算法中,初始密钥会被扩展成多个轮密钥,这些轮密钥在每一轮与明文进行加密。

密钥比特＝明文分组长度×(轮数＋1)，密钥长度、轮数、轮密钥长度关系如表 4.3 所示。

**表 4.3　密钥长度、轮数、轮密钥长度**

| 密钥长度/b | 轮数 | 轮密钥长度/b |
|---|---|---|
| 128 | 10 | 1408 |
| 192 | 12 | 2496 |
| 256 | 14 | 3840 |

轮密钥生成过程主要步骤如下：将最后一个字作为临时字并将其左移一个字节，对临时字的每个字节进行字节替代变换，将临时字与上一个轮密钥进行异或操作，并将结果当作当前轮密钥，对当前轮密钥进行列混合变换，但不包括最后一个轮密钥。128b 密钥扩展如图 4.8 所示。

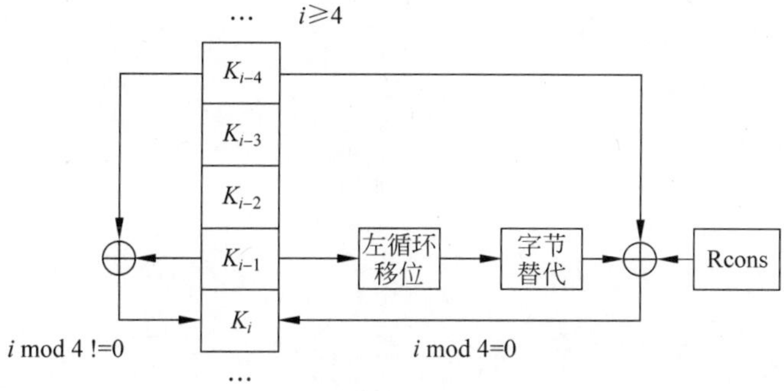


图 4.8　128b 密钥扩展图

其中，Rcons 是常量。

当 $i$ 是 4 的倍数时：$K_i=K_{i-4}\oplus K_{i-1}$。

当 $i$ 不是 4 的倍数时：$K_i=K_{i-4}\oplus T(K_{i-1})$。

将 $K_{i-1}$ 列以字节为单位循环左移 1 字节，然后将循环左移后的输出利用字节替代，根据如表 4.4 所示 Rcon 常量表，得到 Rcon[$i$/(密钥比特数/32)]的值，最后将字节替代的值与 Rcon[$i$/(密钥比特数/32)]进行异或。

**表 4.4　Rcon 表**

| $i$ | 1 | 2 | 3 | 4 | 5 |
|---|---|---|---|---|---|
| Rcon[$i$] | 01000000 | 02000000 | 04000000 | 08000000 | 10000000 |
| $i$ | 6 | 7 | 8 | 9 | 10 |
| Rcon[$i$] | 20000000 | 40000000 | 80000000 | 1b000000 | 36000000 |

### 6. 解密过程

AES 的解密过程就是逆字节替代、逆行移位及逆列混合，如图 4.9 所示。

1) 逆字节替代

如表 4.5 所示就是逆 S 盒表。逆 S 盒表与 S 盒表的运用一致，输入字节的前 4 比特为行值，后 4 比特为列值。

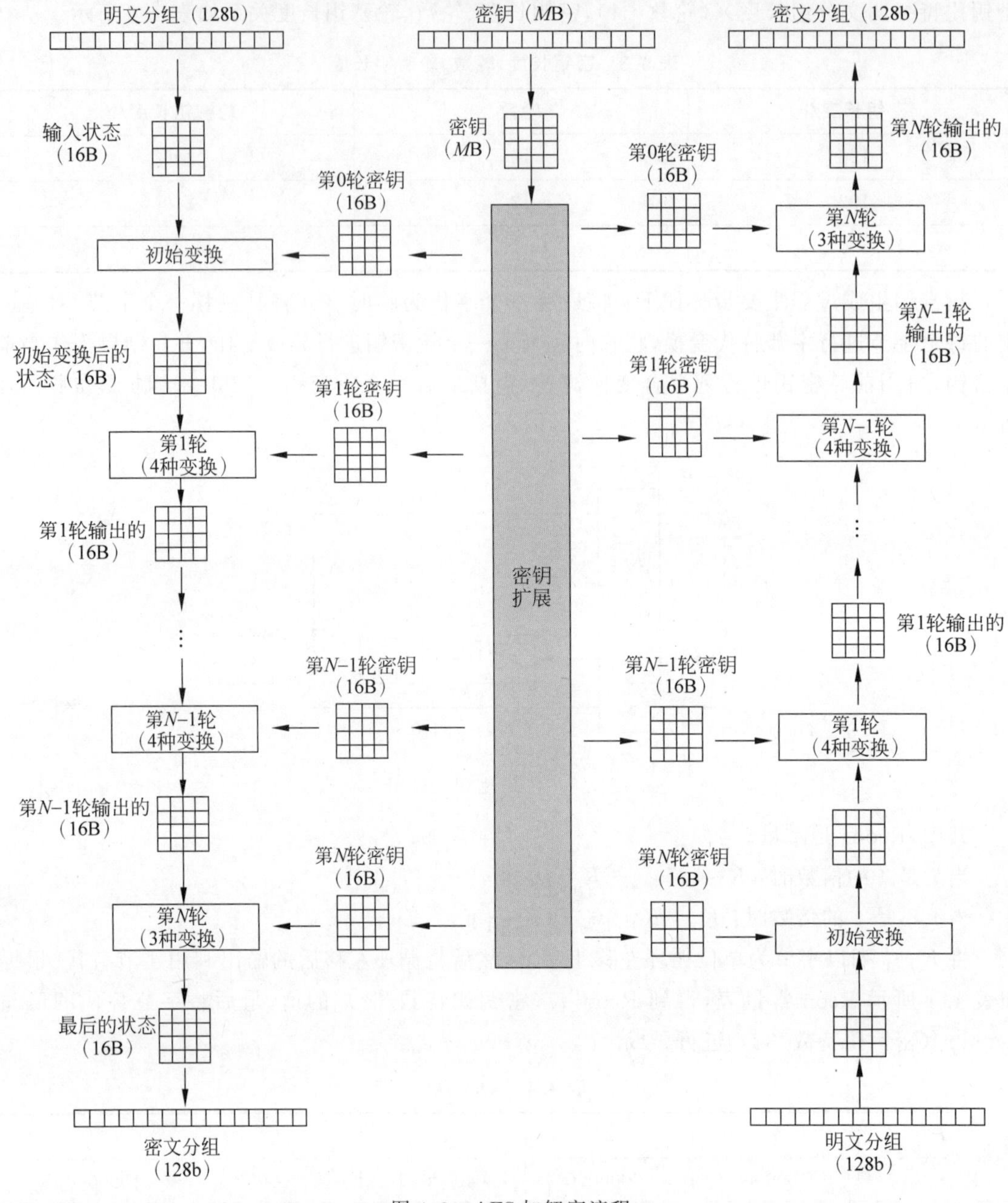


图 4.9　AES 加解密流程

**表 4.5　逆 S 盒**

| Y / X | 0 | 1 | 2 | 3 | 4 | 5 | 6 | 7 | 8 | 9 | A | B | C | D | E | F |
|---|---|---|---|---|---|---|---|---|---|---|---|---|---|---|---|---|
| 0 | 52 | 09 | 6A | D5 | 30 | 36 | A5 | 38 | BF | 40 | A3 | 9E | 81 | F3 | D7 | FB |
| 1 | 7C | E3 | 39 | 82 | 9B | 2F | FF | 87 | 34 | 8E | 43 | 44 | C4 | DE | E9 | CB |
| 2 | 54 | 7B | 94 | 32 | A6 | C2 | 23 | 3D | EE | 4C | 95 | 0B | 42 | FA | C3 | 4E |
| 3 | 08 | 2E | A1 | 66 | 28 | D9 | 24 | B2 | 76 | 5B | A2 | 49 | 6D | 8B | D1 | 25 |
| 4 | 72 | F8 | F6 | 64 | 86 | 68 | 98 | 16 | D4 | A4 | 5C | CC | 5D | 65 | B6 | 92 |
| 5 | 6C | 70 | 48 | 50 | FD | ED | B9 | DA | 5E | 15 | 46 | 57 | A7 | 8D | 9D | 84 |

续表

| Y / X | 0 | 1 | 2 | 3 | 4 | 5 | 6 | 7 | 8 | 9 | A | B | C | D | E | F |
|---|---|---|---|---|---|---|---|---|---|---|---|---|---|---|---|---|
| 6 | 90 | D8 | AB | 00 | 8C | BC | D3 | 0A | F7 | E4 | 58 | 05 | B8 | B3 | 45 | 06 |
| 7 | D0 | 2C | 1E | 8F | CA | 3F | 0F | 02 | C1 | AF | BD | 03 | 01 | 13 | 8A | 6B |
| 8 | 3A | 91 | 11 | 41 | 4F | 67 | DC | EA | 97 | F2 | CF | CE | F0 | B4 | E6 | 73 |
| 9 | 96 | AC | 74 | 22 | E7 | AD | 35 | 85 | E2 | F9 | 37 | E8 | 1C | 75 | DF | 6E |
| A | 47 | F1 | 1A | 71 | 1D | 29 | C5 | 89 | 6F | B7 | 62 | 0E | AA | 18 | BE | 1B |
| B | FC | 56 | 3E | 4B | C6 | D2 | 79 | 20 | 9A | DB | C0 | FE | 78 | CD | 5A | F4 |
| C | 1F | DD | A8 | 33 | 88 | 07 | C7 | 31 | B1 | 12 | 10 | 59 | 27 | 80 | EC | 5F |
| D | 60 | 51 | 7F | A9 | 19 | B5 | 4A | 0D | 2D | E5 | 7A | 9F | 93 | C9 | 9C | EF |
| E | A0 | E0 | 3B | 4D | AE | 2A | F5 | B0 | C8 | EB | BB | 3C | 83 | 53 | 99 | 61 |
| F | 17 | 2B | 04 | 7E | BA | 77 | D6 | 26 | E1 | 69 | 14 | 63 | 55 | 21 | 0C | 7D |

2）逆行移位

与行移位相反，逆行移位就是第一行不移位，第二行循环右移 1 位，第三行循环右移 2 位，第四行循环右移 3 位，如图 4.10 所示。

3）逆列混合

列混合与逆列混合不同的是逆列混合操作，如图 4.11 所示。

图 4.10　逆行移位

$$\begin{bmatrix} b_0 \\ b_1 \\ b_2 \\ b_3 \end{bmatrix} = \begin{bmatrix} 0E & 0B & 0D & 09 \\ 09 & 0E & 0B & 0D \\ 0D & 09 & 0E & 0B \\ 0B & 0D & 09 & 0E \end{bmatrix} \cdot \begin{bmatrix} a_0 \\ a_1 \\ a_2 \\ a_3 \end{bmatrix}$$

图 4.11　逆列混合

### 7. AES 的应用领域举例

1）SSL/TLS 协议

SSL(Secure Sockets Layer)和其后续的 TLS(Transport Layer Security)协议是用于安全地在 Internet 上进行数据传输的标准协议。AES 通常用于 SSL/TLS 协议中的加密通信，确保数据在客户端和服务器之间的安全传输。

2）VPN

VPN(Virtual Private Network)是一种安全的网络连接方式，通过加密数据流量，确保在公共网络上的安全通信。许多 VPN 协议和软件使用 AES 来加密传输的数据，保护用户隐私和数据安全。

3）文件加密软件

例如，Bit Locker、Veracrypt 等文件加密软件通常采用 AES 算法来加密整个磁盘或特定文件，以保护用户的数据安全。

4）数据库加密

企业级数据库管理系统(DBMS)通常提供数据加密功能，其中包括对数据库中的敏感信息进行 AES 加密，以确保数据在存储和传输时的安全性。

### 8. AES 的特点及优劣势

AES 支持不同长度的密钥，包括 128b、192b 和 256b，这代表了其拥有较高的灵活性。密钥长度的增加通常意味着更高的安全性，但也可能导致更慢的加密速度。但是，在大规模的系统中，AES 算法密钥的分发和管理是保证算法安全性的重要前提，密钥的安全性高度依赖于其存储的安全性。如果密钥被泄露，加密数据的安全性就会受到威胁。

### 4.1.2 RSA

1978 年，Diffie 和 Hellman 发表了非对称密码的奠基性论文《密码学的新方向》，建立了公钥密码的概念。RSA 是 1977 年由罗纳德·李维斯特（Ronald Rivest）、阿迪·萨莫尔（Adi Shamir）和伦纳德·阿德曼（Leonard Adleman）一起提出的，其基于质数乘积分解的数论难题。RSA 算法研制的最初理念与目标是努力使互联网安全可靠，实际结果不但很好地解决了这个难题，还可利用 RSA 来完成对电文的数字签名以抵抗对电文的否认与抵赖，同时还可以利用数字签名较容易地发现攻击者对电文的非法篡改，以保护数据信息的完整性。

**1. 算法概述**

（1）密钥产生。

① 选择两个满足需要的大素数 $p$ 和 $q$，计算 $n=p\times q$，$\varphi(n)=(p-1)\times(q-1)$，其中，$\varphi(n)$是 $n$ 的欧拉函数。

② 选一个整数 $e$，满足 $1<e<\varphi(n)$，且 $\gcd(\varphi(n),e)=1$。通过 $d\times e\equiv 1\bmod\varphi(n)$，计算出 $d$。

③ 以$\{e,n\}$为公开密钥，$\{d,n\}$为秘密密钥。

现有 A 方接收外界的消息，则外界知道 A 的公开密钥$\{e,n\}$，只有 A 知道自己的秘密密钥$\{d,n\}$。

（2）加密。

若发送方想要利用 RSA 算法保护其欲发送给 A 方的消息 $m$，利用 A 公布给外界的公开密钥$\{e,n\}$加密，计算 $c\equiv m^c \bmod n$，然后将密文 $c$ 发送给 A。

（3）解密。

A 方接收到密文 $c$ 之后，根据自己的私钥对 $c$ 进行解密：$m=c^d \bmod n$。所得到的结果 $m$ 即为发送方想要发送的消息 $m$。

RSA 加解密总体流程如图 4.12 所示。

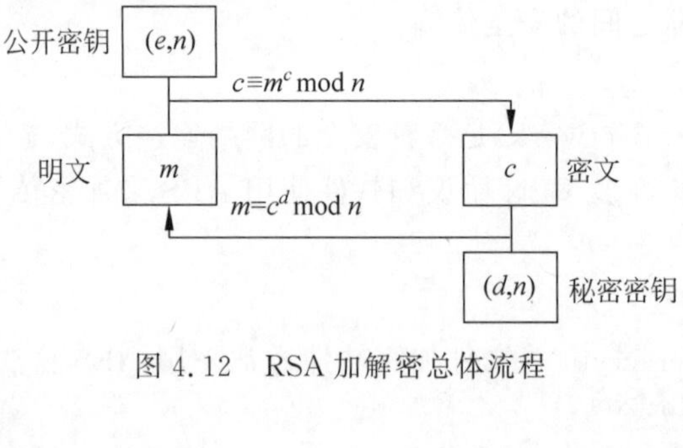


图 4.12　RSA 加解密总体流程

**2. 算法正确性证明**

已知：$c^d\equiv m^e \bmod n\equiv m^{1\bmod\varphi(n)} \bmod n\equiv m^{k\varphi(n)+1} \bmod n$。

下面分为两种情况。

（1）$m$ 与 $n$ 互素。因此，由 Euler 定理 $m^{\varphi(n)}\equiv 1 \bmod n$，则 $m^{k\varphi(n)}\equiv 1 \bmod n$，故 $m^{k\varphi(n)+1}\equiv m \bmod n$，则 $c^d \bmod n\equiv m$。

（2）当 $m$ 与 $n$ 不互素且 $m<n$，即 $\gcd(m,n)\neq 1$。$m$ 不可能同时是 $q$ 和 $p$ 的倍数，设 $m=$

$cp$,其中,$c$ 为正整数。此时 $\gcd(m,q)=1$,由 Euler 定理可得 $m^{\varphi(q)}\equiv 1 \bmod q$,所以

$$m^{k\varphi(q)} \equiv 1 \bmod q, \quad [m^{k\varphi(q)}]^{\varphi(p)} \equiv 1 \bmod q, \quad m^{k\varphi(n)} \equiv 1 \bmod q$$

因此存在一整数 $r$,使得 $m^{k\varphi(n)}=1+rq$,两边乘 $m=cp$ 得

$$m^{k\varphi(n)+1}=m+rcpq=m+rcn$$

即 $m^{k\varphi(n)+1}\equiv m \bmod n$,所以可得 $c^d \bmod n\equiv m$。

**3. RSA 应用领域举例**

(1) 数字证书和公钥基础设施(PKI)。

RSA 算法常用于数字证书的生成和签名,用于验证网络通信中的身份和数据完整性。PKI 系统使用 RSA 算法生成和管理密钥对,包括证书颁发机构(CA)签发的 SSL 证书和个人证书。

(2) 身份认证和单点登录(SSO)。

一些身份认证和 SSO 系统使用 RSA 算法来进行用户身份验证和访问控制,以确保用户身份的安全性和保护系统资源不受未授权访问。

**4. RSA 的特点及优劣势**

RSA 算法作为一种非对称加密算法,具有较高的安全性和灵活性。其基于大数分解问题,尚未被有效攻破,适用于 SSL/TLS 协议、数字证书、身份认证和数字签名等广泛应用场景。然而,RSA 算法的性能较低,不适用于加密大数据,且密钥长度选择需权衡安全性和性能。因此,在实际应用中,需要根据需求权衡选择合适的加密算法和密钥长度。

## 4.1.3 MD5

MD5 算法是由 RSA 创始人 Rivest 设计的,MD5 算法是 MD4 信息-摘要算法的扩展。与 MD4 相比,MD5 牺牲了运算速度但提供了更高的安全性。此算法将对输入的任意长度的信息进行计算,产生一个 128b 长度的"指纹"或"报文摘要",假定两个不同的文件产生相同的报文摘要或由给定的报文摘要产生原始输入在计算上是行不通的。

**1. 算法概述**

1) 填充消息

初始为输入消息 $M$,需要保证 MD5 算法处理消息的总长度为 512b 的倍数。那么现在假设消息 $M$ 的长度为 $i$b,那么填充规则是在原始消息 $M$ 的尾部添加 1b 的 1 和 $j$b($j$ 为非负整数)的 0,满足 $i+1+j=448(\text{mod}512)$。填充完的消息会是 $n-1$ 个 512b 的块和一个 448b 的块,最后需要在末尾添加代表原始消息变换为二进制长度的 64b 块,若长度小于 64b,在左侧填充 0 使其长度达到 64b。这样整体消息便由 $n$ 个 512b 的块组成。

2) 被填充消息分组

在对原始输入消息 $M$ 进行填充后得到 $M'$,将 $M'$进行 512b 的分组,在上一步的填充消息步骤中,能保证 $M'$由 $n$ 个 512b 的块组成。因此将划分的块依次表示为 $M^{(1)},M^{(2)},M^{(3)},\cdots,M^{(n)}$。每一个长度为 512b 的块,又按照 32b 划分,每个可以划分出 16 个块,假设将第一个块 $M^{(1)}$ 以 32b 划分,以 $M_1^{(1)},M_2^{(1)},M_3^{(1)},\cdots,M_{16}^{(1)}$ 分别进行表示。

3) MD5 算法处理

MD5 算法处理的总体流程如图 4.13 所示。

假设 MD5 算法的初始变量为

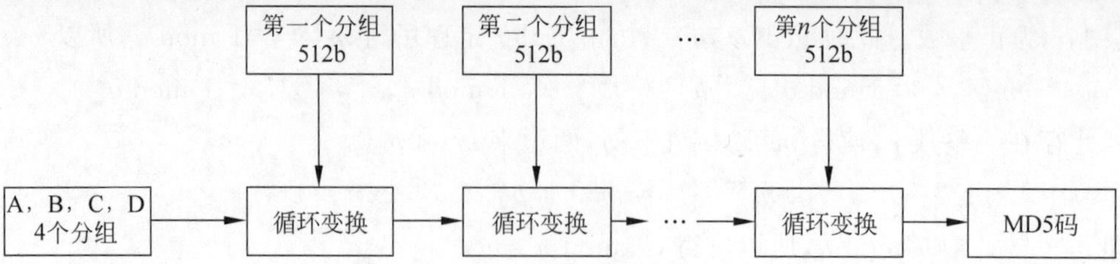


图 4.13 MD5 算法流程

$$E_0^{(0)}=67452301$$
$$E_1^{(0)}=EFCDAB89$$
$$E_2^{(0)}=98BADCFE$$
$$E_3^{(0)}=10325476$$

其中，$E_0^{(0)}$、$E_1^{(0)}$、$E_2^{(0)}$、$E_3^{(0)}$ 为 4 个 32b 的块，总计 128b。将 4 个块分别存储在 A、B、C、D 4 个寄存器，每个分块一共 4 个回合，每回合计算 16 步，合计 64 轮次。因此，在初始能得到 $A=E_0^{(i-1)}$，$B=E_1^{(i-1)}$，$C=E_2^{(i-1)}$，$D=E_3^{(i-1)}$。随后将用于保存 Hash 函数的中间结果。在每个 16 步之后，得到 128b 输出再与输入 $E^{(i-1)}$ 进行模 $2^{32}$ 加操作，得到的分块处理最终结果即为 128b 的数据块 $E^{(i)}$，每一个 32b 子分组的变换如图 4.14 所示。

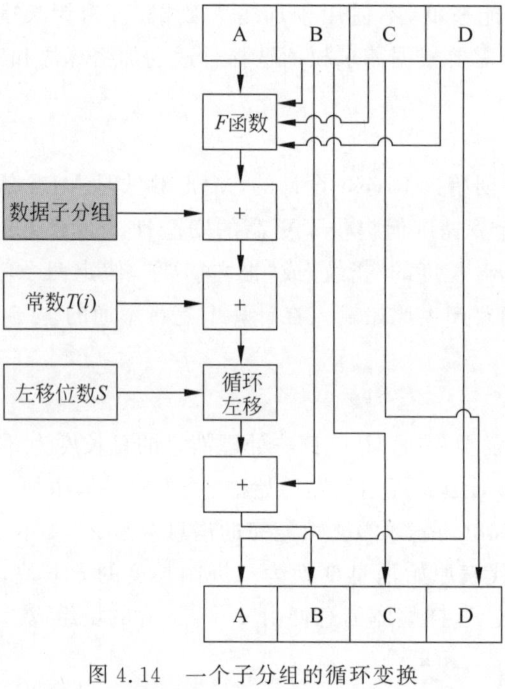


图 4.14 一个子分组的循环变换

图中 $F$ 函数表示基本逻辑函数，但是 $F$ 函数是包含 4 个结构相似的 4 个基本逻辑函数并且每个回合使用不同的逻辑函数（∧表示按位与，∨表示按位或，⊕表示异或，¬表示非）：

$$\begin{aligned}
&f_1=(t,B,C,D)=(B \wedge C) \vee (\neg B \wedge D) && 0 \leqslant t \leqslant 15\\
&f_2=(t,B,C,D)=(B \wedge D) \vee (C \wedge \neg D) && 16 \leqslant t \leqslant 31\\
&f_3=(t,B,C,D)=B \oplus C \oplus D && 32 \leqslant t \leqslant 47\\
&f_4=(t,B,C,D)=C \oplus (B \wedge \neg D) && 48 \leqslant t \leqslant 63
\end{aligned} \tag{4.5}$$

数据子分组长为 32b，是由 512b 的 $M^{(i)}$ 划分而来，划分方法如下（$t$ 表示轮次，$i$ 表示第 $i$ 个数据块）。

$$\text{数据子分组} = \begin{cases} M_t^{(i)} & 0 \leqslant t \leqslant 15 \\ M_{(1+5(t-16))\bmod 16}^{(i)} & 16 \leqslant t \leqslant 31 \\ M_{(5+3(t-32))\bmod 16}^{(i)} & 32 \leqslant t \leqslant 47 \\ M_{(7(t-48))\bmod 16}^{(i)} & 48 \leqslant t \leqslant 63 \end{cases} \tag{4.6}$$

MD5 有 64 个常数，由 sin 函数构成，常量表达式为 $T(i)=\text{int}(4294967296|\sin(i)|)$，其中，$i$ 表示第 $i$ 次变换，最后需要表示为长为 8b 的十六进制数。

MD5 左移位数如表 4.6 所示。

**表 4.6 MD5 位循环移位表**

| 轮次 | 阶段 | | | | | | | | | | | | | | | |
|---|---|---|---|---|---|---|---|---|---|---|---|---|---|---|---|---|
| | 1 | 2 | 3 | 4 | 5 | 6 | 7 | 8 | 9 | 10 | 11 | 12 | 13 | 14 | 15 | 16 |
| 1 | 7 | 12 | 17 | 22 | 7 | 12 | 17 | 22 | 7 | 12 | 17 | 22 | 7 | 12 | 17 | 22 |
| 2 | 5 | 9 | 14 | 20 | 5 | 9 | 14 | 20 | 5 | 9 | 14 | 20 | 5 | 9 | 14 | 20 |
| 3 | 4 | 8 | 16 | 23 | 4 | 8 | 16 | 23 | 4 | 8 | 16 | 23 | 4 | 8 | 16 | 23 |
| 4 | 6 | 10 | 13 | 21 | 6 | 10 | 15 | 21 | 6 | 10 | 15 | 21 | 6 | 10 | 15 | 21 |

当 16 个子分组处理完之后，即完成了一轮循环变换，一共需要 4 轮，4 轮得到的值再分别与原值相加，就可以得到 A、B、C、D 的结果，最后再将其以十六进制拼接起来，就能得到 MD5 的值。

**2. MD5 优劣点**

MD5 可用于数字签名，防止抵赖，一旦用户的文件被第三方 MD5 加密，如果以后甲方说这个文件不是他写的，那么当用文件 MD5 后获得的签名一致，就可以确认；但是 MD5 作为散列算法，经过证实，仍然会存在两种不同数据发生碰撞。如果使用普通的 MD5 算法，现在已有网站能够通过 MD5 的值反推出信息。

**3. MD5 应用领域举例**

1）数据完整性校验

MD5 曾经被用于验证文件的完整性，尤其是在下载文件时通过比较文件的 MD5 哈希值来确保文件未被篡改。虽然不是加密，但在一些简单的数据完整性校验场景下仍然可能使用 MD5 算法。

2）软件校验

MD5 曾经被用于校验软件文件的完整性，以确保下载的软件文件未被篡改或损坏。在某些情况下，软件提供方可能会提供软件文件的 MD5 哈希值，供用户在下载后进行验证。

**4. MD5 特点及优劣势**

MD5 算法是一种快速生成 128 位固定长度哈希值的广泛应用哈希函数。其不可逆性保证了数据的安全性，使其在一些简单的数据完整性校验场景下得到应用，例如，软件校验和数据完整性验证。然而，MD5 算法存在碰撞攻击和安全漏洞等问题，不再推荐用于密码存储等安全性要求较高的场景中。

### 4.1.4 SHA1

SHA1 由美国国家安全局设计，是一种密码散列算法，并由美国国家标准技术研究所

(NIST)发布为联邦数据处理标准(FIPS)。SHA1 接收输入消息的最大长度为($2^{64}-1$)b,生成 160b 的消息摘要。

填充消息与被填充消息分组与 4.1.3 节中 MD5 中处理原始数据的方式类似。

1. SHA1 算法处理

SHA1 的初始化变量与 MD5 不同的是,其初始变量为 160b 的数据块,即 5 个 32b 的字,依次为 $H_0^{(0)}$、$H_1^{(0)}$、$H_2^{(0)}$、$H_3^{(0)}$、$H_4^{(0)}$,设置如下。

$$H_0^{(0)}=67452301$$
$$H_1^{(0)}=EFCDAB89$$
$$H_2^{(0)}=98BADCFE$$
$$H_3^{(0)}=10325476$$
$$H_4^{(0)}=C3D2E1F0$$

SHA1 包含 4 个回合运算,每一回合 20 步,总共 80 步,算法流程如图 4.15 所示。

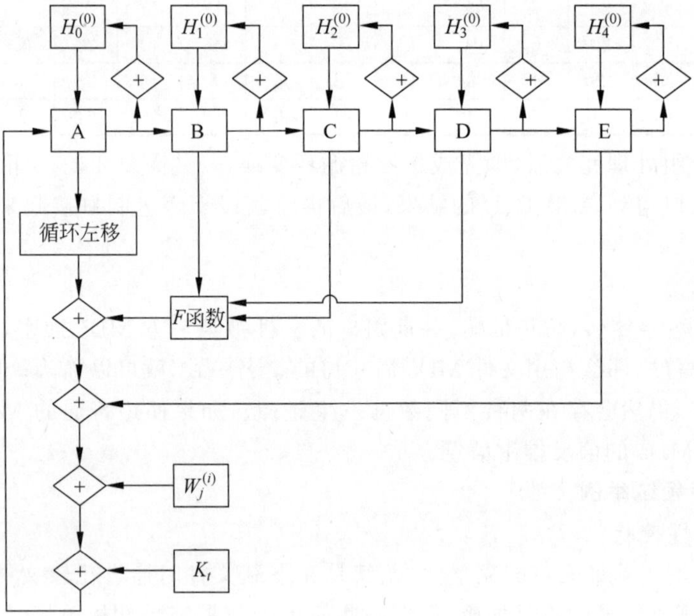


图 4.15　SHA1 算法每轮计算流程

如图 4.15,SHA1 算法将填充分块后 $i$ 个 512b 的 $M^{(i)}$ 划分 16 个 32b 的块,依次表示为 $W_1^{(i)}, W_2^{(i)}, \cdots, W_{16}^{(i)}$,先给 5 个寄存器 A、B、C、D、E 赋初值,这些寄存器最后都会用于保存 Hash 函数的中间结果和最终结果。

因为轮次 $t$ 的不同,$F$ 函数的定义也与 MD5 中不同($\wedge$ 表示按位与,$\vee$ 表示按位或,$\oplus$ 表示异或,$\neg$ 表示非):

$$\begin{aligned}
f_1&=(t,B,C,D)=(B\wedge C)\vee(B\wedge D) && 0\leqslant t\leqslant 19\\
f_2&=(t,B,C,D)=B\oplus C\oplus D && 20\leqslant t\leqslant 39\\
f_3&=(t,B,C,D)=(B\wedge C)\vee(B\wedge D)\vee(C\wedge D) && 40\leqslant t\leqslant 59\\
f_4&=(t,B,C,D)=B\oplus C\oplus D && 60\leqslant t\leqslant 79
\end{aligned}\tag{4.7}$$

常量 $K_t$ 定义如表 4.7 所示。

表 4.7 SHA1 中 $K_t$ 常量取值

| 回合 | 步骤 | 输入常量 | 取整方式(整数) |
|---|---|---|---|
| 1 | $0\leqslant t\leqslant 19$ | $K_t=5A82799$ | $2^{30}\times\sqrt{2}$ |
| 2 | $20\leqslant t\leqslant 39$ | $K_t=6ED9EBA1$ | $2^{30}\times\sqrt{3}$ |
| 3 | $40\leqslant t\leqslant 59$ | $K_t=5F1BBCDC$ | $2^{30}\times\sqrt{5}$ |
| 4 | $60\leqslant t\leqslant 79$ | $K_t=CA62C1D6$ | $2^{30}\times\sqrt{10}$ |

数据扩展：分块处理中还需要使用 $W_j^{(i)}$，其定义如下(ROLT$^i$ 代表循环左移 $i$b)。

$$W_j^i=\begin{cases}W_j^i & 0\leqslant t\leqslant 15\\ \mathrm{ROLT}^1(W[t-3]\oplus W[t-8]\oplus W[T-14]\oplus W[T-16]) & 16\leqslant t\leqslant 79\end{cases}\tag{4.8}$$

根据图 4.15，对于 $0\leqslant t\leqslant 79$，每经过一次压缩函数，执行以下循环。

$$T=\mathrm{ROTL}^5(A)+f_t(B,C,D)+E+W[t]+K_t(\mathrm{mod}2^{32})$$

$$E=D,D=C,B=A,C=\mathrm{ROTL}^{30}(B),A=T$$

**2. SHA1 应用领域举例**

1) 数字证书

一些旧版的数字证书可能使用 SHA1 算法来生成数字签名。尽管现在推荐使用更安全的哈希算法(如 SHA256)，但一些旧版的数字证书可能仍在使用 SHA1。

2) 版本控制系统

一些版本控制系统，如 Git 和 Mercurial，曾经在某些情况下使用 SHA1 算法来生成对象标识符(Object IDs)。尽管现在一般已经转向了更安全的哈希算法(如 SHA256)，但仍可能存在使用 SHA1 的情况。

**3. SHA1 的特点及优劣势**

SHA1 是一种生成 160 位哈希值的哈希算法，具有固定长度输出的特点。它曾被广泛用于数字证书、版本控制系统和软件完整性验证等领域。然而，由于存在碰撞攻击和安全漏洞，SHA1 的安全性受到了质疑，不再推荐用于安全性要求较高的场景，推荐使用更安全的哈希算法，如 SHA256。

### 4.1.5 SHA2

**1. 算法概述**

SHA2 是一种密码散列函数算法标准，由美国国家安全局研发，由美国国家标准与技术研究院在 2001 年发布，属于 SHA 算法之一，是 SHA-1 的后继者。其下又可再分为 6 个不同的算法标准。这些函数是使用来自单向压缩函数的 Märkl-Damgaard 结构构建的。它本身是使用专用分组密码的戴维斯-迈耶结构构建的。SHA-2 相对于其前身 SHA-1 进行了重要更改。SHA-2 系列由 6 个摘要(哈希值)224b、256b、384b 或 512b 的哈希函数组成：SHA-224、SHA-256、SHA-384、SHA-512、SHA-512/224、SHA -512/256。SHA-256 和 SHA-512 是新的哈希函数，分别在 8 个 32 位字和 8 个 64 位字上计算。它们使用不同的移位量和加法常数，但在结构上实际上是相同的，仅轮数不同。对于任意长度的消息，SHA-2 算法都会产生一个 256 位的哈希值，称作消息摘要。

**2. 算法步骤**

SHA2 算法有消息预处理和哈希函数的主循环两个过程，下述为两个步骤的过程。

（1）消息预处理。

在计算消息的哈希值之前，需要对消息进行预处理，主要是补位和消息分块。

① 补位：假设消息 $M$ 的二进制编码长度为 1 位，首先在消息末尾补上一位“1”，然后再补上 $k$ 个“0”，其中，$k$ 为下列方程的最小非负整数。

$$l + 1 + k \equiv 448 \text{mod} 512$$

然后，再在上述字符串后面补上 $l$ 的二进制表示形式。最终补完以后，消息二进制位数长度是 512 的倍数。

② 消息分块：将补码处理后的消息以 512 位为单位分块为 $M^{(1)}$、$M^{(2)}$、…、$M^{(N)}$。其中，第 $i$ 个消息块的前 32 位表示为 $M_0^{(i)}$，第二个 32 位为 $M_1^{(i)}$，以此类推，最后 32 位的消息块可表示为 $M_{15}^{(i)}$。

（2）哈希函数的主循环。

SHA-2 算法的压缩函数逻辑如下。

① For $i=1 \rightarrow N$（$N$＝补码后消息块个数）

② 用第$(i-1)$次哈希值来对 $a$、$b$、$c$、$d$、$e$、$f$、$g$、$h$ 进行初始化，当 $i=1$ 时，使用初始化哈希值 $H^{(0)}$，即

$$a \leftarrow H_1^{(i-1)}$$
$$b \leftarrow H_2^{(i-1)}$$
$$\cdots$$
$$h \leftarrow H_8^{(i-1)}$$

③ 应用 SHA-2 的压缩函数循环 64 次来更新 $a$、$b$……$h$，即

$$T_1 \leftarrow h + \Sigma_1(e) + Ch(e,f,g) + K_j + W_j$$
$$T_2 \leftarrow \Sigma_0(a) + M_{aj}(a,b,c)$$
$$h \leftarrow g$$
$$g \leftarrow f$$
$$f \leftarrow e$$
$$e \leftarrow d + T_1$$
$$d \leftarrow c$$
$$c \leftarrow b$$
$$b \leftarrow a$$
$$a \leftarrow T_1 + T_2$$

④ 计算第 $i$ 次的哈希值 $H^{(i)}$：

$$H_1^{(i)} \leftarrow a + H_1^{(i-1)}$$
$$H_2^{(i)} \leftarrow b + H_2^{(i-1)}$$
$$\cdots$$
$$H_8^{(i)} \leftarrow h + H_8^{(i-1)}$$

当 $i=N$ 时停止，得到 $H^{(N)}=(H_1^{(N)}, H_2^{(N)}, \cdots, H_8^{(N)})$，即最终需要的哈希 $M$。

### 3. SHA2 应用领域举例

（1）密码学应用。

SHA-2 算法在许多密码学应用中得到广泛应用，包括密码哈希函数、消息认证码

(HMAC)等。

(2) 数字证书。

SHA-2算法用于生成数字证书的签名，包括SSL证书、代码签名证书等，以确保数字证书的安全性和可靠性。

**4. SHA2的特点以及优劣势**

SHA-2系列算法可以接受不同的哈希位数长度，提供了较高的安全性，它被设计成在输入数据有微小变化时产生巨大的不同输出，这使得它具有很强的抗碰撞能力。同时，SHA-2算法的输出长度是固定的，不会因为输入数据的变化而改变输出的长度，因此它适合用于存储密码和数字签名等场景。

但由于其摘要长度固定，可能导致碰撞现象，尽管SHA-2算法通过增加迭代次数提高了安全性，但碰撞风险仍然存在。同时，SHA-2算法的计算量相对较大，对于一些轻量级设备或者对计算资源要求较高的场景，可能会存在一定的计算压力。

## 4.1.6 SM2

**1. 算法概述**

我国密码管理部门决定在商用密码体系中，采用SM2椭圆曲线算法替换RSA算法。

SM2是中国密码学算法标准中的一种非对称加密算法。它是由国家密码管理局(中国密码局)于2010年12月17日发布的一种椭圆曲线公钥密码算法。SM2基于椭圆曲线离散对数问题，主要用于数字签名、密钥交换和加密等密码学应用。SM2算法的整体结构如图4.16所示。

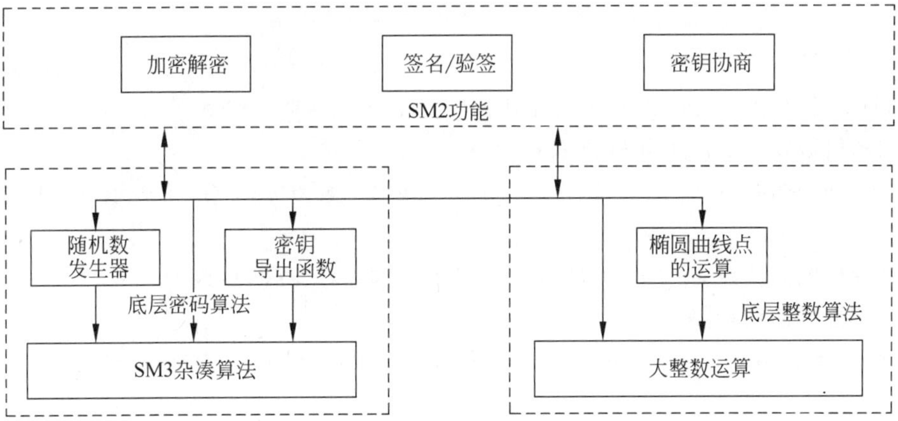


图4.16 SM2算法整体结构

**2. 算法步骤**

SM2算法作为公钥算法，可以完成签名以及加解密应用等。因此，SM2算法标准确定了标准过程有签名过程、加密过程。

(1) 签名过程。

SM2数字签名算法适用于商用密码应用中的数字签名和验证。发送方可以使用私钥对数据进行签名，接收方使用相应的公钥来验证签名的有效性。

假设用户A作为签名者，拥有长度为$\mathrm{len}_A$比特的可辨别标识$\mathrm{ID}_A$，私钥$d_A$，公钥$P_A=(x_A, y_A)$，待签名的消息为$M$。

① 计算 $M^{*}=Z_A//M$。输入标识 $ID_A$ 和公钥产生一个 $Z_A$ 值，然后将 $Z_A$ 值和 $M$ 进行拼接产生 $M^{*}$。

② 计算 $e=H_v(M^{*})$，将产生的 $M^{*}$ 进行 Hash 计算。按规则将 $e$ 的数据类型转换为整数。

③ 产生随机数 $k\in[1, n-1]$。此处的 $n$ 为奇素数。

④ 计算椭圆曲线点 $(x_1, y_1)=[k]G$，按规则将 $x_1$ 的数据类型转换为整数。($[k]G$ 表示 $k\cdot G$。)

⑤ 计算 $r=(e+x_1)\bmod n$，若 $r=0$ 或 $r+k=n$，则返回第③步。

⑥ 计算 $s=((1+d_A)^{-1}\times(k-r\cdot d_A))\bmod n$，若 $s=0$，则返回第③步。

⑦ 按规则将 $r$、$s$ 的数据类型转换为字符串，得到消息 $M$ 的签名为 $7(r,s)$。

流程图可表示为如图 4.17 所示。

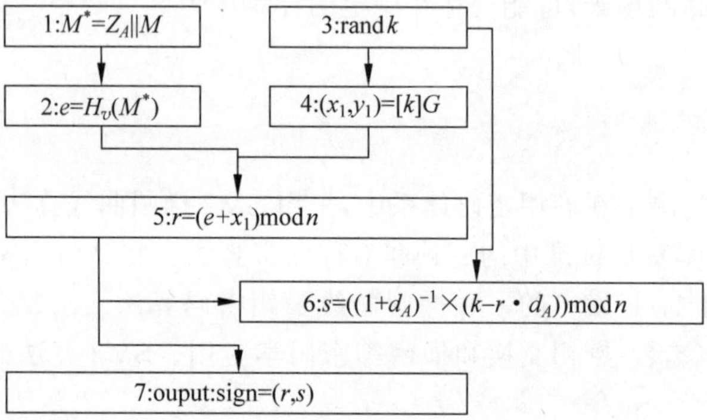


图 4.17　SHA2 签名流程图

(2) 加密过程。

设消息为比特串 $M$，klen 为 $M$ 的比特长度，$P_B$ 表示接收者公钥。

① 用随机数发生器产生随机数 $K\in[1,n-1]$。

② 计算椭圆曲线点 $C_1=[k]G=(x_1, y_1)$，($[k]G$ 表示 $[k]\cdot G$，$G$ 表示椭圆曲线上的一个点)。

③ 计算椭圆曲线点 $S=[h]\cdot P_B$，若 $S$ 是无穷远点，则返回步骤①。

④ 计算椭圆曲线点 $[k]\cdot P_B=(x_2, y_2)$ 。

⑤ 计算 $t=\mathrm{KDF}(x_2|y_2,\mathrm{klen})$，(KDF 表示密钥派生函数)。若 $t$ 为全 0 比特串，则返回步骤①。

⑥ 计算 $C_2=M\oplus t$。

⑦ 计算 $C_3=\mathrm{Hash}(x_2|M|y_2)$。

⑧ 输出密文 $C=C_1|C_2|C_3$。

流程图可表示为如图 4.18 所示。

**3. SM2 应用领域举例**

SM2 作为国家密码管理局推荐的国家密码算法之一，被应用于政府、军队、金融等关键领域的信息安全保护中。

**4. SM2 的特点及优劣势**

相比于 RSA 算法，国密 SM2 算法具有抗攻击性强、CPU 占用少、内容使用少、网络消耗低、密钥短和加密速度快等特点。然而，由于国密算法至今尚未实现广泛兼容，在主流浏览器、

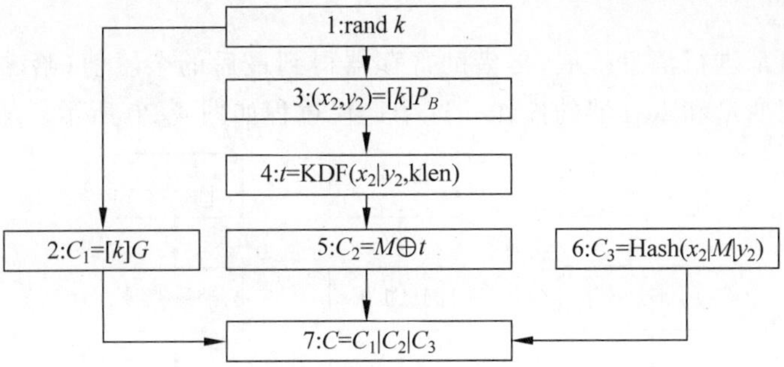


图 4.18 SM2 算法加密流程图

操作系统等终端环境中不受信任，面对互联网的产品应用中采用国密算法将无法满足可用性、易用性和全球通用性的需求，所以在实际应用中很难真正落地实施。

### 4.1.7 SM3

**1. 算法概述**

SM3 是中国采用的一种密码散列函数标准，前身为 SCH4 杂凑算法，由国家密码管理局于 2010 年 12 月 17 日发布，相关标准为 GM/T 0004—2012《SM3 密码杂凑算法》。2016 年，成为中国国家密码标准（GB/T 32905—2016）。在商用密码体系中，SM3 主要用于数字签名及验证、消息认证码生成及验证、随机数生成等方面，可满足多种密码应用的安全需求。SM3 是在 SHA-256 基础上改进实现的一种算法。

SM3 和 MD5 的迭代过程类似，也采用 Merkle-Damgard 结构。消息分组长度为 512 位，摘要值长度为 256 位。

**2. 算法步骤**

(1) 消息填充。

SM3 的消息扩展步骤是以 512 位的数据分组作为输入的。因此，需要在一开始就把数据长度填充至 512 位的倍数。具体步骤如下。

① 先填充一个“1”，后面加上 $k$ 个“0”。其中，$k$ 是满足 $(n+1+k) \bmod 512 = 448$ 的最小正整数。

② 追加 64 位的数据长度。

填充后的数据大概如图 4.19 所示。

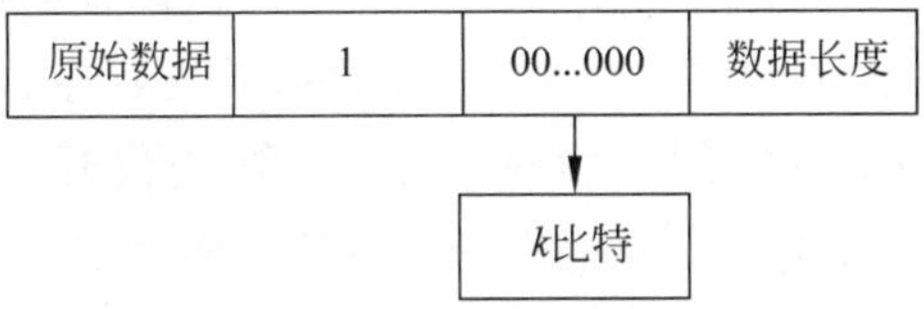


图 4.19 填充后的数据

(2) 消息扩展。

SM3 的迭代压缩步骤没有直接使用数据分组进行运算，而是使用这个步骤产生的 132 个消息字（一个消息字的长度为 32 位）。概括来说，先将一个 512 位数据分组划分为 16 个消息字，并且作为生成的 132 个消息字的前 16 个。在这 16 个消息字递推生成剩余的 116 个消息字。在最终得到的 132 个消息字中，前 68 个消息字构成数列 $\{W_j\}$，后 64 个消息字构成数列 $\{W'_j\}$，其中，下标 $j$ 从 0 开始计数。

(3) 迭代压缩。

对每一个分组都进行消息扩展，再借助寄存器得到最后的杂凑值(哈希值)。迭代压缩这一步有很多的中间变量和寄存器的操作。这个迭代过程如图 4.20 所示。

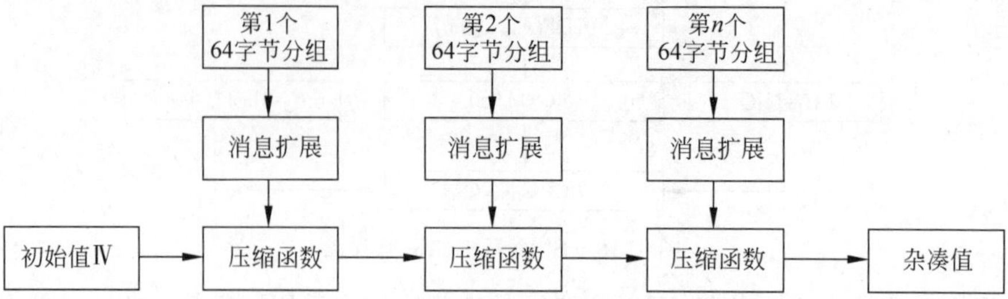


图 4.20　SM3 迭代过程

初始值Ⅳ被放在 $A$、$B$、$C$、$D$、$E$、$F$、$G$、$H$ 共 8 个 32 位变量中，整个算法中最核心、最复杂的部分就在于压缩函数。压缩函数将这 8 个变量进行 64 轮相同的计算，每一轮的计算过程如图 4.21 所示。

最后，再将计算完成的 $A$、$B$、$C$、$D$、$E$、$F$、$G$、$H$ 和原来的 $A$、$B$、$C$、$D$、$E$、$F$、$G$、$H$ 分别进行异或，就是压缩函数的输出。这个输出再作为下一次调用压缩函数时的初值。以此类推，直到用完最后一组 132 个消息字为止。

(4) 输出结果。

将得到的 $A$、$B$、$C$、$D$、$E$、$F$、$G$、$H$ 8 个变量拼接输出，就是 SM3 算法的输出。

**3. SM3 应用领域举例**

SM3 算法在一些密码学应用中也得到了应用，如消息认证码(HMAC)等。

**4. SM3 的特点及优缺势**

SM3 杂凑算法可以将任意长度的消息压缩成固定长度的摘要，主要用于数字签名和数据完整性保护等，可满足多种密码应用的安全需求。杂凑算法的安全性就在于碰撞难度，SM3 算法在结构上和 SHA-256 相似，但 SM3 算法增加了多种新技术，例如，消息双子介入等，能有效地避免高概率的局部碰撞，同时也能够提高运算效率，具有跨平台的高效性和广泛的适用性。

### 4.1.8　SM4

**1. SM4 算法概述**

SM4(原名 SMS4)是中国采用的一种分组密码标准，由国家密码管理局于 2012 年 3 月 21 日发布，相关标准为 GM/T 0002—2012《SM4 分组密码算法》(原 SMS4 分组密码算法)。

在商用密码体系中，SM4 主要用于数据加密，其算法公开，分组长度与密钥长度均为 128b，加密算法与密钥扩展算法都采用 32 轮非线性迭代结构，S 盒为固定的 8b 输入、8b 输出。

SM4 加密算法属于对称加密算法，2012 年 3 月，国家密码管理局正式公布了包含 SM4 分组密码算法在内的《祖冲之序列密码算法》等 6 项密码行业标准。SM4 加密解密算法的结构相同，只是使用轮密钥相反，其中，解密轮密钥是加密轮密钥的逆序。

**2. 算法步骤**

(1) 合成置换 T。

① 非线性变换 $\tau$。

$\tau$ 由 4 个并行的 S 盒构成。设输入为 $A=(a_0,a_1,a_2,a_3)\in(Z_2^8)^4$，输出为 $B=(b_0,b_1,b_2,$

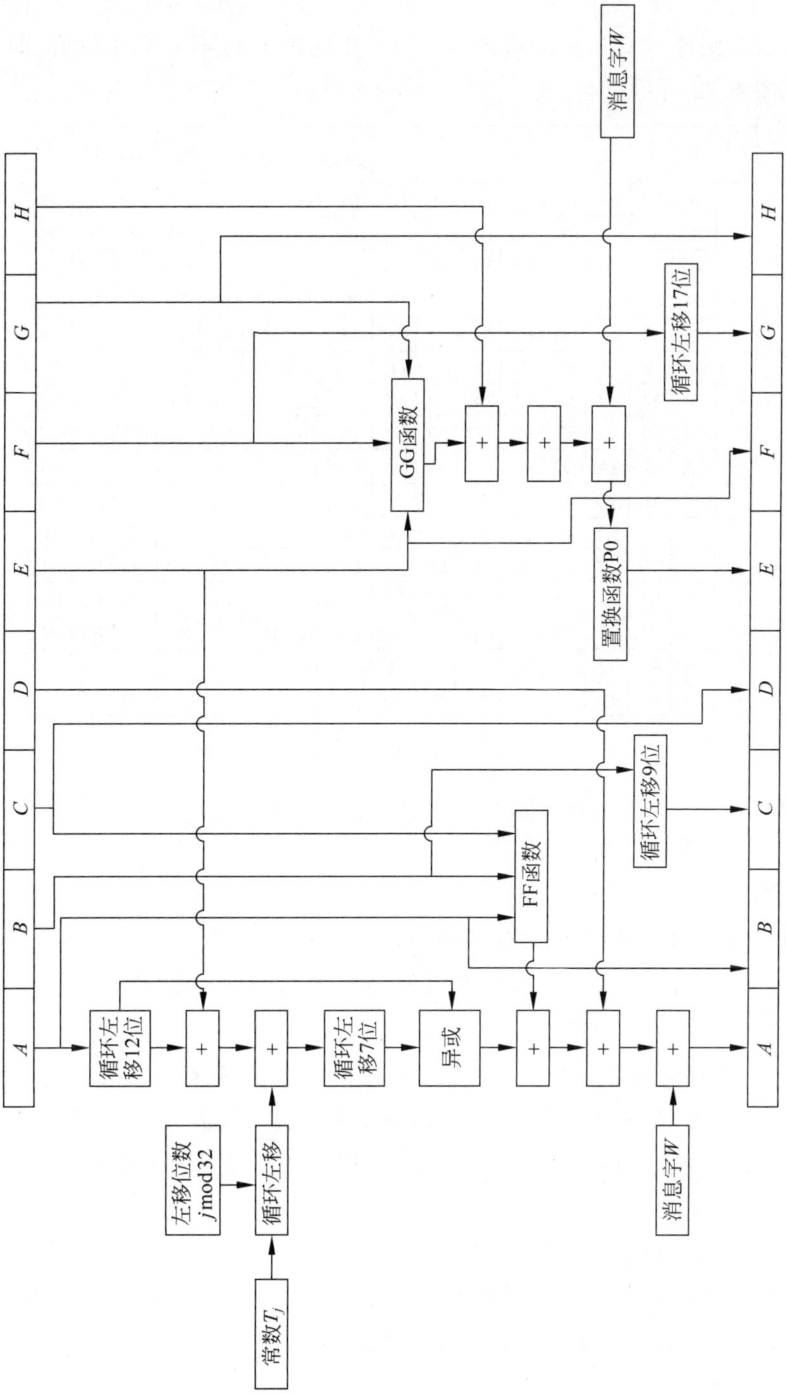


图 4.21 SM3 迭代过程

$b_3) \in (Z_2^8)^4$，则 $(b_0, b_1, b_2, b_3) = \tau(A) = (\text{Sbox}(a_0), \text{Sbox}(a_1), \text{Sbox}(a_2), \text{Sbox}(a_3))$。

② 线性变换 $L$。

非线性变换 $\tau$ 的输出是线性变换 $L$ 的输入。设输入为 $B \in Z_2^{32}$，输出为 $C \in Z_2^{32}$，则 $C = L(B) = B \oplus (B <<< 2) \oplus (B <<< 10) \oplus (B <<< 18) \oplus (B <<< 24)$。S 盒使用规则：设 S 盒的输入为 EF，则经 S 盒运算的输出结果为表中的第 E 行第 F 列中的值，即 Sbox(EF)=0x84。S 盒如图 4.22 所示。

| X\Y | 0 | 1 | 2 | 3 | 4 | 5 | 6 | 7 | 8 | 9 | A | B | C | D | E | F |
|---|---|---|---|---|---|---|---|---|---|---|---|---|---|---|---|---|
| 0 | D6 | 90 | E9 | FE | CC | E1 | 3D | B7 | 16 | B6 | 14 | C2 | 28 | FB | 2C | 05 |
| 1 | 2B | 67 | 9A | 76 | 2A | BE | 04 | C3 | AA | 44 | 13 | 26 | 49 | 86 | 06 | 99 |
| 2 | 9C | 42 | 50 | F4 | 91 | EF | 98 | 7A | 33 | 54 | 0B | 43 | ED | CF | AC | 62 |
| 3 | E4 | B3 | 1C | A9 | C9 | 08 | E8 | 95 | 80 | DF | 94 | FA | 75 | 8F | 3F | A6 |
| 4 | 47 | 07 | A7 | FC | F3 | 73 | 17 | BA | 83 | 59 | 9C | 19 | E6 | 85 | 4F | A8 |
| 5 | 68 | 6B | 81 | B2 | 71 | 64 | DA | 8B | F8 | EB | 0F | 4B | 70 | 56 | 9D | 35 |
| 6 | 1E | 24 | 0E | 5E | 63 | 58 | D1 | A2 | 25 | 22 | 7C | 3B | 01 | 21 | 78 | 87 |
| 7 | D4 | 00 | 46 | 57 | 9F | D3 | 27 | 52 | 4C | 36 | 02 | E7 | A0 | C4 | C8 | 9E |
| 8 | EA | BF | 8A | D2 | 40 | C7 | 38 | B5 | A3 | F7 | F2 | CE | F9 | 61 | 15 | A1 |
| 9 | E0 | AE | 5D | A4 | 9B | 34 | 1A | 55 | AD | 93 | 32 | 30 | F5 | 8C | B1 | E3 |
| A | ID | F6 | E2 | 2E | 82 | 66 | CA | 60 | C0 | 29 | 23 | AB | 0D | 53 | 4E | 6F |
| B | D5 | DB | 37 | 45 | DE | FD | 8E | 2F | 03 | FF | 6A | 72 | 6D | 6C | 5B | 51 |
| C | 8D | IB | AF | 92 | BB | DD | BC | 7F | 11 | D9 | 5C | 41 | 1F | 10 | 5A | D8 |
| D | 0A | C1 | 31 | 88 | A5 | CD | 7B | BD | 2D | 74 | D0 | 12 | B8 | E5 | B4 | B0 |
| E | 89 | 69 | 97 | 4A | 0C | 96 | 77 | 7E | 65 | B9 | F1 | 09 | C5 | 6E | C6 | 84 |
| F | 18 | F0 | 7D | EC | 3A | DC | 4D | 20 | 79 | EE | 5F | 3E | D7 | CB | 39 | 48 |

图 4.22　SM4 的 S 盒

合成置换 $T$：$Z_2^{32} \to Z_2^{32}$，是一个可逆变换，由非线性变换 $\tau$ 和线性变换 $L$ 复合而成，即 $T(.) = L(\tau(.))$。

(2) 轮函数 $F$。

本算法采用非线性迭代结构，以字为单位进行加密运算，称一次迭代运算为一轮变换。设输入为 $(X_0, X_1, X_2, X_3) \in (Z_2^{32})^4$，轮密钥为 $\text{rk} \in Z_2^{32}$，则轮函数 $F$ 为 $F(X_0, X_1, X_2, X_3, \text{rk}) = X_0 \oplus T(X_1 \oplus X_2 \oplus X_3 \oplus rk)$。示意图如图 4.23 所示。

SM4 的轮函数将输入部分看作 4 个 32b 长度的数据，每轮的后三个部分都向左移动 32b 的数据长度，这三组数据异或后进入非线性部分 $\tau$ 和线性部分 $L$，运算后的结果与第一组数据异或置于最后面。如此循环往复 32 轮，也就是数据一共左移了 8 个周期，将其中的混乱因素不断扩散至每个比特位中。

**3. SM4 应用领域举例**

在中国，如支付宝、微信支付等手机支付应用广泛使用 SM4 算法来保护用户的支付交易数据的安全，确保支付过程中的数据传输和存储的安全性。

**4. SM4 的特点及优劣势**

SM4 算法属于分组密码算法，相比于其他分组算法，SM4 具有较高的安全性和抗攻击性，同时由于 SM4 是一种对称加密算法，所以加密和解密速度较快，适用于对大量数据进行加密和解密。SM4 算法还广泛支持跨平台的应用，具有良好的可扩展性。但 SM4 不利于并行运

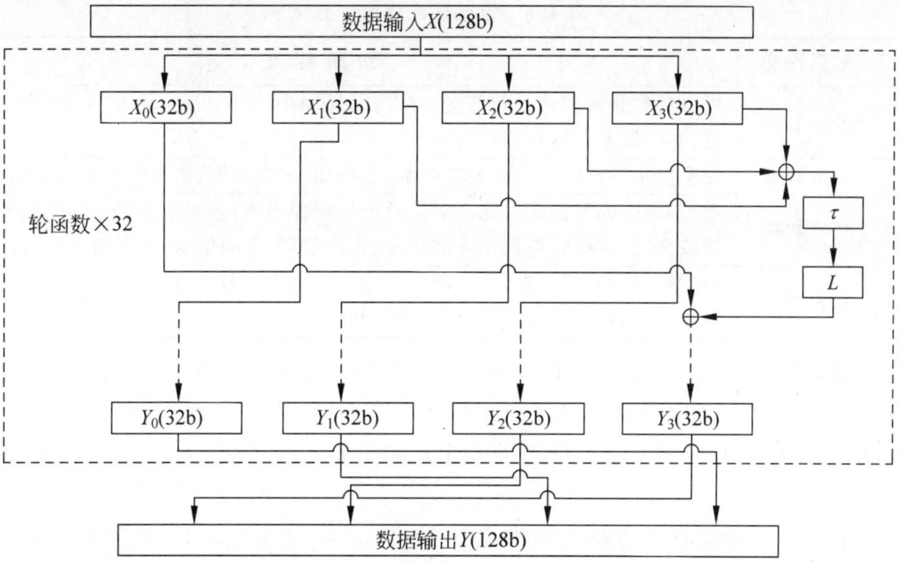


图 4.23　SM4 轮函数 $F$

算，具有误差传送的问题，导致其增加了单个任务的等待时间，造成一个明文单元损坏影响多个单元的问题。

# 4.2　数据存储加密

数据是企业最宝贵的资源，而存储系统则被视为这些数据的最后防线。随着存储系统从本地连接逐渐向网络化和分布式发展，并与网络上的多台计算机共享，存储系统面临更广泛的攻击威胁。这种变化使得相对静态的存储系统成为攻击者的首选目标，他们试图通过各种手段，包括窃取、篡改或破坏数据，以达到不法目的。在这个背景下，确保存储系统的安全性变得尤为关键，成为保障企业信息资产安全的不可或缺的一环。

数据加密是一种有效的手段，用于维护个人隐私的安全性。在现实生活中，经常需要存储一些敏感信息，如个人身份信息、银行卡数据、密码等。这些信息如果被非法获取，可能导致个人隐私的泄露，进而给个人带来经济上的损失或其他不良影响。通过采用数据加密技术，这些敏感信息可以被转换为密文的形式，即使在数据存储的过程中发生信息被窃取的情况，攻击者也无法获得原始信息，从而有效地保护了个人隐私。数据存储加密在提供安全性的同时，为个人提供了一层强有力的防线，防范了潜在的隐私泄露风险。

在进行数据保护之前，必须首先明确需要保护哪些数据以及保护这些数据的原因。这实质上涉及数据的分级问题。数据分级概念上是根据数据的敏感程度和数据遭受篡改、破坏、泄露或非法利用后对受害者的影响程度，按照一定的原则和方法进行定义。另外，还需要关注法规遵从性需求。例如，《数据安全法》第二十一条规定："国家建立数据分类分级保护制度，根据数据在经济社会发展中的重要程度，以及一旦遭到篡改、破坏、泄露或非法获取、非法利用，对国家安全、公共利益或个人、组织合法权益造成的危害程度，对数据实行分类分级保护"。表 4.8 就是按数据敏感程度做的一个划分示例。

表 4.8 数据敏感程度划分

| 级别 | 敏感程度 | 判 断 标 准 |
|---|---|---|
| 1 级 | 公开数据 | 可以免费获得和访问的信息,没有任何限制或不利后果,例如,营销材料、联系信息、客户服务合同和价目表 |
| 2 级 | 内部数据 | 安全要求较低但不打算公开的数据,例如,客户数据、销售手册和组织结构图 |
| 3 级 | 秘密数据 | 敏感数据,如果泄露可能会对运营产生负面影响,包括损害公司、其客户、合作伙伴或员工。例如,包括供应商信息、客户信息、合同信息、员工信息和薪水信息等 |
| 4 级 | 机密数据 | 高度敏感的公司数据,如果泄露可能会使组织面临财务、法律、监管和声誉风险。例如,包括客户身份信息、个人身份和信用卡信息 |

确保关键数据的安全性、应用系统的功能可用性以及系统可维护性是成功实施数据防护的关键因素。在确定适合相应需求的加密保护技术方案时,需要全面考虑这些方面。以下列举了常用的加密技术,并说明了它们应对的安全风险。这有助于制定全面而有效的数据存储加密策略。

(1) 磁盘加密。磁盘采用的块级别加密技术,如 AWS 的 EBS 等,都支持对磁盘进行加密。这种加密的主要优势在于对操作系统是透明的。尽管加密后会导致性能略有下降,但具体下降程度取决于上层应用的不同。AWS 的 EBS 和阿里云的 ECS 等服务提供了这一加密功能,为企业提供了更安全的磁盘存储选项。

(2) 数据库加密。

①透明数据加密(TDE)是一种数据库提供的加密技术,它实现了对数据文件的实时 I/O 加密和解密。该技术确保数据在写入磁盘之前被加密,而在从磁盘读入内存时进行解密。重要的是,TDE 的应用不会增加数据文件的大小,且无须开发人员对任何应用程序进行修改。密钥管理方面,TDE 通过数据库提供的 API 或组件来实现,使其对开发人员具有透明性。这种方式特别适用于某些场景,例如,在磁盘或系统无法对用户开放的条件下(如云环境)。

② 数据库加密的另一种方式是通过采用第三方加固方法,即将第三方专业数据库加密厂商的产品内嵌在数据库中,以提供透明数据加密功能。所谓透明,即用户应用系统无须进行改造即可使用,而具有权限的用户所见到的仍然是明文数据,使其完全无感知。此外,这种方法还能增强原有数据库的安全能力,例如,提供三权分立、脱敏展示等功能。

(3) 文件加密。这种加密方式通过在其他文件系统(如 Ext2、Ext3、ReiserFS、JFS 等)之上堆叠,为应用程序提供了透明、动态、高效和安全的加密功能。通常用于对特定目录进行加密。然而需要注意的是,这种加密方式可能导致较大的性能损失。

数据存储加密分为两类:数据内容加密以及磁盘空间加密

## 4.2.1 数据内容加密

### 1. 数据库的存储加密

这是一种关注数据库存储安全的加密方式,旨在防范在存储环节上的数据泄露风险。这一方法主要分为密文存储和存取控制两个层面。密文存储通过采用加密算法、附加密码、加密模块等手段来实现,确保数据在存储过程中以密文形式存储,有效防范了潜在的信息泄露威胁。与此同时,存取控制方面则通过对用户资格和权限进行审查和限制,以防止非法用户访问数据或合法用户越权访问数据。

这种综合的存储加密方法在提高数据库存储安全性的同时,充分考虑了两个关键方面:一方面,通过密文存储强化了数据的保密性;另一方面,通过存取控制强化了对数据的合法访问控制。通过这样的双重层面的保护措施，数据库在存储阶段就能够更加全面地抵御潜在的威胁，为数据的安全提供了有效的保障。

对称加密、非对称加密以及 Hash 加密都能运用在数据库表的加密存储中。MySQL 是一个关系型数据库管理系统，可用于存储、管理和检索大量数据。MySQL 中的数据以表的形式存储，表中的每个列都有一个名称和数据类型，用于定义该列中可以存储的数据的种类。表中的每个记录都被称为一行。每一行包含表中每个列的具体数据值。下面以利用对称加密算法 AES 加密 MySQL 数据库中的字段为例。

MySQL 拥有自带加密函数 AES_ENCRYPT、AES_DECRYPT，用于直接加密。

在添加数据时使用 AES 算法将信息加密存储：

```
INSERT INTO User(user_name, user_password) VALUES ('XiaoGang', AES_ENCRYPT('123456','encrypt_key'));
```

数据经过 AES 加密后，存储在数据库中的形式如图 4.24 所示。

| ←T→ | id | username | password |
|---|---|---|---|
| ☐ 编辑 复制 删除 | 1 | xiaowang | 0x4f92c6c47e1e9bb78571d43bdd174f23 |

图 4.24　数据经 AES 加密后的形式

那么在查询时，需要使用 AES_DECRYPT 函数解密：

```
SELECT AES_DECRYPT(user_password, 'encrypt_key') FROM User WHERE user_name = 'XiaoGang';
```

查询结果如图 4.25 所示。

| ←T→ | id | username | decrypted_password |
|---|---|---|---|
| ☐ 编辑 复制 删除 | 1 | xiaowang | 123456 |

图 4.25　查询结果

另外，除去 AES 算法，MySQL 也支持众多其他算法，如 MD5 和 SHA1。

**2. HTML 存储加密**

随着互联网的迅猛发展，越来越多的人选择使用网站进行敏感信息的发送、存储、共享和传输。这些信息可能涵盖个人身份、财务状况、医学记录等多个领域，使得网站的安全性变得至关重要。在缺乏安全措施的情况下，黑客有机会窃取或篡改数据，从而导致数据泄露或破坏。因此，HTML 网站安全性成为维护网络安全的基础。

HTML 作为互联网上最为流行的标记语言之一，广泛用于创建网站和网页。尽管 HTML 网站的安全性至关重要，但许多网站管理员和开发人员却常常忽略了必要的安全措施，使得他们面临各种安全威胁和漏洞。因此，为了确保网站的安全性，必须采取一系列预防措施和安全措施。这包括但不限于实施安全协议、定期更新和维护系统、采用强密码策略、进行安全审计等，以构建更加健壮、可靠的 HTML 网站。其中，网页防篡改技术尤为重要。网页防篡改技术源于对网络安全威胁的认识和对用户数据保护的重视。随着网络犯罪日益猖獗，恶意篡改网页内容的事件频发，为了保护网站的信誉和用户数据的完整性，网页防篡改技术应运而生。通过技术手段防止网页内容被恶意篡改，维护数据的完整性，提升用户对网站的信任感，保护用户隐私信息免受不法分子的侵害。

网页防篡改技术已成为政府、金融、电商等领域的重要安全保障手段。政府机构的官方网站利用此技术，保障发布信息的真实可信；金融机构的网上银行系统采用网页防篡改技术，确保用户资金安全；而电商平台则依靠此技术防止商品信息被篡改，维护市场秩序。这些领域广泛应用网页防篡改技术，不仅增强了网络安全，也提升了用户的信任感和交易体验。

目前网页防篡改技术种类如表 4.9 所示。

表 4.9 网页防篡改技术

| 网页防篡改技术 | 具体内容 |
| --- | --- |
| 事件触发技术 | 采用程序对网站目录进行实时监控，一旦发现异常情况，立即触发检查机制，以确定是否存在非法篡改行为 |
| 核心内嵌技术 | 在用户请求访问网页时，在系统正式提交网页内容给用户之前进行完整性检查的技术。通过在网页内容中嵌入独特的标识符或指纹，系统能够在传输过程中验证网页的真实性和完整性，防止篡改行为的发生 |
| 定时循环扫描技术 | 使用程序按用户设定的时间间隔定期扫描网站目录的方法。一旦发现网站内容被篡改，系统将立即使用备份数据进行恢复，以确保网站数据的完整性和安全性 |
| 文件过滤驱动技术 | 利用系统底层文件过滤驱动技术，拦截并分析 IRP 流。通过监控和分析系统底层的文件操作流，系统能够及时捕获和阻止任何对网站文件的非法篡改行为 |

下面用购物网站的 SQL 注入攻击来举例，用户可通过搜索框查找自己想要的商品，如袜子，如果系统是利用 SQL 语句进行查询，那么用户的请求在后台为

```
SELECT * FROM products WHERE product_name = '袜子';
```

这样系统处理查询语句，再通过网页返回袜子等商品。

但是攻击者如果试图通过恶意注入 SQL 代码来绕过正常的搜索逻辑，则尝试访问数据库中的未授权数据或执行恶意操作为

```
SELECT * FROM products WHERE product_name = '' OR '1' = '1'; -- ';
```

这个查询条件始终为真('1'='1'是恒真的条件)，导致系统返回所有商品，而不仅是包含袜子的商品。这便对返回结果进行了篡改，并且在这个基础上，还能做出很多危害信息安全的攻击，如查看所有用户名及其密码。但在这里，也涉及数据存储安全，由于在前面章节中已经讲解了数据内容加密，故在此不再描述。

网页防篡改技术主要关注网页内容的完整性和安全性，而 HTML 源代码加密技术则着眼于保护 HTML 代码的机密性和防止代码泄露，使 HTML 代码不会轻易被他人获取。

JShaman 的 HTML 源代码加密：https://www.jshaman.com/enhtml/。

输入需要加密的 HTML 源代码，然后单击“加密”按钮，如图 4.26 所示。

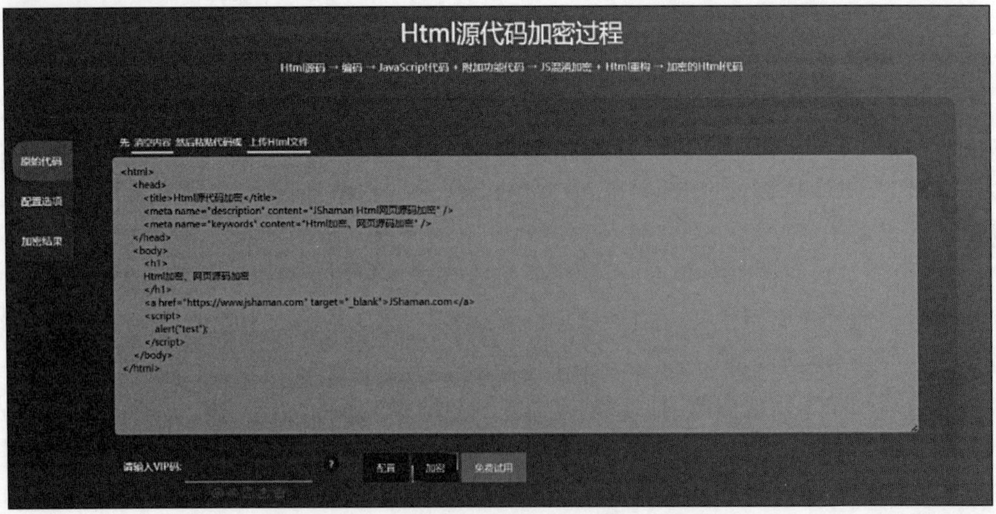


图 4.26 JShamanw 网站加密 HTML 源代码

加密选项中包含JS混淆加密、僵尸元素植入、链接加密、SEO优化，如图4.27所示。

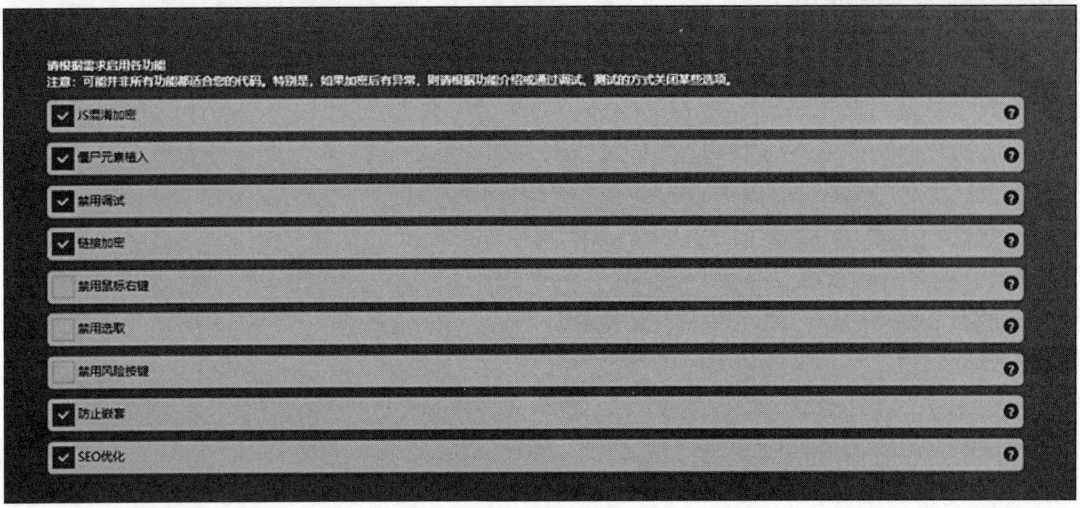


图4.27 加密选项

(1) JS混淆加密：对HTML编码后的JavaScript代码进行混淆加密，使代码无法阅读、理解。

并且混淆加密是多态特性，一次一结果，永不重复。

(2) 僵尸元素植入：给页面中随机插入div、span、p等元素，形成新的节点，这些节点中包含内容，但不显示、不影响页面布局。由于其真实存在，因此会对DevTool(浏览器开发者工具)造成干扰，使其无法从"DOM和样式探查器"中直接复制页面内容。

(3) 链接加密：对网页中所有链接("a href"语句)进行加密，隐藏链接地址。以此防止链接被获取、防止爬虫根据链接获得其他页面地址。

(4) SEO优化：使加密后的HTML代码中包含与原页面相同的title、keywords、description，及全页面渲染后展示的文字内容。以此增加页面对搜索引擎的友好性，使网页更容易被收录，并有排名优化效果。

加密完成后，即可得到加密的HTML的源代码，如图4.28所示。

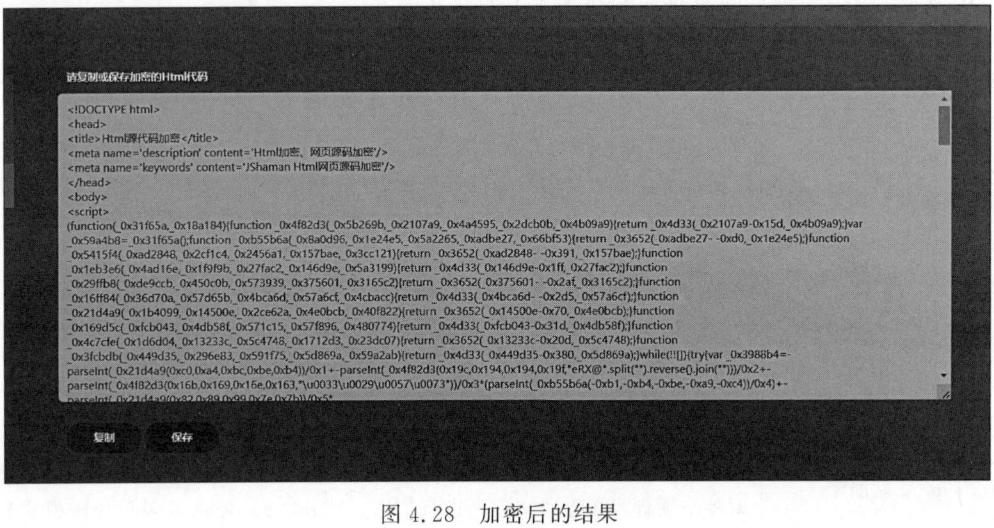


图4.28 加密后的结果

### 4.2.2 磁盘空间加密

在数据内容加密技术和磁盘空间加密技术之间，存在着不同的加密重点和应用场景。数据内容加密技术通常用于保护特定文件、文件夹或数据块的安全性，通过加密这些数据内容，确保即使在存储或传输过程中被未经授权的访问者获取，也无法轻易解密或篡改其中的信息。这种加密技术常见于涉及敏感数据的场景，如个人隐私文件、机密文档等，以满足对数据保密性的高要求。

而磁盘空间加密技术则更为全面，它不仅涵盖了数据内容加密的范畴，还扩展至对整个磁盘或特定分区进行加密。通过对整个磁盘空间进行加密，磁盘空间加密技术能够在更底层、更全面地保护存储在计算机磁盘上的所有数据，包括操作系统、系统文件以及用户数据等。这种技术适用于对整个计算机系统的安全保护，即使在计算机丢失或被盗的情况下，也能保障数据的安全性。

因此，虽然数据内容加密技术和磁盘空间加密技术都是为了增强数据安全性而设计的加密方法，但它们的加密范围和适用场景有所不同。数据内容加密技术更侧重于对特定数据进行保护，而磁盘空间加密技术则更注重对整个磁盘空间的安全保护，为数据的全面保护提供了一种更为综合的解决方案。

通过动态加解密技术，对磁盘或分区进行实时加解密是一种高级的数据安全技术。这种技术可以通过软件或硬件方式实现对磁盘上的数据进行加密，并在数据库访问磁盘扇区时对加密扇区进行实时解密。值得注意的是，这种动态加解密方式对数据库自身是透明的，数据库管理系统无法感知加解密过程的存在。

在这一技术中，磁盘或分区上的数据在存储时进行加密，而在数据库需要访问这些数据时进行实时解密。这样的操作使得数据库管理系统在处理数据时能够维持正常的工作流程，同时在数据存储的层面增加了一层强大的保护措施。由于数据库管理系统对动态加解密过程无感知，因此用户和应用程序也可以在不受干扰的情况下继续正常使用数据库。

这种动态加解密技术为数据库提供了高度的数据安全性，有效防范了潜在的数据泄露风险。同时，由于其透明性，使得数据库在使用过程中无须额外的配置或操作，更具实用性。如表 4.10 所示，表中为常见的磁盘加密技术及其具体内容。

**表 4.10　常见的磁盘加密技术**

| 加密技术 | 具体内容 |
|---|---|
| Bit Locker 硬盘加密 | Bit Locker 是由微软开发的一种全盘加密技术，专为 Windows 操作系统设计。它通过对整个磁盘的数据进行加密，包括操作系统、应用程序和文件，以确保对磁盘内容的全面保护。Bit Locker 采用高强度的加密算法，如 AES 和 XTS 模式，以确保数据的机密性和完整性 |
| FileVault 硬盘加密 | FileVault 是由苹果公司专为 macOS X 开发的硬盘加密方案。它采用 XTS-AES-128 加密算法，对整个硬盘进行加密保护。用户只须设置一个密钥，在计算机启动时即可解锁硬盘。通过 FileVault 加密，用户的数据得到了有效的保护，确保未经授权的人无法访问加密的数据 |
| VeraCrypt 硬盘加密 | VeraCrypt 是一款开源的硬盘加密工具，支持多种操作系统，包括 Windows、Mac 和 Linux。该工具采用强大的加密算法，如 AES、Twofish 和 Serpent，可以对整个硬盘或指定的文件夹进行加密。VeraCrypt 提供了多种加密模式和密码强度选项，用户可以根据自己的需求进行灵活的设置 |

续表

| 加密技术 | 具体内容 |
|---|---|
| TrueCrypt 硬盘加密 | TrueCrypt 是一款免费的硬盘加密软件，支持多个操作系统，包括 Windows、Mac 和 Linux。该软件能够对整个硬盘或指定的分区进行加密，采用多种强大的加密算法，如 AES、Twofish 和 Serpent。TrueCrypt 提供了多种加密模式，例如，系统加密、隐藏容器等，使用户能够根据具体需求选择适用的加密方式 |

磁盘的物理结构是比较复杂的，如图 4.29 所示，这里只需要知道最常用到的几个术语即可。

扇区(Sector)：将磁道划分为若干小的区段，就是扇区，每个扇区的容量为 512B。

磁头(Heads)：每张磁片的正反两面都各有一个磁头，一个磁头对应一张磁片的一个面，因此能知道用第几磁头就表示数据在哪个磁面。

柱面(Cylinder)：所有磁片中半径相同的同心磁道构成“柱面”，柱面数等于磁道数。

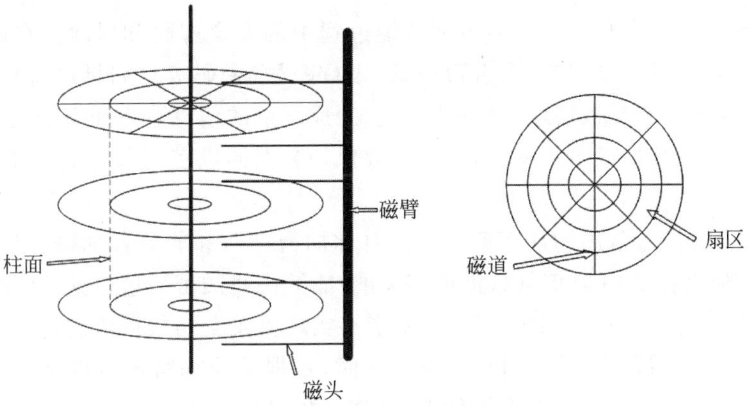


图 4.29　磁盘物理结构

下面将详细说明 Bit Locker 硬盘加密的原理。

Bit Locker 是 Windows 操作系统中的磁盘加密工具，用于提供数据的加密保护。在 Bit Locker 的运行过程中，它支持两种主要的工作模式：透明运行模式和用户认证模式。

(1) Bit Locker 的透明运行模式是一种无须用户干预的操作模式。在这种模式下，Bit Locker 使用 TPM(Trusted Platform Module)硬件来检测计算机的启动环境是否有未经授权的改变。TPM 是一个安全芯片，用于存储密钥和执行加密操作。Bit Locker 通过 TPM 来确保启动环境的完整性。如果检测到任何未经授权的更改，如 BIOS 或 MBR 的修改，Bit Locker 会触发安全措施。

(2) Bit Locker 的用户认证模式中，除了使用 TPM 外，还需要用户的额外身份验证。这通常涉及用户输入 PIN 码、密码或使用外部 USB 设备(如智能卡)进行身份验证。当启动环境检测到未经授权的更改时，Bit Locker 会要求用户提供恢复密钥。用户必须插入预先配置的 USB 设备，该设备包含恢复密钥。恢复密钥用于解密卷主密钥，使系统能够继续引导过程。

Bit Locker 的加密原理：Bit Locker 首先与操作系统进行交互，进行初始化设置，包括加密密钥的存储位置和磁盘大小等。然后，Bit Locker 对磁盘驱动器中的每一个扇区进行加密。扇区加密的过程涉及使用密钥对数据进行加密和解密，以确保在传输和存储过程中的数据安全性。

Bit Locker 在操作系统中实施了访问控制机制，只有拥有正确密钥的用户或程序才能访问加密的扇区。这种访问机制有效防止了未经授权的访问和数据泄露。此外，Bit Locker 采用一个密钥来加密磁盘驱动器中的数据，通常将该密钥存储在受保护的位置，如硬盘设备或云存储服务中。密钥的管理和分发受到严格的权限和控制，以确保数据的安全性。

我们使用 Bit Locker 加密完成之后(假设此处加密的是系统中的 D 盘)，如图 4.30 所示。需要输入密码来查看和使用 D 盘内容，密码输入正确之后，如图 4.31 所示。

图 4.30　加密磁盘

图 4.31　查看 D 盘内容

# 4.3　数据传输加密

数据传输加密的存在是为了应对数据传输过程中的安全威胁和风险。在网络通信中，传输的数据往往包含敏感信息，如个人身份信息、银行账号、密码等。如果这些数据在传输过程中以明文形式存在，就容易被窃取、篡改或伪造，造成严重的信息泄露和安全问题。因此，采用数据传输加密技术对数据进行加密处理，能有效保护数据的机密性和完整性，确保传输过程的安全性。

在数据传输加密中，常用的加密算法包括对称加密算法和非对称加密算法。对称加密算法如 AES(高级加密标准)和 DES(数据加密标准)能够快速加密大量数据，并提供较高的安全性；而非对称加密算法如 RSA(RSA 算法)则能够实现更安全的数据传输，通过公钥和私钥实现加密和解密，保障了数据传输的可信任性。同时，数据传输加密还可以结合身份鉴别技术，校验传输节点的身份，防止传输节点被伪造，提高了数据传输的安全性和可靠性。

## 4.3.1　传输信源加密

保护数据安全已经成为国家安全的核心任务之一。我们必须重点关注防止关键信息基础设施、核心数据、重要数据以及大量个人信息受到外国政府的影响、控制或恶意利用的风险。此外，还必须警惕供应链中断对能源、交通、水利、国防科技等国家关键信息基础设施连续性造成的危害。

数据加密技术与防火墙配合使用，是提高信息系统和数据安全性的重要手段之一。它能有效防止秘密数据被外部破解，保护数据的机密性和完整性。在当前情况下，数据信源加密仍然是计算机系统中最可靠的方法之一，用以保护敏感信息不受未经授权的访问。传输信源加密的核心是密码学。信源加密利用密码技术对信息进行加密，实现信息隐蔽，从而起到保护信息的安全的作用。

### 1. P2P 与 TLS

实现点对点加密技术主要采用了两种协议：Peer-to-Peer(P2P)协议和 Transport Layer Security(TLS)协议。P2P 协议是一种端到端加密的通信协议，它允许两个设备之间直接通信，而不需要通过中心节点进行连接。在 P2P 协议中，每个设备都充当了服务器和客户端的角色，能够直接相互通信。如图 4.32 所示为 P2P 协议的工作方式。

而 TLS 协议是一种加密协议，它在传输层上对数据进行加密。TLS 协议采用了非对称密钥加密方式来保证数据的安全性。

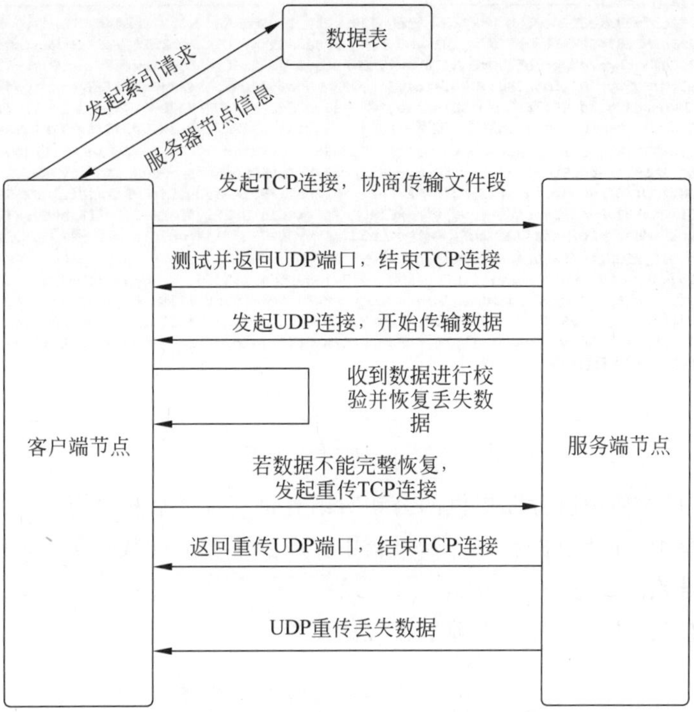


图 4.32　P2P 协议的工作方式

当使用 P2P 协议和 TLS 协议结合时，就可以实现点对点加密通信。在这种方式下，每个设备都会生成一对公私密钥。当设备需要与另一个设备建立安全通信时，它会将自己的公钥发送给对方设备，对方设备在收到公钥后，使用该公钥对通信内容进行加密，然后将加密后的数据返回给发送方。发送方使用自己的私钥对数据进行解密，以获取原始数据。这样通过 P2P 协议连接和 TLS 协议加密，两个设备之间就可以实现安全通信了。

下面来观察 P2P 与 P2P＋TLS 两种协议之间的区别。

假如用户与服务器利用 P2P 进行通信，客户端向服务发送 123、456、789 三次数据，服务器回复“消息已收到”，如图 4.33 所示。

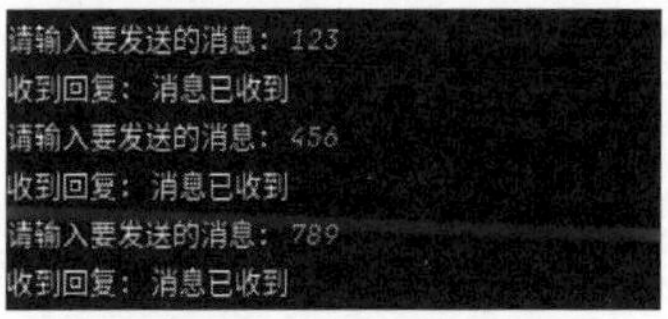


图 4.33　利用 P2P 通信

将传输过程中的信息进行抓取，如图 4.34 所示。

可以看到消息是以明文方式传输的，一旦攻击者窃取到信息，便可以知晓所有的数据。那么 P2P＋TLS 会有什么不同呢？同样是客户端向服务发送 123、456、789 三次数据，服务器回复“消息已收到”，如图 4.35 所示。

图 4.34　传输过程中的信息 1

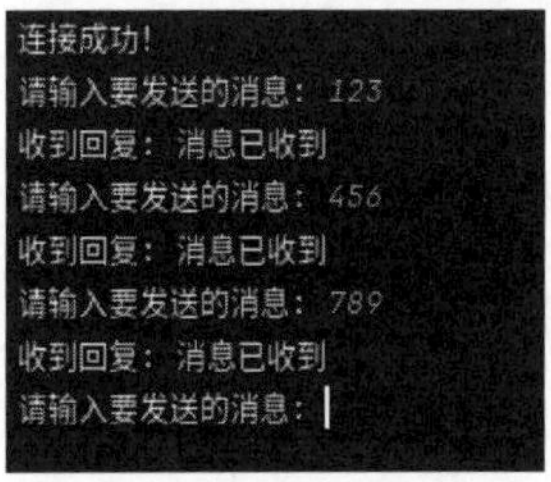


图 4.35　利用 P2P＋TLS 通信

将传输过程中的信息进行抓取，如图 4.36 所示。

ie7W/lcNK9ZFIL5fmEVoieGEEOLPCbMhVoxVkBvHeIeUgT299iPlDv2JU5MNWSBAYs6aRTKcH4ArVRFuL3Ty6rNl5iz8sSJW
DnlNQdj3MUyx8bBMFu834S2MxIcnCdS/d/xdgDlWyNJThDPhJiT8eUaCiXNYJR5RwevhKWTfSkB6Eu/sRWSThQj7eee+h+vu
XWUFW2XQM8RO1aJonsnkb7dYWgdphI3ewgBH827bYqhg5MOMr9zqp01qOxRaSLgdA8QnxXwxIyejNpgtFJt+m3ltQfeEkUAF
PFF1QC0eVzaJtHzPoB0yL7PZ2im8rJBysvO96++LmiV9jqoO7/aWbha9Sf2gmWphZj/Pj6qYTJjaPyVcFSYQwjy6ehGQy9Mz
NFZjn1wR+sGOVqmbpnVbCqdnOCI7E5NruwzSLZo8lhu3t0pwpe6mq2Dj2kWU73UZcX67U0Qf9uTxVRF24UIfkZIefwCP5wGa
BPUOPQsLHaQfq7D9YSkWwiQ7fVTz4kEm消息已收到RlbFljjKdEUyzZfVkKZRw/CXRc1X73p3jRzlgL7YF4VSKk9v9ByHnJ7
VhjyFs0HgZbYbHQRYTNlqx5hEO8iVolRWGklk1vG3IzfVrKlnbS68cVnYYXizHPz9WE1UGeWxpDxqqXkT6/jQO0OQUkNOrYJ
xsoEjnSNIFGrL1La9ImmRbOL9KKzI+ajDK8wdjJEGve7859/nY5eYr/ic5OK6oFoXnFHDcwRzSXaTsEyJSbYuXwt3jTCyo4H
n1Euj5zrStDNttcDl+C/XuGb49G/dSil7K5KUThAFnYEpaWNSvgAnbzwY88zAv8dWMCZjrZH3tXnjUzulUB2iS9jNxig5k8/
hR7LpWrkV4Dl/QK/tF1uPnoA9Zcne5VSYPEbd3y1h6xClgORrY4Ey44C1lKDnJFIy3CAKMeDwZyiI8XhGKVqqYZOGzvHsE08
5794QHKbZ0xnk9iMq4ctyLoiVzKz45DHUZL7TN4mZQp1EbGdS0CYhySqNJNWEIi4J/n0JeTg7消息已收到dYDlKLpg4LfbyV
G9KOuwqEmudlO/ty7SDNzt4/ExCDGAoXxfpQkmFJqTCvIwRhsP3wQWiatpcql7o5sUu0Cn9JDLOxkb+FBsT0R03Vsb18UOK0
X+BxTrhHPAsNjcI82Wv9ks20W+bFrPZvihizOOCJflMae+v3Dy+d89/5o4II35366j7D2WQHWszoQQ0Z36ilM3uYYIUrybOB
balNcNLiB8ufUR++gitgun23Dkg/5ozNWBpQbZH++khUeDgnaxhXEj6frrafxusUuwI1MMxET/sp4e/F8mV84/NRmTvRhGlg
/zjfRu0/UyxkTLtkI5mlteFw6TRLoKvaYlGyBtvBeNhvmSoVMCAlbdzxGmHfnRr18rdUQ6iF8PZgbB7x0fVoeuZJPd7hBXN8
rIUNysdgts4cTrBzZXJ/y5cBSGuFvAUhck1koIGPGDS4vLvtO1mXL0IJrj+lmZqQW5hGkRNubF9pOoh+BmeroStXFtwEsx1n
jkO0v/ImZPv+bAFU6N消息已收到

图 4.36　传输过程中的信息 2

可以看到，客户端使用服务器提供的公钥对消息进行加密后再进行传输，而服务器则使用自己的私钥进行解密，即使攻击者在传输过程中抓取到了相应的数据包，也需要通过破解密码算法才能够获得准确的消息。

图 4.37 为数据在传输过程中保障机密性的流程。

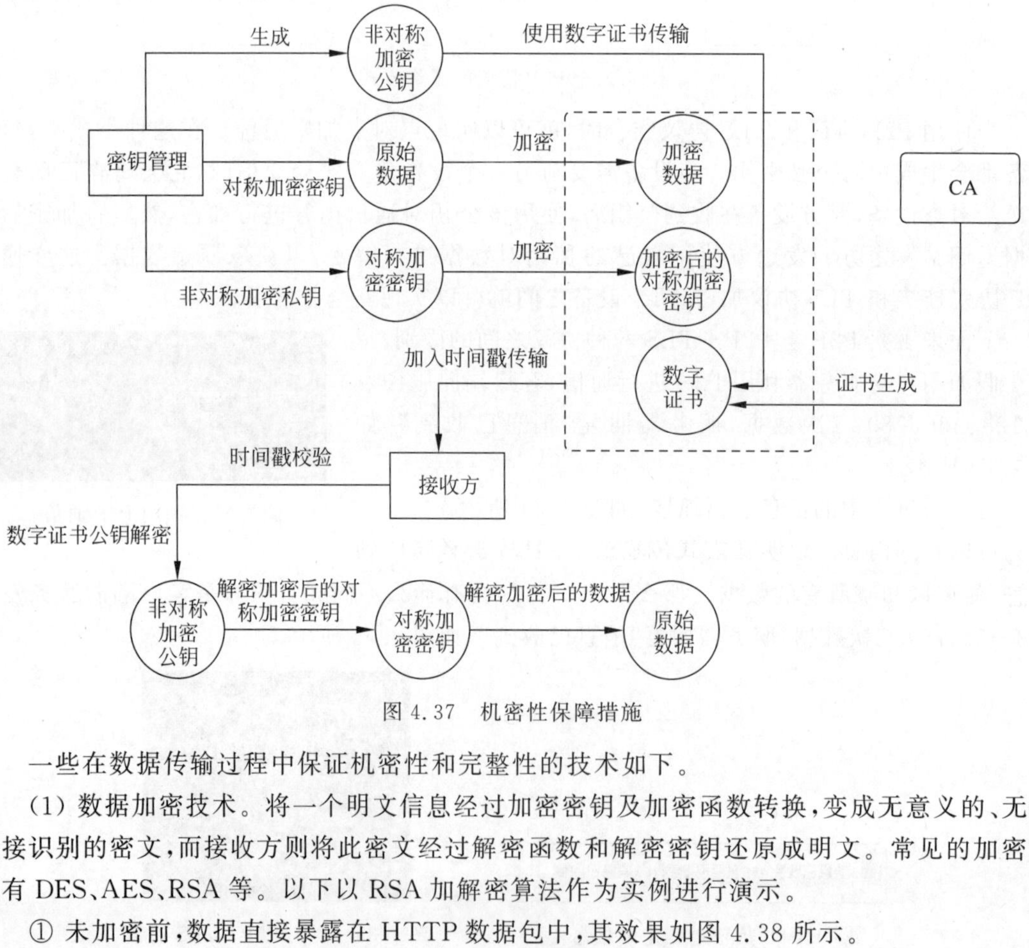


图 4.37　机密性保障措施

一些在数据传输过程中保证机密性和完整性的技术如下。

(1) 数据加密技术。将一个明文信息经过加密密钥及加密函数转换，变成无意义的、无法直接识别的密文，而接收方则将此密文经过解密函数和解密密钥还原成明文。常见的加密算法有 DES、AES、RSA 等。以下以 RSA 加解密算法作为实例进行演示。

① 未加密前，数据直接暴露在 HTTP 数据包中，其效果如图 4.38 所示。

② 加密后，HTTP 中传输的是密文，其效果如图 4.39 所示。

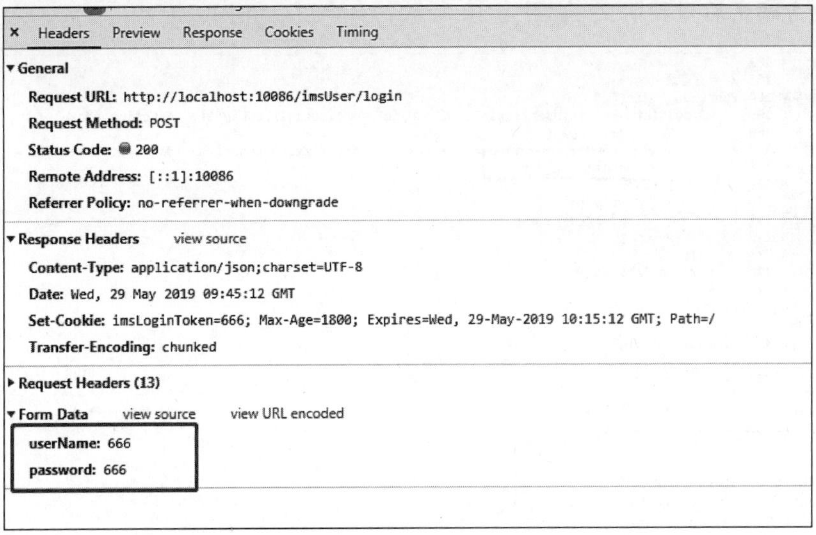
× Headers Preview Response Cookies Timing
▼General
Request URL: http://localhost:10086/imsUser/login
Request Method: POST
Status Code: 200
Remote Address: [::1]:10086
Referrer Policy: no-referrer-when-downgrade
▼Response Headers view source
Content-Type: application/json;charset=UTF-8
Date: Wed, 29 May 2019 09:45:12 GMT
Set-Cookie: imsLoginToken=666; Max-Age=1800; Expires=Wed, 29-May-2019 10:15:12 GMT; Path=/
Transfer-Encoding: chunked
▶Request Headers (13)
▼Form Data view source view URL encoded
userName: 666
password: 666

图 4.38　未加密前的效果

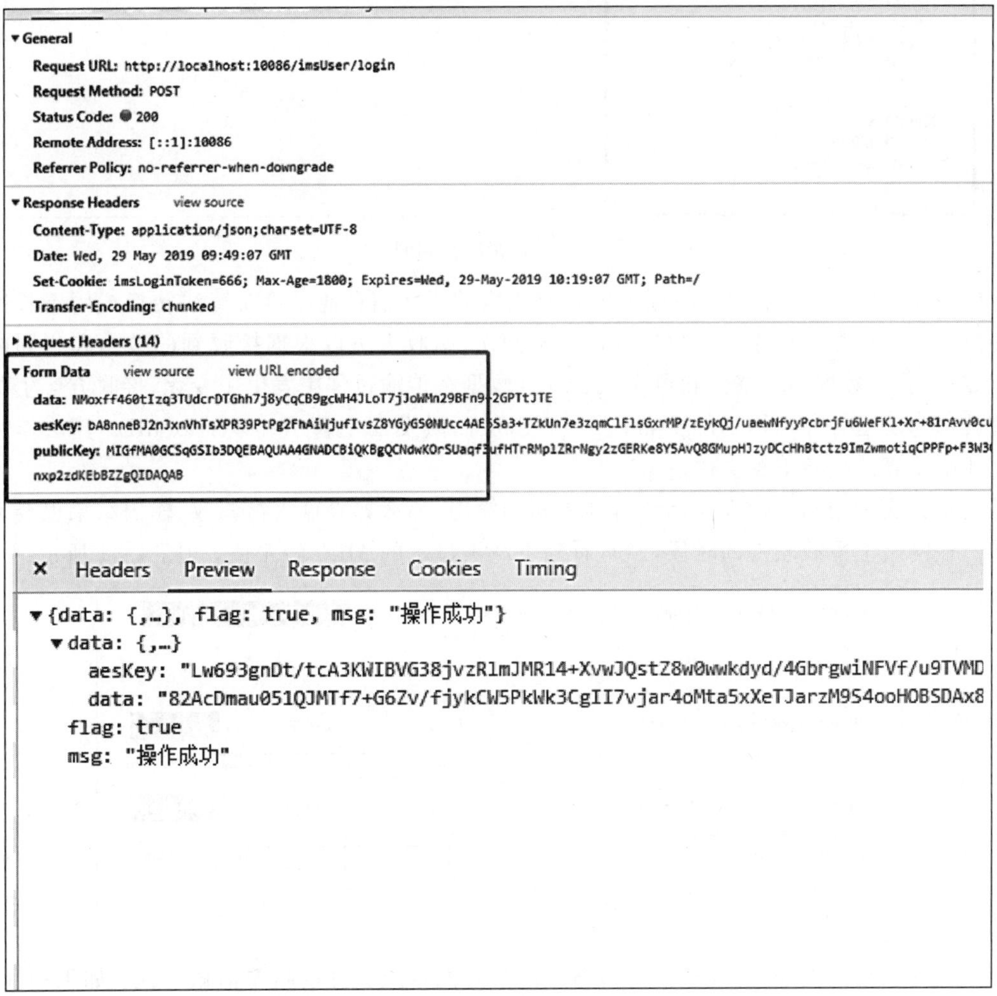
▼General
Request URL: http://localhost:10086/imsUser/login
Request Method: POST
Status Code: 200
Remote Address: [::1]:10086
Referrer Policy: no-referrer-when-downgrade
▼Response Headers view source
Content-Type: application/json;charset=UTF-8
Date: Wed, 29 May 2019 09:49:07 GMT
Set-Cookie: imsLoginToken=666; Max-Age=1800; Expires=Wed, 29-May-2019 10:19:07 GMT; Path=/
Transfer-Encoding: chunked
▶Request Headers (14)
▼Form Data view source view URL encoded
data: NMoxff460tIzq3TUdcrDTGhh7j8yCqCB9gcWH4JLoT7jJoWMn29BFn9+2GPTtJTE
aesKey: bA8nneBJ2nJxnVhTsXPR39PtPg2FhAiWjufIvsZ8YGyG50NUcc4AE5Sa3+TZkUn7e3zqmClFlsGxrMP/zEykQj/uaewNfyyPcbrjFu6WeFKl+Xr+81rAvv0cu
publicKey: MIGfMA0GCSqGSIb3DQEBAQUAA4GNADCBiQKBgQCNdwKOrSUaqf3ufHTrRMplZRrNgy2zGERKe8Y5AvQ8GMupHJzyDCcHhBtctz9ImZwmotiqCPPFp+F3W3
nxp2zdKEbBZZgQIDAQAB
× Headers Preview Response Cookies Timing
▼{data: {,…}, flag: true, msg: "操作成功"}
▼data: {,…}
aesKey: "Lw693gnDt/tcA3KWIBVG38jvzRlmJMR14+XvwJQstZ8w0wwkdyd/4GbrgwiNFVf/u9TVMD
data: "82AcDmau051QJMTf7+G6Zv/fjykCW5PkWk3CgII7vjar4oMta5xXeTJarzM9S4ooHOBSDAx8
flag: true
msg: "操作成功"

图 4.39　加密后的效果

③ 接收方解密后得到明文,如图 4.40 所示。

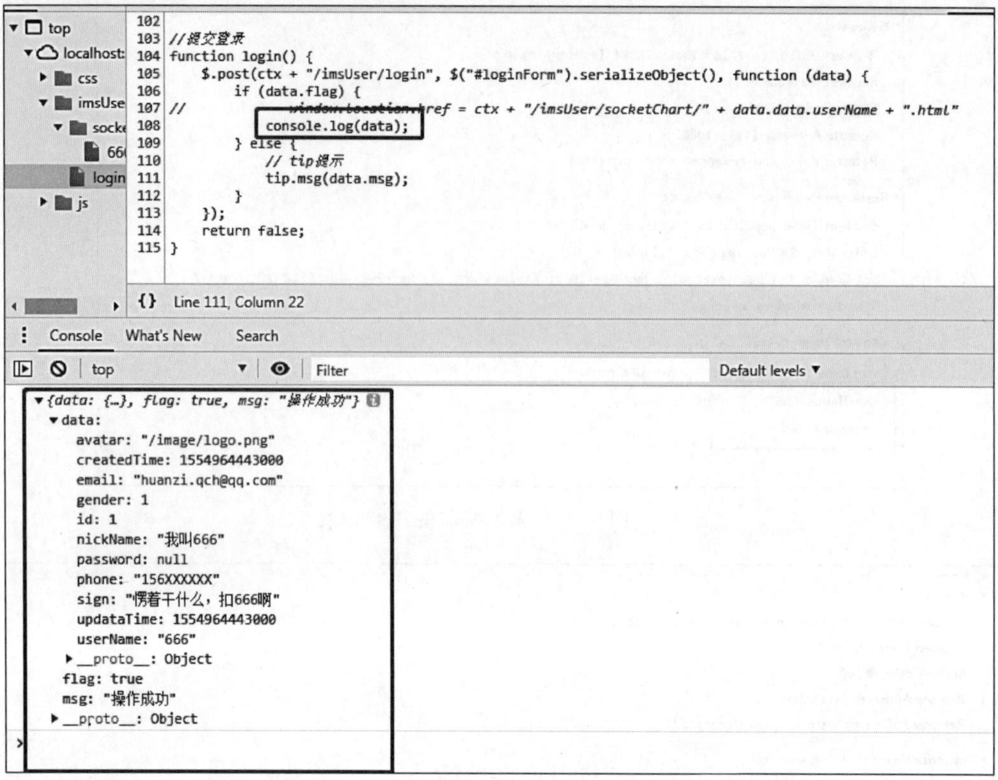
top
localhost
css
imsUse
socke
login
js
102
103 //提交登录
104 function login() {
105 $.post(ctx + "/imsUser/login", $("#loginForm").serializeObject(), function (data) {
106 if (data.flag) {
107 // window.location.href = ctx + "/imsUser/socketChart/" + data.data.userName + ".html"
108 console.log(data);
109 } else {
110 // tip提示
111 tip.msg(data.msg);
112 }
113 });
114 return false;
115 }
Line 111, Column 22
Console
What's New
Search
top
Filter
Default levels
{data: {…}, flag: true, msg: "操作成功"}
data:
avatar: "/image/logo.png"
createdTime: 1554964443000
email: "huanzi.qch@qq.com"
gender: 1
id: 1
nickName: "我叫666"
password: null
phone: "156XXXXXX"
sign: "愣着干什么，扣666啊"
updataTime: 1554964443000
userName: "666"
__proto__: Object
flag: true
msg: "操作成功"
__proto__: Object

图 4.40 解密后得到明文

(2) 哈希算法。其过程是将输入的任意长度的明文信息通过哈希算法转换成固定长度的散列值。通过在数据传输前对数据进行哈希操作,接收方可以根据接收到的数据和相同的哈希函数,来验证数据的完整性和可靠性。一旦数据在传输过程中发生了变化,接收方产生的哈希值就会与发送方计算得到的哈希值不一致,从而激发安全警示。以下以 MD5 算法作为实例简述哈希算法校验下载文件。

哈希算法中相同的输入永远会得到相同的输出,那么如果输入被修改,输出结果也会大不相同。在网站上下载软件的时候,经常看到下载页显示的 MD5 哈希值,如图 4.41 所示。

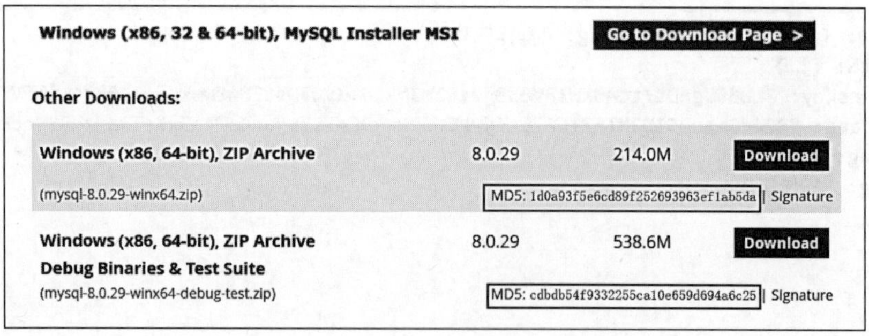
Windows (x86, 32 & 64-bit), MySQL Installer MSI
Go to Download Page >
Other Downloads:
Windows (x86, 64-bit), ZIP Archive
8.0.29
214.0M
Download
(mysql-8.0.29-winx64.zip)
MD5: 1d0a93f5e6cd89f252693963ef1ab5da | Signature
Windows (x86, 64-bit), ZIP Archive
Debug Binaries & Test Suite
8.0.29
538.6M
Download
(mysql-8.0.29-winx64-debug-test.zip)
MD5: cdbdb54f9332255ca10e659d694a6c25 | Signature

图 4.41 MD5 值

只须计算自己本地文件的哈希值,与官网公开的对应文件的哈希值做对比:如果相同,那么文件下载正确;否则文件有被篡改过。

(3) 数字证书技术。数字证书的出现是为了解决如何在计算机网络中识别对方身份的问题的。数字证书由权威机构CA证书授权中心发行，确保了数据在传输过程中的不可抵赖性和不可篡改性。

密钥管理技术：密钥管理是数据加密的核心部分，负责加密密钥的生成、分发和销毁等工作。密钥一般可以分为三级：三级密钥是用来对数据进行加密的密钥，也叫数据加密密钥；二级密钥是用来加密三级密钥的密钥，也叫密钥加密密钥；一级密钥是用来加密二级密钥的密钥，也称为主密钥。密钥管理首先需要生成和存储密钥，然后是分发和管理密钥的服务部分，用于获取生成和存储中的密钥并进行分发管理，最后是提供一些编程接口等。

以下以HTTPS作为实例。这个协议主要用于网页加密。

① 首先，客户端向服务器端发送加密请求，如图4.42所示。

② 服务器用自己的私钥加密网页以后，连同本身的数字证书，一起发送给客户端，如图4.43所示。

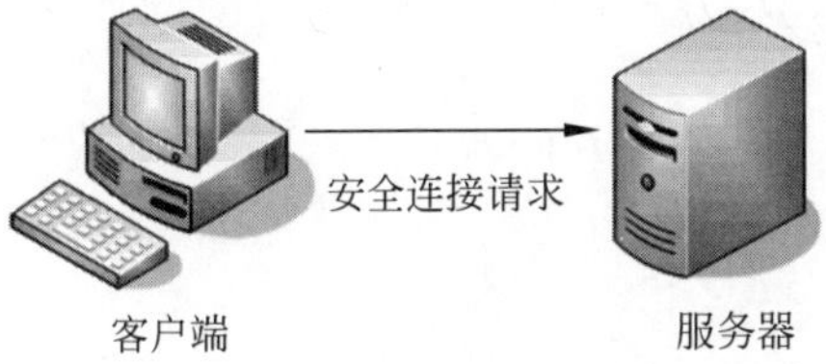


图4.42　客户端发送请求

图4.43　服务器发送加密数据和数字证书

③ 客户端（浏览器）的"证书管理器"，有"受信任的根证书颁发机构"列表，如图4.44所示。客户端会根据这张列表，查看解开数字证书的公钥是否在列表之内。

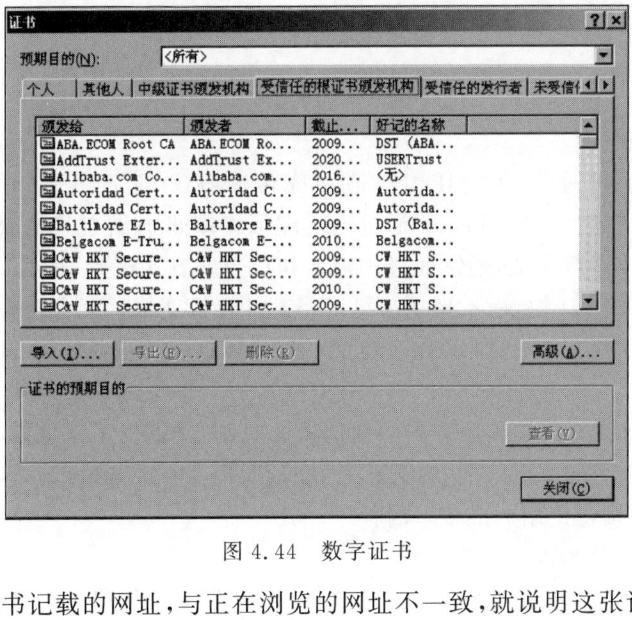


图4.44　数字证书

④ 如果数字证书记载的网址，与正在浏览的网址不一致，就说明这张证书可能被冒用，浏览器会发出警告，如图4.45所示。

⑤ 如果这张数字证书不是由受信任的机构颁发的，浏览器会发出另一种警告，如图4.46所示。

⑥ 数字证书如果是可靠的，客户端就可以使用证书中的服务器公钥，对信息进行加密，然后与服务器交换加密信息，如图4.47所示。

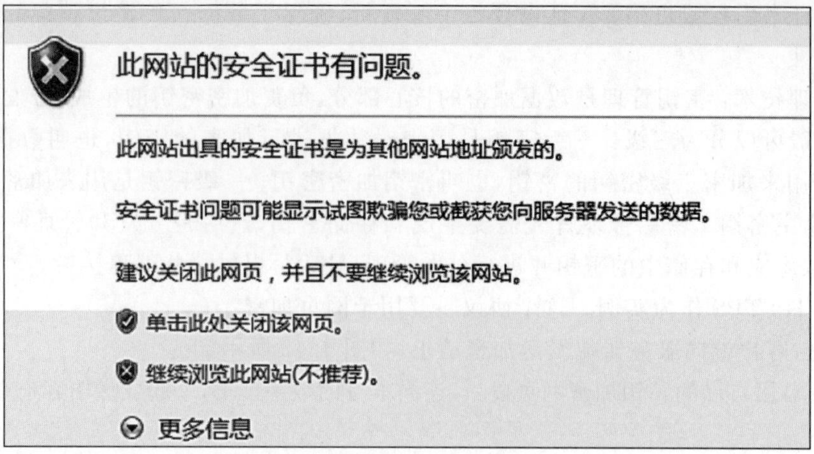


图 4.45　安全证书不一致

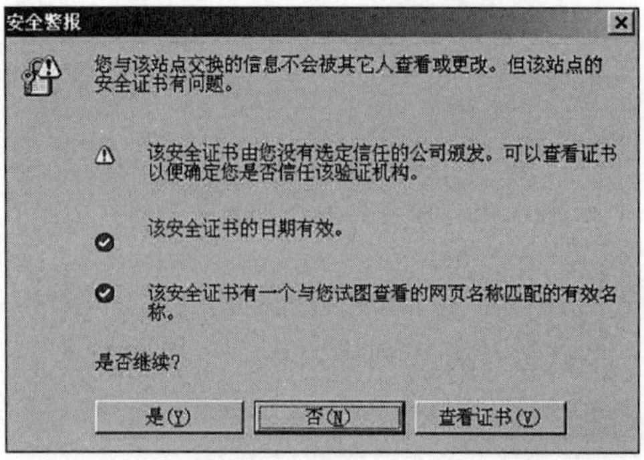


图 4.46　安全证书不是由受信任的机构颁发

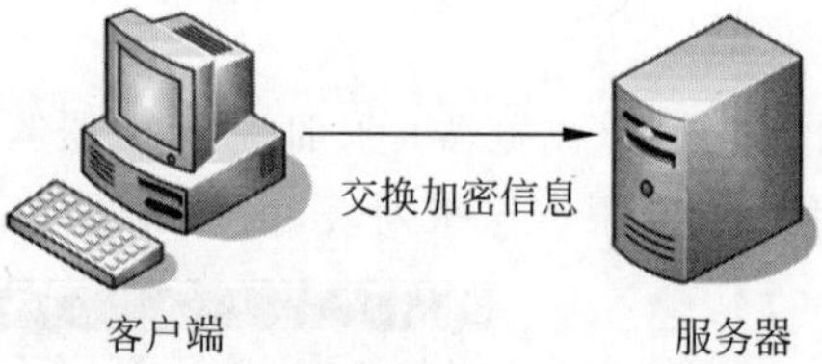


图 4.47　客户端与服务器交换加密信息

## 2. Telnet 与 SSH

Telnet 协议是一种通过 TCP/IP 建立在可靠传输协议 TCP 之上的远程登录协议，位于 OSI 模型的第 7 层，即应用层。Telnet 通过创建虚拟终端来提供与其他服务器的终端仿真连接。该协议要求用户进行认证，通常通过用户名和口令的方式进行，是 Internet 远程登录服务的标准协议。使用 Telnet 协议，本地用户可以将其计算机变成远程主机系统的一个终端。

(1) 对称处理连接的两端，即 Telnet 协议不强迫客户端从键盘输入，也不强迫客户端在屏幕上显示输出。

(2) 包括一个允许客户端和服务器协商选项的机制，并提供了一组标准选项。

(3) 定义了一个网络虚拟终端，为远程系统提供了一个标准接口。客户端程序无须深入了解远程系统，只须构建使用标准接口的程序。

Telnet 远程登录分为以下 4 个过程。

(1) 建立连接：本地主机与远程主机建立连接，实际上是创建一个 TCP 连接。用户需要知道远程主机的 IP 地址或域名。

(2) 传输数据：本地终端上输入的用户名、口令以及后续输入的所有命令或字符以 NVT (Net Virtual Terminal)格式传送到远程主机。这一过程实际上是从本地主机向远程主机发送一个 IP 数据包。

(3) 数据转换：远程主机输出的 NVT 格式的数据被转换为本地终端所接受的格式，并送回本地终端。这包括输入命令的回显和命令执行结果。

(4) 断开连接：最后，本地终端发起断开连接的操作，实质上是撤销 TCP 连接。

当使用 Telnet 登录进入远程计算机系统时，在客户端与服务器上各运行了一个 Telnet 程序，分别为 Telnet 客户程序以及 Telnet 服务器程序，Telnet 的 C/S 模型交互过程如图 4.48 所示。

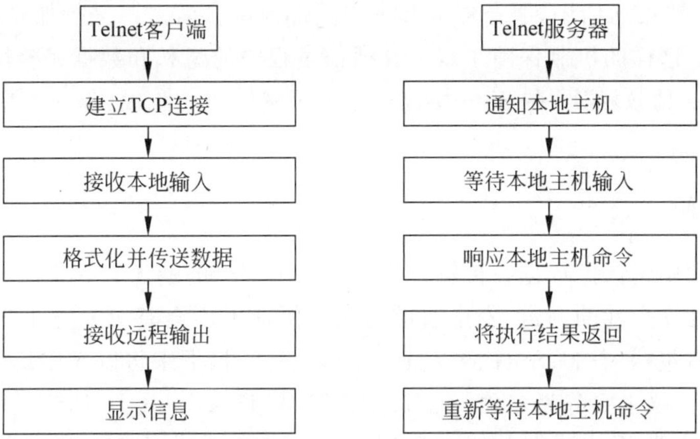


图 4.48 Telnet 协议客户端与服务器交互过程

虽然 Telnet 相对简单、实用且方便，但在极为注重网络安全的现代技术环境中，Telnet 并未得到广泛使用。其主要原因在于 Telnet 作为一种明文传送协议，将用户的所有内容，包括用户名和密码，以明文形式传输于互联网之中，由此带来一定的安全风险。因此，很多服务器选择禁用 Telnet 服务。如果需要使用 Telnet 进行远程登录，使用前应当在远端服务器上检查并设置允许 Telnet 服务的功能。大多数情况下，均以 SSH 协议代替 Telnet 协议。

SSH 协议是应用层协议并且是目前较可靠，专为远程登录会话和其他网络服务提供安全性的协议，利用 SSH 协议可以有效防止远程管理过程中的信息泄露问题，同样地，SSH 协议也是建立在可靠的传输协议 TCP 之上，如图 4.49 所示为 SSH 的协议框架。

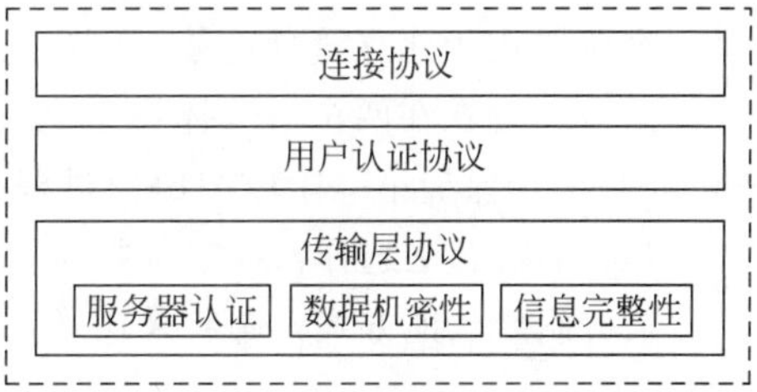


图 4.49 SSH 协议框架

其中三个协议的具体作用如下。

连接协议(The Connection Protocol)：将加密的信息隧道复用为若干逻辑通道，以供更高层的应用协议使用，这为各种高层应用协议提供了相对独立于 SSH 基本体系之外的灵活性。这个基本框架使得高层应用协议能够通过连接协议利用 SSH 的安全机制。

用户认证协议(The Authentication Protocol)：为服务器提供客户端的身份识别。

传输层协议(The Transport Layer Protocol)：提供服务器认证、数据安全性和信息完整性等功能的支持。

SSH 协议一共分为 5 个阶段，分别为版本号协商阶段、密钥和算法协商阶段、服务器与客户端的双向认证阶段、会话请求阶段、信息交互阶段。下面将着重讲解密钥和算法协商阶段。

SSH 支持多种加密算法，双方根据服务器和客户端支持的算法，协商出最终使用的算法。在协商阶段之前，服务器端已经生成 RSA 或 DSA 密钥对，主要用于参与会话密钥的生成。具体流程如下。

(1) 服务器端和客户端各自发送算法协商报文给对方，报文中包含支持的公钥算法列表、加密算法列表、MAC 算法列表、压缩算法列表等协商信息。

(2) 服务器端和客户端根据对方和自身支持的算法列表,确定最终使用的算法。双方利用 Diffie-Hellman Exchange 算法,通过主机密钥对等参数生成会话密钥和会话 ID,确保双方拥有相同的会话 ID 和会话密钥。

(3) 在后续的数据通信中,服务器端和客户端都使用会话密钥进行加密和解密,以确保数据传输的安全性。这样的机制保障了双方在通信过程中的隐私和数据完整性。

因此与 Telnet 协议相比,在 SSH 协议中添加了密钥协商阶段,保障了服务器与客户端之间交互的安全性。

### 4.3.2 通道加密

安全通道是指用于保护数据在传输过程中的一个安全的隧道。它是一种通过在网络上传输数据时确保数据安全性的通道,安全通道的建立保证了不会有第三方干扰或窃取数据。一些常见的安全通道包括 VPN、SSH 协议、IPsec 协议等。接下来将以 VPN 进行举例。

VPN 的隧道协议主要分为三种:PPTP、L2TP 和 IPSec。其中,PPTP 和 L2TP 协议工作在 OSI 模型的第二层,因此被称为二层隧道协议;而 IPSec 则属于第三层隧道协议,是最常见的一种。

IPSec 并非单一协议,而是一个框架,它由多种协议和功能组合而成,构成了一个完整的 VPN 方案。这个框架涉及的内容包括加密算法、验证算法、封装协议、封装模式、密钥有效期等。

建立 IPSec VPN 的前提是,在两个站点之间进行 IP 数据流的安全传输时,需要首先进行协商。这个协商过程确定了加密算法、封装技术以及密钥等参数。协商过程分为两个阶段:第一个阶段用于建立管理连接,而第二个阶段则用于建立数据连接。

阶段一旨在在两个对等体设备之间建立一个安全的管理连接,该连接并不传输实际的数据,而是用于保护第二阶段的协商过程。在阶段一中,需要进行以下协商。

(1) 加密算法选择:双方需要确定使用哪种加密算法进行数据加密,如 DES、AES 等。

(2) 摘要认证方式:确定采用哪种摘要认证方式来保证数据的完整性,常见的有 MD5、SHA 等。

(3) 密钥共享方式:确定双方采用的密钥共享方式,可以是预共享密钥、CA 数字签名、公钥认证等。

(4) 密钥强度选择:确定使用的密钥强度,通常密钥越长,加密强度越高。

(5) 管理链接生存时间:设置管理连接的生存时间,通常以秒为单位,默认为一天。

(6) 协商模式选择:确定协商模式,可以是主模式或者积极模式。

这些协商内容将确保在第二阶段的数据连接建立过程中,双方能够安全地传输数据,并保证数据的机密性、完整性和可用性。

阶段二是在安全的管理连接建立后,对等体之间协商用于构建安全数据连接的安全参数。这个协商过程是安全的且加密的,协商完成后,将在两个站点之间建立安全的数据连接。阶段二中需要协商的内容如下。

(1) 传输模式:确定使用的传输模式,可以是隧道模式(Tunnel Mode)或传输模式(Transport Mode)。隧道模式将整个 IP 数据报都加密并封装在新的 IP 数据报中,适用于整个 IP 数据报需要保护的情况;传输模式只对 IP 数据报的有效载荷进行加密,适用于端到端的通信。

(2) 封装技术：确定用于封装和加密数据的技术，通常有 ESP(Encapsulating Security Payload)和 AH(Authentication Header)两种。ESP 提供加密和认证功能，适用于保护数据的完整性和保密性；AH 提供数据的完整性认证，但不提供加密功能。

(3) 数据加密方式：确定在传输过程中所采用的数据加密算法，常见的有 DES、3DES、AES 等。加密算法的选择应考虑安全性和性能要求。

(4) 数据认证方式：确定传输过程中所采用的数据认证算法，用于验证数据的完整性，通常使用 MD5 或 SHA 等哈希算法。

(5) 可以定义需要使用 IPSec 保护的流量，包括源 IP 地址、目标 IP 地址、端口号等信息，以确定哪些数据需要受到 IPSec 保护。

一方传递消息之前，先使用加密算法和加密密钥；另一方收到消息后，使用相同的加密算法和加密密钥。对称加密算法，主要包括 DES、3DES 和 AES。加密过程如图 4.50 所示。

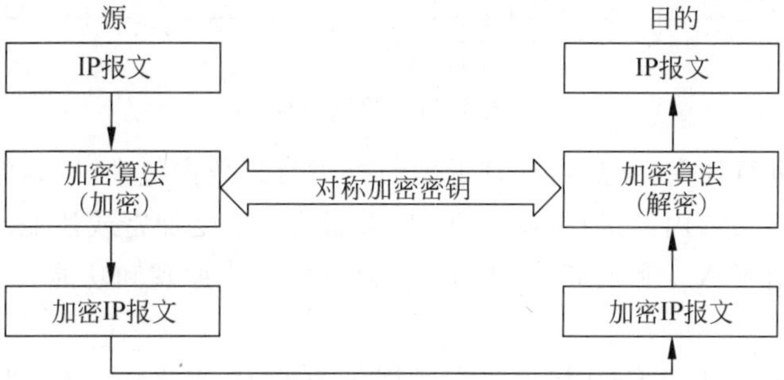


图 4.50　加密过程

验证算法在信息传递中起到了重要作用。一方在传递消息之前，会使用验证算法和验证密钥对消息进行处理，生成签名以确保消息的完整性和真实性。这个签名相当于文书上的签字画押，随消息一同发送出去。另一方收到消息后，同样使用相同的验证算法和验证密钥对消息进行处理，得到签名，并将其与发送方提供的签名进行比对。如果两端的签名一致，就证明该消息没有被篡改。常用的验证算法包括 MD5 和 SHA 系列，它们能够提供有效的数据完整性保护。如图 4.51 所示为验证流程。

封装协议 AH(Authentication Header)是一种基于 IP 的传输层协议，其协议号为 51。AH 协议主要提供数据的认证功能，但不支持数据的加密。它对整个 IP 数据报的头部进行认证，以确保数据在传输过程中的完整性和真实性。

AH 协议的工作原理是在每个数据包的标准 IP 报头之后添加一个 AH 报文头。AH 协议对数据包和认证密钥进行哈希计算，生成一个认证数据，然后将认证数据添加到数据包中。接收方在接收到带有认证数据的数据包后，执行相同的哈希计算，并将结果与原始的认证数据进行比较。如果两者一致，则表明数据在传输过程中没有被篡改，从而实现了数据来源的认证和数据完整性的校验。AH 协议对整个 IP 报文进行完整性验证，包括 IP 头部和数据部分。任何对数据的篡改都会导致哈希计算结果不匹配，从而被识别出来。

ESP(Encapsulating Security Payload)协议也是基于 IP 的传输层协议，其协议号为 50。ESP 协议支持数据的加密和认证功能。

其工作原理是在每个数据包的标准 IP 报头后添加一个 ESP 报文头，并在数据包后追加一个 ESP 尾部(ESP Tail)和认证数据(ESP Auth data)。与 AH 协议不同的是，ESP 先对数

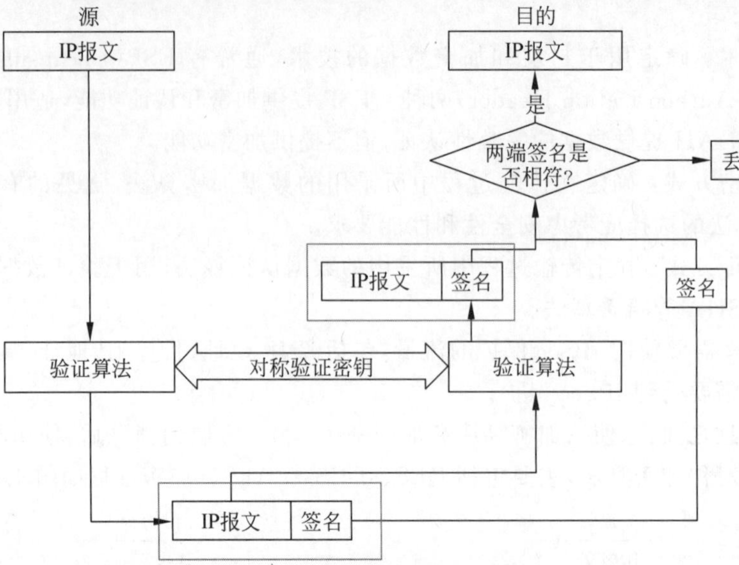


图 4.51　验证流程

据包中的有效载荷进行加密,然后将加密后的数据封装到数据包中,以确保数据的机密性。然而,ESP 协议不对 IP 头的内容进行保护,即 IP 头部信息不受加密或认证的保护。

在前面部分介绍了 AH 和 ESP 两种 IPSec 协议的工作原理和功能。下面来探讨 IPSec 的封装。

封装模式是指将 AH 或 ESP 相关的字段插入原始 IP 报文中,以实现对报文的认证和加密。封装模式有传输模式和隧道模式两种。当安全协议同时采用 AH 和 ESP 时,AH 和 ESP 协议必须采用相同的封装模式。

① 传输模式:在传输模式中,AH 头或 ESP 头被插入 IP 头与传输层协议头之间,用于保护 TCP/UDP/ICMP 等传输层协议的负载数据,如图 4.52 所示。在传输模式下,报文头不会被改变,而是对数据负载进行加密和认证。AH 协议的完整性验证范围为整个 IP 报文,这意味着整个 IP 数据包(包括 IP 头部和数据部分)都会被验证。而 ESP 协议在传输模式下无法保证 IP 头的安全,即 IP 头部信息不受加密或认证的保护。

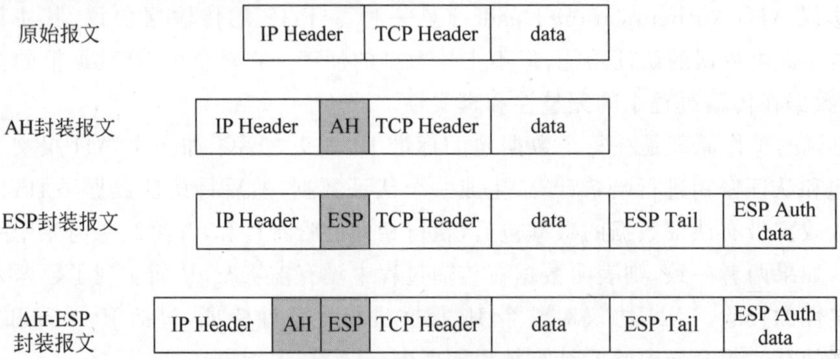


图 4.52　传输模式

② 隧道模式:在隧道模式中,会在原始 IP 头部之前插入 ESP 或 AH 头部,并生成新的 IP 头部,如图 4.53 所示。换句话说,隧道模式会对整个原始 IP 数据包进行封装,包括原始 IP 头部和数据部分,并在新的 IP 头部中添加了额外的信息。这种方式使得数据在传输过程中被保

护，并且可以用于网络之间的通信，特别适用于两个网关之间的通信。因此，隧道模式是一种常用的封装模式，它能够提供高效的数据传输和安全保护。

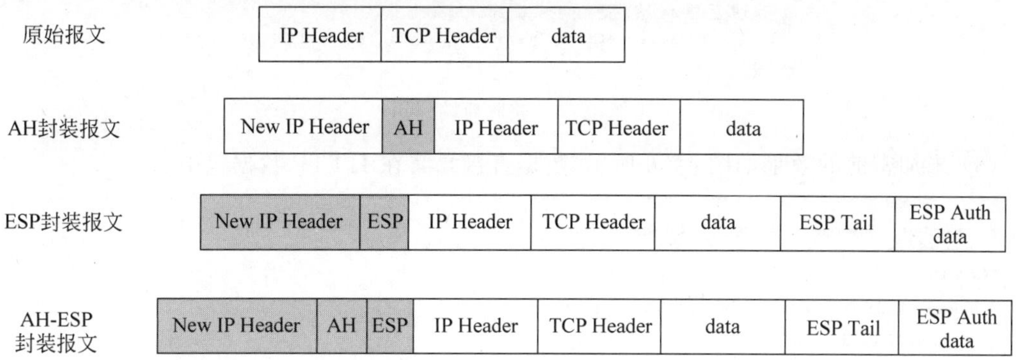


图 4.53 隧道模式

传输模式和隧道模式在 IPSec 中有着不同的运用。在传输模式下，AH 和 ESP 处理前后 IP 头部保持不变，更适用于直接的点对点通信。而隧道模式则会在 AH 和 ESP 处理后，添加一个新的 IP 头部，适用于跨网络传输，如网关之间的通信。

IPSec 检测机制包括 KeepAlive 机制和 DPD 机制。

KeepAlive 机制通过 IKE 对等体定期发送 Hello 消息来确认其活动状态。如果在超时时间内未收到 Hello 消息，则将对端视为不可达，并删除相应的 IKE SA 和 IPSec SA。默认情况下，KeepAlive 机制处于关闭状态，需要根据需求配置相应参数以使其生效。

相比之下，DPD(Dead Peer Detection)机制不会周期性发送 Hello 消息，而是通过 IPSec 流量来最小化状态检测所需的消息数量。只有在一定时间内未收到对端的流量时，才会发送 DPD 报文来检测对端状态。如果连续几次未收到对端的响应，则认为对端不可达，并删除相应的 IKE SA 和 IPSec SA。

在实际应用中，KeepAlive 机制使用较少的原因主要有以下两点。

(1) 周期性发送 Hello 消息会消耗大量 CPU 资源，限制了可建立的 IPSec 会话数量。

(2) KeepAlive 缺乏统一标准，各厂商设备可能无法兼容。

总之，数据传输过程中的机密性保证是为了保证数据从发送方到接收方正确接收信息的整个传输过程的安全，其主要目的是实现数据加密、防篡改和高可用。数据在传输过程中的安全性是保护个人隐私和商业机密的重要环节。通过采用加密算法、数字证书以及安全协议等技术手段，确保在数据传输过程中数据的机密性，并减轻安全威胁所带来的风险。

## 4.4 数据加密实例

下面以 RSA 加解密算法作为实例进行演示。

(1) 前端引入 JavaScript，如图 4.54 所示。

```
<!--CryptoJS jsencrypt -->
<script th:src="@{/js/cryptojs.js}"></script>
<script th:src="@{/js/jsencrypt.js}"></script>
<script th:src="@{/js/aesUtil.js}"></script>
<script th:src="@{/js/rsaUtil.js}"></script>
```

图 4.54 前端引入 JavaScript

（2）获取后端公钥，如图 4.55 所示。

```
<script th:inline="javascript">
    //获取后端RSA公钥并存到sessionStorage
    sessionStorage.setItem('javaPublicKey', [[${publicKey}]]);
</script>
```

图 4.55　获取后端公钥

（3）未加密前的效果如图 4.56 所示，数据直接暴露在 HTTP 数据包中。

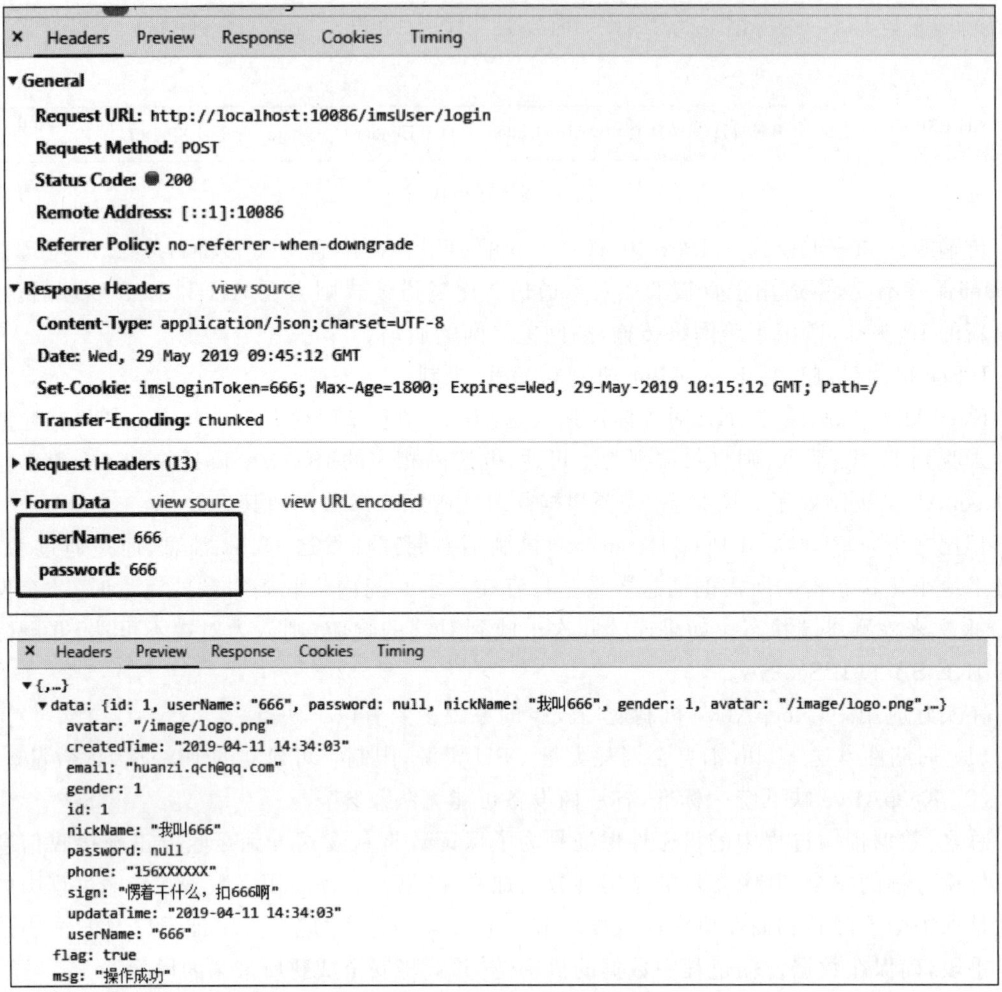


图 4.56　未加密前的效果

（4）加密后的效果如图 4.57 所示，HTTP 中传输的是密文。

（5）接收方解密后得到明文，如图 4.58 所示。

下面以 Telent 与 SSH 协议作为实例进行演示，其中，SSH 协议中所用加密算法为 RSA。

（1）Telnet。

在当前文件夹下创建 test.txt 文件，如图 4.59 所示。

利用 Wireshark 软件对以上 Telnet 协议过程中的信息进行抓包，如图 4.60 所示。

即使存在转义字符重复问题，也能发现所有操作信息（包括输入的用户名及密码等隐私信息）均是以明文方式进行传输的。

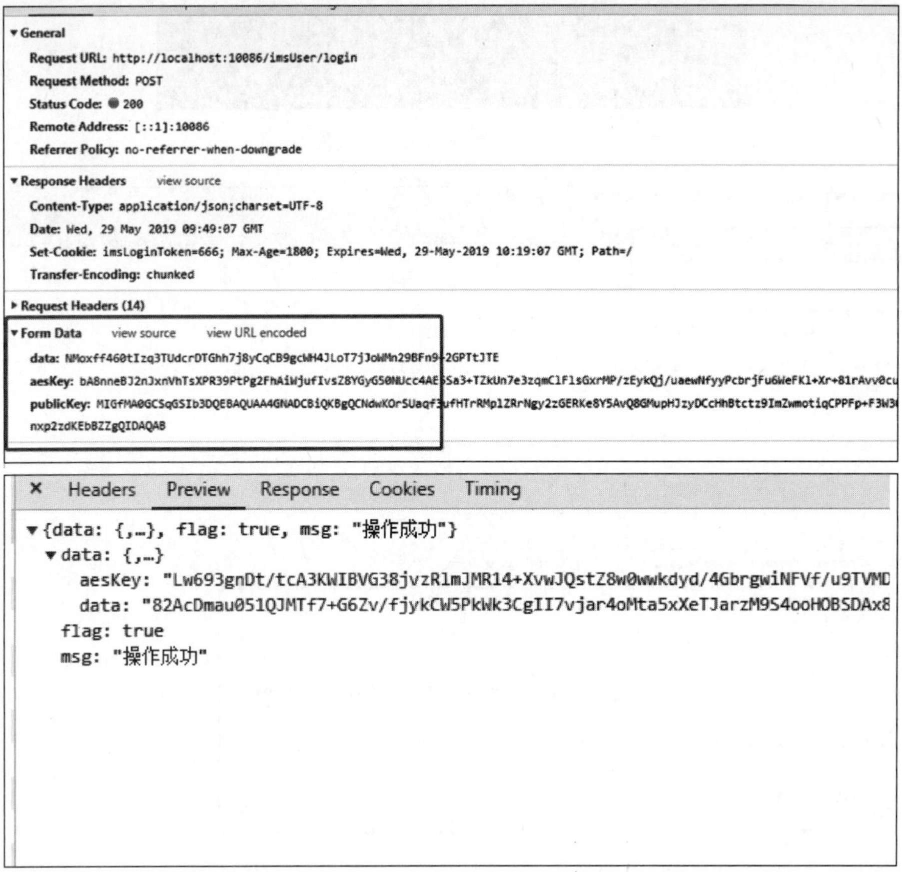
General
Request URL: http://localhost:10086/imsUser/login
Request Method: POST
Status Code: 200
Remote Address: [::1]:10086
Referrer Policy: no-referrer-when-downgrade
Response Headers view source
Content-Type: application/json;charset=UTF-8
Date: Wed, 29 May 2019 09:49:07 GMT
Set-Cookie: imsLoginToken=666; Max-Age=1800; Expires=Wed, 29-May-2019 10:19:07 GMT; Path=/
Transfer-Encoding: chunked
Request Headers (14)
Form Data view source view URL encoded
data:
aesKey:
publicKey:
Headers Preview Response Cookies Timing
{data: {,…}, flag: true, msg: "操作成功"}
data: {,…}
aesKey:
data:
flag: true
msg: "操作成功"

图 4.57　加密后的效果

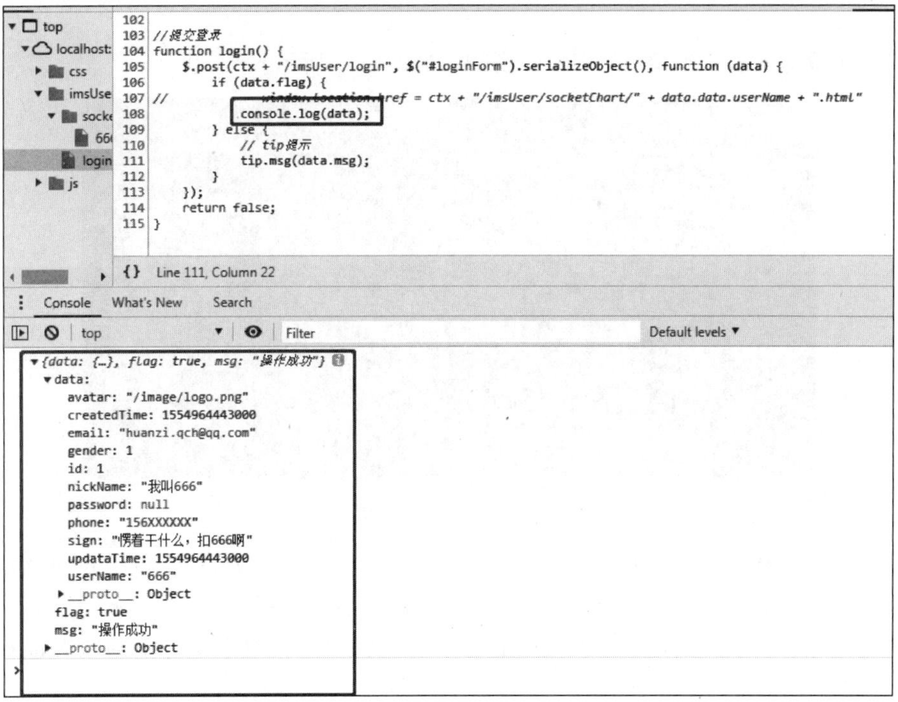
top
localhost:
css
imsUse
socke
login
js
//提交登录
function login() {
$.post(ctx + "/imsUser/login", $("#loginForm").serializeObject(), function (data) {
if (data.flag) {
// window.location.href = ctx + "/imsUser/socketChart/" + data.data.userName + ".html"
console.log(data);
} else {
// tip提示
tip.msg(data.msg);
}
});
return false;
}
Line 111, Column 22
Console What's New Search
top Filter Default levels
{data: {…}, flag: true, msg: "操作成功"}
data:
avatar: "/image/logo.png"
createdTime: 1554964443000
email: "huanzi.qch@qq.com"
gender: 1
id: 1
nickName: "我叫666"
password: null
phone: "156XXXXXX"
sign: "愣着干什么，扣666啊"
updataTime: 1554964443000
userName: "666"
__proto__: Object
flag: true
msg: "操作成功"
__proto__: Object

图 4.58　得到明文

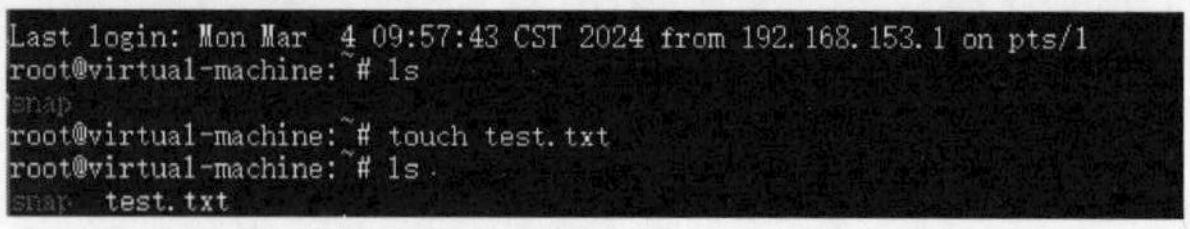


图 4.59　创建 test.txt 文件

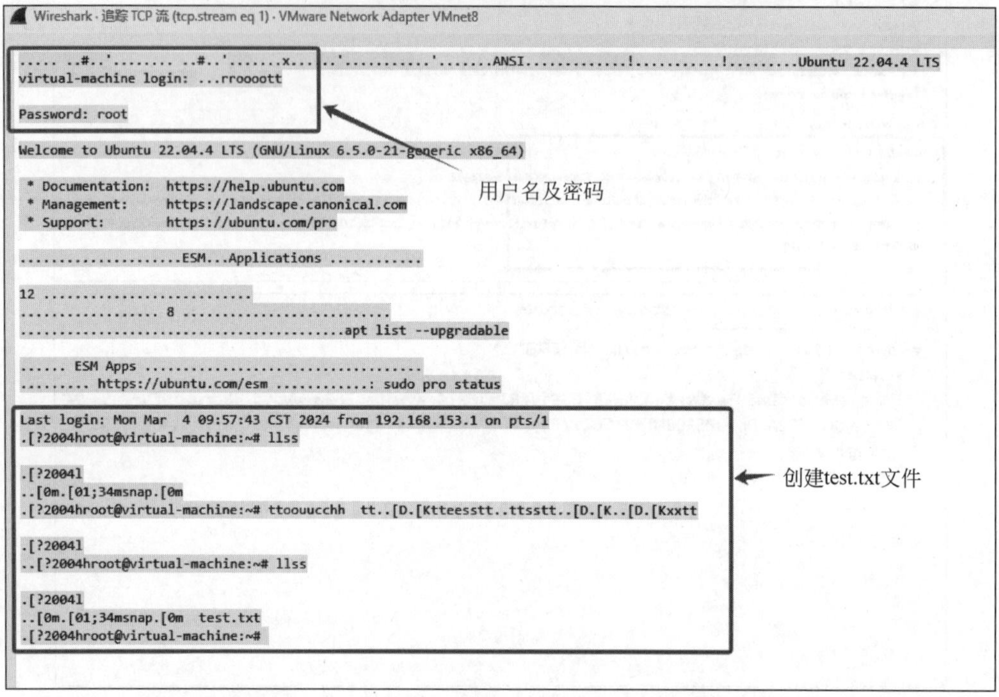


图 4.60　抓包

（2）SSH。

客户端生成非对称加密算法 RSA 的密钥，如图 4.61 所示。

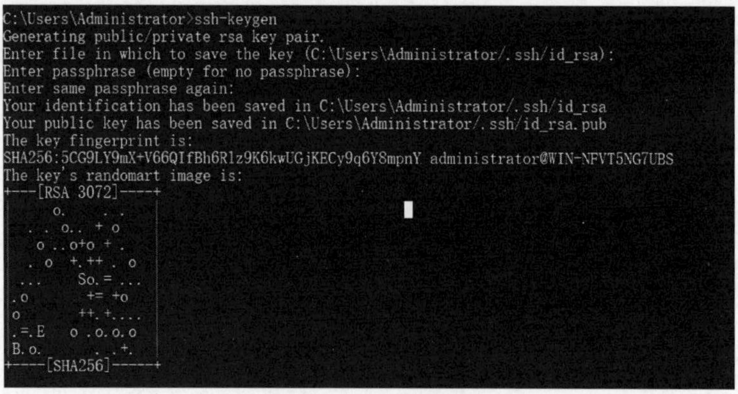


图 4.61　生成密钥

客户端开启远程连接，并且在当前目录下创建 test_ssh.txt 文件，如图 4.62 所示。

利用 Wireshark 软件对以上 SSH 协议过程中的信息进行抓包，如图 4.63 所示。

同样的操作行为，在 Telnet 与 SSH 两个不同的协议中，信息在链路上的状态也不同。

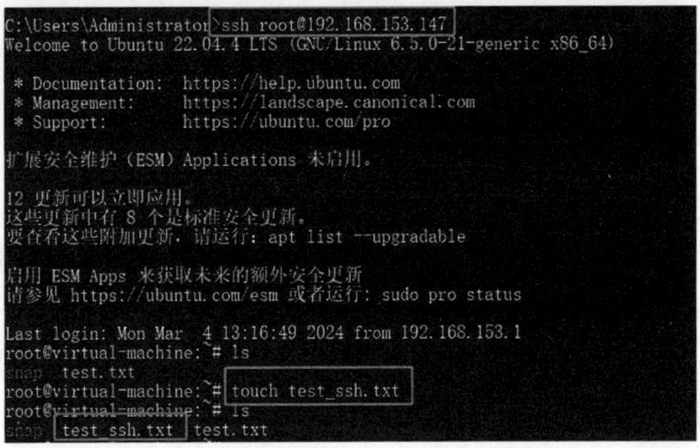


图 4.62 创建 test_ssh.txt 文件

图 4.63 抓包

# 小结

在本章中，探讨了数据加密在信息安全中的关键作用。首先介绍 AES、RSA 等在数据加密中常见的密码算法，并探讨了它们在保护数据安全方面的应用。此外，介绍了数据存储加密和数据传输加密，这两方面都是确保数据在存储和传输过程中得到保护的重要手段。最后，给出数据加密实例构建帮助读者更好地理解本章内容。

在线测试

# 习题

## 一、选择题

1. SHA-2 的哈希值长度不包括(　　)。

A. 256 位　　B. 312 位　　C. 384 位　　D. 512 位

2. 以下哪几种函数属于 SHA-2 系列?(　　)

A. SHA-256　　B. SHA-3　　C. SHA-512　　D. SHA-1

3. 基于椭圆曲线问题的公钥密码体制有(　　)。

A. DSS　　B. AES　　C. SM2　　D. RSA

4. 下列不属于对称算法的是(　　)。

A. 祖冲之 ZUC 算法　　B. SM2　　C. SM7　　D. SM4

5. SM2 公钥密码算法一般包括以下哪些功能?(　　)

A. 密钥分散　　B. 签名　　C. 密钥交换　　D. 加密

6. 通常使用(　　)来验证消息的完整性。

A. 消息摘要　　B. 数字信封　　C. 对称解密算法　　D. 公钥解密算法

7. 我国商用分组密码算法 SM4 中使用的 S 盒的输入是多少位?(　　)

A. 4 位　　B. 6 位　　C. 8 位　　D. 16 位

8. SM4 分组密码算法轮函数中的 T 置换包括以下哪些运算?(　　)

A. 非线性变换　　B. 4 个并行的 S 盒运算

C. 线性变换　　D. 列混合变换

9. SM3 密码杂凑算法采用(　　)结构。

A. MD 结构　　B. Sponge 结构　　C. HAIFA 结构　　D. 宽管道结构

10. 以下哪个选项不属于密码学的具体应用?(　　)

A. 人脸识别技术　　B. 消息认证,确保信息完整性

C. 加密技术,保护传输信息　　D. 身份认证

11. 以下说法不正确的是(　　)。

A. 有些公开密钥系统中,密钥对互相之间可以交换使用

B. 对称密钥体制中,密钥需要事先由发送方和接收方实现共享

C. 若知道公钥密码的加密算法,从加密密钥得到解密密钥在计算上是可行的

D. 密码体制包括对称密钥密码和非对称密钥密码两种

12. 以下关于公开密钥密码体制,不正确的是(　　)。

A. 加密和解密由不同的密钥完成,并且可以交换使用

B. 一般情况下,公钥密码加密和解密速度较对称密钥密码慢

C. 通信双方掌握的密钥是一样的

D. 若知道加密算法,从加密密钥得到解密密钥在计算上是不可行的

13. 发送者用(　　)对报文签名,然后使用(　　)加密,同时提供保密性和报文鉴别的所有三种安全服务。

A. 自己的公钥,接收者的私钥　　B. 自己的公钥,自己的私钥

C. 自己的私钥,自己的公钥　　D. 自己的私钥,接收者的公钥

14. SM3密码杂凑算法是哪种类型的算法？（　　）
    A. 分组密码算法　　B. 公钥密码算法
    C. 数字签名算法　　D. Hash函数
15. 保证信息不被泄露给非授权的个人、进程等实体的性质称为密码的（　　）。
    A. 真实性　　B. 完整性　　C. 机密性　　D. 不可否认性
16. 按照《商用密码产品认证目录(第一批)》，密码算法应符合的标准有（　　）。
    A.《SM4分组密码算法》　　B.《SM3密码杂凑算法》
    C.《SM2密码算法使用规范》　　D.《RSA密码算法》
17. 密钥有哪三种类型？（　　）
    A. 会话密钥　　B. 主密钥　　C. 对称密钥　　D. 密钥加密密钥
18. 以下哪些方法可以实现数据传输中的来源认证？（　　）
    A. 数字证书　　B. 加密与数字签名　　C. 双向认证　　D. 访问控制
19. 关于数字证书与公钥信息的关系，以下哪个选项描述是正确的？（　　）
    A. 数字证书包含公钥信息
    B. 公钥信息用于验证数字证书的完整性
    C. 公钥信息是数字证书的一部分，用于加密和解密数据
    D. 公钥信息与数字证书无关
20. 以下哪个要素不属于对称密钥密码系统？（　　）
    A. 密钥　　B. 明文　　C. 密文　　D. 数字签名

**二、填空题**

1. SHA-2算法有________和________两个主要步骤。
2. SM4算法的密钥和明文长度分别是________和________。
3. SHA-256算法的分块长度为________。
4. 完整性校验可以通过计算________、________或________，以检查数据的完整性。
5. IPSec协议有________协议和________协议两种形式。
6. IPSec协议有________模式和________模式两种工作模式。

**三、判断题**

1. SHA-512哈希算法的哈希值长度为512B。（　　）
2. SM3密码杂凑算法的消息分组长度是可变的。（　　）
3. SM3密码杂凑算法的压缩函数共有80轮操作。（　　）
4. 在《SM2密码算法使用规范》中，在SM2加密结果中的杂凑值的计算过程中使用了随机的椭圆曲线点。（　　）
5. 如果一个报文在进行CRC检验时，得到的余数不为0，则可以判定这个数据没有差错。（　　）

**四、简答题**

1. 简述SHA-2算法的优缺点。
2. 简述IPSec协议中AH协议和ESP协议在两种工作模式下工作方式的不同。
3. 消息摘要有哪些特点？
4. 设要发送的数据为101110，采用CRC的除数为1001。试求应添加在数据后面的余数。
5. 简述对称加密中的集中式密钥分配体制。

# 第5章 数据脱敏

**本章学习目标**

- 掌握数据脱敏定义。
- 掌握敏感数据识别、数据脱敏算法。
- 掌握数据静态脱敏、数据动态脱敏、数据脱敏实例构建。

数据脱敏技术作为解决平衡数据安全和数据共享问题的重要技术手段，逐渐进入人们的视野，并被广泛应用于数据产业发展中，因其较好地平衡了数据的安全性和可用性，已成为业界研究和应用热点。本章主要讲解数据脱敏技术原理与实例构建。通过本章学习，读者应掌握数据脱敏定义、敏感数据识别、数据脱敏算法、数据静态脱敏、数据动态脱敏、数据脱敏实例构建等内容。

## 5.1 敏感数据定义

数据安全建设第一步就是要明确什么是敏感数据。那什么是"敏感数据"呢？

**敏感数据**(Sensitive Information)的定义：丢失、滥用、变革或未经许可存取会损害个人隐私或利益、商业秘密，甚至国家的安全和国际关系的数据。敏感数据可理解为特定人群有权知悉的专有数据。

**1. 个人敏感数据**

从个人角度来看，敏感信息涉及个人隐私，按照我国国家标准 GB/T 35273—2020《信息安全技术个人信息安全规范》解释来说，是指一旦泄露、非法提供或滥用可能危害人身和财产安全，极易导致个人名誉、身心健康受到损害或歧视性待遇等的个人信息。个人敏感信息包括身份证件号码、个人生物识别信息、银行账户、通信记录和内容、财产信息、征信信息、行踪轨迹、住宿信息、健康生理信息、交易信息、14 岁以下(含)儿童的个人信息。

根据《中华人民共和国网络安全法》要求对个人信息和重要数据分开进行评估与定级，再按照就高不就低的原则对数据条目进行整体定级。以个人信息为例，根据个人信息中数据的敏感程度，将数据分为 4 级，一级为低敏感级，二级为较敏感级，三级为敏感级，四级为极敏感级。对业务系统中的数据条目进行拆解，对其中每一个元数据进行分级，例如，家庭住址为四级，身份证号码为三级，消费账单为二级，然后按就高不就低的原则对数据条目进行整体定级，那么这个数据条目应该定为四级。

根据国家标准 GB/T 35273—2020《信息安全技术个人信息安全规范》，可从以下角度判定是否属于个人敏感信息。

**泄露**：个人信息一旦泄露，将导致个人信息主体及收集、使用个人信息的组织和机构丧失对个人信息的控制能力，造成个人信息扩散范围和用途的不可控。某些个人信息在泄露后，被以违背个人信息主体意愿的方式直接使用或与其他信息进行关联分析，可能对个人信息主体权益带来重大风险，应判定为个人敏感信息。例如，个人信息主体的身份证复印件被他人用于手机号卡实名登记、银行账户开户办卡等。

**非法提供**：某些个人信息仅因在个人信息主体授权同意范围外扩散，即可对个人信息主体权益带来重大风险，应判定为个人敏感信息。例如，性取向、存款信息、传染病史等。

**滥用**：某些个人信息在被超出授权合理界限时使用（如变更处理目的、扩大处理范围等），可能对个人信息主体权益带来重大风险，应判定为个人敏感信息。例如，在未取得个人信息主体授权时，将健康信息用于保险公司营销和确定个体保费高低。

**2. 企业敏感数据**

从企业或组织角度来看，敏感信息包括客户资料、技术资料、重大决策信息、主要会议纪要、财务预算信息和各种财务报表等高价值数据，这些数据以不同形式存在于企业资产中。

参照 2022 年 9 月 14 日完成的《信息安全技术 网络数据分类分级要求》征求意见稿，行业领域开展数据分类时，应根据行业领域数据管理和使用需求，结合本行业本领域已有的数据分类基础，灵活选择业务属性将数据逐级细化分类。分类流程应按如下步骤。

（1）确定数据处理者业务涉及的行业领域。

（2）按照业务所属行业领域的数据分类规则，对该业务运营过程中收集和产生的数据进行分类。

（3）识别是否存在法律法规或主管监管部门有专门管理要求的数据类别（如个人信息），对个人信息、敏感个人信息进行区分标识。

（4）如果存在行业领域数据分类规则未覆盖的数据类型，可以从组织经营角度结合自身数据管理和使用需要对数据进行分类。

**3. 国家敏感数据**

2019 年 8 月 30 日发布的《GB/T 37973—2019 信息安全技术 大数据安全管理指南》中的 7.4 数据分级方法提到：“组织应对已有数据或新采集的数据进行分级，数据分级需要组织的主管领导、业务专家、安全专家等共同确定。政府数据分级应按照 GB/T31167—2014 中 6.3 的规定，将非涉密数据分为公开、敏感数据”。其中，GB/T 31167—2014 已在 2023 年代替为 GB/T 31167—2023，在《GB/T 31167—2023 信息安全技术 云计算服务安全指南》的 6.2 数据分类中提到：“本文件将非涉密数据分为敏感类、公开类两种类型，敏感类数据可依据国家相关法律法规、标准等进一步划分为一般敏感、重要、核心数据。”从国家政府部门角度来看，敏感信息是介于保密信息与公开信息之间的特殊信息，这类信息不符合定密标准，不能按照国家秘密的形式进行保护，但是如果公开，却有可能造成某种损害或潜在损害，因此需要限制公开或控制其传播。

## 5.2 敏感数据识别

敏感数据识别是为了保护个人隐私和敏感信息免受未经授权的访问和泄露。通过识别敏感数据，组织能够采取相应的安全措施来防止数据泄露和不当使用，符合法规要求，并增强数据安全性。

敏感字段识别主要有正则匹配、关键字、算法三种方式。通常情况下，银行卡号、证件号、手机号，有明确的规则，可以根据正则表达式和算法匹配。姓名、特殊字段，没有明确信息，可能是任意字符串，可以通过配置关键字来进行匹配。营业执照、地址、图片等，没有明确规则，可以通过自然语言算法来识别，使用开源算法库。以下为常用的基于 Python 的敏感数据识别代码。

### 5.2.1 正则匹配

IP 地址的正则表达实现如下。

```
#精确匹配 IP 地址
def check_ip(value):
    ip_pattern = r'^(?:(?:25[0-5]|2[0-4][0-9]|[01]?[0-9][0-9]?)\.){3}(?:25[0-5]|2[0-4]
[0-9]|[01]?[0-9][0-9]?)$'
    if re.match(ip_pattern, value):
        print('%s' % s2)
    else:
        print('%s' % s1)
```

手机号码的正则表达实现如下。

```
def check_phone(value):
    phone_pattern = r'^[1](([3][0-9])|([4][5-9])|([5][0-3,5-9])|([6][5,6])|([7][0-8])|
([8][0-9])|([9][1,8,9]))[0-9]{8}$'
    if re.match(phone_pattern, value):
        print('%s' % s3)
    else:
        print('%s' % s1)
```

性别的正则表达式如下。

```
def check_gender(value):
    gender_pattern = r'^((男|male)|(女|female))$'
    if re.match(gender_pattern,value):
        print('%s' % s2)
    else:
        print('%s' % s1)
```

代表证的正则表达式实现如下。

```
def check_officer(value):
    officer_pattern = r'^[\u4E00-\u9FA5](字第)([0-9a-zA-Z]{4,8})(号?)$'
    if re.match(officer_pattern,value):
        print('%s' % s3)
    else:
        print('%s' % s1)
```

### 5.2.2 关键字匹配

通过设置判断条件,完成关键字精准匹配判断,逻辑相对简单,不在这里做代码呈现。

银行卡算法实现如下。

```
def check_bank_card(card_num):
    total = 0
    card_num_length = len(card_num)
    for item in range(1, card_num_length + 1):
        t = int(card_num[card_num_length - item])
        if item % 2 == 0:
            t *= 2
            total += t if t < 10 else t % 10 + t // 10
        else:
            total += t
    return total % 10 == 0
```

身份证算法实现如下。

```
def check_IDNumber(value):
    str_to_int = {'0': 0, '1': 1, '2': 2, '3': 3, '4': 4, '5': 5,
                  '6': 6, '7': 7, '8': 8, '9': 9, 'X': 10}
    check_dict = {0: '1', 1: '0', 2: 'X', 3: '9', 4: '8', 5: '7',
                  6: '6', 7: '5', 8: '4', 9: '3', 10: '2'}
    if len(value) != 18:
        raise TypeError(u'请输入标准的第二代身份证号码')
    check_num = 0
    for index, num in enumerate(value):
        if index == 17:
            verify_code = check_dict.get(check_num % 11)
            if num == verify_code:
                print(u"身份证号: %s, 校验通过," % value + s4)
            else:
                print(u"身份证号: %s, 校验不通过, 正确尾号应该为:%s," % (value, verify_
code) + s1)
        check_num += str_to_int.get(num) * (2 ** (17 - index) % 11)
```

## 5.2.3 基于 NLP 的数据识别

HanLP 是一个用 Java 编写的自然语言处理开源包,使用它可以完成中文分词、词性标注、命名实体识别、句法分析、文本分类等任务。pyhanlp 是它的 Python 版本,可以直接作为第三方库使用。通过 pyhanlp 可以简单地实现文本数据的识别,下面是一段简单的代码示例,用于识别文本信息中的人名。

```
import re
from pyhanlp import *

#定义风险等级字符串常量
s1 = "无风险"
s2 = "低风险"
s3 = "中风险"
s4 = "高风险"

#检查中文名识别
def check_chinese_name_recognition(value):
    CRFnewSegment = HanLP.newSegment("crf")    #使用 HanLP 中的 CRF 分词器
    name_list = CRFnewSegment.seg(value)       #对输入的文本进行分词
    dict = {}
    for i in name_list:
        dict[str(i.word)] = [str(i.nature)]
    Person_Name = r'nr'
    for key,value in dict.items():
        result = str(value)
        if re.search(Person_Name,result):
            print('姓名: %s' % key + ',风险等级: ' + s4)
        else:
            print('常规词: %s' % key + ',风险等级: ' + s1)
if __name__ == "__main__":
    value = "李华和王兰去了张三的家"
    check_chinese_name_recognition(value)
```

运行代码后,输出如下。

```
输出结果
姓名:李华,风险等级:高风险
常规词:和,风险等级:无风险
姓名:王兰,风险等级:高风险
常规词:去,风险等级:无风险
常规词:了,风险等级:无风险
姓名:张三,风险等级:高风险
常规词:的,风险等级:无风险
常规词:家,风险等级:无风险
```

## 5.3 经典脱敏算法

数据脱敏是指对某些敏感信息通过脱敏规则进行数据的变形,实现敏感隐私数据的可靠保护。在涉及客户安全数据或者一些商业性敏感数据的情况下,在不违反系统规则条件下,对真实数据进行改造并提供测试使用,如身份证号、手机号、卡号、客户号等个人信息都需要进行数据脱敏。

数据脱敏的目的是通过一定的方法对敏感数据进行处理以降低敏感数据的敏感程度,或者使得敏感数据不再包含敏感信息内容,从而使敏感数据经脱敏后在保证其可用性、关联性的前提下,达到数据失真的目的。脱敏算法的选择和应用是数据脱敏技术的核心问题。应根据不同的场景、不同的数据类型、不同的数据特征以及不同的脱敏需求等,选择不同的脱敏算法。传统的脱敏算法包括替换、仿真、加密、遮掩、混淆、偏移、均值化等。

本节后续将以表 5.1 的数据为例,介绍上述几种数据脱敏的方式。

**表 5.1 原始数据表**

| first_name | phone | email | web | salary | age | birthday |
|---|---|---|---|---|---|---|
| Aleshia | 18357035974 | atomkiewicz@hotmail. com | http://www. atomkiewicz. co. uk | 16391 | 21 | 2000-12-23 |
| Evan | 193786471555 | zigomalas@gmail. com | http://www. zigomalas. co. uk | 50798 | 17 | 2004-4-22 |
| France | 13473682226 | andrade@hotmail. com | http://www. andrade. co. uk | 22384 | 19 | 2002-1-21 |

### 5.3.1 替换

替换是指使用具有相似业务特征的伪装数据对原始数据中的敏感数据进行替代,使得原始数据中的相关字段失去原有语义,从而破坏其可读性。为了确保数据的安全性,替换所使用的数据一般具有不可逆性。替换包括映射替换、随机替换和参数替换。映射替换使用替换码表对原始数据中的敏感数据进行整体替换;随机替换使用随机字符对原始数据中的敏感数据进行部分替换;参数替换通过将敏感数据作为参数输入,经过一定规则的函数变换以获得脱敏后的数据。替换算法虽然是最为常用的脱敏算法之一,但该算法会导致脱敏后的数据失去其业务属性,不利于数据的后续使用。

随机值替换,将字母变为随机字母,数字变为随机数字,即采用文字随机替换文字的方式来改变敏感数据,这种方案的优点在于可以在一定程度上保留原有数据的格式,如随机生成手机号码代替原始数据中的真实号码,如表 5.2 所示。该方法适用于数据存储和数据分享场景。

表 5.2 经过替换处理后的数据

| first_name | phone | email | web | salary | age | birthday |
|---|---|---|---|---|---|---|
| Aleshia | 18911235161 | atomkiewicz@hotmail. com | http://www. atomkiewicz. co. uk | 16391 | 21 | 2000-12-23 |
| Evan | 13433112566 | zigomalas@gmail. com | http://www. zigomalas. co. uk | 50798 | 17 | 2004-04-22 |
| France | 14527324243 | andrade@hotmail. com | http://www. andrade. co. uk | 22384 | 19 | 2002-01-21 |

## 5.3.2 仿真

仿真是仿照原始数据中的敏感数据内容生成符合敏感数据原始内容语义和格式的新数据，通过相同语义的新数据替换原来的敏感数据，以保证脱敏后的数据能够保持业务数据之间的关联关系，从而使得脱敏后的数据具有较好的可用性。以示例表数据为例，将表格中所有 first_name 仿真脱敏后仍为有意义的姓名，脱敏后的数据效果如表 5.3 所示。该方法适用于数据分享的场景。

表 5.3 经过仿真处理后的数据

| first_name | phone | email | web | salary | age | birthday |
|---|---|---|---|---|---|---|
| Aliice | 18357035974 | atomkiewicz@hotmail. com | http://www. atomkiewicz. co. uk | 16391 | 21 | 2000-12-23 |
| Ella | 19378647155 | zigomalas@gmail. com | http://www. zigomalas. co. uk | 50798 | 17 | 2004-04-22 |
| Fall | 13473682226 | andrade@hotmail. com | http://www. andrade. co. uk | 22384 | 19 | 2002-01-21 |

## 5.3.3 加密

加密是指通过使用如 MD5、Hash、AES 等密码学算法对敏感数据进行加密操作，加密处理后的数据与敏感数据的原始内容在逻辑规则和格式上保持一致，外部未经授权的用户只能访问到无实际意义的密文数据，在特定需求场景下，系统也可以给相关需求方提供解密能力以恢复敏感数据的原始内容。将原始数据中的字符映射到另一个十六进制字符，对原始数据进行混淆从而达到脱敏的目的。例如，原始数据中 web 字段的网址在经过符号化处理之后变成了不可读的十六进制字符串，如表 5.4 所示。该方法适用于数据存储的场景。

表 5.4 经过加密处理后的数据

| first_name | phone | email | web | salary | age | birthday |
|---|---|---|---|---|---|---|
| Aleshia | 18357035974 | atomkiewicz@hotmail. com | 5100023477 | 16391 | 21 | 2000-12-23 |
| Evan | 19378647155 | zigomalas@gmail. com | 31a96468d4 | 50798 | 17 | 2004-4-22 |
| France | 13473682226 | andrade@hotmail. com | d38e7231bc | 22384 | 19 | 2002-1-21 |

## 5.3.4 遮掩

遮掩是指通过使用诸如等特殊符号对敏感数据中的部分内容进行掩饰，使得敏感数据只选择公开部分原始内容。该算法在实现数据脱敏、达到保护敏感数据真实信息的同时，较好地保持了敏感数据原始内容的格式，是目前使用较为广泛的脱敏算法。例如，保留邮箱地址主机名的首尾信息，其余用 * 代替，如表 5.5 所示，被掩码屏蔽的部分可以根据需要进行调整。该方法适用于数据使用和数据分享的场景。

**表 5.5　经过遮掩处理后的数据**

| first_name | phone | email | web | salary | age | birthday |
|---|---|---|---|---|---|---|
| Aleshia | 18357035974 | a ***** z@hotmail. com | http://www. atomkiewicz. co. uk | 16391 | 21 | 2000-12-23 |
| Evan | 19378647155 | z ***** s@gmail. com | http://www. zigomalas. co. uk | 50798 | 17 | 2004-4-22 |
| France | 13473682226 | a ***** e@hotmail. com | http://www. andrade. co. uk | 22384 | 19 | 2002-1-21 |

## 5.3.5　混淆

混淆是指通过对敏感数据内容在指定条件下进行打乱重排和重新分布，从而破坏与其他字段数据的关联关系，使得混淆后的数据不再具有原始内容的语义。混淆算法可以保持敏感数据原始内容的组成格式，例如，将数字混淆为数字、字母混淆为字母、符号混淆为符号，一般不会影响数据统计特性等业务数据信息。以表 5.1 数据为例，将表格中 phone 的前三位网络识别号保留不变，对其余部分进行无规则打乱，脱敏后的数据效果如表 5.6 所示。该方法适用于数据分享和数据使用的场景。

**表 5.6　经过混淆处理后的数据**

| first_name | phone | email | web | salary | age | birthday |
|---|---|---|---|---|---|---|
| Aleshia | 18375730955 | atomkiewicz@hotmail. com | http://www. atomkiewicz. co. uk | 16391 | 21 | 2000-12-23 |
| Evan | 19386547715 | zigomalas@gmail. com | http://www. zigomalas. co. uk | 50798 | 17 | 2004-4-22 |
| France | 13462827232 | andrade@hotmail. com | http://www. andrade. co. uk | 22384 | 19 | 2002-1-21 |

## 5.3.6　偏移

偏移主要是通过对敏感数据内容进行随机移位来改变数据内容，偏移算法一般适用于数值型数据。例如，可以将个人相关敏感时间数据统一偏移一定的数字以实现数据脱敏的目的。不过该算法在诸如背景关联等特定条件下也存在被破解的风险，因此在实际应用中一般是结合其他算法共同使用。

这种方式通过随机移位改变数字数据，偏移取整在保持了数据安全性的同时保证了范围的大致真实性，比之前几种方案更接近真实数据，在大数据分析场景中意义比较大。以原始数据中的生日为例，经过偏移后 Aleshia 的生日由 2000 年 12 月 23 日变成了 2000 年 12 月 15 日，如表 5.7 所示，其中，具体偏移位置(年月日)可根据需求自行决定。该方法适用于数据分享和数据使用的场景。

表 5.7 经过偏移处理后的数据

| first_name | phone | email | web | salary | age | birthday |
|---|---|---|---|---|---|---|
| Aleshia | 18357035974 | atomkiewicz@hotmail.com | http://www.atomkiewicz.co.uk | 16391 | 21 | 2000-12-15 |
| Evan | 19378647155 | zigomalas@gmail.com | http://www.zigomalas.co.uk | 50798 | 17 | 2004-04-28 |
| France | 13473682226 | andrade@hotmail.com | http://www.andrade.co.uk | 22384 | 19 | 2002-01-20 |

## 5.3.7 均值化

均值化一般针对数值型的敏感数据，首先对指定范围的敏感数据进行求和，然后计算出其平均值，最后将脱敏后的数据随机分布在均值附近，以保持数据的总和不发生变化，该算法在一定程度上保证了数据的统计特性。以表 5.1 的数据为例，将表格中所有 salary 数据进行平均值处理，工资总数不变，脱敏后的各 salary 数据值在均值 37319 附近，脱敏后的数据效果如表 5.8 所示。该方法适用于数据分享和数据使用的场景。

表 5.8 经过均值化处理后的数据

| first_name | phone | email | web | salary | age | birthday |
|---|---|---|---|---|---|---|
| Aleshia | 18357035974 | atomkiewicz@hotmail.com | http://www.atomkiewicz.co.uk | 37319 | 21 | 2000-12-23 |
| Evan | 19378647155 | zigomalas@gmail.com | http://www.zigomalas.co.uk | 37319 | 17 | 2004-4-22 |
| France | 13473682226 | andrade@hotmail.com | http://www.andrade.co.uk | 37319 | 19 | 2002-1-21 |

## 5.3.8 重采样

从原始数据集中重新采集数据样本，然后将采集到的样本代替原始位置上的数据。例如，在对原始数据集中的 first_name 进行脱敏时，程序会从 Aleshia、Evan 和 France 这三个选项中随机重新采集一个样本，然后用采集到的姓名来替代原始位置上的姓名，从而实现脱敏处理，如表 5.9 所示。这样可以确保脱敏后的数据与原始数据类型相同，同时保护了个人隐私信息。该方法适用于数据分享和数据使用的场景。

表 5.9 经过重采样处理后的数据

| first_name | phone | email | web | salary | age | birthday |
|---|---|---|---|---|---|---|
| Evan | 18357035974 | atomkiewicz@hotmail.com | http://www.atomkiewicz.co.uk | 16391 | 21 | 2000-12-23 |
| Evan | 19378647155 | zigomalas@gmail.com | http://www.zigomalas.co.uk | 50798 | 17 | 2004-4-22 |
| Aleshia | 13473682226 | andrade@hotmail.com | http://www.andrade.co.uk | 22384 | 19 | 2002-1-21 |

## 5.3.9 取整

将原始数据中的数值进行四舍五入取整，取整的上限以数据的最高位为度量。例如，将原始数据中 Aleshia 的工资进行取整,其工资由原始的 16391,四舍五入取整后为 20000,如表 5.10 所示。该方法适用于数据存储和数据使用的场景。

**表 5.10 经过取整处理后的数据**

| first_name | phone | email | web | salary | age | birthday |
|---|---|---|---|---|---|---|
| Aleshia | 18357035974 | atomkiewicz@hotmail.com | http://www.atomkiewicz.co.uk | 20000 | 21 | 2000-12-23 |
| Evan | 19378647155 | zigomalas@gmail.com | http://www.zigomalas.co.uk | 50000 | 17 | 2004-4-22 |
| France | 13473682226 | andrade@hotmail.com | http://www.andrade.co.uk | 20000 | 19 | 2002-1-21 |

## 5.4 数据匿名化算法

为了提高数据集整体的隐私安全性,有效降低数据的敏感程度,实现高可靠的敏感信息保护能力,还存在更为复杂的数据匿名化算法图,包括 K-匿名(K-Anonymity)、T-相近(T-Closeness)等。

### 5.4.1 *K* 匿名

匿名性是匿名化数据的一种性质。这一概念是由 Latanya Sweeney 和 Pierangela Samarati 在 1998 年首次提出,目的是解决如下问题:"给定一组结构化的具体到个人的数据,能否给出一组经过处理的数据,使我们可以证明数据中涉及的个人不能被再识别,同时还要保证数据仍具有使用价值。"如果在一组公开的数据中,任何一个人的信息都不能和其他至少 $k-1$ 个人区分开,则称该数据满足 K-匿名性,该组数据称为一个等价类。使一组数据满足 $K$ 匿名性的过程称为 K-匿名化。

用数学语言描述此概念,对于特定的 $k$,如果 $r_1 \in D$,存在至少 $k-1$ 条其他的记录 $r_2, r_3, \cdots, r_k \in D$,使得 $\prod q_i(D)^{r_1} = \prod q_i(D)^{r_2}, \cdots, \prod q_i(D)^{r_1} = \prod q_i(D)^{r_k}$。其中,$q_i(D)$是 $D$ 的准标识,$\prod q_i(D)^r$ 表示包含准标识的列 $r$(即准标识的投影),则称数据集 $D$ 满足 $K$ 匿名性。

在 $K$ 匿名化问题中,一个数据库是指一个 $n$ 行 $m$ 列的表。表格的每一行表示一条记录,对应一组对象中的一个。不同行中的记录可以相同。每列中的值代表对象的一个属性。表 5.11 是一个未经匿名化操作的数据库,其中包含一些虚构医疗数据。

**表 5.11 原始表**

| 姓名 | 年龄 | 性别 | 居住地 | 宗教信仰 | 疾病 |
|---|---|---|---|---|---|
| 丁一 | 30 | 女 | 北京 | 佛教 | 癌症 |
| 胡二 | 24 | 女 | 上海 | 佛教 | 病毒性疾病 |
| 张三 | 28 | 女 | 北京 | 伊斯兰教 | 结核病 |
| 李四 | 27 | 男 | 广东 | 不信教 | 无疾病 |
| 王五 | 24 | 女 | 上海 | 基督教 | 心血管疾病 |
| 赵六 | 23 | 男 | 广东 | 道教 | 结核病 |
| 孙七 | 19 | 男 | 上海 | 佛教 | 癌症 |
| 周八 | 29 | 男 | 广东 | 佛教 | 心血管疾病 |

续表

| 姓名 | 年龄 | 性别 | 居住地 | 宗教信仰 | 疾病 |
|---|---|---|---|---|---|
| 吴九 | 17 | 男 | 上海 | 基督教 | 心血管疾病 |
| 郑十 | 19 | 男 | 上海 | 基督教 | 病毒感染 |

这组数据中有6个属性、10条记录。对给定的$k$，实现K-匿名性有以下两个常见的方法。

(1) 数据抑制。此种方法将一些属性的值用星号“*”替换。可以取代一列中的所有值或部分值。在下面的匿名化表格中，将“姓名”一栏的所有值、“宗教”一栏的部分值用“*”取代。

(2) 数据泛化。此种方法将一些属性的精确值用更宽泛的类别取代。例如，“年龄”一栏中的“19”可以改写为“≤20”，“23”可以改写为“20<年龄≤30”，等等。

表5.12经过了匿名化处理。

**表5.12 K-匿名化后的表**

| 标识符 | 准标识符 | | | | 目标属性 |
|---|---|---|---|---|---|
| 姓名 | 年龄 | 性别 | 居住地 | 宗教信仰 | 疾病 |
| * | 20<年龄≤30 | 女 | 北京 | * | 癌症 |
| * | 20<年龄≤30 | 女 | 上海 | * | 病毒性疾病 |
| * | 20<年龄≤30 | 女 | 北京 | * | 结核病 |
| * | 20<年龄≤30 | 男 | 广东 | * | 无疾病 |
| * | 20<年龄≤30 | 女 | 上海 | * | 心血管疾病 |
| * | 20<年龄≤30 | 男 | 广东 | * | 结核病 |
| * | 年龄≤20 | 男 | 上海 | * | 癌症 |
| * | 20<年龄≤30 | 男 | 广东 | * | 心血管疾病 |
| * | 年龄≤20 | 男 | 上海 | * | 心血管疾病 |
| * | 年龄≤20 | 男 | 上海 | * | 病毒感染 |

“年龄”“性别”“居住地”虽然不能单独用于识别唯一个体，但结合起来则可能用于识别唯一个体。这种介于标识符与非敏感属性之间的一些属性，通过与其他的属性进行结合，同样能识别出目标信息的属性，称为**准标识符**。相应地，“姓名”“身份证号”等可以唯一识别一个个体的属性被称为**标识符**(即ID)。“疾病”“收入”或其他当事人希望保护的属性常被称为“敏感属性”，也可能成为攻击者的“目标属性”。这组匿名化后的数据对于“年龄”“性别”“居住地”三个属性具有2-匿名性，因为在这组数据中，任意一行在这三列上的值的组合都至少出现了2次。在$K$匿名的数据库中，所有由准标识符组成的多元组都至少出现$k$次。

## 5.4.2 *T*相近

*T*相近是基于l-多样性组的匿名化的进一步细化，用于通过降低数据表示的粒度来保护数据集中的隐私。这种减少是一种折中，它会导致数据管理或挖掘算法的一些有效性损失，从而获得一些隐私。*T*相近模型扩展了l-多样性模型，通过考虑属性数据值的分布，清晰地处理属性值。*T*相近要求每个$K$匿名组中敏感属性值的统计分布与该属性在整个数据集中的总体分布“接近”，其原理图如图5.1所示。

*T*相近认为，在看到发布的表之前，观察者对个体的敏感属性值有一些先验看法。看到发布的表后，观察者有了一个后验看法。这二者之间的差别就是观察者获得的信息。T-相近将信息获得又分为两部分：关于整体的和关于特定个体的。

考虑以下思维实验。首先，设观察者对个体的敏感属性的先验看法为$B_0$。然后，给观察者一个抹去准标识符信息的数据表，这个表中敏感属性的分布记为 $Q$，根据 $Q$，观察者的看法变为 $B_1$。最后，发布含有准标识符信息的数据表，那么观察者就能够根据该表识别特定个体记录所在的等价类，得到该等价类中敏感属性的分布 $P$。根据 $P$，观察者的看法变为 $B_2$。

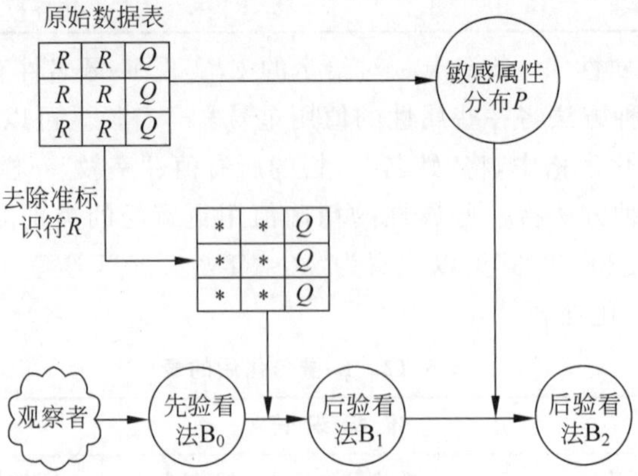


图 5.1 T-相近原理图

在 T-相近这里，选择限制 $B_1$ 和 $B_2$ 之间的差异。换句话说，假设敏感属性 $Q$ 在表中总体人口中的分布是公共信息。不限制观察者获得的关于总体人口的信息，但限制观察者能够了解关于特定个体的额外信息的程度。

通过泛化，能将所有准标识符属性泛化为最一般的值。因此，只要发布一个版本的数据，就会发布一个分布 $Q$。同时，如果一个人想要发布这个数据表，那他所打算的就是发布这个分布 $Q$，正是这个分布使得这个数据表能够派上用场。发布数据是因为数据有价值，这个价值就是数据整体的分布规律，可以用 $B_0$ 与 $B_1$ 之间的差别表示。二者差别越大，表明数据的价值越大，这一部分不应被限制。也即整体的分布 $Q$ 应该被公开。因为这正是发布数据的意义所在。而 $B_1$ 和 $B_2$ 之间的差别，就是需要保护的隐私信息，应该被尽可能限制。

通过限制 $P$ 和 $Q$ 之间的距离来限制从 $B_1$ 到 $B_2$ 的增益。直觉上来说，如果 $P=Q$，那么 $B_1$ 和 $B_2$ 应该是相同的。如果 $P$ 和 $Q$ 很接近，那么 $B_1$ 和 $B_2$ 也应该很接近，即使可能与 $B_0$ 非常不同。

核心代码：

```
def is_t_close(df, partition, sensitive_column, global_freqs, p = 0.2):
    if not sensitive_column in categorical:
      raise ValueError("this method only works for categorical values")
    return t_closeness(df, partition, sensitive_column, global_freqs) <= p
```

这段代码是一个用于判断是否满足 T-近邻度量隐私保护要求的函数实现。

(1) 检查敏感属性列是否是分类属性，若不是则抛出 ValueError 异常，提示该方法仅适用于分类属性。

(2) 调用 t_closeness 函数计算数据分区在敏感属性列上的 T-近邻度量值。

(3) 判断 T-近邻度量值是否小于或等于指定的阈值 $p$，如果是则返回 True，表示满足 T-近邻度量隐私保护要求；否则返回 False。

T-近邻度量用于评估隐私保护数据发布中的数据重识别风险。

获取分区数据在列 column 上的分组计数，即统计每个类别值在分区内出现的次数。

遍历分组计数的结果，对于每个类别值和对应的计数，执行以下操作。

(1) 计算该类别值在分区中出现的频率 $p$。

(2) 计算该类别值的全局频率 global_freqs[value]。

(3) 计算频率差异 $d=|p$-global_freqs[value]$|$。

(4) 如果 d_max 为空或者 $d$ 大于 d_max，则将 $d$ 更新为 d_max。

(5) 返回最大的频率差异 d_max，它表示分区中类别值的最大不一致程度。

```
def t_closeness(df, partition, column, global_freqs):
    total_count = float(len(partition))
    d_max = None
    group_counts = df.loc[partition].groupby(column)[column].agg('count')
    for value, count in group_counts.to_dict().items():
        p = count/total_count
        d = abs(p - global_freqs[value])
        if d_max is None or d > d_max:
            d_max = d
    return d_max
```

举例来讲，表 5.13 是某医院数据库中存储的病历表的一部分。一共有 6 个属性，分别为用户编号 id、用户身份证号 idNumber、性别 sex、年龄 age、身高 height、疾病 disease。敏感属性为疾病，性别、年龄和身高是准标识符，用户编号和用户身份证号忽略不计。

**表 5.13 某医院病历信息**

| 用户编号 | 用户身份证号 | 性别 | 年龄 | 身高 | 疾病 |
|---|---|---|---|---|---|
| 4533747 | 540614 ******** 3626 | 女 | 36 | 140 | 感冒 |
| 4533748 | 231626 ******** 3064 | 女 | 56 | 174 | 高血压 |
| 4533749 | 541724 ******** 7125 | 女 | 55 | 154 | 乙肝 |
| 4533750 | 420302 ******** 3922 | 女 | 56 | 176 | 肺炎 |
| 4533751 | 220815 ******** 2793 | 男 | 77 | 173 | 感冒 |
| 4533752 | 140207 ******** 4102 | 女 | 51 | 190 | 肺炎 |
| 4533753 | 110809 ******** 2402 | 女 | 39 | 1170 | 骨折 |
| 4533754 | 110123 ******** 7374 | 男 | 64 | 145 | 骨折 |
| 4533755 | 211825 ******** 6123 | 女 | 49 | 157 | 艾滋病 |
| 4533756 | 310724 ******** 9476 | 男 | 56 | 182 | 感冒 |

T-相近处理之后的部分数据表结果如表 5.14 所示。

**表 5.14 T-相近处理后医院病历数据**

| 其他 | 年龄 | 身高 | 疾病 |
|---|---|---|---|
| * | 22～86 | 141～194 | 肺炎 |
| * | 22～86 | 141～194 | 高血压 |
| * | 22～86 | 141～194 | 骨折 |
| * | 22～86 | 141～194 | 骨折 |
| * | 22～86 | 141～194 | 高血压 |

T-相近可以防止属性泄露，但不能防止身份泄露。因此，有时可能同时需要 K-匿名算法和 T-相近。此外，T-相近对于针对 K-匿名算法的同质性攻击和背景知识攻击并不能保证它们永远不会发生，而是保证如果这类攻击发生在了此类表中，那么即使使用完全广义的表也可以发生相似的攻击。所以，如果要发布数据的话，发布经过 T-相近方法处理后的数据是最好的。

# 5.5 数据合成

由于数据的隐私风险、稀缺性、不完整性、偏差和不平衡等问题的出现，合成数据(Synthetic Data)的概念应运而生。合成数据的运作机制是通过使用不同的技术和方法来生成与真实数据相似但不包含真实个人信息的数据。

合成数据技术是一个快速发展的技术方向，具有广阔的前景和潜力。合成数据技术在各个领域得到了应用，包括医疗保健、金融、交通、社交媒体等。许多研究机构、大学和企业都在积极探索和开发合成数据技术。随着合成数据技术的发展，出现了许多用于生成合成数据的工具和框架。这些工具和框架提供了方便、高效的方式来生成合成数据，并支持各种数据类型和应用场景。此外，合成数据作为一种隐私保护的解决方案，也受到了法规的推动和支持。例如，欧洲的通用数据保护条例(GDPR)鼓励使用合成数据来保护个人隐私。

合成数据技术尽管有众多优势，但仍存在数据质量和法律法规方面的挑战。

- 数据质量和真实性：生成的合成数据可能无法完全捕捉真实数据的复杂性和多样性。合成数据的质量和真实性是一个关键问题，需要确保生成的数据能够准确地反映真实数据的特征和分布。
- 泛化能力和适应性：生成的合成数据在应用到新的场景和任务时，可能面临泛化能力和适应性的挑战。合成数据生成的模型可能过度拟合原始数据，导致在新的环境中表现不佳。
- 可解释性和可信度：合成数据生成的过程通常是黑盒的，难以解释生成数据的具体原理和依据。这可能导致合成数据的可解释性和可信度受到质疑，特别是在一些敏感领域和决策应用中。
- 法律和伦理问题：合成数据的使用可能涉及法律和伦理问题。例如，在一些国家和地区，使用合成数据可能需要遵守特定的法律法规和隐私保护标准。此外，合成数据的使用可能会引发一些伦理问题。例如，是否应该使用合成数据来做出重要的决策，以及如何确保合成数据的使用不会对个人或社会造成不利影响。

通过使用合成数据，可以在不暴露真实数据的情况下进行数据分析、模型开发和算法测试。合成数据的生成过程通常涉及使用算法和模型来模拟真实数据的特征和分布。这些算法和模型可以基于统计学方法、机器学习技术或其他生成模型来创建合成数据，生成的合成数据可以用于替代真实数据进行分析和开发。

下面介绍一些常见的数据合成方法。

## 5.5.1 生成对抗网络

生成对抗网络GANs由两个主要组件组成：生成器和判别器。生成器负责生成合成数据，而判别器负责区分真实数据和合成数据。通过不断的对抗训练，生成器和判别器相互竞争和改进，最终生成逼真的合成数据。下面是使用GANs生成合成数据的代码示例。

```
from keras.models import Sequential
from keras.layers import Dense
from keras.layers import Reshape
from keras.layers.core import Activation
```

```
from keras.layers.normalization import BatchNormalization
from keras.layers.convolutional import UpSampling2D
from keras.layers.convolutional import Conv2D, MaxPooling2D
from keras.layers.core import Flatten
from keras.optimizers import SGD
from keras.datasets import mnist
import numpy as np
from PIL import Image
import argparse
import math

#定义生成器模型
def generator_model():
    model = Sequential()
    model.add(Dense(input_dim=100, output_dim=1024))
    model.add(Activation('tanh'))
    model.add(Dense(128*7*7))
    model.add(BatchNormalization())
    model.add(Activation('tanh'))
    model.add(Reshape((7, 7, 128), input_shape=(128*7*7,)))
    model.add(UpSampling2D(size=(2, 2)))
    model.add(Conv2D(64, (5, 5), padding='same'))
    model.add(Activation('tanh'))
    model.add(UpSampling2D(size=(2, 2)))
    model.add(Conv2D(1, (5, 5), padding='same'))
    model.add(Activation('tanh'))
    return model

#定义判别器模型
def discriminator_model():
    model = Sequential()
    model.add(
            Conv2D(64, (5, 5),
            padding='same',
            input_shape=(28, 28, 1))
            )
    model.add(Activation('tanh'))
    model.add(MaxPooling2D(pool_size=(2, 2)))
    model.add(Conv2D(128, (5, 5)))
    model.add(Activation('tanh'))
    model.add(MaxPooling2D(pool_size=(2, 2)))
    model.add(Flatten())
    model.add(Dense(1024))
    model.add(Activation('tanh'))
    model.add(Dense(1))
    model.add(Activation('sigmoid'))
    return model

#定义将生成器与判别器结合的模型
def generator_containing_discriminator(g, d):
    model = Sequential()
    model.add(g)
    d.trainable = False
    model.add(d)
    return model

#将生成的图像合并为一张图像
def combine_images(generated_images):
    num = generated_images.shape[0]
    width = int(math.sqrt(num))
```

```
    height = int(math.ceil(float(num)/width))
    shape = generated_images.shape[1:3]
    image = np.zeros((height * shape[0], width * shape[1]),
                     dtype = generated_images.dtype)
    for index, img in enumerate(generated_images):
        i = int(index/width)
        j = index % width
        image[i * shape[0]:(i + 1) * shape[0], j * shape[1]:(j + 1) * shape[1]] = img[:, :, 0]
    return image

#训练函数
def train(BATCH_SIZE):
    (X_train, y_train), (X_test, y_test) = mnist.load_data()
    X_train = (X_train.astype(np.float32) - 127.5)/127.5
    X_train = X_train[:, :, :, None]
    X_test = X_test[:, :, :, None]
    # X_train = X_train.reshape((X_train.shape, 1) + X_train.shape[1:])
    d = discriminator_model()
    g = generator_model()
    d_on_g = generator_containing_discriminator(g, d)
    d_optim = SGD(lr = 0.0005, momentum = 0.9, nesterov = True)
    g_optim = SGD(lr = 0.0005, momentum = 0.9, nesterov = True)
    g.compile(loss = 'binary_crossentropy', optimizer = "SGD")
    d_on_g.compile(loss = 'binary_crossentropy', optimizer = g_optim)
    d.trainable = True
    d.compile(loss = 'binary_crossentropy', optimizer = d_optim)
    for epoch in range(100):
        print("Epoch is", epoch)
        print("Number of batches", int(X_train.shape[0]/BATCH_SIZE))
        for index in range(int(X_train.shape[0]/BATCH_SIZE)):
            noise = np.random.uniform( - 1, 1, size = (BATCH_SIZE, 100))
            image_batch = X_train[index * BATCH_SIZE:(index + 1) * BATCH_SIZE]
            generated_images = g.predict(noise, verbose = 0)
            if index % 20 == 0:
                image = combine_images(generated_images)
                image = image * 127.5 + 127.5
                Image.fromarray(image.astype(np.uint8)).save(
                    str(epoch) + "_" + str(index) + ".png")
            X = np.concatenate((image_batch, generated_images))
            y = [1] * BATCH_SIZE + [0] * BATCH_SIZE
            d_loss = d.train_on_batch(X, y)
            print("batch %d d_loss : %f" % (index, d_loss))
            noise = np.random.uniform( - 1, 1, (BATCH_SIZE, 100))
            d.trainable = False
            g_loss = d_on_g.train_on_batch(noise, [1] * BATCH_SIZE)
            d.trainable = True
            print("batch %d g_loss : %f" % (index, g_loss))
            if index % 10 == 9:
                g.save_weights('generator', True)
                d.save_weights('discriminator', True)

#生成图像函数
def generate(BATCH_SIZE, nice = False):
    g = generator_model()
    g.compile(loss = 'binary_crossentropy', optimizer = "SGD")
    g.load_weights('generator')
    if nice:
        d = discriminator_model()
        d.compile(loss = 'binary_crossentropy', optimizer = "SGD")
        d.load_weights('discriminator')
```

```
        noise = np.random.uniform(-1, 1, (BATCH_SIZE * 20, 100))
        generated_images = g.predict(noise, verbose=1)
        d_pret = d.predict(generated_images, verbose=1)
        index = np.arange(0, BATCH_SIZE * 20)
        index.resize((BATCH_SIZE * 20, 1))
        pre_with_index = list(np.append(d_pret, index, axis=1))
        pre_with_index.sort(key=lambda x: x[0], reverse=True)
        nice_images = np.zeros((BATCH_SIZE,) + generated_images.shape[1:3], dtype=np.
float32)
        nice_images = nice_images[:, :, :, None]
        for i in range(BATCH_SIZE):
            idx = int(pre_with_index[i][1])
            nice_images[i, :, :, 0] = generated_images[idx, :, :, 0]
        image = combine_images(nice_images)
    else:
        noise = np.random.uniform(-1, 1, (BATCH_SIZE, 100))
        generated_images = g.predict(noise, verbose=1)
        image = combine_images(generated_images)
    image = image * 127.5 + 127.5
    Image.fromarray(image.astype(np.uint8)).save(
        "generated_image.png")

# 获取命令行参数
def get_args():
    parser = argparse.ArgumentParser()
    parser.add_argument("--mode", type=str)
    parser.add_argument("--batch_size", type=int, default=128)
    parser.add_argument("--nice", dest="nice", action="store_true")
    parser.set_defaults(nice=False)
    args = parser.parse_args()
    return args

if __name__ == "__main__":
    args = get_args()
    if args.mode == "train":
        train(BATCH_SIZE=args.batch_size)
    elif args.mode == "generate":
        generate(BATCH_SIZE=args.batch_size, nice=args.nice)
```

这段代码生成的合成图像如图 5.2 所示。

图 5.2　使用 GANs 生成的图像

### 5.5.2 变分自动编码器

变分自动编码器(VAE)是基于原始数据的表示生成新数据的算法。无监督算法学习原始数据的分布,然后使用编码器-解码器架构通过双重变换生成新数据。编码器将输入数据压缩成低维表示形式,解码器根据这种潜在表示形式重建新数据。该模型使用概率计算来实现顺畅的数据重建。VAE 的缺点也很明显,它是直接计算生成图片和原始图片的均方误差而不是像 GANs 那样去对抗来学习,这就使得生成的图片会有点模糊。下面是使用变分自动编码器生成合成数据的代码示例。

```
import torch
import torchvision
from torch import nn
from torch import optim
import torch.nn.functional as F
from torch.autograd import Variable
from torch.utils.data import DataLoader
from torchvision import transforms
from torchvision.utils import save_image
from torchvision.datasets import MNIST
import os

#如果目录不存在,则创建目录
if not os.path.exists('./vae_img'):
    os.mkdir('./vae_img')

#将张量限制在[0, 1]范围内
def to_img(x):
    x = x.clamp(0, 1)
    x = x.view(x.size(0), 1, 28, 28)
    return x

#定义训练超参数
num_epochs = 100
batch_size = 128
learning_rate = 1e-3

#图像转换操作
img_transform = transforms.Compose([
    transforms.ToTensor()
    # transforms.Normalize((0.5, 0.5, 0.5), (0.5, 0.5, 0.5))
])

#加载 MNIST 数据集
dataset = MNIST('./data', transform=img_transform, download=True)
dataloader = DataLoader(dataset, batch_size=batch_size, shuffle=True)

#定义变分自编码器(VAE)模型
class VAE(nn.Module):
    def __init__(self):
        super(VAE, self).__init__()
        self.fc1 = nn.Linear(784, 400)
        self.fc21 = nn.Linear(400, 20)
        self.fc22 = nn.Linear(400, 20)
        self.fc3 = nn.Linear(20, 400)
        self.fc4 = nn.Linear(400, 784)
```

```
    def encode(self, x):
        h1 = F.relu(self.fc1(x))
        return self.fc21(h1), self.fc22(h1)

    def reparametrize(self, mu, logvar):
        std = logvar.mul(0.5).exp_()
        if torch.cuda.is_available():
            eps = torch.cuda.FloatTensor(std.size()).normal_()
        else:
            eps = torch.FloatTensor(std.size()).normal_()
        eps = Variable(eps)
        return eps.mul(std).add_(mu)

    def decode(self, z):
        h3 = F.relu(self.fc3(z))
        return F.sigmoid(self.fc4(h3))

    def forward(self, x):
        mu, logvar = self.encode(x)
        z = self.reparametrize(mu, logvar)
        return self.decode(z), mu, logvar

model = VAE()
if torch.cuda.is_available():
    model.cuda()

reconstruction_function = nn.MSELoss(size_average = False)

#定义损失函数
def loss_function(recon_x, x, mu, logvar):
    """
    recon_x: 生成的图像
    x: 原始图像
    mu: 潜在均值
    logvar: 潜在对数方差
    """
    BCE = reconstruction_function(recon_x, x)   #均方误差损失
    # KL 散度损失
    KLD_element = mu.pow(2).add_(logvar.exp()).mul_(-1).add_(1).add_(logvar)
    KLD = torch.sum(KLD_element).mul_(-0.5)
    return BCE + KLD

optimizer = optim.Adam(model.parameters(), lr = 1e-3)

for epoch in range(num_epochs):
    model.train()
    train_loss = 0
    for batch_idx, data in enumerate(dataloader):
        img, _ = data
        img = img.view(img.size(0), -1)
        img = Variable(img)
        if torch.cuda.is_available():
            img = img.cuda()
        optimizer.zero_grad()
        recon_batch, mu, logvar = model(img)
        loss = loss_function(recon_batch, img, mu, logvar)
        loss.backward()
        train_loss += loss.data[0]
        optimizer.step()
        if batch_idx % 100 == 0:
```

```
            print('Train Epoch: {} [{}/{} ({:.0f}%)]\tLoss: {:.6f}'.format(
                epoch,
                batch_idx * len(img),
                len(dataloader.dataset), 100. * batch_idx / len(dataloader),
                loss.data[0] / len(img)))

    print('====> Epoch: {} Average loss: {:.4f}'.format(
        epoch, train_loss / len(dataloader.dataset)))
    if epoch % 10 == 0:
        save = to_img(recon_batch.cpu().data)
        save_image(save, './vae_img/image_{}.png'.format(epoch))

#保存模型参数
torch.save(model.state_dict(), './vae.pth')
```

使用这段代码生成的数据图像如图 5.3 所示。

图 5.3　使用变分自动编码器生成的合成数据

### 5.5.3　数据增强

除了前两种深度学习的方法，还有一些较为基础的合成数据的方法。例如，对数据进行翻转、旋转、裁剪、加噪等。下面是几种合成数据的代码示例。

```
#翻转
flip_1 = np.fliplr(img)
shape = [height, width, channels]                #图像的形状，包括高度、宽度和通道数
x = tf.placeholder(dtype = tf.float32, shape = shape)
flip_2 = tf.image.flip_up_down(x)                #对图像进行上下翻转
flip_3 = tf.image.flip_left_right(x)             #对图像进行左右翻转
flip_4 = tf.image.random_flip_up_down(x)         #对图像进行随机上下翻转
flip_5 = tf.image.random_flip_left_right(x)      #对图像进行随机左右翻转

#旋转
shape = [height, width, channels]
x = tf.placeholder(dtype = tf.float32, shape = shape)
rot_90 = tf.image.rot90(img, k=1)                #将图像逆时针旋转 90°
rot_180 = tf.image.rot90(img, k=2)               #将图像逆时针旋转 180°
```

```
shape = [batch, height, width, 3]
y = tf.placeholder(dtype = tf.float32, shape = shape)
rot_tf_180 = tf.contrib.image.rotate(y, angles = 3.1415)              # 将图像旋转 180°
rot = skimage.transform.rotate(img, angle = 45, mode = 'reflect')      # 对图像进行 45°旋转,采用
                                                                       # 反射模式

# 裁剪
original_size = [height, width, channels]
x = tf.placeholder(dtype = tf.float32, shape = original_size)
crop_size = [new_height, new_width, channels]
seed = np.random.randint(1234)
x = tf.random_crop(x, size = crop_size, seed = seed)                  # 随机裁剪图像到指定大小
output = tf.images.resize_images(x, size = original_size)

# 加噪
shape = [height, width, channels]
x = tf.placeholder(dtype = tf.float32, shape = shape)
noise = tf.random_normal(shape = tf.shape(x), mean = 0.0, stddev = 1.0, dtype = tf.float32)
                                                         # 生成与输入图像相同形状的随机噪声
output = tf.add(x, noise)
```

图 5.4 是经过上述翻转代码处理前后的合成数据图像对比。

图 5.4　经过翻转处理的数据图像(左：原图;右：翻转图)

技术的性能固然是需要追求的,但其成本和稳定性也至关重要。虽然合成的数据并不是真实数据,但只要不断调整合成路径,效果还是相当可观的,与此同时,它节省了大量的计算、传输、分析资源,并且从源头上控制隐私泄露。合成数据的使用可以加速开发过程,并降低软件开发生命周期的成本。高质量的合成数据可以显著加快数据科学项目的进展,并提供更多的数据资源。当结合安全的研究环境和联邦学习技术时,合成数据有助于实现数据的去中心化利用。因此,合成数据技术的经济高效、多样化和可控性的优势为各个领域的数据驱动应用和决策提供了一种经济、可行且可扩展的数据解决方案。

## 5.6　数据静态脱敏

### 5.6.1　静态数据脱敏简介

依据脱敏操作作用部分以及功能原理的不同,数据脱敏包括静态数据脱敏与动态数据脱敏两种。其中,静态数据脱敏主要应用于测试、开发、培训等非生产环境的场景中,所有的个人隐私敏感数据只能在进行脱敏操作之后,进行应用与存储。所以,静态数据脱敏指使用当前现有计算机技术对数据库中的未处理个人隐私敏感数据进行一系列脱敏处置后,将处置后的个体隐私敏感信息保存到目标数据库之中,如图 5.5 所示。一般是通过变形、替换、屏蔽、保留格

式加密(FPE)等算法,将生产数据导出至目标的存储介质,支持源库脱敏、跨库脱敏、数据库异构脱敏、数据库到文件脱敏、文件到数据库脱敏、文件到文件脱敏。导出后的脱敏数据,实际上已经改变了源数据的内容。

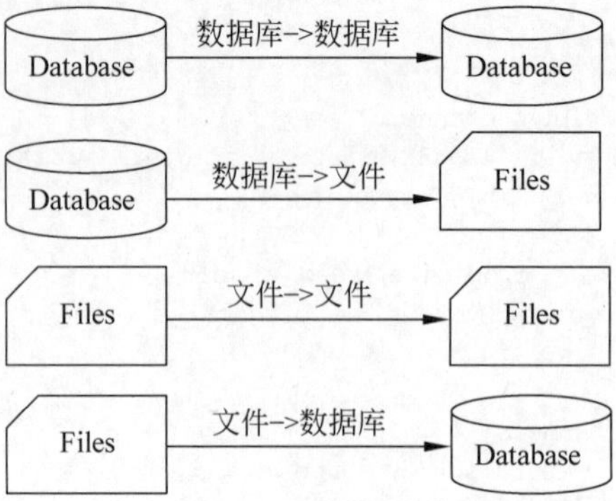


图 5.5　静态脱敏方式

静态数据脱敏(或"持久数据脱敏"),即在来源处永久修改数据。其中,静态数据脱敏用于处理静止的数据。例如,当机构单位打算把数据从一个生产数据库复制到另一个非生产数据库时,为了防止数据泄露,就要提前对这些数据进行脱敏,也就是所谓的静态数据脱敏。静态数据脱敏一般都是对非实时访问的数据进行数据脱敏,数据脱敏前统一设置好脱敏策略,并将脱敏结果导入新的数据中,包括文件或者数据库中。早期数据脱敏产品仅针对数据库进行脱敏,也仅针对非生产数据库,对数据进行处理后将经过脱敏的数据导入一个新的数据库中,这类数据用于自身测试库及与第三方进行数据共享或者处理。

静态数据脱敏流程图(见图 5.6)主要分为以下几个步骤。

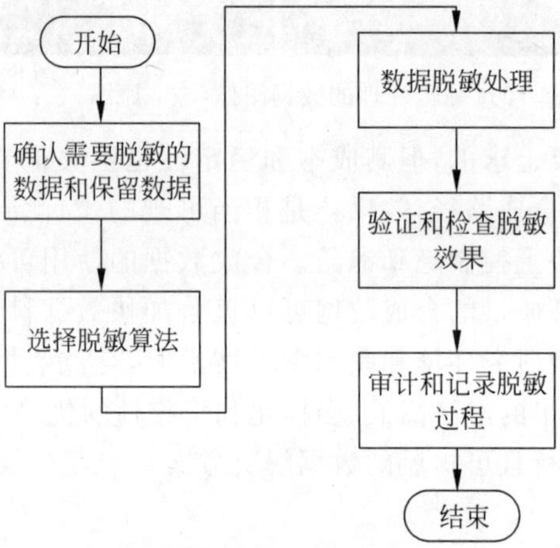


图 5.6　静态数据脱敏流程图

第一步:确认和定义需要脱敏的数据和需保留的数据。根据不同需求,可以通过数据元数据管理、SQL 分析等方式来描述需要脱敏的字段、数据类型、长度等信息。

元数据管理是指通过科学、有效的机制对企业涉及的业务元数据、技术元数据、管理元数据进行统一管控,以满足用户的业务需求和提高数据管理效率。它可以帮助企业更好地理解和管理自己的数据资产,提供了对数据内容、结构和意义的描述和定义,使得数据更易于管理和使用。元数据管理平台的架构和建设需要根据企业的具体情况进行定制化设计,包括元数据采集、存储、分析、查询等多个方面。

SQL 分析是指通过 SQL 语句对数据库中的数据进行筛选、排序、聚合等操作，以得到需要的结果。常用的 SQL 分析语句包括 SELECT、FROM、WHERE、GROUP BY、HAVING、ORDER BY 等。其中，SELECT 语句用于选择需要的字段或计算表达式，FROM 语句指定要查询的表，WHERE 语句对表中的行进行过滤，GROUP BY 语句将结果按照一个或多个字段进行分组，HAVING 语句筛选出特定分组的结果，而 ORDER BY 语句则对结果进行排序。SQL 分析不仅可以对单个表进行操作，还可以对多个表进行联合查询、子查询等操作。

以身份证号为例，身份证号包括 15 位与 18 位不同的两种长度。当敏感数据是 15 位时，第 1～6 位数字表示区域代码，第 7～12 位数字是出生时间，最后 3 位代表性别代码；当敏感数据为 18 位时，最开始 6 位是区域代码，接下来 8 位是出生时间，接下来 3 位为性别代码，最后是校验数据。在处理用户身份证号码时，如果采用完全脱敏的方式（如替换所有数字），则可能会影响到业务的后续处理，因此可能需要采用部分脱敏的方式（例如只显示前几位或后几位数字），所以首先选择需要脱敏的数据和需保留的数据。例如，是否脱敏区域代码、是否脱敏生日、是否脱敏性别。

第二步：选择静态脱敏算法。确定使用哪种脱敏算法对需要脱敏的数据进行处理。目前应用比较广泛的算法包括数据加密（Encryption）、数据掩码（Masking）和数据替换（Substitution）。

第三步：进行数据脱敏。通过数据脱敏工具完成对需要脱敏的数据进行处理。常见的工具包括数据安全中心（Data Security Center）、Oracle 数据脱敏工具、IBM Optim Data Privacy 等。

第四步：验证和检查脱敏效果。对脱敏后的数据进行检查和验证，确保脱敏结果符合预期和要求。其中一种常用的技术是数据生成技术，即利用脱敏前的数据生成脱敏后的数据，用于验证脱敏算法的准确性和结果的正确性。这里有一个关于数据生成技术的开源库 Faker，它可以基于某个特定的语言或地区生成各种类型的随机数据，包括姓名、地址、电话、邮件等，可以方便地进行测试和监测数据脱敏后的正确性。另外还有一种技术是检查脱敏后数据中是否存在敏感信息的方法。例如，采用正则表达式、模式匹配等方法，对脱敏后的数据进行扫描和过滤，确保脱敏后的数据不包含敏感信息。除此之外，还有一些常用的数据脱敏验证和检查工具，如 OpenSSL、Hashcat 等。总之，选择合适的数据脱敏验证和检查技术，可以有效地确保数据脱敏操作的正确性和数据安全性。

例如，对身份证号进行脱敏后仍然为有意义的身份证号，仍然是 18 位数字且可以保证前 6 位是地址码，之后是出生码，然后是顺序码，最后是校验码。

第五步：审计和记录脱敏过程。对完成脱敏任务的人员及流程进行审计和记录，以确保数据安全性和合规性。

### 5.6.2 静态脱敏的应用场景

静态数据脱敏普遍的应用场景主要是在使用信息之前。静态数据脱敏常常应用于需要保护个人隐私或敏感数据的场合，主要应用于以下几个场景。

**场景一：开发、测试场景**

在开发和测试场景中，直接使用未经脱敏的生产数据，其一若涉及个人隐私数据则不合规，其二极易造成敏感数据泄露。静态数据脱敏根据不同数据特征，内置了丰富高效的脱敏算法，其中使用相同含义的数据替换原有的敏感数据，如图 5.7 所示。例如，姓名脱敏后仍然为有意义的姓名，住址脱敏后仍然为住址，身份证号仍然是 18 位数字且可以保证前 6 位是区域代码，之后是出生码，然后是顺序码，最后是校验码。

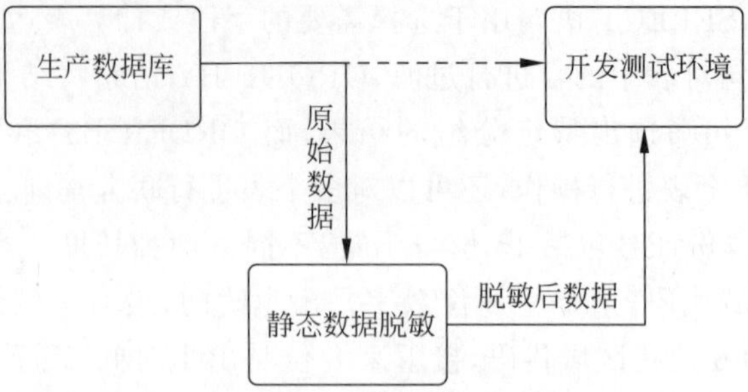


图 5.7 开发、测试场景静态脱敏

**场景二：数据分析场景**

在数据分析场景中，直接使用生产数据进行数据分析，未经管控和敏感数据脱敏，敏感数据泄露的风险的概率将大大增加。静态数据脱敏可保证脱敏后数据的关联性与一致性，脱敏后的数据严格保留原有的数据关系与格式，如图 5.8 所示。例如，身份证号在多个表中出现，需要保证这些数据经过脱敏后也是一样且可以保证身份证对应的姓名、地址等一系列的关联；将相关的列作为一个组进行屏蔽，以保证这些相关列中被屏蔽的数据保持同样的关联，例如，城市、省、邮编在屏蔽后保持一致。

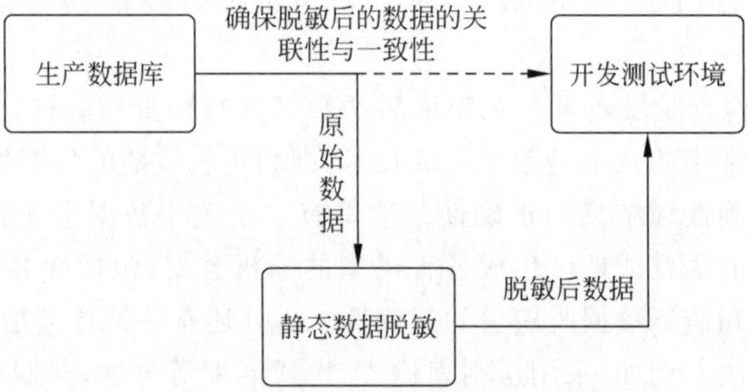


图 5.8 数据分析场景静态脱敏

**场景三：数据外发场景**

在数据外发场景中涉及业务数据接口调用与数据分发给第三方，再使用接口开放给内部和外部第三方数据共享或者部分数据分发给外部的第三方或上游组织，若数据中包含未经脱敏处理的敏感信息，数据一旦泄露后果不堪设想。静态数据脱敏确保在运行屏蔽后生成可重复的屏蔽值，如图 5.9 所示。可确保特定数据的值(如客户号、身份证号码、银行卡号)在所有

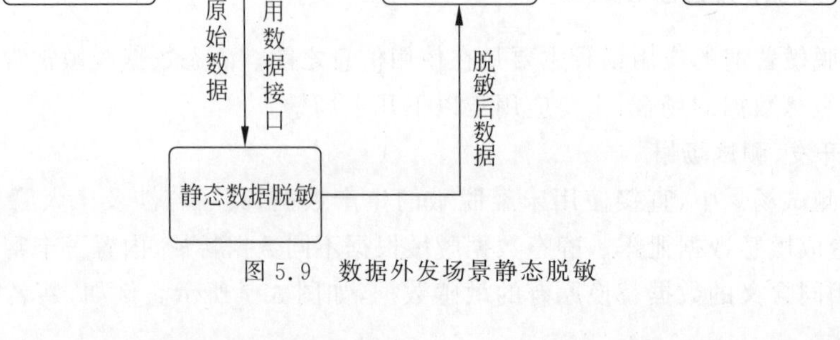

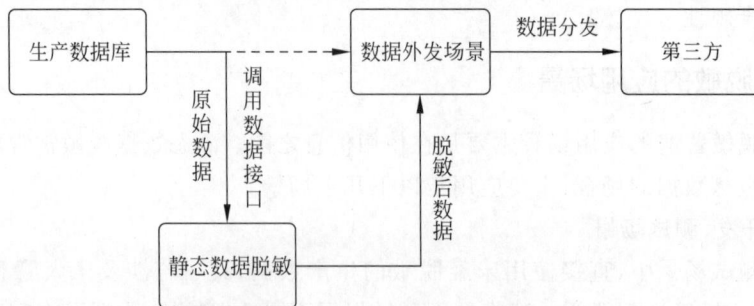

图 5.9 数据外发场景静态脱敏

数据库中屏蔽为同一个值；还可以按照第三方或者上游组织的要求根据字段数据的业务特征进行自定义函数的编写，解决对脱敏数据有特殊处理的脱敏需求。

### 5.6.3 静态数据脱敏的价值及意义

随着信息技术、网络技术、互联网、云计算的快速发展，业务系统积累了大量的敏感信息数据，如果敏感数据管理不当导致敏感数据泄露，会带来非常大的经济损失以及社会负面影响，对用于开发、测试、分析等场景的数据进行脱敏、变形处理，从而有效防止敏感数据泄露已经成为一个普遍需求。静态脱敏产品可以做到对敏感数据进行变形处理的同时，又保证脱敏后数据不改变数据的类型、格式、含义、分布等使用特征，同时对于保障个人隐私和数据安全具有重要的价值。

静态数据脱敏可以有效地保护个人隐私，避免因信息泄露而导数据静态脱敏产品能够有效防止隐私数据滥用，防止隐私数据在未经脱敏的情况下从企业流出的作用，满足企业既要保护隐私数据，同时又保持监管合规等需求。数据静态脱敏产品在保护数据安全的同时，必须保证脱敏后数据的可用性。有效保障脱敏后的数据可以满足原始数据相同的业务规则，能够代表实际业务属性的虚构数据，能够使脱敏数据的使用者从体验上感觉数据是真实的，从而保证脱敏后的数据不影响开发、测试、分析等场景的使用和分析结果。

## 5.7 数据动态脱敏

### 5.7.1 动态数据脱敏简介

动态数据脱敏(Dynamic Data Masking，DDM)是一种数据安全技术，可以在数据库查询和应用程序中动态地隐藏或脱敏敏感数据，以保护数据的隐私和安全。动态数据脱敏不会改变数据存储的实际值，而是在查询时实时处理数据，以确保只有授权用户能够查看完整的敏感数据，而其他用户只能看到经过脱敏处理的数据。

动态数据脱敏可以应用于各种数据库管理系统，如 SQL Server、Oracle 等，通过配置规则和策略来控制敏感数据的显示和访问权限。它可以对列级别或行级别的数据进行脱敏，支持多种脱敏技术，如部分脱敏、全脱敏、掩码、替换等。

### 5.7.2 常用的动态脱敏技术

目前主流的数据动态脱敏技术路线主要分为结果集解析、SQL 语句改写以及综合结果集解析和 SQL 语句改写的混合模式脱敏技术。下面具体介绍这三种脱敏技术。

**1. 结果集解析**

该技术不改写发给数据库的语句，但需要提前获悉数据表的结构，待数据库返回结果后再根据表结构判断集合内哪些数据需要脱敏，并逐条改写结果数据。其脱敏流程如图 5.10 所示。

如图 5.10 所示过程中，客户端向数据库代理程序提交数据查询请求，此时代理程序不会对查询请求做任何处理，直接转发请求至数据库服务器端。服务器端收到请求后向代理程序返回含有敏感数据的结果集，代理程序根据脱敏规则配置表对结果集进行处理后，将脱敏的结果集返回给客户端。

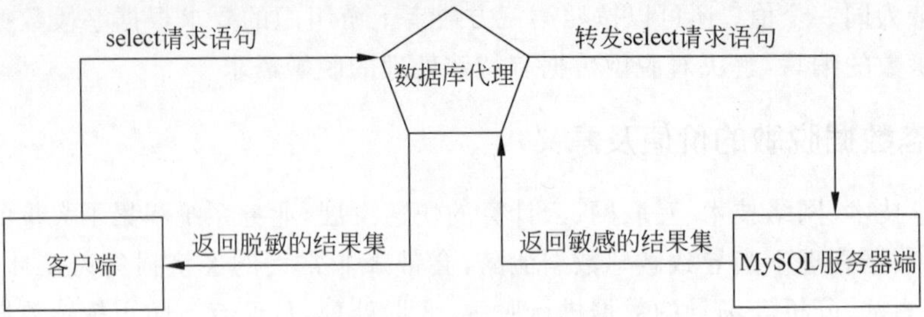


图 5.10　基于结果集解析的脱敏流程

基于结果集解析的脱敏技术不涉及对 SQL 查询语句的操作，理论上看对数据库类型兼容性更高，对于用户来说学习成本较低，易用性较好。同时，该技术可以获得数据的真实数据，便于用户根据数据内容和结构进行更加精细化的脱敏规则配置。

但是，由于是对结果集进行逐条改写，因此当有大量查询请求时，脱敏效率不高，存在性能瓶颈。此外，在面对相同数据类型的字段按业务需求执行不同脱敏算法时，该技术难以同时配置差异化的脱敏算法，因此脱敏灵活性较低。

**2. SQL 语句改写**

该技术针对包含敏感字段查询的语句进行改写，对于查询中涉及的敏感字段，通过外层嵌套函数的方式改写，使得数据库运行查询语句时返回不包含敏感数据的结果集。其脱敏流程如图 5.11 所示。

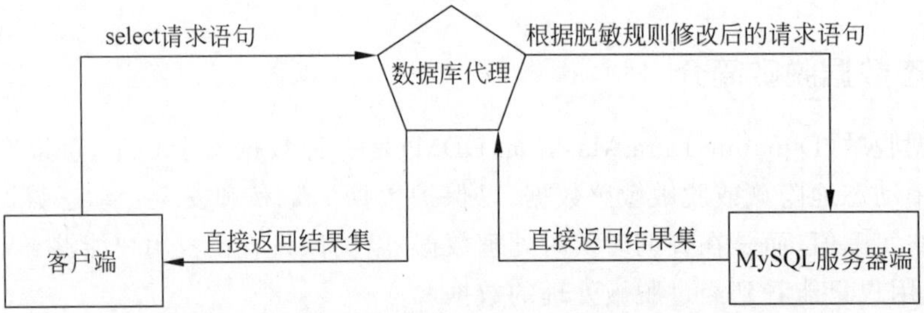


图 5.11　基于 SQL 语句改写的脱敏流程

如图 5.11 所示过程中，客户端向数据库服务器端发起数据查询请求，经数据库代理程序拦截后，代理程序根据该用户的权限大小匹配对应的脱敏规则配置表，解析 SQL 语句并根据规则改写语句(见图 5.12)，处理完成后再将请求发送给数据库服务器端。服务器端收到请求后直接返回的结果集就是已经完成脱敏处理后的结果集。

基于 SQL 语句改写的脱敏技术通过将较为简短的查询语句进行解析并重写的方式，对语句中的敏感列外嵌了一层脱敏函数，数据库执行命令时将自动执行脱敏函数实现数据脱敏，返回的结果集即为脱敏后的数据。该方式仅改写一条查询语句而不涉及结果集的解析，因此能够极大地降低性能损耗。另外，针对相同数据类型的字段可同时指定不同的脱敏算法，灵活性较强。

但由于要改写 SQL 语句，因此该技术与数据库类型存在强耦合。数据库类型的繁多和 SQL 语句的千变万化，会造成语句改写的适配难度较大，复杂 SQL 语句改写后可能会造成数据失真，降低数据可用性，甚至影响业务逻辑处理的准确性，兼容性和易用性会较差。此外，该技术对于用户来说学习成本较高，如何解析 SQL 语句也是一大难点。

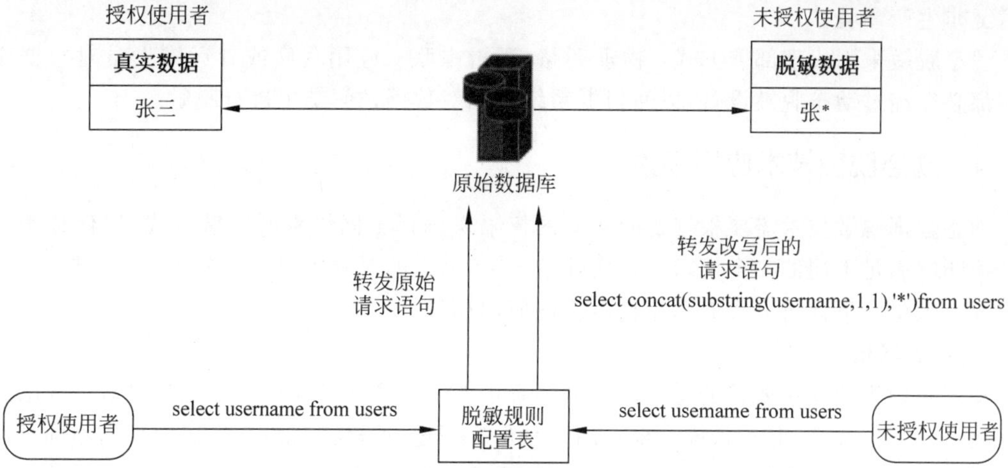

图 5.12 基于 SQL 语句改写的脱敏原理

### 3. 混合模式脱敏技术

由于上述两种技术各有优劣,因此产生了结合上述两种技术的混合模式脱敏技术,针对特定的业务环境选用效果更好的脱敏技术,以实现高性能、高兼容性、高灵活性和高适用性的动态平衡。例如,在需要查询大量数据时使用基于 SQL 语句改写的技术,在针对少量数据查询或存储过程等情况下,可以使用基于结果集解析的技术。

## 5.7.3 动态脱敏与静态脱敏的区别

### 1. 适用场景

静态数据脱敏通常用于非生产环境,将敏感数据从生产环境中提取并脱敏后,提供给培训、分析、测试、开发等非生产系统使用。

而动态数据脱敏则主要应用于生产环境,实时判断需要进行脱敏的敏感属性,当低权限用户访问敏感数据时,动态筛选需要脱敏的数据并进行脱敏处理。因此,动态数据脱敏适用于在生产环境中保护敏感数据安全的场景。

### 2. 技术路线

静态数据脱敏使用多种脱敏算法,如屏蔽、变形、替换、随机、格式保留加密(FPE)和强加密算法(如 AES),以针对不同数据类型进行数据掩码扰乱。脱敏后的数据可根据用户需求以文件至文件、文件至数据库、数据库至数据库、数据库至文件等不同方式装载到不同环境中。脱敏后的数据以脱敏形式存储于外部介质中,实际上已经改变了存储的数据内容。

动态脱敏可以通过解析 SQL 语句精确匹配脱敏条件,例如,访问 IP、MAC 地址、数据库用户、客户端工具、操作系统用户、主机名、时间、影响行数等信息。匹配成功后,动态脱敏会修改查询 SQL 或拦截返回的数据并对敏感数据进行脱敏,然后将脱敏后的数据返回给应用端,以此实现对敏感数据的保护。实际上,存储在生产数据库中的数据并没有发生任何改变。

### 3. 部署方式

静态脱敏可以部署在生产环境与测试、开发、共享环境之间的脱敏服务器上,实现对静态数据的抽取、脱敏和装载。在需要较高安全性的场景中,可以在业务部门数据出口和测试部门数据入口各自部署一个脱敏服务器,通过离线加密文件传输方式,将生产环境数据静态脱敏后传输至非生产环境。

动态脱敏采用代理部署方式：物理旁路，逻辑串联。应用程序或者运维人员对数据库的访问都必须经过动态脱敏设备，以便根据系统规则对数据访问结果进行脱敏。

### 5.7.4 动态脱敏技术应用场景

动态数据脱敏技术需要根据访问对象的权限来选择不同级别的脱敏方式，以保证脱敏后的数据能够满足不同的安全要求。在实际情况中，面向的对象主要为业务人员、运维人员以及外包开发人员。下面将分别介绍三种对应的应用场景。

**1. 业务场景**

动态脱敏系统的主要目的是解决业务系统中普通用户在访问应用系统时对数据权限的控制问题。通常情况下，业务系统会根据用户身份标识进行身份验证，并根据用户的不同身份限制其对数据的访问。例如，业务用户只需要查看客户的姓名、电话等信息，而不需要访问敏感信息如身份证号或家庭住址，因此可以采用脱敏技术对这些敏感信息进行处理，以防止其被非授权用户访问。

然而，对于旧系统或者未考虑个人隐私保护问题的开发系统，修改代码实现数据保护可能会过于复杂。这时，动态脱敏技术可以作为一种外部技术来实现数据的隐私保护。

**2. 运维场景**

在信息安全的职责分离中，数据的管理和维护通常由三类人员来分担：数据所有者、数据管理员以及系统管理员。数据所有者一般是业务人员，而数据管理员和系统管理员则是运维人员。

对于动态脱敏技术来说，其中最迫切的需求场景之一就是针对数据库的运维人员。尽管运维人员拥有管理员账号（如 DBA 账号），但业务系统的数据实际上是归业务单位所有，而不是运维部门所有。因此，根据职责分离的原则，需要实现一种技术来允许运维人员访问业务生产数据库，同时也保护敏感数据，避免其被非授权用户查看。

目前有一种方案是对数据库访问进行审计管理，并记录 DBA 账号登录后的一切操作，以作为事后追溯的依据。但这种技术属于被动检测性能力，只能对事后操作进行检测，对于隐私保护还需要预防性技术的支持。这种针对 DBA 维护时的数据脱敏就是动态脱敏技术中的运维脱敏。

**3. 数据交换场景**

动态脱敏还有一种较少见的应用场景：两个业务系统之间的数据交换，也称为数据交互。为了保护隐私，交换的数据需要进行脱敏处理，但与传统的静态脱敏不同，这种处理不需要导出数据再进行转移，而是通过业务系统之间的接口直接调用。针对这种应用系统之间不存储数据的数据交互，需要对交换的数据进行动态脱敏处理。

## 5.8 数据脱敏实例

如图 5.13 所示，数据脱敏实例构建步骤包括识别敏感数据、配置脱敏规则、执行数据脱敏，最后获得脱敏后的数据。在实例构建过程前，需要先准备好数据环境，参照表 5.15 中的信息进行准备。

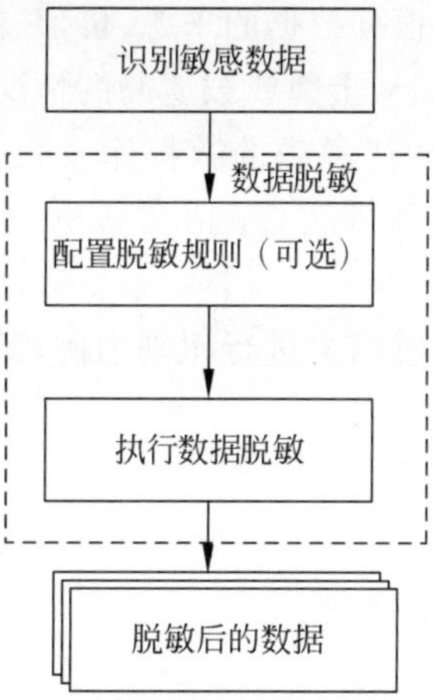


图 5.13　数据脱敏实例构建过程

**表 5.15　实例构建数据环境信息**

| 类　型 | 名　称 |
|---|---|
| 脱敏框架 | Open-Data-Anonymizer |
| Python 版本 | 3.10.9 |
| 集成开发环境 | PyCharm 或 Jupyter Notebook |
| 数据库 | MySQL 8.0.12 |

在 MySQL 数据库中新建 DataMasking 数据库，并在数据库中创建 info 表，表中包含 first_name、phone、email、web、salary、age、birthday 7 个字段，需要脱敏处理的敏感字段可以根据应用场景的需求自行定义，创建好的待脱敏的数据表如表 5.16 所示。

**表 5.16　待脱敏的数据表**

| first_name | phone | email | web | salary | age | birthday |
|---|---|---|---|---|---|---|
| Aleshia | 18312345678 | atomkiewicz@hotmail.com | http://www.atomkiewicz.co.uk | 16391 | 21 | 2000-12-23 |
| Evan | 19312345678 | zigomalas@gmail.com | http://www.zigomalas.co.uk | 50798 | 17 | 2004-4-22 |
| France | 13412345678 | andrade@hotmail.com | http://www.andrade.co.uk | 22384 | 19 | 2002-1-21 |

### 1. 识别敏感数据

脱敏工作开始前需要明确数据脱敏目标。基于数据脱敏目标开展敏感数据识别。在识别敏感数据的步骤中，需要识别有哪些敏感数据，以及敏感数据的分类分级都是如何实现的。主要包含以下几个步骤。

步骤一，业务数据的盘点。首先对各业务线的数据进行盘点，了解各业务线实际操作的流程，发现各业务系统中的敏感数据，定义出必须脱敏的数据信息。明确敏感数据存储位置，明确敏感数据所在的数据库、表、字段(列)。

步骤二，敏感特征库的提炼。基于业务数据梳理的基础上，在能对数据识别的范畴里，提炼出敏感数据的特征，并形成敏感数据特征库。该特征库非常重要，也是最为关键的一环节，直接影响到敏感数据的识别情况，如不能识别的话，后续就无法自动对数据执行脱敏处理。

步骤三，数据分类分级的制定。针对识别出来的敏感特征库里的敏感数据，企业可根据自身情况，进行多维度的分类分级，如根据数据的来源、价值、内容等。所有敏感数据都要能归类到对应的分类分级中，且不能出现交叉重叠或被遗漏的情况。

对于静态脱敏，该环节需要选择待脱敏的数据库及表。对于动态脱敏，需要实现协议解析，解析用户、应用访问大数据组件网络流量；语法解析，对访问大数据组件的语句进行语法分析。

以对个人信息中可能涉及的敏感信息进行识别为例，其识别敏感信息的核心代码如下。

(1) 匹配身份证号码。

(2) 匹配密码(8～16 位数字或字母)。

(3) 匹配邮编(6 位数字)。

(4) 匹配银行卡号码(16 位或 19 位数字)。

(5) 匹配电话号码(11 位数字)。

(6) 匹配邮箱地址。

(7)～(13) 循环遍历判断输入的数据是否为规则中的敏感信息

```
sensitive_field_rules = [
    r'(\d{18}|\d{17}[Xx])',
    r'^[0-9a-zA-Z]{8,16}$',
    r'^[1-9]\d{5}$',
    r'^(\d{16}|\d{19})$',
    r'(\d{11})',
    r'^[a-zA-Z0-9_-]+@[a-zA-Z0-9_-]+(\.[a-zA-Z0-9_-]+)+$',
]
sensitive_fields = []
for column in data.columns:
    for index, value in enumerate(data[column]):
        for rule in sensitive_field_rules:
            if re.match(rule, str(value)):
                sensitive_fields.append((column, index))
                break
```

### 2. 配置脱敏规则

包括数据脱敏后保持原始特征的分析、数据脱敏算法的选择和数据脱敏算法参数配置：保持原始数据的格式、类型；保持原有数据之间的依存关系；保持引用完整性、统计特性、频率分布、唯一性、稳定性。配置需要脱敏的目标(数据库名/表名/字段名)以及适当的脱敏算法参数，根据业务需求完成其他算法的参数配置。

以使用上述敏感信息匹配规则匹配输入数据中的“手机号”并实现手机号随机脱敏处理为例，其脱敏核心代码如下。

```
def _fake_column(self, column, method, locale=['zh_CN'], seed=None, inplace=True):x
    Faker.seed(seed)
    fake = Faker(locale=locale)
    method = getattr(fake, method)
    faked = self._df[column].apply(lambda x: method())
    if not inplace:
        return faked
    if column in self.anonymized_columns:
        print(f'{column} column already anonymized!')
        return
    self._df[column] = faked
```

```
        self.unanonymized_columns.remove(column)
        self.anonymized_columns.append(column)
        self._methods_applied[column] = self._synthetic_datasensitive_fields = []
    for column in data.columns:
        for index, value in enumerate(data[column]):
            for rule in sensitive_field_rules:
                if re.match(rule, str(value)):
                    sensitive_fields.append((column, index))
                    break
```

由于代码行数较多，这里只讲解最核心的部分：实现电话号码随机的原理是借助了faker. Faker 库合成数据，通过指定 column 列名=phone 表示对传入数据的 phone 列进行脱敏处理，method=phone_number 将脱敏方式指定为电话号码脱敏，locale=zh_CN 指定地区为中国，以此生成符合中国手机号规则的随机手机号码。

**3. 执行数据脱敏**

(1) 脱敏操作的实施。根据以上已定义的数据脱敏规则及方法，对不同类型数据进行处理，将数据中的敏感信息进行删除或隐藏。

(2) 脱敏数据的验证。在执行完数据脱敏任务后，要检查并验证数据脱敏后的效果，确保所有敏感数据都已被正确处理，同时又能兼顾数据的一致性、完整性和可用性。

与上述类似，Open-Data-Anonymizer 中也将执行数据脱敏的部分进行了封装，只需要在脱敏时调用封装好的方法即可实现脱敏处理，categorical_fake 的原理与_fake_column 类似，不同的是，_fake_column 用于对单个列的数据进行合成处理并返回合成后的数据，categorical_fake 在_fake_column 之上再次进行封装调用并将其返回的合成数据用于待脱敏的部分，其核心代码如下。

```
def categorical_fake(self,columns,locale=['zh_CN'],seed=None,inplace=True):
    if isinstance(columns, str) or (len(columns) == 1 and isinstance(columns, list)):
        if isinstance(columns, list):
            columns = columns[0]
            return self._fake_column(columns,columns,inplace=False,seed=seed,locale=locale)
    elif isinstance(columns, list):
            temp = pd.DataFrame()
            for column in columns:
                faked = self._fake_column(columns,columns,inplace=False,seed=seed,locale=locale)
            temp[column] = faked
            return temp
    elif isinstance(columns, dict):
            temp = pd.DataFrame()
            for column, method in columns.items():
                faked = self._fake_column(columns,columns,inplace=False,seed=seed,locale=locale)
                temp[column] = faked
                if len(columns) == 1:
                    return temp[column]
                else:
                    return temp
```

# 小结

本章介绍了数据脱敏相关的知识。首先，介绍了敏感数据定义和敏感数据识别，敏感数据识别中，主要介绍正则匹配、关键字、算法三种方式及其代码实现示例。其次，介绍了替换、仿真、加密、遮掩、混淆、偏移、均值化等经典脱敏算法和 K-匿名(K-Anonymity)、T-相近(T-

Closeness)等数据匿名算法。同时,还介绍了数据合成的相关内容。随后,介绍了数据静态脱敏、动态脱敏。最后通过数据脱敏实例构建将本章前述内容串联起来,帮助读者对数据脱敏技术的学习从理论走向实践实现。

在线测试

# 习题

**一、单项选择题**

1. 数据脱敏简单来说是指(　　)。
   A. 将数据从一个系统迁移到另一个系统
   B. 将数据格式或内容进行一定变换以保护隐私
   C. 将数据备份到云存储
   D. 将数据分散存储在多个服务器上
2. 以下哪个选项不是数据脱敏的常用方法?(　　)
   A. 数据加密　　B. 数据屏蔽　　C. 数据混淆　　D. 数据无损压缩
3. 数据脱敏的主要目标是(　　)。
   A. 删除所有数据,以免被窃取
   B. 最大程度地保留数据的原始格式
   C. 保护敏感数据,同时尽量保留数据的可用性和实用性
   D. 将数据迁移到离线存储以避免网络攻击
4. 以下哪个选项描述了数据脱敏的最佳实践?(　　)
   A. 使用最强大的加密算法,即使数据被泄露也能保证安全
   B. 最大限度地保留原始数据,以便在需要时进行溯源
   C. 将所有数据都脱敏,包括非敏感数据,以确保数据安全
   D. 仅保留最少量的敏感数据,并在脱敏后尽可能删除原始数据
5. 以下属于敏感信息的是(　　)。
   A. IP 地址　　B. 手机号　　C. 邮箱号　　D. 以上都是
6. 在 MySQL 语句中,以下哪个函数不是用于数据脱敏?(　　)
   A. TO_BASE64()　　B. MD5()　　C. USER()　　D. REPLACE()
7. 数据脱敏对以下哪个方面可能产生影响?(　　)
   A. 数据完整性　　B. 数据准确性　　C. 数据可用性　　D. 数据传输速度
8. 数据脱敏有哪些具体的应用场景?(　　)
   A. 医疗健康记录　　B. 网购订单记录　　C. 金融信息记录　　D. 以上全部
9. 数据脱敏应该注意(　　)。
   A. 不改变原始数据趋势　　B. 不影响数据分析结果
   C. 不泄露数据隐私　　D. 以上全部
10. 在进行数据脱敏时,选择合适的脱敏方法应该考虑以下哪个因素?(　　)
    A. 脱敏处理的复杂性　　B. 数据备份的频率
    C. 数据的文件格式　　D. 数据的创建日期

**二、判断题**

1. 数据脱敏会改变原始数据的内容。(　　)

2. 数据脱敏只适用于静态数据,对于数据传输过程中的保护无效。(　　)

3. 在数据共享场景中,数据脱敏可以保护敏感信息,但不影响数据的可用性和实用性。(　　)

4. 数据加密和数据脱敏都用于保护数据,两者在本质上是相同的。(　　)

5. 数据脱敏是一种单向的数据隐私保护技术。(　　)

**三、简答题**

1. 数据脱敏是什么?简要说明其在数据隐私保护中的作用。

2. 在数据脱敏中,常用的脱敏技术有哪些?

3. 简述静态脱敏和动态脱敏的区别。

# 第 6 章 数据访问控制

**本章学习目标**

- 了解主客体身份标识、认证和权限管理基本概念。
- 熟练掌握常见的数据访问控制策略。

数据访问控制是信息安全领域中至关重要的一部分，它涉及管理和控制对系统或数据资源的访问权限。在本章中，将探讨数据访问控制的基本概念、原则以及一些常见的实践方法。

## 6.1 主客体身份标识与认证

在数据访问控制中，主体和客体是两个关键概念。主体代表可以访问系统或资源的实体，如用户、程序或设备。客体则是主体试图访问或操作的资源，如文件、数据库记录或网络服务。

### 6.1.1 主体身份标识

主体身份标识是在数据访问控制中用于确定主体(用户、程序或设备)身份的唯一标识符。主体可以是一个用户、一个设备或者一个应用程序等。主体身份标识用于在系统中识别和区分不同的主体，确保系统可以准确地追踪和记录主体的活动。

主体身份标识通常是一个唯一的标识符，可以是用户名、电子邮件地址、员工编号、数字证书、访问令牌或其他形式的标识。通过主体身份标识，系统可以将特定的操作和访问与特定的主体关联起来，从而实现身份验证、权限管理和审计等安全措施。

主体身份标识在数据安全管理中发挥着关键作用。

**1. 身份验证和授权**

主体身份标识是身份验证和授权的基础。系统通过比对主体提供的身份标识信息来验证其身份，确保只有经过验证的合法主体才能访问系统资源。授权则依据主体的身份标识信息来确定其访问权限，限制主体的操作范围，防止未经授权的访问和操作。常见的身份验证方式有以下几种。

**基于用户名/口令的验证**：用户通过输入预设的用户名和口令来证明自己的身份。这是最常见的身份验证方式，但也存在被破解的风险。

**基于数字证书的验证**：主体持有经数字认证机构颁发的数字证书，系统通过验证数字证书的合法性来确认主体身份。这种方式相对更安全可靠。

**基于生物特征的验证**：系统通过识别主体的指纹、虹膜、声纹等生物特征来证明其身份，具有较高的准确性。

**基于令牌的验证**：主体持有一次性密码令牌或者移动设备验证码等，系统通过验证令牌的有效性来确认身份。这种方式可以有效防范密码泄露风险。

不同的身份验证方式各有优缺点，企业应根据自身的安全需求和风险承受能力来选择合适的验证方式，并结合主体身份标识进行应用。

**2. 访问控制**

主体身份标识是实施访问控制的关键要素。基于主体身份标识，系统可以实施细粒度的访问控制，如角色访问控制和属性访问控制等。这些访问控制模型根据主体的身份标识信息来确定其访问权限，有效限制了主体对系统资源的访问范围。常见的访问控制模型有以下几种。

基于角色的访问控制：根据主体所担任的角色来确定其访问权限，如行政人员、研发人员、销售人员等。这种模型简单易用，适合大多数场景。

基于属性的访问控制：根据主体的动态属性（如部门、职位、项目等）来动态确定其访问权限。这种模型更加灵活，可以应对复杂的访问控制需求。

基于规则的访问控制：通过预设的访问规则来确定主体的访问权限，如时间、地点、设备等因素。这种模型可以实现更精细的权限管控。

合理设计主体身份标识信息，结合访问控制模型，可以有效限制主体对系统资源的非法访问，提高数据安全性。

**3. 审计和追溯**

主体身份标识为审计和追溯提供了重要依据。系统可以记录主体的操作活动，并根据其身份标识信息关联到具体的主体。这样有助于在发生安全事件时及时识别责任主体，并进行事后分析和处置。同时，审计记录也可以用于检查系统访问策略的执行情况，持续优化安全管控。例如：

记录主体的登录、注销、访问等关键操作，并与其身份标识关联。

记录主体对敏感数据的访问、修改、删除等操作，并与其身份标识关联。

记录主体的异常行为，如重复登录失败、访问敏感资源等，并与其身份标识关联。

这些审计记录不仅有助于事后的安全事件调查，还可以用于检查系统访问策略的执行情况，持续优化安全管控措施。

**4. 风险管理**

主体身份标识是风险管理的基础。通过确认主体身份，系统可以评估其风险特征，如主体拥有的权限、涉及的敏感操作等，并据此制定相应的安全策略。同时，主体身份标识还可以用于分析安全事件的成因，有助于评估和预防系统面临的风险。例如：

对高风险主体（如超级管理员）实施更严格的访问控制和审计策略。

对某些敏感操作（如删除关键数据）设置双重身份验证等安全防护措施。

对异常身份标识行为（如非工作时间登录、登录地点异常等）及时预警并采取相应措施。

此外，主体身份标识信息也有助于分析安全事件的成因，为风险评估和预防提供依据。

**5. 信任传递**

主体身份标识还支持跨系统的信任传递。当主体在不同系统中使用相同的身份标识时，这些系统可以相互验证主体的身份，实现单点登录、联合认证等功能，提高用户体验，同时也增强了整体的安全性。

例如，同一个企业内部的OA系统、ERP系统、云存储系统等，都可以共享主体的身份标识信息，实现单点登录，使用户无须反复进行身份验证。这不仅提高了用户体验，也降低了密码泄露的风险。

另外，跨组织的信任传递也越来越重要。通过建立主体身份标识的对应关系，不同组织间的系统可以相互验证主体身份，实现跨域访问和协作。这对于供应链管理、跨境电商等场景非常有价值。

综上所述，主体身份标识是数据安全管理的基石，贯穿于身份验证、访问控制、审计追溯、风险管理等各个环节。合理设计和管理主体身份标识，对于保护系统安全、规范用户行为、提高整体安全水平都具有重要意义。企业应根据自身的业务特点和安全需求，选择合适的身份标识管理策略，并不断优化完善，为数据安全管理提供有力支撑。

### 6.1.2 身份认证

身份认证是数据安全管理中的一个关键概念，它是通过验证主体提供的身份标识来确保其确实是它所声称的身份的过程。身份认证通常涉及提供凭据，如用户名和密码、生物特征识别、智能卡或其他身份验证因素。通过身份认证，系统可以确保只有合法的主体才能访问资源。

身份认证方法可以分为以下几类。

**1. 基于信息秘密的身份认证**

基于信息秘密的身份认证是指依赖于所拥有的物品或信息进行验证。这种方法可以分为口令认证、单向认证和双向认证。口令认证是最常见的身份认证方法之一，通常涉及用户提供一个用户名和密码来验证其身份。单向认证是指只有一个方向的认证，例如，服务器验证客户端的身份，但客户端不验证服务器的身份。双向认证是指两个方向的认证，例如，客户端和服务器都需要验证对方的身份。

**2. 基于物理安全性的身份认证**

基于物理安全性的身份认证主要采用基于智能卡的身份认证机制。在这种方法中，认证方要求一个硬件如智能卡，智能卡中往往存有秘密信息，通常是一个随机数。只有持卡人才能被认证。这种方法可以有效地防止口令猜测，但也存在一些严重的缺陷，例如，系统只认卡不认人，而智能卡可能丢失，拾到或窃得智能卡的人很容易假冒原持卡人的身份。为了克服这个缺陷，可以采用认证方既要求用户输入一个口令，又要求智能卡的方法。

**3. 基于生物学信息的身份认证**

基于生物学信息的身份认证主要采用基于指纹识别的身份认证、基于语音识别的身份认证，以及基于视网膜识别的身份认证等。这种方法通常涉及采样、抽取特征、比较和匹配的过程。

- **采样**：生物识别系统捕捉到生物特征的样品，唯一的特征将会被提取并且转换成数字的符号存入此人的特征模板。
- **抽取特征**：用户在需要验证身份时，与识别系统进行交互，设备提取用户的生物信息特征。
- **比较**：用户的生物信息特征与特征模板中的数据进行比较。
- **匹配**：如果匹配，则用户通过身份验证。

**4. 基于行为特征的身份认证**

基于行为特征的身份认证即通过识别行为的特征进行验证。常见的验证模式有**语音认证**、**签名识别**等。利用签名实现的身份认证属于模式识别认证的范畴，其过程也必然遵循模式识别的基本步骤。

**5. 基于数字签名的身份认证**

基于数字签名的身份认证是一种安全验证机制，它使用数字签名技术来确认某个实体（例如个人、组织或设备)的身份。在数字签名中,发送者使用自己的私钥对信息进行签名,接收者则使用发送者的公钥来验证签名的有效性。通过这种方式,可以确保消息的完整性、真实性和不可否认性,从而实现身份认证的目的。数字签名主要有三种算法:RSA 签名、DSS 签名和 Hash 签名。

总之,身份认证是数据安全管理中的一个关键步骤,它可以确保只有合法的主体才能访问资源。在实现身份认证时,可以选择不同的方法来满足不同的需求,例如,基于信息秘密的身份认证、基于物理安全性的身份认证、基于生物学信息的身份认证和基于行为特征的身份认证等。通过合理的身份认证方法,可以有效地保护系统和数据的安全。

## 6.2 权限管理

权限管理是数据访问控制中的关键组成部分,它可以确定哪些主体可以访问哪些资源以及以何种方式访问这些资源。在数据安全领域,权限管理是一种系统安全措施,通过根据系统设置的安全规则或策略来控制用户对资源的访问和操作,以确保系统的安全性和数据的保密性。本节将探讨权限管理的概念、流程及其在数据安全中的实践方法。

权限管理包括用户认证和授权两部分。用户认证是对用户合法身份的校验,只有合法的用户才能访问系统。授权是指访问控制,用户必须具有该资源的访问权限才能访问该资源。权限管理的主要目的是确保只有经过授权的用户才能访问特定的资源,并限制他们对这些资源的操作权限。

### 6.2.1 认证与授权流程

权限管理的认证与授权流程通常分为以下步骤。

(1) 用户身份认证:用户通过提供合法的身份标识(如用户名和口令、生物特征等)进行身份认证。

(2) 访问请求验证:系统验证用户提交的访问请求,检查其身份认证信息。

(3) 授权验证:系统根据用户的身份和权限策略,检查用户是否具有访问特定资源的权限。

(4) 访问控制:如果用户被授权访问资源,则系统允许用户访问,并根据其权限限制其对资源的操作。

认证与授权流程如图 6.1 所示。

### 6.2.2 权限管理的实践方法

权限管理的主要目的是确保只有经过授权的用户才能访问特定的资源,同时限制他们对这些资源的操作权限。权限管理通常包括以下几方面。

#### 1. 访问控制

访问控制是权限管理的核心,它控制用户是否有权限访问某个资源。常见的访问控制方式包括以下几种。

(1) 强制访问控制(MAC)。

基于系统定义的安全策略来控制对资源的访问。

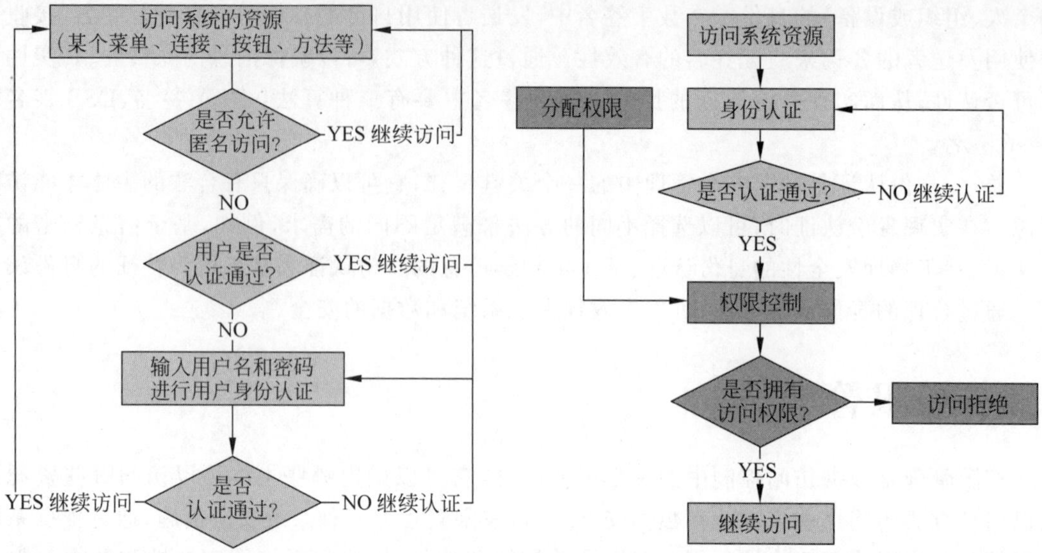


图 6.1　认证与授权流程

（2）自主访问控制（DAC）。

允许资源的所有者决定谁可以访问其资源以及以何种方式访问。

（3）基于角色的访问控制（RBAC）。

将权限授予角色而不是个体主体，并根据主体的角色确定其对资源的访问权限。

**2. 操作和数据控制**

操作控制是权限管理中的另一种控制措施。通过操作控制，系统可以控制用户是否有权限对某个资源进行特定的操作。操作控制通常是通过设置操作控制列表（OCL）来实现的。OCL 是一种数据结构，它可以记录用户对资源的操作权限。例如，OCL 可以记录用户是否有权限修改、删除或复制某个文件。

**3. 审计控制**

审计控制对用户的所有访问和操作进行记录，以便进行审计和追溯。审计记录包括用户的身份、访问时间、访问的资源以及执行的操作等信息，可以帮助系统管理员监控和审查用户的行为，及时发现潜在的安全问题。

总地来说，权限管理是数据安全管理的关键组成部分，涉及用户身份认证、访问权限控制、操作权限管控等环节。企业应当根据自身业务特点和安全需求，选择合适的权限管理模型和技术手段，并建立完善的权限管理流程，确保只有经过授权的合法用户才能访问和操作相应的数据资源，为数据安全提供有力保障。同时，还要注重权限管理的监控和审计，持续优化权限管理体系，提高整体的数据安全水平。

## 6.3　访问控制

访问控制是网络安全防范和保护的主要策略，其任务是保证网络资源不被非法使用和访问。各种网络安全策略必须相互配合才能真正起到保护作用，而访问控制是保证网络安全的核心策略之一。访问控制策略包括入网访问控制策略、操作权限控制策略、目录安全控制策略、属性安全控制策略、网络服务器安全控制策略、网络监测策略和锁定控制策略，以及防火墙控制策略 7 个方面的内容。

### 6.3.1 入网访问控制策略

入网访问控制是网络访问的第一层安全机制。它控制哪些用户能够登录到服务器并获准使用网络资源,控制准许用户入网的时间和位置。入网访问控制通常分为三步执行:用户名识别与验证,用户口令识别与验证,用户账户默认权限检查。三道控制关卡中只要任何一关未过,该用户便不能进入网络。

用户名和口令验证是防止非法访问的第一道关卡。用户登录时首先输入用户名和口令,服务器将验证所输入的用户名是否合法。用户的口令是用户入网的关键所在。口令最好是数字、字母和其他字符的组合,长度应不少于 6 个字符,必须经过加密。口令加密的方法很多,最常见的方法有基于单向函数的口令加密、基于测试模式的口令加密、基于公钥加密方案的口令加密、基于平方剩余的口令加密、基于多项式共享的口令加密、基于数字签名方案的口令加密等。经过各种方法加密的口令,即使是网络管理员也不能够得到。系统还可采用一次性用户口令,或使用如智能卡等便携式验证设施来验证用户的身份。

网络管理员应该可对用户账户的使用、用户访问网络的时间和方式进行控制和限制。用户名或用户账户是所有计算机系统中最基本的安全形式。用户账户应只有网络管理员才能建立。用户口令是用户访问网络所必须提交的准入证。用户应该可以修改自己的口令,网络管理员对口令的控制功能包括限制口令的最小长度、强制用户修改口令的时间间隔、口令的唯一性、口令过期失效后允许入网的宽限次数。针对用户登录时多次输入口令不正确的情况,系统应按照非法用户入侵对待并给出报警信息,同时应该能够对允许用户输入口令的次数给予限制。

用户名和口令通过验证之后,系统需要进一步对用户账户的默认权限进行检查。网络应能控制用户登录入网的位置、限制用户登录入网的时间、限制用户入网的主机数量。当交费网络的用户登录时,如果系统发现"资费"用尽,还应能对用户的操作进行限制。

### 6.3.2 操作权限控制策略

操作权限控制是针对可能出现的网络非法操作而采取安全保护措施。用户和用户组被赋予一定的操作权限。网络管理员能够设置指定用户和用户组可以访问网络中的哪些服务器和计算机,可以在服务器或计算机上操控哪些程序,访问哪些目录、子目录、文件和其他资源。网络管理员还应该可以根据访问权限将用户分为特殊用户、普通用户和审计用户,可以设定用户对可以访问的文件、目录、设备能够执行何种操作。特殊用户是指包括网络管理员的对网络、系统和应用软件服务有特权操作许可的用户;普通用户是指由网络管理员根据实际需要为其分配操作权限的用户;审计用户负责网络安全控制与资源使用情况的审计。系统通常将操作权限控制策略,通过访问控制表来描述用户对网络资源的操作权限。

### 6.3.3 目录安全控制策略

访问控制策略应该允许网络管理员控制用户对目录、文件、设备的操作。目录安全允许用户在目录一级的操作对目录中的所有文件和子目录都有效。用户还可进一步自行设置对目录下的子控制目录和文件的权限。对目录和文件的常规操作有:读取(Read)、写入(Write)、创建(Create)、删除(Delete)、修改(Modify)等。网络管理员应当为用户设置适当的操作权限,操作权限的有效组合可以让用户有效地完成工作,同时又能有效地控制用户对网络资源的访问。

### 6.3.4 属性安全控制策略

访问控制策略还应该允许网络管理员在系统一级对文件、目录等指定访问属性。属性安全控制策略允许将设定的访问属性与网络服务器的文件、目录和网络设备联系起来。属性安全策略在操作权限安全策略的基础上,提供更进一步的网络安全保障。网络上的资源都应预先标出一组安全属性,用户对网络资源的操作权限对应一张访问控制表,属性安全控制级别高于用户操作权限设置级别。属性设置经常控制的权限包括:向文件或目录写入、文件复制、目录或文件删除、查看目录或文件、执行文件、隐含文件、共享文件或目录等。允许网络管理员在系统一级控制文件或目录等的访问属性,可以保护网络系统中重要的目录和文件,维持系统对普通用户的控制权,防止用户对目录和文件的误删除等操作。

### 6.3.5 网络服务器安全控制策略

网络系统允许在服务器控制台上执行一系列操作。用户通过控制台可以加载和卸载系统模块,可以安装和删除软件。网络服务器的安全控制包括可以设置口令锁定服务器控制台,以防止非法用户修改系统、删除重要信息或破坏数据。系统应该提供服务器登录限制、非法访问者检测等功能。

### 6.3.6 网络监测和锁定控制策略

网络管理员应能够对网络实施监控。网络服务器应对用户访问网络资源的情况进行记录。对于非法的网络访问,服务器应以图形、文字或声音等形式报警,引起网络管理员的注意。对于不法分子试图进入网络的活动,网络服务器应能够自动记录这种活动的次数,当次数达到设定数值,该用户账户将被自动锁定。

### 6.3.7 防火墙控制策略

防火墙是一种保护计算机网络安全的技术性措施,是用来阻止网络黑客进入企业内部网的屏障。防火墙分为专门设备构成的硬件防火墙和运行在服务器或计算机上的软件防火墙。无论哪一种,防火墙通常都安置在网络边界上,通过网络通信监控系统隔离内部网络和外部网络,以阻挡来自外部网络的入侵。

## 6.4 数据访问控制实例

### 6.4.1 单点登录

单点登录(Single Sign-On,SSO)是一种用户只需一次登录,就可以访问多个应用系统的技术。它为用户提供了便利的登录体验,同时也提高了系统的安全性和管理效率。单点登录的实现方案一般包含 Cookies、Session 同步、分布式 Session 方式、统一认证授权方式等。目前的大型网站通常采用分布式 Session 及第三方认证授权的方式。

#### 1. 方式 1:通过 Session 进行验证

Session 称为"会话",Session 对象存储特定用户会话所需的属性及配置信息。简言之,Session 就是服务器为了存储用户信息而创建的一个验证手段。用户在登录了一个系统后,服务器会将登录信息存储在一个 Session 中，产生 Session ID，客户端会保存该 ID；当这个用户再登录其他系统时，服务器会自动复制上一个模块的 Session 到该服务器的 Session 中，以获取用户登录信息，实现用户只登录一次，就可以登录其他系统，如图 6.2 所示。在用户退出登录时，服务器会自动删除 Session。

整个过程均在服务器端完成，用户实际使用时没有感知。

录流程

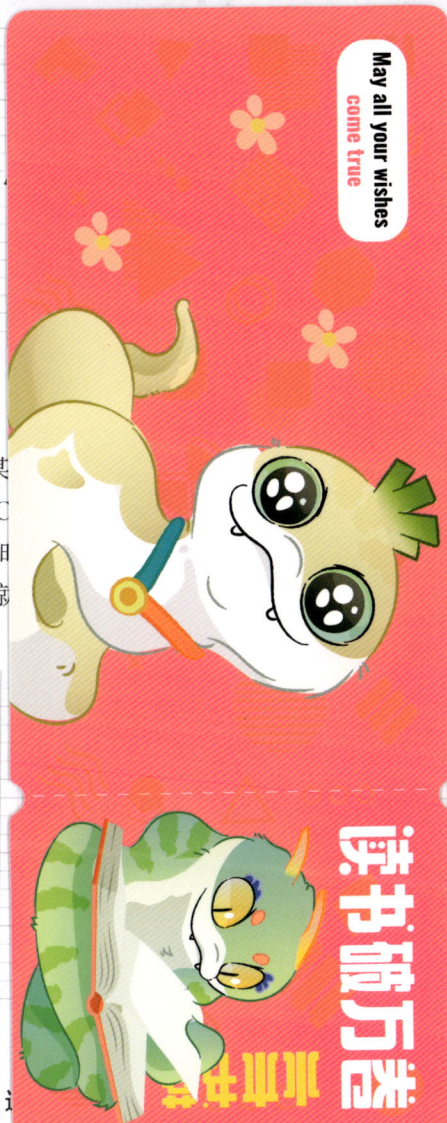

**2. 方式 2：**

Cookie 是某……端生成，发给客户端暂时或永久保存的信息。简言之，C……举例来说，当我们打开一个网站，如新浪、CSDN、知乎时……问是否保存 Cookie，如果选择保存，在下一次登录时，就……默认登录成功，直接进入页面，如图 6.3 所示。

录流程

**3. 方式 3：**

Token 在身份……中是标记的意思，一般作为邀请、登录系统使用。简言之，Token 就是一种凭证，用户在登录注册时需要获取凭证，在经过验证后，方可登录相关被授权的应用，如图 6.4 所示。

- 用户在首次登录系统时输入账号和口令，服务器会收到登录请求，然后验证是否正确。
- 服务器会根据用户信息，如用户 ID、用户名、密钥、过期时间等信息生成一个 Token 签名，然后发给用户。
- 用户验证成功后，返回 Token。
- 前端服务器收到 Token 后，存储到 Cookie 或 Local Storage 里；当用户再次登录时，会被服务器验证 Token。

- 服务器收到用户登录请求后，对 Token 签名进行比对：如果 Token 验证正确，用户登录成功；如果 Token 验证不正确，用户登录失败，跳转到登录页。

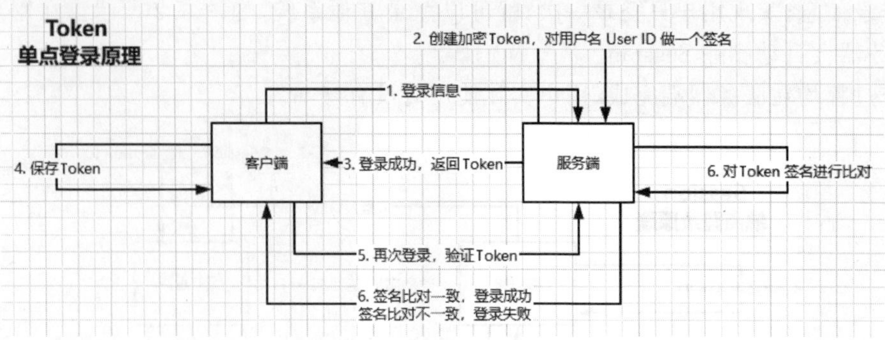


图 6.4　Token 单点登录流程

下面将通过一个实际案例来介绍单点登录的应用和优势。

某公司拥有多个应用系统，包括 OA 系统、CRM 系统、ERP 系统等，每个系统都需要用户单独登录。这不仅给用户带来了烦琐的登录流程，也增加了系统管理的难度。为了解决这一问题，公司决定引入单点登录技术，如图 6.5 所示。

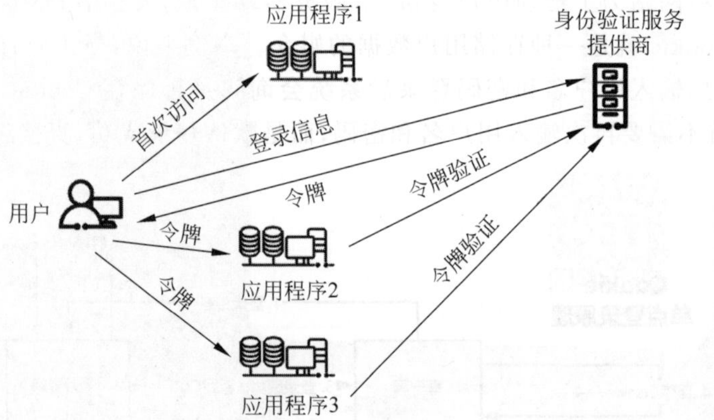


图 6.5　单点登录流程

首先，公司在内部部署了统一的认证中心，该认证中心负责用户身份认证和授权。当用户访问任何一个应用系统时，系统会将用户重定向到认证中心进行登录。用户只须在认证中心输入一次用户名和口令，系统就会颁发一个令牌给用户，并将用户重定向回原应用系统。应用系统通过验证令牌的有效性，即可完成用户的登录。

通过单点登录技术，用户只需一次登录，就可以访问所有的应用系统，大大简化了用户的操作流程。同时，公司也可以通过认证中心统一管理用户的权限和安全策略，提高了系统的安全性和管理效率。

总体来说，单点登录技术在企业应用中有着广泛的应用前景。它不仅为用户提供了便利的登录体验，也提高了系统的安全性和管理效率，同时还降低了系统集成的成本和复杂度。因此，引入单点登录技术是企业提升信息化管理水平和用户体验的重要手段之一。

### 6.4.2　数据库访问控制

数据库访问控制(Database Access Control，DAC)是数据库安全的重要组成部分，旨在确保只有授权用户才能访问数据库中的数据并执行操作。它通过一系列机制来限制用户对数据库资源的访问，例如：

- **身份验证**。验证用户的身份，确保其拥有访问数据库的权限。
- **授权**。授予用户访问特定数据库资源的权限，如表、视图、存储过程等。
- **审计**。记录用户的数据库操作，以便追踪和分析可疑行为。

数据库访问控制对于保护敏感数据和防止数据库滥用至关重要。它可以帮助企业降低数据泄露、数据损坏和恶意攻击的风险。数据库访问控制通常使用以下几种机制。

- **基于用户的访问控制(User-Based Access Control，UBAC)**：根据用户的身份授予访问权限。每个用户都有一个唯一的用户名和密码，并且只能访问其经过授权的数据库资源。
- **基于角色的访问控制(Role-Based Access Control，RBAC)**：根据用户的角色授予访问权限。每个角色都有一组与之关联的权限，并且用户可以分配多个角色。RBAC 可以简化权限管理，因为管理员可以一次性为多个用户授予权限。
- **基于属性的访问控制(Attribute-Based Access Control，ABAC)**：根据用户的属性和请求的上下文授予访问权限。用户的属性可以包括其部门、职位、工作地点等。请求的上下文可以包括请求的时间、地点和目的等。ABAC 可以提供更细粒度的访问控制，因为它可以考虑更多因素来做出授权决策。
- **强制访问控制(Mandatory Access Control，MAC)**：根据数据的敏感度和用户的安全级别授予访问权限。数据被分配一个安全级别，用户被分配一个安全清除级别。只有安全清除级别高于数据安全级别的用户才能访问该数据。MAC 通常用于政府和军事环境中。

数据库访问控制是数据库安全的重要基石。通过实施有效的数据库访问控制策略，企业可以保护敏感数据，降低安全风险，并确保数据库的合规性。

### 6.4.3　数据接口访问控制

目前市场上比较常见的两种 API 访问控制方案，分别是 OAuth 2.0 和 JWT(JSON Web Token)。它们都用于在应用程序和服务之间进行安全身份验证和授权。下面详细介绍这两种方案的特点、工作原理和使用场景。

#### 1. OAuth 2.0 在大数据平台中的应用

在大数据平台中，常常会有多个子系统或者第三方应用需要访问平台中的数据接口。这时，就可以利用 OAuth 2.0 来实现统一的授权管理。具体步骤如下。

(1) 大数据平台作为 OAuth 2.0 的资源服务器，负责提供数据接口。

(2) 第三方应用作为 OAuth 2.0 的客户端，需要向大数据平台申请访问令牌。

(3) 用户在第三方应用上进行授权，大数据平台的认证服务器负责对用户进行身份验证，并根据用户的权限颁发相应的访问令牌。

(4) 第三方应用携带访问令牌来调用大数据平台的数据接口，接口服务器根据令牌的信息进行授权验证。

代码实现(基于 Java 和 Spring Boot)：

```
@RestController
public class OAuthController {
```

```
    @GetMapping("/login/wenxin ")
    public RedirectView wxLogin(HttpServletRequest request) {
        String clientId = "your_client_id";
        String redirectUri = "http://localhost:8080/login/oauth2/code/wenxin ";
        String wxLoginUrl = "https://accounts.wenxin.com/o/oauth2/v2/auth" +
                "?client_id=" + clientId +
                "&redirect_uri=" + redirectUri +
                "&response_type=code" +
                "&scope=email%20profile";
        return new RedirectView(wxLoginUrl);
    }

    @GetMapping("/login/oauth2/code/wenxin ")
    public String wxCallback(@RequestParam("code") String code) {
        //在此处通过 code 向微信请求访问令牌,并获取用户信息
        return "微信 OAuth 2.0 登录成功";
    }
}
```

2. 基于 JWT 的数据接口访问控制

另一种常见的数据接口访问控制方式是使用 JWT(JSON Web Token)。JWT 是一种紧凑的、自包含的方式,用于在双方之间安全地传输信息。它的特点是轻量级、可自定义,非常适用于前后端分离的大数据系统。

实现该方式的具体步骤如下。

(1) 用户通过身份验证后,大数据平台的认证服务会颁发一个 JWT token 给客户端。

(2) 客户端在后续访问数据接口时,将 JWT token 携带在请求头中。

(3) 数据接口服务器验证 JWT token 的合法性,根据 token 中包含的用户信息和权限信息来决定是否允许访问。

代码实现(基于 Java 和 Spring Boot):

```
@RestController
public class AuthController {

    @Autowired
    private JwtTokenUtil jwtTokenUtil;
    @Autowired
    private UserService userService;

    @PostMapping("/login")
    public ResponseEntity<?> login(@RequestBody UserLoginRequest userReq) {
        //在此处校验用户名和密码,验证成功后生成 JWT
        String token = jwtTokenUtil.generateToken(userService.loadUser(userReq.getUser()));
        return ResponseEntity.ok(new AuthResponse(token));
    }

    @GetMapping("/user")
    public ResponseEntity<?> getUserInfo(@RequestHeader("Authorization") String jwtToken) {
        String username = jwtTokenUtil.extractUsername(jwtToken);
        //在此处根据用户名获取用户信息
        User user = userService.loadUserByUsername(username);
        return ResponseEntity.ok(user);
    }
}
```

这两个示例演示了如何使用 OAuth 2.0 和 JWT 进行用户身份验证和授权。OAuth 2.0 适用于需要对第三方应用程序进行授权访问的场景,而 JWT 适用于需要简单、轻量级身份验

证和授权的场景。

# 小结

总体来说,主体身份标识与认证、权限管理和访问控制是数据安全管理的三大支柱,相互关联、相互支撑,共同构成了完整的数据访问控制体系。企业应当高度重视这些核心要素,根据自身需求建立健全的数据安全管理机制,确保只有经过授权的主体才能访问和操作相应的数据资源,为企业的数据安全提供坚实的保障。

# 习题

在线测试

**一、单项选择题**

1. 在信息安全领域,主客体身份标识与认证的主要目的是(　　)。

A. 保护数据的完整性　　B. 确保系统的高可用性

C. 确认用户或资源的身份　　D. 加密通信数据

2. 权限管理的关键步骤之一是(　　)。

A. 分配权限角色　　B. 设置访问控制列表

C. 加密数据存储　　D. 限制网络带宽

3. 下列哪种访问控制模型基于用户的角色和责任来分配权限?(　　)

A. 强制访问控制　　B. 自主访问控制

C. 角色基础访问控制　　D. 属性基础访问控制

4. 在访问控制中,MAC(Mandatory Access Control)是指(　　)。

A. 用户自己控制其访问权限

B. 管理员根据用户的角色授予访问权限

C. 强制指定的规则控制对资源的访问

D. 对用户的访问请求进行认证和授权

5. 在身份认证过程中,以下哪项属于"因素"?(　　)

A. 用户名　　B. 密码　　C. 指纹　　D. 手机号码

6. 令牌(Token)在身份认证中的作用是(　　)。

A. 存储用户的密码　　B. 生成动态密码

C. 记录用户的访问历史　　D. 加密数据传输

7. 以下哪项不是多因素认证中可能的因素?(　　)

A. 用户名　　B. 密码　　C. 生物特征　　D. 地理位置

8. 在权限管理中,"最小权限原则"的含义是(　　)。

A. 用户应该拥有尽可能多的权限

B. 用户应该拥有最少必需的权限

C. 用户可以随意分配权限

D. 用户权限与其角色无关

9. 以下哪种访问控制模型允许用户自己控制其资源的访问权限?(　　)

A. MAC　　B. DAC　　C. RBAC　　D. ABAC

10. 以下哪种身份验证方法是基于用户的生物特征？(　　)

A. 双因素认证　　B. 生物认证　　C. 多因素认证　　D. 身份证认证

11. 在访问控制中，“黑名单”通常用于(　　)。

A. 允许特定用户访问资源

B. 拒绝特定用户访问资源

C. 管理用户权限

D. 分配访问令牌

12. 在访问控制中，以下哪项属于属性基础访问控制(ABAC)的特点？(　　)

A. 基于用户的角色和责任来分配权限

B. 由系统管理员强制指定规则来控制对资源的访问

C. 基于用户提供的属性来决定对资源的访问权限

D. 用户自己控制其资源的访问权限

## 二、判断题

1. 主客体身份标识与认证是确保用户访问权限的一种方法。(　　)
2. 在权限管理中，RBAC 模型将权限分配给用户而不是角色。(　　)
3. MAC 访问控制模型允许用户自己决定其资源的访问权限。(　　)
4. 双因素认证通常要求用户提供两种不同类型的凭证来验证其身份。(　　)
5. 黑名单通常用于允许特定用户访问资源。(　　)
6. 访问控制列表是一种常见的权限管理机制。(　　)
7. 多因素认证可能包括密码和生物特征验证。(　　)
8. ABAC 访问控制模型基于用户的角色和责任来分配权限。(　　)
9. SSO(单点登录)可以减少用户需要记住的密码数量。(　　)
10. 在访问控制中，白名单通常用于拒绝特定用户访问资源。(　　)

## 三、简答题

1. 简述访问控制列表(ACL)的概念。
2. 简述 MAC 访问控制模型的基本原理。
3. 简述多因素认证的工作原理。
4. 简述 RBAC 访问控制模型的优点。
5. 为什么在权限管理中实施最小权限原则很重要？

# 第 7 章 数据水印

**本章学习目标**

- 熟练掌握数据水印的嵌入。
- 了解水印的检测提取。

数据水印技术作为解决数字版权保护和数据完整性验证等问题的重要技术手段，逐渐进入人们的视野，并被广泛应用于数据产业发展中。因其在数字内容传输、存储和共享过程中提供的安全性和可靠性，已成为业界研究和应用热点。本章主要讲解数据水印技术的原理。通过本章的学习，读者应掌握数据水印的嵌入与提取原理、水印的鲁棒性设计、不可见水印算法以及数据水印在数字版权保护、内容认证和隐私保护等方面的应用。

## 7.1 数据水印基本原理

### 7.1.1 数据水印技术概述

数据水印技术是一种隐蔽的信息隐藏技术，它能够在数字媒体或数据中嵌入一些特定的标识符或信息，如图 7.1 所示。这些信息可以在需要时被提取出来，用于身份认证、版权保护、完整性验证等目的。数据水印的基本原理是将这些信息嵌入原始数据中，而这些信息对于普通用户来说是不可察觉的，只有通过特定的提取算法才能被识别和提取出来。

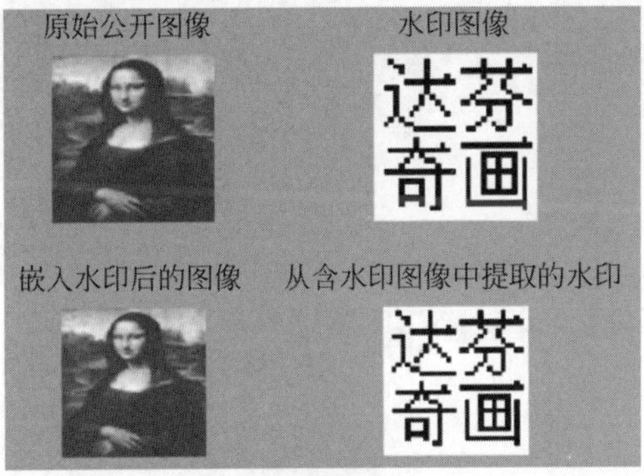


图 7.1 水印的使用

水印技术最早的样子可以追溯到纸质文档时代。在纸质文档上，水印是通过在纸张中添加透明的图案或文字来实现的。这些图案或文字在透光时可以清晰地看到，通常用于证明文档的真实性、所有权或者防伪目的。在欧洲古代的手工造纸时代，制作纸张时往往会在湿纸浆中加入特定的图案或文字模具，这样在纸张干燥后，就会形成水印。这些水印可能是制作者的标志、制作地点或其他特定信息，有时甚至是用来防止伪造的特殊图案。在透光时，这些水印就会清晰可见，成为文档的一种特殊标记，用于证明其真实性或者其他用途。

在数字领域，水印技术的起源可以追溯到数字图像处理。数字图像水印是指将一些信息嵌入数字图像中，而又不会对图像的可见外观产生明显的影响。最早的数字图像水印可能是通过微小的修改或者嵌入额外的数据来实现的，这些修改或数据对于人类视觉来说几乎是不可察觉的，但可以通过特定的解码方法提取出来。假设有一幅数字图像，我们希望在其中嵌入一些信息，如作者的名称或者版权信息。可以通过微调图像的像素值来实现，如在图像中添加一些微小的变化，或者在图像的高频部分嵌入一些特定的模式，这样对于人眼来说几乎是不可察觉的，但是这些变化可以作为水印来识别和提取。

随着数字技术的发展，水印技术逐渐应用于更多的领域，包括音频、视频、文本等。例如，数字音频水印可以嵌入音频文件中，以用于版权保护或者音频内容认证；数字视频水印可以嵌入视频文件中，以防止盗版和非法传播。

## 7.1.2 数据水印种类

### 1. 嵌入方式分类

数据水印按照其嵌入方式分类可分为**空域水印和频域水印**。

(1) 空域水印(Spatial Domain Watermarking)是一种在数字媒体中嵌入水印信息的技术，也称码域水印。在空域水印技术中，水印信息直接嵌入原始数据的像素值或样本中，而不需要进行频域变换或其他转换操作。

举例来说，假设有一张彩色图片，想要在其中嵌入一些版权信息。可以选择图片的某些像素点，微调它们的颜色值来嵌入隐藏信息。例如，在图片的背景中微调一些像素点的 RGB 值，或者在图片的某些区域添加微小的噪声。

另一个例子是利用图片的亮度、对比度等属性进行水印嵌入。可以微调图片的亮度或对比度，或者在图片的特定区域调整颜色饱和度等属性，以嵌入隐藏信息。如图 7.2 所示，通过改变 Google 字体的透明度来添加水印。

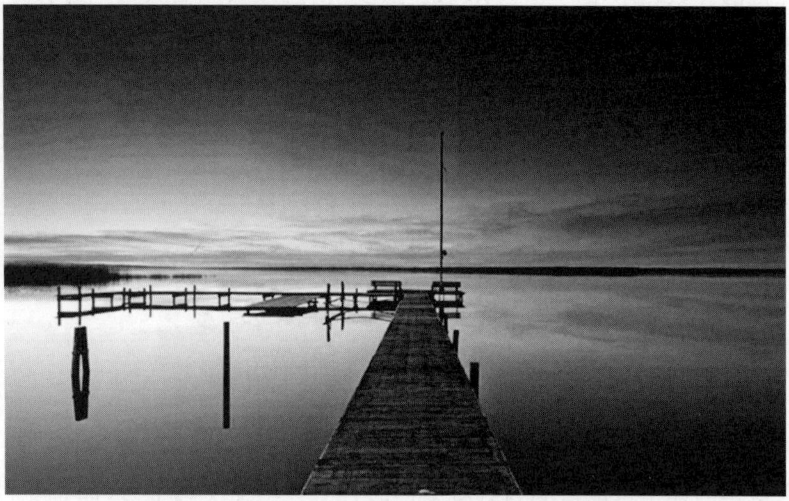

图 7.2 插入 Google 水印的图片

空域水印技术通常应用于图像和文本等数据类型，它的实现方式相对简单，适用于对原始数据的像素级别进行操作。

空域水印的特点如下。

- **简单性**：空域水印技术不需要对数据进行频域变换，嵌入过程相对简单，易于实现。
- **直接性**：水印信息直接嵌入原始数据的像素或样本中，没有额外的转换过程，因此水印嵌入和提取的过程相对直接。

- **鲁棒性**：空域水印通常对缩放、裁剪这些简单的图像处理操作具有一定的鲁棒性，因为水印信息直接嵌入像素中，不易受到这些操作的影响。然而，空域水印对于一些更复杂的图像处理操作（如旋转、模糊、添加噪声等）可能表现较差，因为这些操作可能会破坏水印信息的完整性，导致水印无法准确检测。
- **通用性**：空域水印技术适用于不同类型的数据，包括图像、文本和一般的数字媒体数据。

空域水印技术广泛应用于数字版权保护、数据认证、内容追踪等领域，包括但不限于图像、文本、音频和视频等数字媒体数据的保护和管理。

（2）频域水印（Frequency Domain Watermarking）是数字媒体中嵌入水印信息的一种技术，通常应用于图像、音频和视频等数据类型。与空域水印技术不同，频域水印技术需要将原始数据转换到频域表示中，然后在频域中嵌入水印信息。

当谈到频域水印时，可以将其想象成一种数字图像中的秘密编码手段，就像是在数字世界中的暗号一样。举个例子，假设有一张数字图像，希望在其中嵌入一些特定信息，如版权信息或认证标记。可以利用图像的傅里叶变换，将其转换到频域。然后，可以在频域中选择一些特定的频率分量，并对它们进行微调，以嵌入隐藏信息。另一个有趣的例子是利用特定的频域滤波器进行水印嵌入。可以设计一个特殊的数字滤波器，然后将其应用到图像的频域表示中，从而在图像中嵌入隐藏信息，就像是在数字图像的频谱中画上了一把只有持有密钥的人才能够看见的锁一样。图 7.3 展示了频域水印技术在图像上的应用过程，该图由以下三部分组成：

（1）源图片：原始的图像，没有嵌入任何水印信息。

（2）图片的频域图：通过傅里叶变换，原始图像被转换到频域表示。在频域中，图像的频率分量被展示出来。

（3）添加了频域水印的图片：在频域图中，通过选择特定的频率分量并进行微调，或者应用特定的数字滤波器，水印信息被嵌入图像中。然后，通过逆傅里叶变换，图像被转换回空域，水印信息在视觉上是不可见的，但可以通过特定的算法在频域中检测到。

图 7.3　频域水印的使用

频域水印的特点如下。

- **鲁棒性**：频域水印技术通常具有较高的鲁棒性，能够抵抗一定程度的信号处理操作和攻击，如压缩、滤波等。
- **适应性**：频域水印技术适用于各种类型的数字媒体数据，并且可以根据具体应用场景进行调整和优化。
- **隐蔽性**：通过合适的嵌入算法，频域水印可以在不显著影响原始数据质量的情况下进行嵌入，保持水印的隐蔽性。

频域水印相对于空域水印在一些应用场景中具有更好的鲁棒性和隐蔽性，特别是在需要处理一些信号处理攻击时，它适用于各种类型的数字媒体数据，并且可以根据具体的应用场景进行调整和优化,保持水印的隐蔽性和稳定性。时域水印(Time Domain Watermarking)是一种将水印信息直接嵌入数字信号的时域中的技术。与频域水印不同,时域水印不需要将信号转换到频域进行处理。

假设有一段音频,想在其中嵌入一些版权信息。可以选择音频信号的某些采样点,微调它们的振幅值或者在特定的时间段内添加特殊的声音模式来实现。这些变化通常对于人耳来说几乎是不可察觉的,但它们可以作为水印来识别和提取。例如,可以微调音频信号中的一些振幅值,或者在音频的低频部分添加一些特定的模式。这些微小的变化就构成了音频的水印。当需要验证水印时,可以通过检查特定的音频段或者解码嵌入的特定模式来提取水印信息。

时域水印如图 7.4 所示。图 7.4(a)为嵌入水印的音频信号,显示了在音频信号中嵌入水印后波形的变化。水印的嵌入可能会在音频信号中引入一些细微的变化,但这些变化通常对听觉影响不大,保持了音频的原始感知质量。图 7.4(b)为加入白噪声后的音频,显示了在音频信号中加入白噪声后的效果。白噪声是一种功率谱密度为常数的随机信号,它在各个频段上都具有相同的能量。加入白噪声后,音频信号的波形变得更加混乱,噪声的加入可能会掩盖水印信息,从而影响水印的检测和提取。

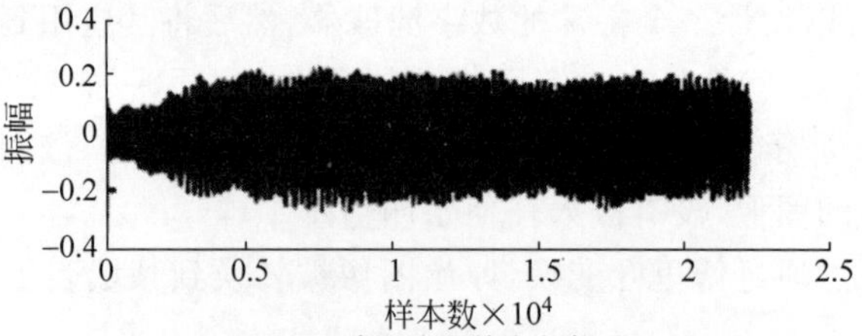

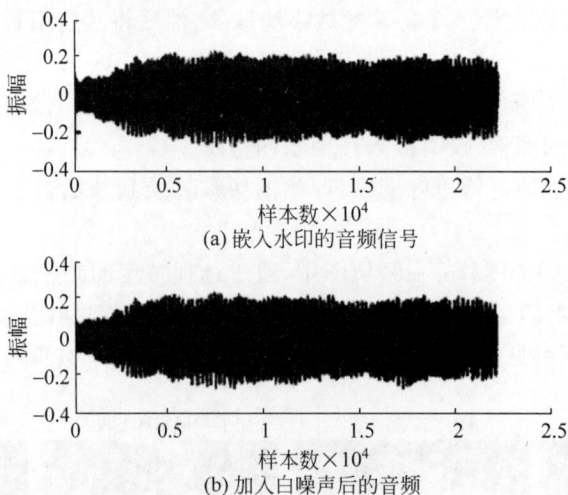

(a) 嵌入水印的音频信号

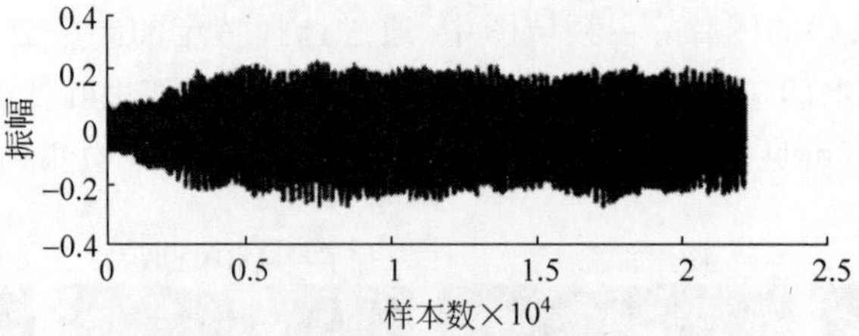


(b) 加入白噪声后的音频

图 7.4 时域水印

时域水印的特点如下。

- **实时性**:时域水印技术能够在数据流中实时嵌入和提取水印信息,适用于实时传输和处理的场景。
- **适应性**:时域水印技术适用于音频和视频等时间序列数据,能够在保持数据流畅性的同时嵌入水印信息。
- **鲁棒性**:通过适当的算法设计,时域水印可以具有一定的鲁棒性,能够抵抗一定程度的信号处理操作和攻击。

时域水印技术在音频和视频数据的保护和管理中发挥着重要作用,能够满足实时传输和处理的需求,并保持数据的原始质量和流畅性。

**2. 可见性分类**

数据水印根据其可见性可分为可见水印和不可见水印。

(1) 可见水印是一种在数字媒体内容中明显可见的水印,通常用于标识内容的所有者、来源或其他信息。与隐形水印不同,可见水印不是隐藏在内容中的,而是明显可见的,并且经常设计成能够在内容的正常观看或使用过程中被注意到,如图7.5所示。

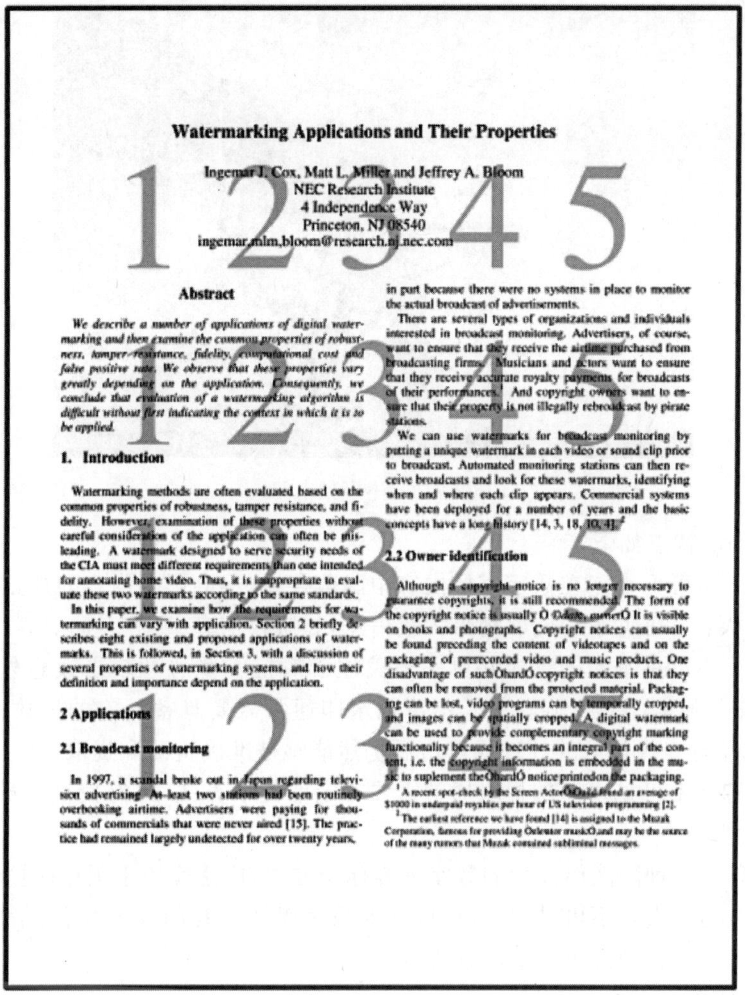

**Watermarking Applications and Their Properties**

Ingemar J. Cox, Matt L. Miller and Jeffrey A. Bloom
NEC Research Institute
4 Independence Way
Princeton, NJ 08540
ingemar,mlm,bloom@research.nj.nec.com

**Abstract**

*We describe a number of applications of digital watermarking and then examine the common properties of robustness, tamper-resistance, fidelity, computational cost and false positive rate. We observe that these properties vary greatly depending on the application. Consequently, we conclude that evaluation of a watermarking algorithm is difficult without first indicating the context in which it is to be applied.*

**1. Introduction**

Watermarking methods are often evaluated based on the common properties of robustness, tamper resistance, and fidelity. However, examination of these properties without careful consideration of the application can often be misleading. A watermark designed to serve security needs of the CIA must meet different requirements than one intended for annotating home video. Thus, it is inappropriate to evaluate these two watermarks according to the same standards.

In this paper, we examine how the requirements for watermarking can vary with application. Section 2 briefly describes eight existing and proposed applications of watermarks. This is followed, in Section 3, with a discussion of several properties of watermarking systems, and how their definition and importance depend on the application.

**2 Applications**

**2.1 Broadcast monitoring**

In 1997, a scandal broke out in Japan regarding television advertising. At least two stations had been routinely overbooking airtime. Advertisers were paying for thousands of commercials that were never aired [15]. The practice had remained largely undetected for over twenty years, in part because there were no systems in place to monitor the actual broadcast of advertisements.

There are several types of organizations and individuals interested in broadcast monitoring. Advertisers, of course, want to ensure that they receive the airtime purchased from broadcasting firms. Musicians and actors want to ensure that they receive accurate royalty payments for broadcasts of their performances.[1] And copyright owners want to ensure that their property is not illegally rebroadcast by pirate stations.

We can use watermarks for broadcast monitoring by putting a unique watermark in each video or sound clip prior to broadcast. Automated monitoring stations can then receive broadcasts and look for these watermarks, identifying when and where each clip appears. Commercial systems have been deployed for a number of years and the basic concepts have a long history [14, 3, 18, 10, 4].[2]

**2.2 Owner identification**

Although a copyright notice is no longer necessary to guarantee copyrights, it is still recommended. The form of the copyright notice is usually Ò ©date, ownerÓ It is visible on books and photographs. Copyright notices can usually be found preceding the content of videotapes and on the packaging of prerecorded video and music products. One disadvantage of such ÒhardÓ copyright notices is that they can often be removed from the protected material. Packaging can be lost, video programs can be temporally cropped, and images can be spatially cropped. A digital watermark can be used to provide complementary copyright marking functionality because it becomes an integral part of the content, i.e. the copyright information is embedded in the music to suplement the ÒhardÓ notice printedon the packaging.

[1] A recent spot-check by the Screen Actor[illegible] an average of $1000 in underpaid royalties per hour of US television programming [2].

[2] The earliest reference we have found [14] is assigned to the Muzak Corporation, famous for providing Òelevator musicÓ and may be the source of the many rumors that Muzak contained subliminal messages.

图7.5　可见水印

可见水印的特点如下。

- **明显可见**:可见水印在数字媒体内容中是明显可见的,通常以文字、图标、标志或图形等形式呈现。
- **自定义设计**:可见水印的设计通常可以定制,内容所有者可以根据自己的需求和喜好选择水印的外观和样式。
- **信息传达**:可见水印除了标识所有者外,还可以传达其他信息,如版权声明、联系方式等。
- **抵抗修改**:可见水印设计成难以修改或删除,以保证在内容被复制或传播时仍能保持可见。

(2) 不可见水印是一种隐藏在数字媒体内容中的水印,通常不会在普通观看或使用过程中被察觉到,只有经过特定的水印提取算法才能检测到。一张看似普普通通的图片,可能会被收藏,可能会被用作头像,这是没有什么问题的。但是当被用于商业用途时,那就要小心了。不可见水印是一种对图片看不见的保护,这不仅保护了图片,也保护了拥有人的隐私以及合法权利。如图 7.6 所示这张图片是添加了不可见水印的图片，使用 invisible-watermark 库可以从中得到解码的信息“test”。

图 7.6　不可见水印

不可见水印的特点如下。

- **隐蔽性**：不可见水印在数字媒体内容中隐蔽存在，不会影响内容的视觉或听觉感知。
- **信息量大**：不可见水印能够携带大量信息，如版权信息、所有者标识等。
- **鲁棒性**：不可见水印的鲁棒性更多地关注于对抗一些恶意攻击或意外的信号处理操作，如图像压缩、剪切、旋转等。不可见水印通常需要具备一定的抗攻击能力，以保证水印在经历一些常见的处理或攻击后仍然能够被准确检测和提取。
- **提取复杂**：不可见水印的提取通常需要特定的提取算法，只有授权人员才能成功提取水印信息。

不可见水印是一种隐蔽但高效的数字内容标识方式，广泛应用于版权保护、数据管理和内容认证等领域。通过嵌入不可见水印，可以确保数字媒体内容的安全性、可信度和知识产权，为数字内容的保护和管理提供有效的解决方案

**3. 安全性分类**

(1) 强安全水印(Strong Security Watermark)具有高度的抗攻击能力和安全性，能够在面对各种攻击和信号处理操作时保持其完整性和可检测性。这种类型的水印通常采用复杂的算法和技术，包括密码学方法和多种转换技术，以确保水印的安全性和稳定性。强安全水印常用于敏感数据的认证、版权保护等高安全性要求的应用领域。

(2) 普通安全水印(Regular Security Watermark)具有一定的抗攻击能力，但相对于强安全水印而言，其安全性和鲁棒性可能稍低一些。这种类型的水印通常采用中等复杂度的算法和技术，能够抵抗一般的信号处理操作和攻击，但可能会受到一些特定攻击手段的影响。普通安全水印通常用于一般的版权保护、数据认证等应用场景。

(3) 弱安全水印(Weak Security Watermark)具有较低的抗攻击能力，容易受到各种攻击和信号处理操作的影响，甚至可能被攻击者轻易识别、修改或删除。这种类型的水印通常采用简单的算法和技术，主要用于一些不太敏感的数据标识和简单的版权保护，但不适用于对安全性要求较高的场景。

(4) 无安全水印(No Security Watermark)指的是没有任何安全保障措施的水印，容易被攻击者识别、修改或删除，基本上没有任何抵抗攻击的能力。这种类型的水印通常只用于简单

的标识或装饰性用途，不适用于需要保护内容安全的场景。

### 7.1.3　数据水印工作流程

**1. 水印嵌入阶段**

数据水印嵌入阶段是将预先生成的水印信息嵌入原始数据中的过程。在这个阶段，首先需要选择合适的水印算法和方法，然后将生成的水印信息嵌入原始数据中。嵌入水印的过程需要考虑数据的容量、稳定性和不可感知性等因素，以确保水印对数据的影响最小化，同时能够有效地提供所需的信息。水印嵌入完成后，数据即包含嵌入的水印信息，可以在后续的使用、传输或分享中被检测和提取出来，用于验证数据的真实性、完整性或来源。

**2. 水印提取阶段**

水印提取阶段是从含有水印的数据中提取出水印信息的过程。在这个阶段，首先需要通过特定的水印提取算法或工具，从含水印的数据中提取出水印信息。提取水印的过程可能涉及数据的解码、检测和校验等步骤，以确保提取的水印信息的准确性和完整性。提取出的水印信息可以与预先设定的水印进行比对，用于验证数据的真实性、完整性或来源。水印提取的结果可以用于采取相应的行动，例如，确认数据的真实性、追踪数据的使用情况等。

**3. 水印验证阶段**

水印验证阶段是对从含有水印的数据中提取出的水印信息进行验证的过程。在这个阶段，提取出的水印信息将与预先设定的水印进行比对，以验证数据的真实性、完整性或来源。验证水印的过程可能涉及对水印信息的解码、比对和校验等步骤，以确保提取的水印信息与预期的水印一致。通过水印验证，可以确认数据是否经过篡改或伪造，并确定数据的原始来源和完整性，从而提高数据的可信度和安全性。

## 7.2　数据水印嵌入

### 7.2.1　水印信息预处理

水印信息预处理是数据水印技术中的关键步骤，旨在准备水印信息以便后续的嵌入和提取。此阶段涵盖了选择水印信息类型、对水印信息进行编码、加密、调整和生成水印密钥等关键任务。通过对水印信息进行适当的处理和调整，可以确保水印在嵌入和提取过程中的稳定性、不可感知性和安全性，从而提高数据水印技术的可靠性和有效性。

**1. 水印信息编码**

数据编码是将水印信息转换为数字形式的过程，以便与原始数据进行合并。通过数据编码，可以确保水印信息在嵌入和提取过程中能够被正确解析和处理，从而保证水印的完整性和准确性，并提高嵌入效率和提取准确度。确保水印信息在编码过程中不丢失、不损坏，以保持其原始含义。可以通过合适的编码方式，提高水印信息的嵌入和提取效率，减少误差。

(1) 文本编码：将文本信息转换为二进制形式，如 ASCII 码、UTF-8 等。这样的编码方式可以确保文本信息在数字环境中的正确表示。

(2) 图像编码：对图像水印进行编码，如使用 JPEG、PNG 等格式。通过图像编码，可以将图像水印转换为数字图像的表示形式，以便与原始图像进行合并。

(3) 音频编码：对音频水印进行编码，如使用 PCM、MP3 等格式。音频编码将音频水印转换为数字音频数据，使其可以与原始音频数据进行无缝集成。

举例来说，对于网址这样的文本信息，可以先将其转换为二进制形式，然后再将二进制编码的数据与原始数据进行合并。例如，原始数据中的网址"www. example. com"可以通过ASCII码转换为二进制形式，再与原始数据进行合并。对于图像和音频水印，也可以采用类似的编码方法将其转换为数字形式，再与原始数据进行融合。

通过适当的数据编码方法，可以确保水印信息与原始数据的无缝集成，从而实现对数据的有效保护和管理。

**2. 水印信息加密**

数据加密是确保水印信息安全性的重要步骤，通过加密可以防止未经授权的访问者获取敏感信息，并保护数据的机密性和完整性。在水印嵌入和提取过程中，数据加密可以确保水印信息的安全传输和存储，同时防止数据被篡改或损坏。

加密过程中，常用的密码学算法包括MD5、Hash、AES等，这些算法可以对敏感数据进行加密操作，生成无法直接解析的密文数据。外部未经授权的用户只能访问到无实际意义的密文数据，而无法获取敏感数据的原始内容。同时，可以为特定需求提供解密能力，以恢复敏感数据的原始内容。

例如，可以通过将原始数据中的字符映射到另一个十六进制字符的方式，对原始数据进行混淆，从而达到脱敏的目的。这种方法适用于数据存储的场景，如对网址进行符号化处理，将其变成不可读的十六进制字符串。

在数据加密过程中，密钥的生成和管理也至关重要。密钥是用于加密和解密数据的关键，应该采用安全的方式生成和存储，以确保数据的安全性。

通过数据加密，可以有效保护水印信息的安全性，防止数据泄露和篡改，确保数据的安全传输和存储。

**3. 水印信息压缩**

数据压缩是对水印信息进行处理的关键步骤之一，其目的在于减少数据量并提高嵌入效率。通过数据压缩，可以有效地减少水印信息的存储空间和传输带宽，同时提高水印嵌入和提取的效率，如图7.7所示。

在数据压缩过程中，通常采用无损压缩和有损压缩两种方式。

(1) 无损压缩：无损压缩技术通过去除数据中的冗余信息来实现数据的压缩，同时保证数据的完整性和准确性。常用的无损压缩算法包括Huffman编码、LZW算法等。

(2) 有损压缩：有损压缩技术通过牺牲一定的数据信息质量来实现数据的压缩，从而达到更高的压缩比率。常用的有损压缩算法包括JPEG、MP3等。

数据压缩的优势主要体现在以下几方面。

**减少数据量**：压缩后的水印信息占用更少的存储空间，降低了数据传输和存储的成本。

**提高嵌入效率**：压缩后的数据量更小，嵌入原始数据中的过程更加高效，加快了水印嵌入和提取的速度。

举例来说，对于文本水印信息，可以使用Huffman编码将文本信息进行压缩，去除冗余信息，并保证数据的完整性。对于图像和音频水印，可以采用JPEG和MP3等有损压缩算法，通过牺牲一定的数据质量来达到更高的压缩比率，从而减少数据量并提高嵌入效率。通过数据压缩技术，可以有效地减少水印信息的存储空间和传输带宽，并提高水印嵌入和提取的效率，从而实现对数据的有效管理和保护。

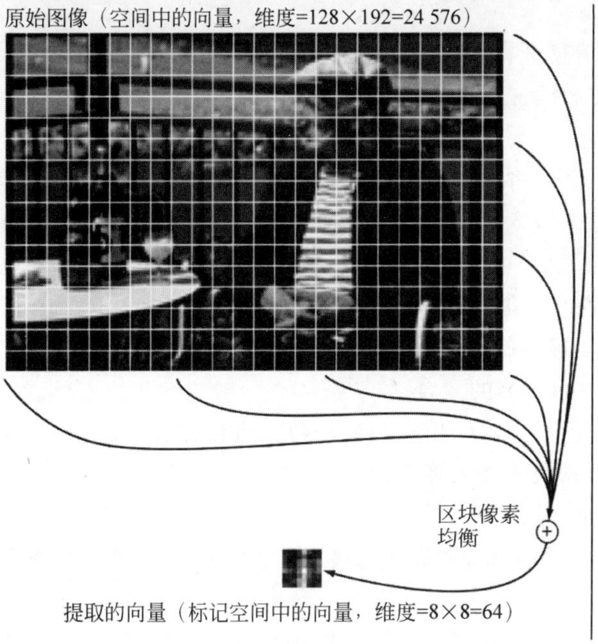


图 7.7 图像压缩

## 7.2.2 水印嵌入算法

水印嵌入算法是数据水印技术中的关键部分，用于将预处理后的水印信息嵌入原始数据中。这些算法通常基于特定的嵌入策略和算法设计，以最小化对原始数据的影响并保证水印信息的可靠性和稳定性。水印嵌入算法可以根据数据类型和应用场景的不同采用不同的技术，如在图像中可以采用空域水印技术或者扩频水印技术，而在音频中可能采用时域水印技术、频域水印技术。通过水印嵌入算法，可以将水印信息与原始数据融合在一起，实现数据水印的嵌入，从而实现对数据的版权保护、身份验证或内容追踪等目的。

**1. 空域水印嵌入算法**

空域水印嵌入算法是一种常用的数据水印嵌入技术，直接在原始数据的空域中嵌入水印信息。这种算法通常通过修改原始数据的像素值或添加微小的扰动来嵌入水印，使得水印信息在视觉上不易察觉。在图像中，空域水印嵌入算法可以在图像的像素值中加入水印信息，例如，调整像素的灰度值或颜色分量。在视频中，可以对视频帧的像素进行类似的处理。空域水印嵌入算法具有简单高效的特点，适用于许多图像和视频的水印嵌入应用场景，但在一些情况下可能受到图像处理技术的影响而失效。

如图 7.8 所示，十进制的 235 表示的是绿色，虽然修改了在二进制中的最低位，但颜色没有太大变化，以此实现信息的隐写。

以下是空域水印嵌入算法的详细步骤。

(1) 选择嵌入位置。

在原始数据中选择合适的位置进行水印信息的嵌入。选择的位置应该具有足够的容量来嵌入水印信息，并且对原始数据的质量影响较小。常见的选择包括图像的像素值、文本的字符等。

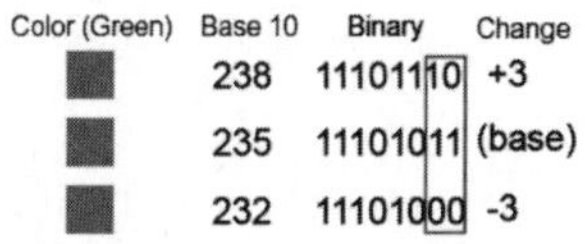

Color (Green)
Base 10
Binary
Change
238
11101110
+3
235
11101011
(base)
232
11101000
-3


图 7.8 LSB 替换

(2) 水印信息编码。

将要嵌入的水印信息进行编码,以便嵌入原始数据中。编码过程通常包括将水印信息转换为二进制形式,以便后续嵌入。

(3) 嵌入水印信息。

在选定的嵌入位置中,将编码后的水印信息嵌入原始数据中。在图像中,可以通过修改像素的 RGB 值或灰度值来嵌入水印信息;在文本中,可以通过修改字符的一些属性或位置来嵌入水印信息。

(4) 计算嵌入位置的容量。

确定选定位置可以容纳的水印信息的大小,确保不会造成数据溢出。

(5) 水印信息与原始数据的融合。

根据选定位置的特点,将水印信息与原始数据进行融合。这可以是简单地替换、修改像素值的操作,也可以是更复杂的嵌入算法。

(6) 调整嵌入参数。

根据需要,调整嵌入的参数,如嵌入强度、密度等,以达到更好的嵌入效果。

(7) 验证水印嵌入。

在完成水印嵌入后,需要对嵌入后的数据进行验证,以确保水印信息已经成功地嵌入原始数据中,并且不会对数据的质量产生明显影响。这可以通过提取嵌入的水印信息,并与原始水印进行比较来实现。

在空域水印嵌入算法中,LSB(Least Significant Bit)替换是一种常见且简单的技术,用于将水印信息嵌入原始数据中。LSB 替换的基本思想是将原始数据中最不重要的比特位替换为水印信息,从而在视觉上不影响原始数据的质量,但可以隐藏水印信息。LSB 算法利用了数字图像在人眼中的灵敏度有限的特点,通过微小地修改图像像素的最低位来隐藏信息。由于人眼对最低位的变化不敏感,因此修改后的图像在视觉上几乎无法与原始图像区分开来。

LSB 算法的嵌入过程分为以下步骤。

(1) 将待隐藏信息转换为二进制形式。

(2) 遍历载体图像的每个像素,将待隐藏信息的比特依次嵌入每个像素的 RGB 分量的最低位中。

(3) 保存修改后的图像,即完成了信息隐藏。

以下是使用 Python 实现 LSB 算法的简单示例。

```
from PIL import Image
def encode_message(image_path, message, output_path):
    #打开载体图像
    img = Image.open(image_path)
    width, height = img.size
    #将待隐藏信息转换为二进制
    binary_message = ''.join(format(ord(char), '08b') for char in message)
    #遍历载体图像的每个像素,将待隐藏信息的比特依次嵌入最低位中
    data_index = 0
    for y in range(height):
        for x in range(width):
            pixel = list(img.getpixel((x, y)))          #获取像素值(RGB)
            for i in range(3):                          #遍历 RGB 三个通道
                if data_index < len(binary_message):
                    #将消息的比特依次嵌入最低位中
                    pixel[i] = pixel[i] & ~1 | int(binary_message[data_index])
```

```
                    data_index += 1
                img.putpixel((x, y), tuple(pixel))          #更新像素值
    #保存修改后的图像
    img.save(output_path)
def decode_message(image_path):
    #打开图像
    img = Image.open(image_path)
    width, height = img.size
    #提取图像中的隐藏信息
    binary_message = ''
    for y in range(height):
        for x in range(width):
            pixel = img.getpixel((x, y))                    #获取像素值(RGB)
            for i in range(3):                              #遍历 RGB 三个通道
                binary_message += str(pixel[i] & 1)         #提取最低位信息
    #将二进制信息转换为文本
    message = ''
    for i in range(0, len(binary_message), 8):
        byte = binary_message[i:i+8]
        message += chr(int(byte, 2))
    return message
#示例用法
if __name__ == "__main__":
    #嵌入信息
    encode_message('carrier_image.png', 'Hello, world!', 'output_image.png')
    #提取信息
    decoded_message = decode_message('output_image.png')
    print("Extracted message:", decoded_message)
```

在这个示例中实现了 LSB 算法的嵌入和提取过程,包括打开图像、将信息转换为二进制、遍历像素并嵌入信息、提取隐藏信息等步骤。

优点:

- **简单易实现**:LSB 替换算法相对简单,易于实现。
- **隐蔽性较好**:由于替换的比特位对原始数据的影响较小,因此水印相对隐蔽,不易被发现。

缺点:

- **容易受到攻击**:LSB 替换算法容易受到攻击,例如,直方图分析、噪声添加等攻击会破坏水印的鲁棒性。
- **嵌入容量有限**:由于只替换了最不重要的比特位,嵌入的水印容量有限,不能携带大量的信息。
- **易失真**:如果嵌入强度过高,可能会导致原始数据的失真,影响数据质量。

LSB 替换算法在一些简单场景下仍然具有一定的应用价值,但在对水印鲁棒性和嵌入容量要求较高的情况下,通常需要结合其他更复杂的水印嵌入算法。

**2. 频域水印嵌入算法**

频域水印嵌入算法是一种常用的数据水印嵌入技术,通过对原始数据进行频域变换,将水印信息嵌入频域表示中。这种算法通常使用傅里叶变换或小波变换等技术,将原始数据转换到频域空间,然后在频域表示中嵌入水印信息,最后再进行逆变换将修改后的频域数据转换回空域表示。频域水印嵌入算法具有较好的鲁棒性和隐蔽性,对图像和音频等数据类型都适用,并且对一些常见的图像处理操作具有一定的抵抗能力,因此在许多数字水印应用中得到广泛应用。与空域水印算法不同,频域水印算法需要将原始数据转换到频域表示中,然后在频域中

嵌入水印信息。

DCT 算法是一种常用的频域水印嵌入方法。它将图像分块，并对每个块进行 DCT 变换。然后，在 DCT 系数域中嵌入水印信息，通常是修改低频系数。由于 DCT 变换的能量集中在低频区域，因此在低频系数中嵌入水印可以提高水印的鲁棒性。

Python 实现离散余弦变换算法的示例代码如下。

```
import math
def dct2(block):
    """
    对 8×8 的块进行二维离散余弦变换(DCT)。
    参数:
        block: 8×8 的二维数组,表示一个图像块

    返回值:
        dct_block: 变换后的 DCT 系数块
    """
    #初始化 DCT 系数块
    dct_block = [[0] * 8 for _ in range(8)]
    #计算 DCT 系数块
    for u in range(8):
        for v in range(8):
            sum_val = 0
            for i in range(8):
                for j in range(8):
                    #DCT 公式中的内部求和部分
                    sum_val += block[i][j] * math.cos((2 * i + 1) * u * math.pi / 16) *
math.cos((2 * j + 1) * v * math.pi / 16)
            #计算 DCT 系数块中的每个元素
            if u == 0:
                cu = 1 / math.sqrt(2)
            else:
                cu = 1
            if v == 0:
                cv = 1 / math.sqrt(2)
            else:
                cv = 1
            dct_block[u][v] = cu * cv / 4 * sum_val
    return dct_block
def idct2(dct_block):
    """
    对 DCT 系数块进行二维逆离散余弦变换(IDCT)。

    参数:
        dct_block: DCT 系数块

    返回值:
        block: 逆变换后的图像块
    """
    #初始化图像块
    block = [[0] * 8 for _ in range(8)]

    #计算逆 DCT 变换
    for i in range(8):
        for j in range(8):
            sum_val = 0
            for u in range(8):
                for v in range(8):
                    if u == 0:
```

```
                        cu = 1 / math.sqrt(2)
                    else:
                        cu = 1
                    if v == 0:
                        cv = 1 / math.sqrt(2)
                    else:
                        cv = 1
                    #逆 DCT 公式中的内部求和部分
                    sum_val += cu * cv / 4 * dct_block[u][v] * math.cos((2 * i + 1) * u * math.pi / 16) * math.cos((2 * j + 1) * v * math.pi / 16)
            #计算逆变换后的图像块中的每个元素
            block[i][j] = round(sum_val)     #四舍五入取整
    return block
#示例用法
if __name__ == "__main__":
    #创建一个 8×8 的测试图像块
    test_block = [[255] * 8 for _ in range(8)] #生成一个全白的图像块
    #对测试图像块进行 DCT 变换
    dct_coefficients = dct2(test_block)
    #对 DCT 系数块进行逆 DCT 变换
    reconstructed_block = idct2(dct_coefficients)
    #打印原始图像块和重构图像块的差异
    print("Original block:")
    for row in test_block:
        print(row)
    print("\nReconstructed block:")
    for row in reconstructed_block:
        print(row)
```

图 7.9 展示了频域水印技术在图像处理中的应用。图 7.9(a)是一张船只的图像,作为水印嵌入的原始载体。图 7.9(b)通过傅里叶变换将原始图像转换到频域,显示了图像的频率分量。频域图像通常看起来比较抽象,包含了图像的频率信息。图 7.9(c)经过处理,如压缩、滤波或其他信号处理操作。图 7.9(d)是经过处理的图像的频域图,可以与原始图像的频域图进行比较,以观察处理对频域的影响。

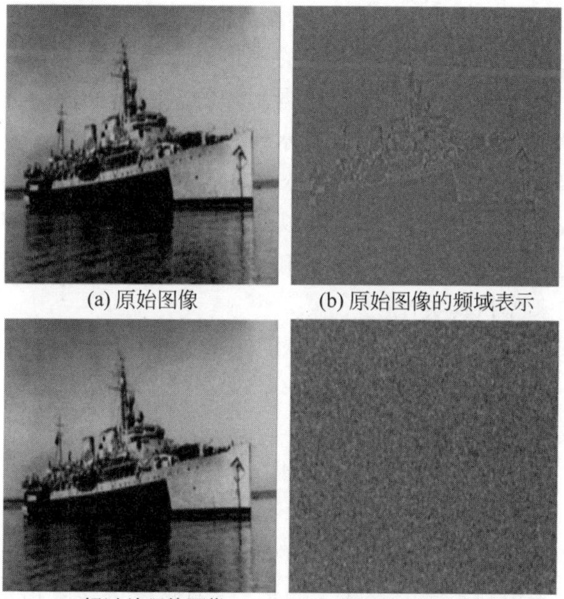

(a) 原始图像　(b) 原始图像的频域表示

(c) 经过处理的图像　(d) 处理后图像的频域表示

图 7.9　频域水印

以下是频域水印嵌入算法的基本步骤。

(1) 频域转换。将原始数据转换到频域表示，常用的转换方法包括傅里叶变换(Fourier Transform)和离散余弦变换(Discrete Cosine Transform，DCT)。这些变换将数据从时域(时间域)转换到频域(频率域)，使得数据的特征以频率分布的形式呈现。

(2) 水印信息编码。将要嵌入的水印信息进行编码，通常将其转换为频域表示以便与原始数据进行合并。水印信息的编码过程可能需要考虑到频域转换后的特性，以确保嵌入后的水印能够在提取时被准确识别。

(3) 择嵌入位置。在频域表示中选择合适的位置嵌入水印信息。这通常需要考虑到频域系数的敏感性和鲁棒性，以及对原始数据的影响程度。

(4) 嵌入水印信息。将编码后的水印信息嵌入选定的频域位置中。嵌入的方式可以是简单的加法、乘法或修改频域系数的幅度和相位等。

(5) 逆频域转换。将嵌入了水印信息的频域数据转换回时域表示，恢复原始数据的格式和结构。

(6) 验证嵌入效果。在完成水印嵌入后，需要对嵌入后的数据进行验证，以确保水印信息已经成功地嵌入原始数据中，并且对数据的质量影响较小。

频域水印嵌入的重点算法包括频域转换算法、水印信息编码算法、嵌入位置选择算法、嵌入策略设计算法和嵌入效果验证算法。这些算法共同构成了频域水印嵌入的核心，通过合理选择和设计这些算法，可以实现对数据的有效保护和管理。

# 7.3 数据水印提取

## 7.3.1 水印检测的基本原理

数据水印提取是指从包含水印的数字媒体中检测、识别和提取水印信息的过程。这一过程是数字水印技术的关键环节之一，允许合法的用户或系统从嵌入了水印的媒体中提取出水印信息，以进行身份验证、版权保护、内容认证等应用。

在数据水印提取过程中，通常会使用特定的提取算法或技术来分析嵌入了水印的数字媒体，并从中提取出水印信息。这些算法可能根据水印的嵌入方式、特征以及可能的攻击情况等因素而有所不同，包括**盲水印提取算法**和**非盲水印提取算法**等。

数据水印提取的结果通常是原始水印或水印相关的信息，可以被用于不同的应用场景。例如，在版权保护方面，提取出的水印信息可以用于验证数字内容的所有权；在内容认证方面，水印信息可以用于验证数字内容的完整性和真实性；在数字取证方面，水印信息可以用于追踪和证实数字证据的来源和真实性。

数据水印提取的基本原理是通过分析数字媒体中隐藏的水印信息，识别出水印的存在并将其提取出来。

这一过程通常涉及以下几个基本步骤。

(1) 特征提取。首先，从包含水印的数字媒体中提取出可能与水印相关的特征。这些特征可能包括图像、音频、视频或文本等不同媒体类型的特征，如频谱、像素值、字节序列等。

(2) 水印检测。通过分析提取的特征，检测数字媒体中是否存在水印。这可能涉及使用特定的检测算法或技术来识别水印的存在。例如，检测图像中像素值的微小变化或音频中频谱的异常。

(3) 水印提取。一旦水印被检测到，接下来是从数字媒体中提取水印信息。这通常涉及使用特定的提取算法或技术，根据水印的嵌入方式和特征来恢复原始的水印信息。

(4) 验证和重建。提取的水印信息可能需要经过验证以确保准确性和完整性。在一些情况下，可能需要对提取的水印信息进行重建或修复，以弥补可能的损失或损坏。

### 7.3.2 盲水印提取算法

盲水印提取算法是一种能够在不需要原始水印或额外信息的情况下，直接从载体中提取水印的算法。这种算法对于数字水印技术的发展至关重要，因为它允许接收方在没有访问水印生成过程或额外信息的情况下，仅通过接收到的水印载体进行水印提取。

#### 1. 统计特征方法

基于统计特征的方法是一种盲水印提取方法，它利用图像的统计属性来提取水印信息，而无须访问原始水印信息。这些统计属性通常包括图像的平均值、方差、相关系数等。

具体来说，统计特征的方法包括以下步骤。

(1) 统计分析：首先对载体图像进行统计分析，了解其特性和可能存在的水印变化。这可能包括分析图像的像素值分布、颜色空间、频谱特征等。

(2) 水印检测：基于对载体图像的统计分析，识别可能存在的水印信号。这可以通过比较载体图像的特定统计特征（如平均值、方差等）与预期的水印特征进行实现。

(3) 提取过程：一旦检测到可能的水印信号，接下来是通过统计特征的变化来确定水印的存在与否以及水印的内容。提取过程可能包括提取图像的平均值、方差等统计特征，并与未嵌入水印的图像进行比较。

(4) 水印提取：根据比较结果，提取隐藏在图像中的水印信息。这可能需要进一步的分析和处理，以确定水印的完整性和正确性。

基于统计特征的方法通过分析图像的统计属性来提取水印信息，其核心思想是利用水印嵌入过程中对图像的微小影响来实现水印提取，而无须访问原始水印信息。

基于统计特征的盲水印提取方法具有以下特点。

- **不需要原始水印信息**：不需要访问原始水印信息即可提取水印，更加安全可靠。
- **简单高效**：提取过程相对简单，只需要对图像的统计特征进行分析和比较，实现起来比较容易。
- **适用范围广**：适用于各种类型的数字媒体，包括图像、音频、视频等，因为统计特征在不同类型的媒体中都是普遍存在的。
- **鲁棒性较强**：对于一定程度的图像变换和攻击具有一定的鲁棒性，可以保持一定的提取准确性。
- **对图像变换敏感**：虽然具有一定的鲁棒性，但仍然对图像的一些变换敏感，如压缩、旋转等操作可能会影响提取的准确性。

#### 2. 特征域方法

**特征域方法**是一种常用的数字水印提取算法，它利用数字媒体在特定域（如频域、空域等）中的特征来提取水印信息。这种方法通常涉及对数字媒体进行变换或分析，以突出水印嵌入的特征，并通过相应的处理方法将水印提取出来。

特征域方法的一般步骤如图 7.10 所示。

(1) 变换域转换：首先，将数字媒体（如图像、音频或视频）转换到特定的变换域中，如傅

图 7.10　特征域方法的一般步骤

里叶域、小波域等。这些变换通常能够将数字媒体的特征表现得更明显，从而更容易提取水印。

(2) 特征突出：在变换域中，水印通常会引入特定的变化或特征，例如，频谱的微小变化、小波系数的差异等。特征域方法通过分析这些特征，将水印从背景噪声中突出出来。

(3) 水印提取：一旦水印的特征被突出出来，接下来就是利用相应的提取算法将水印信息提取出来。这可能涉及对特征进行逆变换或解码，以恢复原始的水印信息。

(4) 验证和应用：提取出的水印信息可能需要经过验证以确保准确性和完整性。最终，水印信息可以用于各种应用，如版权保护、内容认证、身份验证等。

**特征域方法**在数字水印提取中具有以下几个特点。

- 适用性广泛：特征域方法适用于各种不同类型的数字媒体，包括图像、音频、视频等，以及各种不同类型的水印。这种方法可以根据具体的媒体和水印特性选择合适的特征域和处理方法，因此具有较广泛的适用性。
- 高提取性能：特征域方法能够从数字媒体中有效地提取出水印信息。通过在特征域中突出水印的特征并进行相应的处理，这种方法能够在不损失水印信息质量的情况下实现高效的水印提取。
- 抗攻击能力：特征域方法通常具有一定的抗攻击能力，能够在一定程度上抵抗常见的攻击，如压缩、旋转、加噪声等。这是因为水印通常会以特定的方式嵌入数字媒体的特征域中，使得水印在受到一些常见攻击时仍然能够被有效提取。
- 灵活性：特征域方法具有较高的灵活性，能够根据具体的应用需求和水印特性选择合适的特征域和处理方法。这使得该方法在不同的应用场景和媒体类型下都能够灵活地应用，并取得良好的效果。
- 理论基础强：特征域方法通常建立在坚实的数学和信号处理理论基础之上，如傅里叶变换、小波变换等。这些理论基础能够有效地支撑特征域方法的实现和优化，使其具有更好的水印提取性能和可靠性。

综上所述，特征域方法具有适用性广泛、高提取性能、抗攻击能力强、灵活性高和理论基础强等特点，使得它成为数字水印领域中一种重要且有效的水印提取方法。

**3. 信息论方法**

信息论方法是一种基于信息论原理和技术的数字水印提取方法。信息论是研究信息传输、存储和处理的数学理论，其主要研究对象是信息的量、传输和存储的效率等。在数字水印领域，信息论方法利用信息论的相关概念和方法，通过对数字媒体和水印之间的统计关系进行建模和分析，实现水印信息的提取。

信息论方法的主要思想是利用数字媒体和水印之间的统计特性，通过数学建模和推导提取算法来实现对水印信息的提取。这种方法通常涉及对数字媒体和水印的概率分布、相关性等进行建模，并利用信息论的相关理论和方法推导出最优的水印提取算法。信息论方法通常能够在不依赖额外信息的情况下，从数字媒体中提取出水印信息，具有一定的抗攻击能力和提取性能。

信息论方法的基本步骤如下。

(1) 建立数学模型：首先，需要对数字媒体和水印之间的统计关系进行数学建模。这包括分析数字媒体的统计特性、水印的嵌入方式以及可能的攻击模型等。建立良好的数学模型是信息论方法的基础，它为后续的水印提取算法设计提供了理论支持。

(2) 推导提取算法：基于建立的数学模型，可以使用信息论的相关理论和方法推导出水印提取的最优算法。这可能涉及使用最大似然估计、条件熵最小化等统计方法来设计提取算法，从而实现对水印信息的有效提取。

(3) 优化设计：设计提取算法时需要考虑到数字媒体可能存在的各种噪声和干扰，以及可能的攻击模型。因此，需要对提取算法进行优化设计，使其能够在噪声环境和攻击条件下保持较高的提取性能和鲁棒性。

(4) 实现和验证：设计好的提取算法需要进行实际的实现和验证。这可能涉及使用计算机编程语言实现提取算法，并对其进行测试和验证，以确保算法能够在实际应用中有效地提取出水印信息。

信息论方法在数字水印领域具有重要的意义，它为数字水印的设计和实现提供了理论基础和方法支持。通过利用信息论方法，研究人员能够深入理解数字水印在媒体中的传播和提取过程，设计出更加有效和鲁棒的水印提取算法，从而实现对数字内容的保护、认证和管理。

### 7.3.3 非盲水印提取算法

非盲水印提取算法是一种数字水印技术，与盲水印提取算法相对应。在非盲水印提取算法中，通常需要在提取水印之前，获取一些关于水印的先验信息或辅助数据。这些信息可以是原始水印、水印密钥或者其他相关的辅助信息。与盲水印提取相比，非盲水印提取通常能够实现更高的提取准确度和鲁棒性，但是需要额外的辅助信息来实现水印提取。

**1. 基于密钥的提取算法**

水印密钥是用于数字水印技术中的一种关键参数，用于加密、嵌入和提取数字水印信息。它类似于密码学中的密钥，是在数字水印方案中用于保护水印信息安全性的重要组成部分。

水印密钥通常由发送方(水印嵌入者)和接收方(水印提取者)协商生成。它们需要在通信前约定好，确保双方能够使用相同的密钥进行水印嵌入和提取。水印密钥通常是一个随机的、秘密的、长度较长的字符串或数字序列。

基于水印密钥的提取算法是一种常见的非盲水印提取方法，它利用在水印嵌入时使用的密钥信息来提取水印。这种算法通常需要在水印嵌入和提取的过程中使用相同的密钥来确保提取的正确性和安全性。

水印密钥提取算法的基本步骤如下。

(1) 密钥生成：首先，需要生成用于水印嵌入和提取的密钥。密钥的生成通常需要使用安全的随机数生成算法，以确保密钥的安全性和随机性。

(2) 水印嵌入：在水印嵌入过程中，将生成的密钥作为参数传入水印嵌入算法中。水印嵌入算法将利用密钥信息来确定水印的嵌入位置和嵌入方式，以确保水印能够在数字媒体中正确嵌入，并且对外界攻击具有一定的抵抗能力。

(3) 数字媒体载入：在水印提取过程中，首先需要将包含水印的数字媒体载入提取系统中，准备进行水印提取操作。

(4) 水印检测：在载入数字媒体后，首先需要进行水印检测，以确定该数字媒体中是否存在水印。检测过程中，使用与水印嵌入时相同的密钥来检测水印的存在。

(5) 水印提取：一旦水印被检测到，接下来就是使用相同的密钥来提取水印。提取算法将使用相同的密钥来确定水印的提取位置和提取方式，以确保成功提取水印信息。

(6) 验证和应用：最后，提取出的水印信息可以用于各种应用，如版权保护、内容认证、身份验证等。水印信息的应用取决于具体的应用场景和需求。

基于水印密钥的提取算法通常能够实现较高的提取准确度和安全性，因为水印密钥通常是保密的，只有使用正确的密钥才能成功提取出水印信息。因此，这种算法在一些对安全性要求较高的场景中得到了广泛应用。

```
import hashlib
def extract_watermark(image, key):
    #假设 image 是包含水印的图像
    #从图像中提取水印的过程
    #使用密钥生成哈希值
    hash_key = hashlib.sha256(key.encode()).digest()
    #使用哈希值作为密钥提取水印
    watermark = process_watermark(image, hash_key)
    return watermark
def process_watermark(image, key):
    #这里是水印提取的具体过程,可以根据实际需求编写
    return key
#测试
image = "path_to_image.jpg" #假设这是包含水印的图像文件路径
key = "secret_key"          #假设这是用于提取水印的密钥
watermark = extract_watermark(image, key)
print("提取的水印信息:", watermark)
```

该算法使用密钥来生成哈希值，然后将哈希值作为密钥用于水印提取过程。这样做的目的是确保水印提取过程与水印嵌入时使用的密钥相匹配，从而确保正确提取水印。基于水印密钥的提取算法的特点如下。

- **提取准确度高**：由于提取过程需要正确的水印密钥来解密嵌入的水印信息，因此基于水印密钥的提取算法通常具有较高的提取准确度。只有使用正确的密钥，才能成功提取出水印，从而保证了提取的准确性。
- **安全性高**：水印密钥通常是保密的，只有授权的用户才能获取到正确的密钥。因此，基于水印密钥的提取算法具有较高的安全性，能够防止未经授权的用户对水印进行提取。
- **抗攻击能力强**：由于提取过程需要正确的水印密钥，基于水印密钥的提取算法通常具有较强的抗攻击能力。即使数字媒体受到了一定程度的攻击，只要水印密钥没有泄露，就可以保证水印信息的安全和完整性。
- **适用性广泛**：基于水印密钥的提取算法适用于各种不同类型的数字媒体和水印，无论是图像、音频、视频还是文本等。只要使用正确的水印密钥，就可以在不损失水印信息质量的情况下成功提取出水印。
- **实现简单**：相比于其他复杂的水印提取算法，基于水印密钥的提取算法通常实现较为简单。提取过程主要涉及使用正确的密钥进行解密操作，因此算法实现相对直接且易于理解。

基于水印密钥的提取算法具有提取准确度高、安全性高、抗攻击能力强、适用性广泛和实

现简单等特点，是一种常用且有效的非盲水印提取算法。

**2. 基于模板的提取算法**

基于模板的提取算法是一种数字水印提取方法，它通过与预先定义的水印模板进行匹配来实现水印信息的提取。这种方法通常涉及以下步骤。

(1) 模板设计：首先，需要设计和生成水印模板。水印模板是一个特定的图案或特征，用于识别和提取数字媒体中嵌入的水印。模板设计可能涉及选择合适的水印特征、确定模板的大小和形状等。

(2) 数字媒体载入：将包含水印的数字媒体载入提取系统中，准备进行水印提取操作。

(3) 模板匹配：在数字媒体中，使用预先定义的水印模板进行匹配。这可能涉及在数字媒体中搜索与水印模板相匹配的区域，并使用相应的匹配算法进行比较和识别。

(4) 水印提取：一旦找到与水印模板相匹配的区域，接下来就是提取水印信息。通常，提取过程涉及对匹配区域进行一系列处理，以恢复原始的水印信息。

(5) 验证和应用：最后，提取出的水印信息可以用于各种应用，如版权保护、内容认证、身份验证等。水印信息的应用取决于具体的应用场景和需求。

```
import cv2
#读取带水印的图像和水印模板
watermarked_image = cv2.imread('watermarked_image.png', cv2.IMREAD_GRAYSCALE)
watermark_template = cv2.imread('watermark_template.png', cv2.IMREAD_GRAYSCALE)
#执行模板匹配
result = cv2.matchTemplate(watermarked_image, watermark_template, cv2.TM_CCOEFF_NORMED)
min_val, max_val, min_loc, max_loc = cv2.minMaxLoc(result)
#提取水印位置
watermark_position = max_loc
#在原始图像上绘制水印位置
watermarked_image_with_marker = cv2.cvtColor(watermarked_image, cv2.COLOR_GRAY2BGR)
cv2.rectangle(watermarked_image_with_marker, watermark_position, (watermark_position[0] + watermark_template.shape[1], watermark_position[1] + watermark_template.shape[0]), (0, 255, 0), 2)

#显示带水印位置标记的图像
cv2.imshow('Watermarked Image with Marker', watermarked_image_with_marker)
cv2.waitKey(0)
cv2.destroyAllWindows()
```

需要注意的是，模板匹配算法的性能受到图像噪声、图像变形、光照变化等因素的影响，因此在实际应用中可能需要结合其他图像处理技术来提高水印提取的准确性和鲁棒性。

基于模板的提取算法依赖于预先定义的水印模板，并通过模板匹配的方式来识别和提取数字媒体中的水印信息。这种方法通常具有较高的准确性和鲁棒性，适用于对水印嵌入过程有较好控制和预测的场景。

**3. 基于伪随机序列的提取算法**

伪随机序列是一种看似随机但实际上是通过确定性算法生成的序列。与真随机序列不同，伪随机序列的生成是可预测的，因为它们是通过一个确定的起始点(称为种子)和一个确定的算法生成的。然而，好的伪随机序列生成算法会表现出许多类似于真随机序列的特性，如平均分布、周期性和统计独立性等。

```
import math
#伪随机序列生成函数
def pseudo_random_sequence(length, seed):
    random_sequence = []                          #初始化空列表用于存储随机序列
    for i in range(length):
        #使用余弦函数生成伪随机序列
        value = math.cos(seed + i)                #以 seed + i 为参数计算余弦值
        if value >= 0:
            random_sequence.append(1)             #如果余弦值大于或等于 0,添加 1 到随机序列
        else:
            random_sequence.append(0)             #否则添加 0 到随机序列
    return random_sequence
#水印提取函数
def watermark_extraction(image, seed, watermark_length):
    #生成伪随机序列
    random_sequence = pseudo_random_sequence(watermark_length, seed)
    #提取水印
    extracted_watermark = []
    for i in range(watermark_length):
        if random_sequence[i] == 1:
            extracted_watermark.append(image[i])
    return extracted_watermark
#示例用法
image = [0.1, 0.2, 0.3, 0.4, 0.5]                 #假设这是图像中的像素值
seed = 123                                        #随机数种子
watermark_length = 3                              #水印长度
extracted_watermark = watermark_extraction(image, seed, watermark_length)

print("提取的水印信息:", extracted_watermark)
```

在这个示例中使用 math.cos()函数生成伪随机序列,利用余弦函数产生一系列随机值。然后,根据生成的随机序列来提取水印信息。最后,演示了如何使用这个水印提取函数来提取图像中的水印信息。

基于伪随机序列的提取算法是一种数字水印提取方法,它利用伪随机序列来辅助提取水印信息。以下是基于伪随机序列的提取算法的基本原理和步骤。

(1) 水印嵌入时使用伪随机序列:在水印嵌入过程中,采用伪随机序列作为嵌入密钥或扰动序列。这个伪随机序列是根据水印嵌入时使用的密钥或参数生成的,具有一定的随机性和不可预测性。

(2) 提取过程中利用相同的伪随机序列:在提取过程中,同样使用相同的伪随机序列来辅助水印的提取。提取算法利用这个伪随机序列来识别和定位水印信息,从而实现水印的提取。

(3) 生成和匹配伪随机序列:提取算法首先根据相同的密钥或参数生成与水印嵌入时使用的伪随机序列相同的序列。然后,通过在数字媒体中搜索和匹配这个伪随机序列,来定位和提取水印信息。

(4) 水印提取和验证:一旦找到匹配的伪随机序列,接下来就是提取水印信息。提取过程可能涉及对匹配区域进行一系列处理,以恢复原始的水印信息。提取出的水印信息可以用于各种应用,并进行验证以确保提取的准确性和完整性。

基于伪随机序列的提取算法通常具有较高的安全性和鲁棒性,因为它使用了不可预测的伪随机序列来辅助水印的提取。同时,由于提取算法和嵌入算法使用相同的伪随机序列,因此可以实现较高的提取准确度和鲁棒性。

### 7.3.4　混合水印提取算法

混合水印提取算法是指结合多种不同类型或不同原理的水印提取技术，以达到提高水印提取性能和鲁棒性的目的。以下是几种常见的混合水印提取算法。

(1) 特征域与信息论方法的混合算法：结合了特征域方法和信息论方法的优点。在提取过程中，首先利用特征域方法提取出一些特征，然后基于这些特征，采用信息论方法进行进一步的提取和识别。这种算法能够充分利用数字媒体的特征信息，同时结合了信息论方法的理论基础，从而实现更高效的水印提取。

(2) 基于模板匹配与机器学习的混合算法：将模板匹配方法与机器学习技术相结合。在提取过程中，首先利用模板匹配方法对数字媒体进行搜索和匹配，然后基于匹配结果，采用机器学习模型进行进一步的分类和识别。这种算法能够利用模板匹配方法的精确度和机器学习模型的泛化能力，实现更高效的水印提取。

(3) 基于公开信息与信息论方法的混合算法：结合了公开信息的利用和信息论方法的理论基础。在提取过程中，首先利用公开信息来辅助水印的定位和识别，然后基于这些信息，采用信息论方法进行进一步的提取和验证。这种算法能够充分利用数字媒体本身所包含的信息，并结合了信息论方法的优势，实现更鲁棒的水印提取。

(4) 基于特征域与机器学习的混合算法：将特征域方法与机器学习技术相结合。在提取过程中，首先利用特征域方法提取出数字媒体的特征信息，然后基于这些特征，采用机器学习模型进行进一步的分类和识别。这种算法能够充分利用数字媒体的特征信息，并结合了机器学习模型的泛化能力，实现更准确和鲁棒的水印提取。

这些混合水印提取算法结合了不同原理或技术的优点，通过互补和结合的方式，实现了更高效和鲁棒的水印提取。在实际应用中，可以根据具体的需求和场景选择合适的混合算法来实现水印提取。

## 7.4　数据水印实例

### 7.4.1　版权保护

版权保护是一种重要的知识产权保护措施，旨在保护作者或创作者的原创作品免受未经授权的复制、传播或修改。这包括文学作品、音乐、艺术品、软件、电影和其他创意作品等各种形式的创作。版权保护通常通过法律规定来确保，授予作者对其作品的独占性权利，使其能够控制其作品的使用和分发，并从中获取经济利益。这种保护措施有助于激励创作者进行创作，并促进文化创新和经济发展。版权保护是数据水印技术的一个重要应用领域。在数字媒体广泛传播的今天，版权保护成为数字内容创作者和版权所有者关注的重点。以下是一些数字版权保护中数据水印的应用方式。

(1) 图像水印：在数字图像中嵌入水印是保护图像版权的一种常见方法。这可以是可见的水印，如作者的签名或标识，也可以是不可见的水印，以隐藏方式嵌入图像的像素数据中，如图 7.11 所示。不可见水印对图像外观没有明显影响，但可以通过特定的算法检测和提取。

(2) 音频水印：在数字音频中嵌入水印可以用于保护音频文件的版权。音频水印可以以各种形式存在，例如，在音频信号中嵌入特定的数据序列或者微小的变化，这些变化在听觉上几乎不可察觉，但可以被专门的软件或算法检测到，如图 7.12 所示。

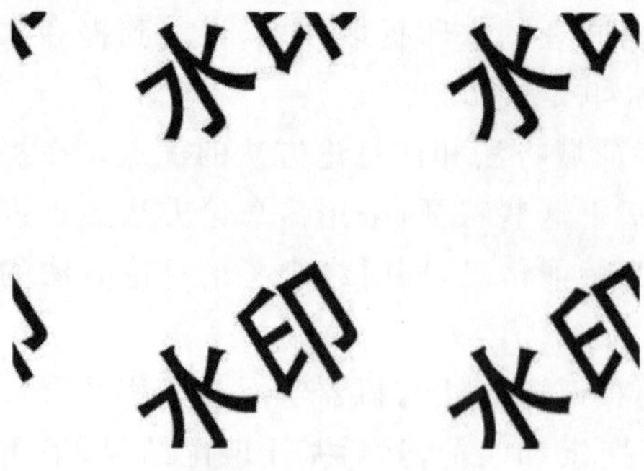


图 7.11　图像水印

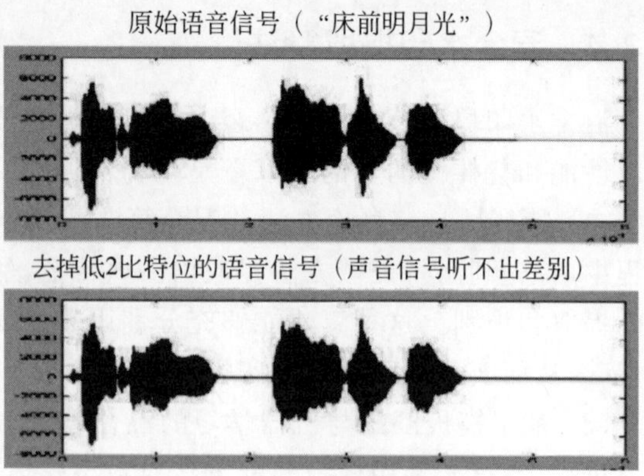

原始语音信号（“床前明月光”）
去掉低2比特位的语音信号（声音信号听不出差别）


图 7.12　音频水印

(3) 视频水印：在数字视频中嵌入水印可以用于保护视频内容的版权。视频水印可以包括可见的标识或者隐藏的信息，如在视频帧中嵌入数据或在视频流中加入特定的标记，如图 7.13 所示。

(4) 文档水印：在数字文档（如 PDF、Word 文档等）中嵌入水印是保护文档内容版权的一种方法。水印可以包括作者信息、文档来源、日期等，以及可见或不可见的标记，以证明文档的来源和真实性，如图 7.14 所示。

图 7.13　视频水印

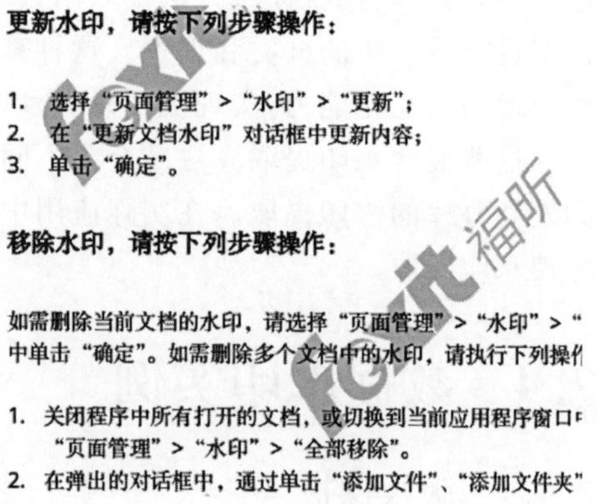

**更新水印，请按下列步骤操作：**

1. 选择“页面管理”>“水印”>“更新”；
2. 在“更新文档水印”对话框中更新内容；
3. 单击“确定”。

**移除水印，请按下列步骤操作：**

如需删除当前文档的水印，请选择“页面管理”>“水印”>“
中单击“确定”。如需删除多个文档中的水印，请执行下列操作

1. 关闭程序中所有打开的文档，或切换到当前应用程序窗口中
“页面管理”>“水印”>“全部移除”。
2. 在弹出的对话框中，通过单击“添加文件”、“添加文件夹”

图 7.14　文档水印

这些方法可以单独应用，也可以组合使用，以提高版权保护的效果。数据水印技术的不断发展使得版权保护更加有效，但同时也需要注意平衡版权保护和用户体验之间的关系，以确保水印不会影响到用户对内容的正常使用和享受。

## 7.4.2　身份验证

身份验证是确认一个个体或实体是否真实、合法或可信的过程，通常通过检查、验证和确认其所提供的身份信息或特征来实现。这种过程可以包括使用各种手段和技术，如密码、生物特征识别、数字签名等，以确保只有授权的用户才能访问敏感信息、系统或资源。身份验证在保护个人隐私、防止身份盗窃、确保网络安全和保护知识产权等方面起着至关重要的作用，广泛应用于金融、电子商务、社交网络、政府机构和企业等领域。数据水印在身份验证方面的应用可以用于确保数字内容的真实性和来源。以下是一些身份验证领域中数据水印的应用方式。

(1) 数字图像认证：在数字图像中嵌入水印可以用于验证图像的来源和真实性。例如，摄影师可以在其摄影作品中嵌入数字签名或特定标识，以证明图像的原创性和版权归属。

(2) 身份证明文件：在数字身份证明文件（如电子身份证、护照等）中嵌入水印可以用于验证文件的真实性和完整性。水印可以包括个人身份信息、发行机构信息等，以提供额外的身份验证信息。

(3) 数字证据：在数字证据中嵌入水印可以用于确保证据的完整性和真实性。例如，在法律和司法领域中，嵌入水印的数字证据可以帮助确保证据在传输和存储过程中没有被篡改或伪造。

(4) 文件签名：在数字文档中嵌入水印可以用于文件的数字签名和认证。水印可以包括文件的哈希值、签名者信息等，以确保文件的完整性和来源可信。

(5) 身份验证标识：在数字内容中嵌入水印可以用于身份验证标识。例如，在数字音频中嵌入音频水印或在数字视频中嵌入视频水印，以提供额外的身份验证信息。

这些应用方式可以帮助确保数字内容和文档的真实性和完整性，同时提供额外的身份验证信息。在实际应用中，需要根据具体的需求和应用场景选择合适的水印技术和方法。

### 7.4.3 内容追踪

内容追踪是指监控和跟踪数字内容在互联网上的传播、使用和分享情况的过程。这种追踪可以通过技术手段来实现，如数据水印、数字版权管理系统等，以及通过监控和分析网络数据流量、用户行为和社交媒体平台等方式。内容追踪在版权保护、反盗版、违规内容监管、数据泄露防范等方面具有重要意义，有助于维护数字内容的合法权益，保护知识产权，同时也有助于追踪内容的传播路径，了解用户行为和趋势，从而为内容创作者和平台提供有价值的信息和服务。内容追踪是数据水印技术的一个重要应用领域，特别是在数字内容广泛传播和共享的网络环境中。以下是一些内容追踪方面的数据水印应用。

(1) 数字媒体追踪：在数字媒体（如图像、音频、视频等）中嵌入水印可以用于追踪其在网络上的传播和使用情况。这对于版权保护、内容监控和违规行为的检测都非常有用。通过检测水印，可以确定数字内容的原始来源和传播路径。

(2) 防止盗版和非法传播：数字媒体常常受到盗版和未经授权的复制的威胁。通过在数字内容中嵌入水印，可以追踪其传播路径，并及时发现和阻止非法传播行为，从而保护内容创作者的权益。

(3) 数据泄露监控：在敏感数据和机密文件中嵌入水印可以用于监控数据泄露和未经授权的数据传输。水印可以帮助追踪泄露源，并采取适当的措施加以应对。

(4) 网络内容管理：在网站或社交媒体平台上发布的内容可以嵌入水印，以便追踪其在网络上的传播和使用情况。这对于内容管理和维护社交媒体平台的秩序和安全性具有重要意义。

(5) 广告效果跟踪：在数字广告中嵌入水印可以用于跟踪广告的传播和触及效果。通过检测水印，可以了解广告的观看情况、点击率等指标，从而评估广告效果并进行优化。

这些应用方式可以帮助追踪数字内容的传播路径和使用情况，保护内容创作者的权益，监控数据安全，管理网络内容，以及评估广告效果。数据水印技术的不断发展和创新为内容追踪提供了更多的可能性和机会。

### 7.4.4 隐私保护

隐私保护是指保护个人身份、个人信息和私人活动免受未经授权的访问、使用或泄露的过程。这包括在数字和现实世界中采取的各种措施，如加密通信、匿名化数据、权限管理、数据保护法规等。隐私保护对于个人用户、组织和企业来说都至关重要，因为它有助于防止个人信息被滥用、侵犯和泄露，维护个人权利和尊严，建立信任关系，并符合法律法规的要求。数据水印在隐私保护方面的应用主要包括以下几个方面。

(1) 匿名化数据：在敏感数据或个人身份信息中嵌入水印可以帮助匿名化数据，以保护个人隐私。通过在数据中添加水印，可以追踪数据的使用情况，同时保护个人身份的隐私。

(2) 数据共享安全：在共享数据时，嵌入水印可以帮助追踪数据的使用和传播，从而确保数据的安全性和隐私性。水印可以标识数据的来源和访问者身份，对于监控数据共享的合法性和安全性非常有用。

(3) 防止数据篡改：在敏感数据中嵌入水印可以用于防止数据的篡改或伪造。水印可以包含数据的校验信息或签名，以确保数据的完整性和真实性。

(4) 个性化隐私保护：在个性化服务中，可以根据用户的个性化需求，在数据中嵌入特定的水印，以保护用户的隐私。例如，在个性化推荐系统中，可以在用户数据中嵌入水印，以保护用户的个人偏好和隐私信息。

(5) 身份验证：在个人身份证明文件或数字身份信息中嵌入水印可以用于身份验证，同时保护个人隐私。水印可以包含身份信息的加密或模糊表示，以确保数据的安全性和隐私性。

综上所述，数据水印技术在隐私保护方面具有重要的应用价值，可以帮助保护个人隐私和敏感数据的安全性，同时确保数据的可追踪性和完整性。

## 小结

本章深入介绍了数据水印技术的基本原理及其在数字版权保护和数据完整性验证等领域的应用。首先，了解了数据水印技术的概述，包括可见水印和不可见水印两种类型，以及其在数字内容传输、存储和共享中的重要性。接着，详细探讨了数据水印的工作流程，包括水印嵌入、水印提取和水印检测等步骤。在水印嵌入与提取方面，介绍了水印信息的预处理、嵌入算法和提取算法，包括盲水印提取算法、非盲水印提取算法和混合水印提取算法等。最后，总结了数据水印技术在数字版权保护、内容认证和隐私保护等方面的应用，强调了其在多种数字内容中的广泛应用和重要作用。通过本章的学习，读者应对数据水印技术的原理和应用有了更深入的理解，能够掌握数据水印的嵌入与提取原理、水印的鲁棒性设计、不可见水印算法以及数据水印在数字版权保护、内容认证和隐私保护等方面的应用。

## 习题

在线测试

一、单项选择题

1. 数据水印技术的主要目的是(　　)。

A. 提高数据存储效率

B. 实现版权保护和数据完整性验证

C. 增加数据传输速度

D. 提供数据加密功能

2. 嵌入水印的算法通常不包括(　　)。

A. 选择嵌入位置　　B. 量化水印信息　　C. 数据加密　　D. 嵌入水印

3. 盲水印提取算法的特点是(　　)。

A. 需要原始数据　　B. 不需要原始数据

C. 只适用于图片水印　　D. 无法判断水印是否存在

4. 数据水印技术可以应用于以下哪些领域?(　　)

A. 数字版权保护　　B. 医学诊断　　C. 农业生产　　D. 运输物流

5. 水印检测的基本原理是(　　)。

A. 对比原始数据和提取的水印信息进行判断

B. 隐藏水印信息在数据中的位置

C. 加密水印信息以确保安全性

D. 将水印信息转换为可见形式云

6. 以下哪种算法是空域水印嵌入算法的一部分?(　　)

A. 频域转换　　B. LSB 替换　　C. 离散余弦变换　　D. 傅里叶变换

**二、简答题**

1. 视频水印的特点是什么?视频水印和图像水印的相同点是什么?

2. 查阅相关资料,实现在语音信号的相位中嵌入水印的算法,分析其特性。

3. 举例说明日常生活中的可见水印和不可见水印。

4. 通过网络查找数字水印的最新使用场景和使用领域。

# 第 8 章 数据容灾备份

本章学习目标

- 理解容灾备份的基本概念。
- 熟悉数据容灾的关键指标。
- 掌握不同级别和类型的容灾方案。

本章先介绍数据容灾备份的基本概念和重要性，再介绍如何使用不同的数据容灾技术来构建和维护一个可靠的灾备系统，最后详细介绍各种数据容灾方案的实施方法和步骤。通过本章的学习，读者将能够全面理解数据容灾备份的核心价值，掌握关键的技术应用，并能够根据企业的实际情况制定和执行有效的数据保护策略。

## 8.1 数据容灾备份概述

### 8.1.1 容灾备份的概念

容灾备份，简而言之，是为了应对可能发生的自然灾害、人为错误、硬件故障、软件漏洞或网络攻击等突发事件导致数据丢失或系统瘫痪的风险而采取的一系列预防性和恢复性措施。其核心目的是确保数据的完整性、可用性和业务的连续性。

在容灾备份中，**容灾**主要是指面对灾难性事件时，系统能够保持其关键业务运行的能力。这通常涉及在地理上分散的地点建立备份设施，以便在主站点发生故障时，能够迅速切换到备份站点，继续提供服务。

**备份**则是指将原始数据复制到另一个存储介质或位置，以防止数据丢失。备份可以是定期的、增量的或全量的，具体取决于业务需求和数据变化频率。备份数据通常存储在磁带、硬盘、云存储等介质中，并应定期进行验证以确保其可恢复性。

容灾备份的实施涉及多个层面，包括硬件设施的冗余设计、网络连接的可靠性保障、软件系统的容错能力增强以及数据管理策略的完善等。有效的容灾备份方案应能够根据实际情况进行灵活调整，确保在灾难发生时，能够快速恢复关键业务和数据，最大程度地减少损失。

无论采取哪种容灾方案，基本手段都是数据备份，因为任何容灾方案都不可能脱离备份的数据而实现。衡量容灾系统的指标主要有两个：RPO（Recovery Point Object）和 RTO（Recovery Time Object），其中，RPO 代表了当灾难发生时丢失的数据量，而 RTO 则代表了恢复系统所需要的时间。

在如今这个数据安全日益成为焦点的时代，容灾备份已经成为企业和组织不可或缺的一部分。它不仅是应对突发事件的最后一道防线，也是保障企业稳健运营和业务持续发展的重要支撑。因此，对于任何重视数据安全的企业和组织来说，深入理解和实施容灾备份策略都是至关重要的。

## 8.1.2 数据容灾指标

### 1. RTO

RTO(Recovery Time Objectives,恢复时间目标)是评估数据存储恢复速度及系统恢复正常运行所需时间的关键指标。设定一个 5 分钟的 RTO 表明,在发生数据丢失的情况下,必须确保在 5 分钟内恢复数据,并使其能够无缝地重新投入使用。这不仅意味着数据本身的恢复,还包括能够不间断地重启系统,让机器重新恢复正常工作。在设定 RTO 时,必须考虑到在特定时间内恢复数据,同时也需要恢复服务器操作系统并安装必要的软件,以便数据能够被有效使用。例如,在恢复服务器上的数据文件时,也需要确保服务器上的操作系统和相关设备能够同时恢复,或者采用其他数据恢复工具。因此,RTO 的设定必须综合考虑备份操作的完整性、数据的恢复过程、数据的重新存储以及重启机器所需的设备等诸多因素。

关键业务的连续性决定了从中断到达到其最低业务持续目标(MBCO)所需的最大恢复时间,这有助于最小化业务中断所带来的潜在影响。RTO 示意图如图 8.1 所示。

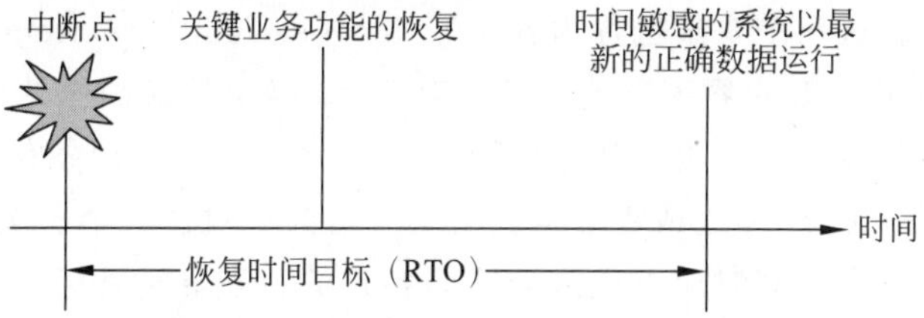


图 8.1 RTO 示意图

### 2. RPO

RPO(Recovery Point Objectives,恢复点目标)是指实时复制业务信息中每一个数据恢复事务的目标。它指的是在发生系统故障或其他中断事件之后,组织能够容忍数据丢失的时间量。例如,如果设定为 5 分钟的 RPO,这意味着在发生故障时,最多可能丢失 5 分钟内的数据。而一小时的 RPO 则意味着在发生故障的这一小时内可能已经有待备份的数据丢失。相反地,0 分钟的 RPO 意味着理论上不会有数据丢失,因为数据备份是持续进行的,从而最大限度地减少了任何数据损失的可能性。

在设定 RPO 时,还需要考虑数据保护的完整性和全面性。例如,如果每 24 小时备份一次,那么在这 24 小时内的数据就可能面临丢失的风险。全面和完整的数据保护关注的是数据是否得到了完整的保护,而不是仅保护了部分文件和数据。此外,还需要考虑的是打开的文件可能无法完全备份,除非缓存中的数据被存储到磁盘中。

另一个要考虑的因素是备份文件的特定性,如是否备份了某个特定目录或文件共享中的特定文件,以及数据是否得到了完全备份。

较小的 RPO 通常意味着更高的成本投入,但也会减少数据丢失量。因此,在应用时需要在成本和数据丢失风险之间进行权衡。PRO 示意图如图 8.2 所示。

## 8.1.3 数据容灾级别

面对各种可能的灾难,企业需要方便、灵活地同步基于异构环境下驻留在不同数据库中的数据,这就需要建设一个对各种情况都可以抵御或者化解的本地和异地的容灾系统。但现在,一些计算机信息系统对于容灾机制的考虑还有欠缺,不少计算机信息系统只是做了简单的本地磁盘的不同分区或者是相同系统上不同磁盘的数据备份,只是严格意义上的数据备份系统,

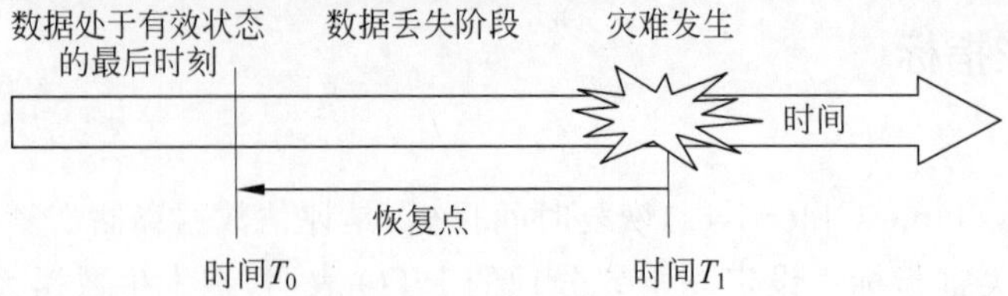


图 8.2　RPO 示意图

称不上容灾系统。例如,数据库系统中常用的镜像备份,也就是文件复制的方式;基于操作系统文件系统复制的方式;以及基于高端联机存储设备(磁盘阵列)进行数据写入操作同步的方式等。尽管在正常的灾难情况下有可能保持数据的完整,但用户数据的安全性与可靠性却面临较大挑战,实现对用户完全透明的连续服务显得更加艰难。

真正的容灾必须满足三个要素。首先,系统中的部件、数据都具有冗余性,即一个系统发生故障,另一个系统能够保持数据传送的顺畅;其次,具有长距离性,因为灾害总是在一定范围内发生,因而充分长的距离才能够保证数据不会被一个灾害全部破坏;第三,容灾系统要追求全方位的数据复制。这三个要素也称为容灾的“3R”(Redundance、Remote、Replication)。

而国际标准 SHARE 78 对容灾系统的定义有 7 个层次:从最简单的仅在本地进行磁带备份,到将备份的磁带存储在异地,再到建立应用系统实时切换的异地备份系统,恢复时间也可以从几天到小时级到分钟级、秒级或零数据丢失等。目前针对这 7 个层次,都有相应的容灾方案,所以,用户在选择容灾方案时应重点区分它们各自的特点和适用范围,结合自己对容灾系统的要求判断选择对应层次的方案。

**1. 0 级:无异地备份**

0 等级容灾方案数据仅限定在本地,没有进行异地备份,并未制订灾难恢复计划。这种方式成本最低,但不具备真正灾难恢复能力。

在这种容灾方案中,常用的做法是结合备份管理软件和磁带存储设备,包括手工或自动加载磁带机。它是所有容灾方案的基础,从个人用户到企业级用户都广泛采用了这种方案。其特点是用户投资较少,技术实现简单。缺点是一旦本地发生毁灭性灾难,将丢失全部的本地备份数据,业务无法恢复。

**2. 1 级:实现异地备份**

第 1 级容灾方案是将关键数据备份到本地磁带介质上,然后送往异地保存,但缺少异地备份中心、备份数据处理系统和备份网络通信系统,同时未制订灾难恢复计划。灾难发生后,需使用新的主机,利用异地数据备份介质(磁带)将数据恢复起来。

这种方案成本较低,运用本地备份管理软件,可以在本地发生毁灭性灾难后,恢复从异地运送过来的备份数据到本地,进行业务恢复。但难以管理,即很难知道什么数据在什么地方,恢复时间长短依赖于硬件平台的可用性和准备程度。以前被许多进行关键业务生产的大企业所广泛采用,作为异地容灾的手段。目前,这一等级方案在许多中小网站和中小企业用户中采用较多。对于要求快速进行业务恢复和海量数据恢复的用户,这种方案是不能够被接受的。

**3. 2 级:热备份站点备份**

第 2 级容灾方案是将关键数据进行备份并存放到异地,制订有相应灾难恢复计划,具有热备份能力的站点灾难恢复。一旦发生灾难,利用热备份主机系统将数据恢复。它与第 1 级容灾方案的区别在于异地有一个热备份站点,该站点有主机系统,平时利用异地的备份管理软件将运送到异地的数据备份介质(磁带)上的数据备份到主机系统。当灾难发生时可以快速接管应用，恢复生产。

由于有了热备中心，用户投资会增加，相应的管理人员会增加。技术实现简单，利用异地的热备份系统，可以在本地发生毁灭性灾难后，快速进行业务恢复。但这种容灾方案由于备份介质是采用交通运输方式送往异地，异地热备中心保存的数据是上一次备份的数据，可能会有几天甚至几周的数据丢失。这对于关键数据的容灾是不能容忍的。

**4. 3 级：在线数据恢复**

第 3 级容灾方案是通过网络将关键数据进行备份并存放至异地，制订有相应灾难恢复计划，有备份中心，并配备部分数据处理系统及网络通信系统。该等级方案特点是用电子数据传输取代交通工具传输备份数据，从而提高了灾难恢复的速度。利用异地的备份管理软件将通过网络传送到异地的数据备份到主机系统。一旦灾难发生，需要的关键数据通过网络可迅速恢复，通过网络切换，关键应用恢复时间可降低到一天或小时级。这一等级方案由于备份站点要保持持续运行，对网络的要求较高，因此成本相应有所增加。

**5. 4 级：定时数据备份**

第 4 级容灾方案是在第 3 级容灾方案的基础上，利用备份管理软件自动通过通信网络将部分关键数据定时备份至异地，并制订相应的灾难恢复计划。一旦灾难发生，利用备份中心已有资源及异地备份数据恢复关键业务系统运行。

这一等级方案特点是备份数据是采用自动化的备份管理软件备份到异地，异地热备中心保存的数据是定时备份的数据，根据备份策略的不同，数据的丢失与恢复时间达到天或小时级。由于对备份管理软件设备和网络设备的要求较高，因此投入成本也会增加。但由于该级别备份的特点，业务恢复时间和数据的丢失量还不能满足关键行业对关键数据容灾的要求。

**6. 5 级：实时数据备份**

第 5 级容灾方案在前面几个级别的基础上使用了硬件的镜像技术和软件的数据复制技术，也就是说，可以实现在应用站点与备份站点的数据都被更新。数据在两个站点之间相互镜像，由远程异步提交来同步，因为关键应用使用了双重在线存储，所以在灾难发生时，仅很小部分的数据被丢失，恢复的时间被降低到了分钟级或秒级。由于对存储系统和数据复制软件的要求较高，所需成本也大大增加。

这一等级的方案由于既能保证不影响当前交易的进行，又能实时复制交易产生的数据到异地，所以这一层次的方案是目前应用最广泛的一类，正因为如此，许多厂商都有基于自己产品的容灾解决方案。如存储厂商 EMC 等推出的基于智能存储服务器的数据远程复制；系统复制软件提供商 VERITAS 等提供的基于系统软件的数据远程复制；数据库厂商 Oracle 和 Sybase 提供的数据库复制方案等。但这些方案有一个不足之处，就是异地的备份数据是处于备用(Standby)备份状态而不是实时可用的数据，这样灾难发生后需要一定时间来进行业务恢复。更为理想的应该是备份站点不仅是一个分离的备份系统，而且处于活动状态，能够提供生产应用服务，所以可以提供快速的业务接管，而备份数据则可以双向传输，数据的丢失与恢复时间达到分钟级甚至秒级。据了解，目前 Goldengate 公司的全局复制软件能够提供这一功能。

**7. 6 级：零数据丢失**

第 6 级容灾方案是灾难恢复中最昂贵的方式，也是速度最快的恢复方式，它是灾难恢复的最高级别，利用专用的存储网络将关键数据同步镜像至备份中心，数据不仅在本地进行确认，而且需要在异地(备份)进行确认。因为数据是镜像地写到两个站点,所以灾难发生时异地容灾系统保留了全部的数据,实现零数据丢失。

这一方案在本地和远程的所有数据被更新的同时,利用了双重在线存储和完全的网络切换能力,不仅保证数据的完全一致性,而且存储和网络等环境具备了应用的自动切换能力。一旦发生灾难,备份站点不仅有全部的数据,而且应用可以自动接管,实现零数据丢失的备份。通常在这两个系统中的光纤设备连接中还提供冗余通道,以备工作通道出现故障时及时接替工作,当然由于对存储系统和存储系统专用网络的要求很高,用户的投资巨大。采取这种容灾方式的用户主要是资金实力较为雄厚的大型企业和电信级企业。但在实际应用过程中,由于完全同步的方式对生产系统的运行效率会产生很大影响,所以适用于生产交易较少或非实时交易的关键数据系统,目前采用该级别容灾方案的用户还很少。

### 8.1.4 容灾备份的重要性

容灾备份在数据安全领域的重要性不言而喻,它不仅是企业应对突发事件、保护核心数据的关键手段,也是确保业务连续性和稳健运营的重要基石。

首先,容灾备份的重要性体现在对数据的保护上。在数字化时代,数据已成为企业最重要的资产之一,一旦数据丢失或损坏,可能给企业带来无法估量的损失。容灾备份通过在不同的地点或介质上存储数据的副本,确保在原始数据遭受破坏时,企业能够迅速恢复数据,避免数据丢失带来的风险。

其次,容灾备份对于保障业务的连续性至关重要。在面临自然灾害、人为错误、硬件故障等突发事件时,企业的业务系统可能面临崩溃的风险。而容灾备份方案则可以在这些情况下迅速启动备份站点,接管主站点的业务,确保业务的连续运行。这对于金融、医疗、政府等关键行业尤为重要,因为这些行业的业务系统一旦中断,可能会对社会稳定和民生造成严重影响。

此外,容灾备份还有助于减少因数据丢失或业务中断造成的经济损失。在灾难发生后,企业通常需要花费大量的时间和资源来恢复数据和重建系统,这不仅会导致业务中断,还可能引发客户的流失和声誉的损害。而容灾备份则可以大大缩短恢复时间,降低恢复成本,减少经济损失。

以江西省某人民医院的容灾备份方案成功应对了磁盘故障为例,该医院网络中心因磁盘故障,导致数据库备份失败,如果仓促修复,可能会导致丢失医院数据库资料,医院工程师联系到第三方浪擎科技。在接到灾情后,浪擎科技成立应急小组,连夜制定解决方案,浪擎江西省办事处及时响应,上海总部人员也在远程协助,经过双方的不懈努力,最终将数据返回到客户要求时间内,确保该医院医疗、科研、教学、康复和预防等医院业务正常运转。在客户的感谢信中,对浪擎工作人员的态度和专业表示高度认可,但这一切都是基于提前搭建容灾备份系统的基础上,如果没有事先搭建灾备系统,这次磁盘的故障对医院的损失就是巨大的了。除了自然灾害外,人为操作不当,设备老化,以及勒索病毒等都可能成为数据丢失的重要导火索,作为对信息系统依赖性较强的医疗行业,灾备系统建设已经刻不容缓。

综上所述,容灾备份在数据安全领域的重要性不容忽视。它不仅能够保护企业的核心数据,确保业务的连续性,还能够降低因数据丢失或业务中断造成的经济损失。因此,企业应该高度重视容灾备份工作,根据自身业务需求和技术能力制定合适的容灾备份方案,并定期进行演练和评估,确保容灾备份方案的有效性和可靠性。

# 8.2 数据容灾备份技术

## 8.2.1 灾备技术介绍

灾备技术是指在数据中心发生故障或灾难的情况下，其他数据中心可以正常运行并对关键业务或全部业务实现接管，达到互为备份的效果，从而确保业务的连续性和数据的完整性。灾备技术可以分为数据备份技术和数据复制技术两大类。

数据备份技术主要是指通过定期或实时的方式，将重要数据备份到不同的存储介质或地点，以防止数据丢失或损坏。基于数据备份的灾备方案包括本地备份异地保存方案和远程数据备份方案。

数据复制技术则强调在多个地点实时或定期地同步数据，以确保数据的一致性和可用性。这种技术可以即时反映数据的变化，并且能够在主数据中心出现故障时，迅速切换到备份数据中心，保证业务的连续性。数据复制技术又可分为基于智能存储设备的复制技术、基于主机的复制技术、基于数据库的复制技术和基于存储虚拟化的复制技术

无论是数据备份技术还是数据复制技术，都是灾备技术的重要组成部分，它们相互补充，共同构成了一个完整的数据保护体系，如图 8.3 所示。在实际应用中，企业可以根据自身的业务需求和资源状况，选择适合的灾备技术方案，确保业务的连续性和数据的完整性。

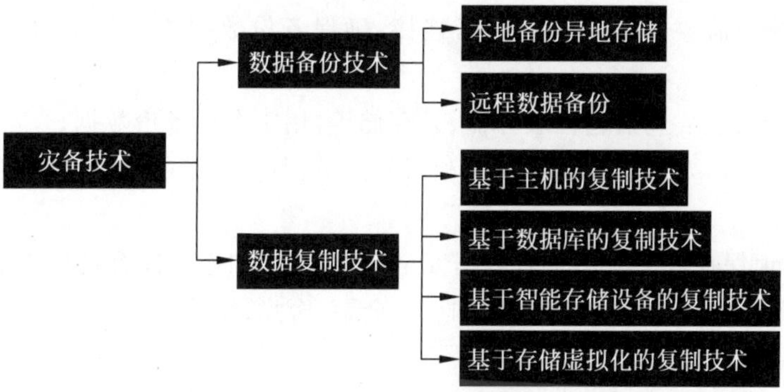


图 8.3 灾备技术分类图

数据备份技术所备份的数据需要经过恢复过程才能被使用，因此它更适用于数据级灾备场景。相比之下，数据复制技术所复制的数据可以直接使用，因此它不仅能够满足数据级灾备的需求，还能适应应用级灾备的要求。简而言之，数据备份技术更侧重于数据的保护，而数据复制技术则既保护了数据又保证了业务的连续性。

**1. 本地备份异地存储**

1）技术描述

本地备份异地存储方案是一种将本地数据备份到远程地点的数据存储策略。此方案采用多种技术确保数据的完整性、可靠性和可用性。在本地，数据首先通过高效的数据备份软件进行全备份、增量备份或差异备份，备份两份，一份留在生产中心，一份将备份数据通过安全的网络连接传输到远程服务器或云存储中，用于灾难时的数据恢复，如图 8.4 所示。

下面简单介绍下全备份、增量备份、差异备份这三个概念。全备份是备份系统中所有的数据，所需时间最长但恢复时间最短，操作最方便，当数据量不大时最为可靠。增量备份则只备

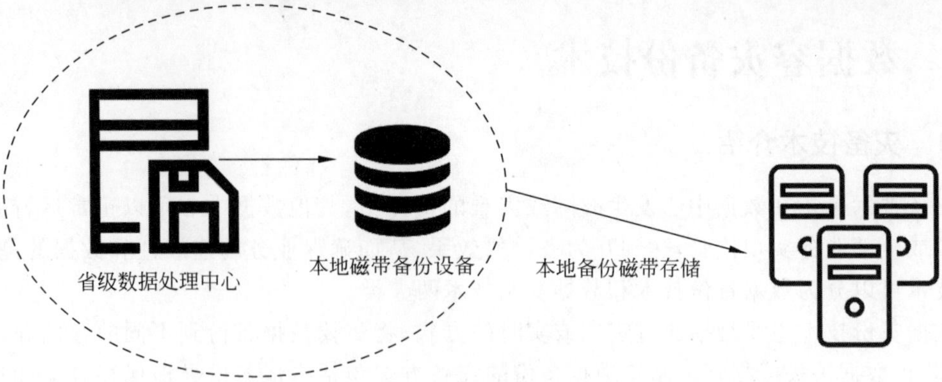


图 8.4　异地备份示意图

份上次备份后有变化的数据，备份量小且时间短，但恢复时可能需要结合之前的备份数据。差异备份只备份自上一次完全备份之后有变化的数据，恢复时只需结合最近一次的全备份和差异备份，兼具增量备份和全备份的优点。

2）资源配置要求

实施本地备份异地保存方案需要以下资源配置。

(1) 本地备份设备：包括备份软件、备份服务器、磁带机、磁盘阵列等，用于实现本地数据的备份。

(2) 网络资源：需要稳定可靠的网络连接，确保备份数据能够安全、快速地传输到远程地点。

(3) 远程存储设备：包括远程服务器、云存储等，用于存储备份数据。

(4) 人员资源：需要专业的数据备份和恢复人员，负责方案的实施、监控和维护。

3）适用范围

本地备份异地保存方案适用于对数据安全性、可用性和连续性有较高要求的企业和组织，特别是那些数据量大、业务关联性强的行业，如金融、医疗、制造等。

4）主流产品

目前市场上主流的本地备份异地保存产品主要有以下几种。

UCache 灾备云：提供本地备份和异地保存的功能，支持实时和定时备份操作，确保数据的完整性和可用性。

华为 OceanStor 备份存储系统：结合了备份和存储功能，提供高效的数据备份和恢复服务，支持多种备份策略和恢复方式。

Veritas NetBackup：一款强大的备份软件，支持多种备份方式和策略，可以与多种存储设备和云存储平台无缝集成。

这些产品都具有高度的可靠性和稳定性，能够为企业提供安全、高效的数据备份和恢复服务。

总体来说，本地备份异地保存方案是一种重要的数据保护策略，能够为企业提供全面、可靠的数据安全保障。通过选择适合的技术和产品，结合合理的资源配置和人员安排，企业可以确保数据的完整性、可用性和连续性，为业务的稳定发展提供有力支持。

**2. 远程数据备份**

远程数据备份方案与本地介质异地存放方案的核心差异在于数据传输方式。前者依赖生产中心与灾备中心之间的 IP 网络连接,实现数据的实时或定期远程备份;而后者则通过人工方式,将生产中心本地备份好的数据介质运送到灾备中心进行存储。

当生产中心与灾备中心间存在 IP 网络连接时,选择远程数据备份方案更为合适,特别适用于地市级中心将生产数据通过专用 IP 网络远程备份至省级中心。

下面详细介绍远程数据备份方案。

1) 技术描述

传统的远程数据备份方案是通过备份管理软件,利用生产中心和灾备中心之间的 IP 网络连接,直接将生产数据备份至灾备中心。这种方案确保了生产中心和灾备中心都存有生产数据的备份副本。当生产数据受损时,可以依赖生产中心的备份数据进行恢复;若生产中心遭遇灾难,灾备中心的备份数据则成为恢复的关键,如图 8.5 所示。

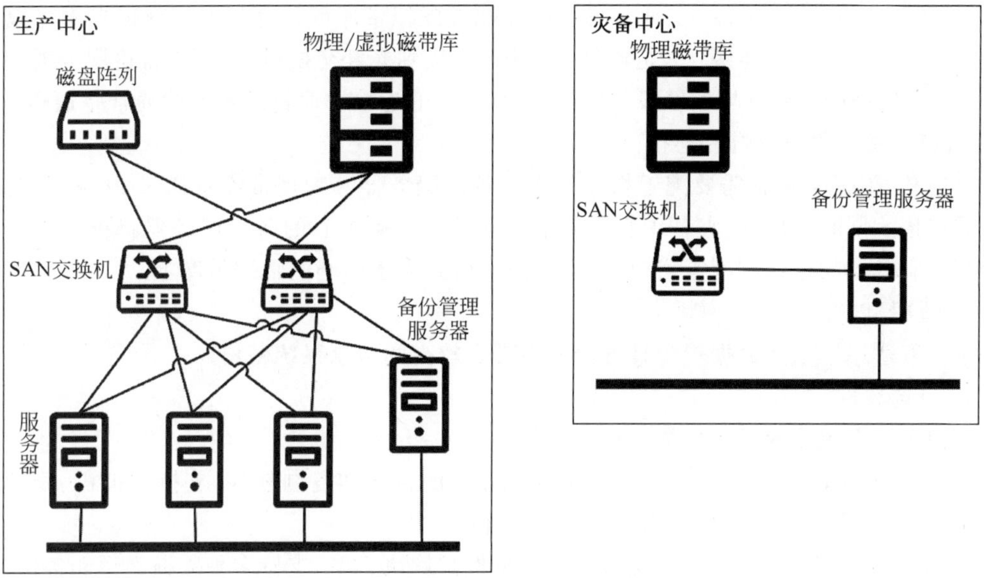


图 8.5 远程数据备份方案示意图

该方案通过以下方式实现:首先,生产中心的备份管理服务器发出备份操作指令,将生产数据备份至本地的物理或虚拟带库,完成本地备份流程。随后,备份管理服务器通过 IP 网络对灾备中心的备份服务器进行作业管理和调度。通过广域网,生产中心物理或虚拟带库上的备份数据被传输至灾备中心的物理带库。最后,灾备中心的备份软件将数据传输至磁带,完成整个备份操作。

2) 物理设备介绍

(1) SAN 网络:SAN 网络是一种专用网络架构,用于连接服务器与存储设备,实现高速、可靠的数据传输。它具备高可用性和可扩展性,支持大规模存储设备的连接,确保数据的连续访问和备份。

(2) HBA 卡:HBA 卡是服务器与存储装置间的桥梁,提供输入/输出处理和物理连接功能。通过减轻主处理器的负担,HBA 卡能够提升服务器的整体性能,确保数据的快速存储和检索。

(3) 虚拟磁带库:虚拟磁带库利用磁盘阵列模拟磁带备份的形式,解决备份性能问题并动态分配磁盘空间。它大幅提高了备份的可靠性和恢复速度,同时简化了恢复工作,使数据安全性得到保障。

(4) 光纤交换机：光纤交换机是SAN网络的核心设备，采用光纤电缆作为传输介质，实现高速、稳定的数据传输。它支持多种拓扑结构，确保数据的可靠传输和存储设备的灵活连接。

(5) FC端口与iSCSI端口：FC端口和iSCSI端口是两种不同的存储接口技术。FC端口基于光纤通道技术，提供高速、低延迟的数据传输；而iSCSI端口则基于IP网络，实现成本效益高、易于部署的存储解决方案。两者共同满足了不同场景下的数据存储需求。

3) 资源配置要求

(1) 生产中心(必要配置)：通常需要配置备份管理服务器，并在该服务器上安装备份管理软件。为了确保备份管理服务器能够通过SAN网络访问存储设备，服务器将通过HBA卡与光纤交换机建立连接。

(2) 生产中心(可选配置)：通常可以选择配置虚拟带库或物理带库。虚拟带库可以通过两种方式与备份服务器连接：一是通过FC端口连接到光纤交换机，从而与备份服务器实现连接；二是通过iSCSI端口与备份服务器进行IP端口的连接。而物理带库则通常是通过FC或SCSI端口与备份服务器进行连接。

(3) 灾备中心：通常需要配置物理带库和备份服务器。物理带库将通过FC端口与备份服务器连接。同时，也会在灾备中心部署备份软件。灾备中心的备份服务器将根据生产中心备份管理服务器的作业调度策略，将生产数据备份到灾备中心的物理带库上。

4) 适用范围

本方案适用于生产数据较少且备份网络带宽较高的信息系统备份。

5) 可选软件

目前市场上主流的远程数据备份产品如下。

Veeam Backup & Replication：一款功能强大的备份和复制软件，支持虚拟机、物理机和云环境的备份，提供高效的数据恢复和验证功能。

CommVault Simpana：一款综合性的数据保护解决方案，支持多种数据类型和备份策略，具有高度的可扩展性和灵活性。

IBM Spectrum Protect：一款高效的数据备份和恢复解决方案，提供自动化的备份管理和策略执行功能，确保数据的完整性和可用性。

这些产品都具有丰富的功能和良好的性能，可以根据企业的具体需求选择适合的远程数据备份产品。

远程数据备份方案是一种高效、安全的数据保护策略，能够确保数据的完整性和可用性，为企业的业务连续性提供有力保障。通过合理配置资源和选择主流产品，企业可以构建稳定可靠的远程数据备份系统，满足不断增长的数据保护需求。

### 8.2.2 灾备方案选择与设计

#### 1. 基于智能存储设备的数据复制技术

1) 技术描述

基于智能存储设备的数据复制技术，利用前沿的智能存储复制软件，通过光纤直连、IP网络等方式，成功地在灾备中心与生产中心之间建立了磁盘镜像连接，从而实现数据的全天候远程实时复制。

这种智能存储数据复制技术主要依赖于存储控制器，借助存储系统微码提供的数据复制功能，将源磁盘的数据准确无误地复制到目标磁盘。该技术独立于主机平台，因此即使在异构平台环境下，也能轻松实现数据的远程备份。

远程存储数据复制技术进一步分为同步远程复制和异步远程复制，主要区别在于请求复制的主机是否需要等待远程镜像站点的确认信息。

同步复制技术通过远程复制软件，确保本地数据以完全同步的方式复制到异地。在每一次本地的I/O事务中，都需要等待远程复制完成并获得确认信息后，才会释放该事务。这种同步镜像确保了远程拷贝与本地机要求复制的内容始终保持一致。一旦主站点出现故障，用户可以轻松地切换到备份的替代站点，因为被复制的远程副本可以保证业务的连续运行且数据不会丢失。然而，由于同步复制需要往返传播数据，可能会产生较长的延时，因此更适用于相对较近的距离。

异步复制技术确保在更新远程存储视图之前，本地存储系统的基本I/O操作已经完成。本地存储系统会向请求镜像的主机提供I/O操作完成的确认信息，而远程数据复制则在后台以同步的方式进行。这种方式几乎不会对本地系统性能造成影响，且传输距离可以非常远(甚至达到1000km以上)，对网络带宽的要求也相对较低。但是，由于许多远程的从属存储子系统的写操作没有得到实时确认，当数据传输因某种因素失败时，可能会出现数据一致性问题。为了解决这一问题，目前大多采用延迟复制技术，即在确保本地数据完整无误后，再进行远程数据更新。这一方法通过在后台日志区进行本地数据复制，有效确保了数据的一致性和完整性。

智能存储数据复制技术以其高效快速的特点著称，能够很好地保障数据的完整性和一致性。同时，这种技术在进行数据复制备份时，并不会占用主机资源，操作控制也相对简单。然而，它也有一些局限性。基于存储的数据复制技术对主、备份中心之间的网络条件(如稳定性、带宽和链路空间距离)有较为苛刻的要求。特别是在带宽不佳的情况下，远距离的数据传输可能会耗费较长的时间。此外，高网络带宽的需求，尤其是在长途线路中，会显著增加日常运营成本。同时，智能存储复制技术的开放性有待提高，不同厂家的存储设备系统通常无法配合使用，这对投资保护造成了一定的障碍。

针对全省范围内的灾备体系架构，该技术提供了三种相应的架构方案，即A-B模式、A-B-C模式和A-B/A-C模式。

(1) 生产-同城复制模式(A-B模式)。

在生产中心与同城灾备中心之间，采用的是基于磁盘阵列的同步复制模式。在这种模式下，数据向远程镜像磁盘卷的写入过程如下：①系统接收来自生产中心主机的写I/O操作，随后，这些数据会被写入生产中心本地磁盘阵列的缓存中。②通过特定的链路，这些数据会被传输到同城灾备中心的磁盘阵列缓存中，一旦同城灾备中心的磁盘阵列成功接收到数据，它会向生产中心的磁盘阵列发送一个数据接收确认信号。③系统会修改磁道表，以确保数据的完整性和一致性。④系统会通知生产中心的主机，告知其I/O操作已经完成。

如图8.6所示，这种模式要求系统实时跟踪生产中心每一个磁盘卷的变化情况，并将这些变化量同步复制到同城灾备中心。因此，它对网络带宽的要求相对较高，以确保数据的实时同步和传输效率。

(2) 生产-同城及生产-异地(A-B及A-C模式)。

在生产中心，数据不仅同步复制到同城的灾备中心，还通过广域网专线以异步方式复制到异地的灾备中心。整个复制过程如下：①接收来自生产中心主机的写I/O操作；②这些数据

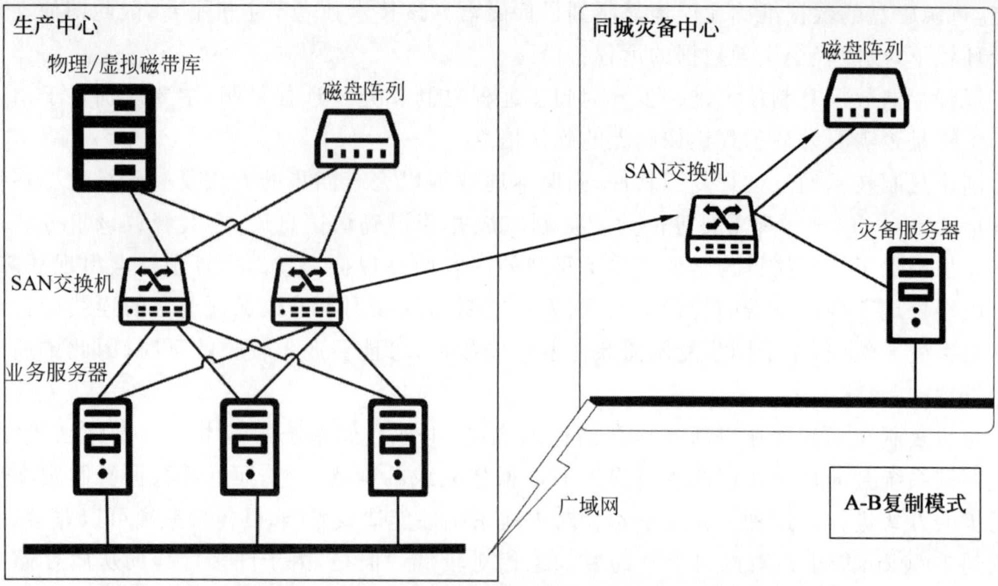


图 8.6　同城灾备中心基于磁盘阵列示意图

会被写入生产中心本地磁盘阵列的缓存中；③向生产主机发送设备结束信号，表示数据已成功写入缓存；④这些数据会通过特定的链路传送到同城灾备中心的磁盘阵列缓存中。一旦同城磁盘阵列接收到数据，它会向生产磁盘阵列发送数据接收确认信号，并修改磁道表，确保数据的完整性和一致性。

如图 8.7 所示，异步复制的网络带宽需求受到多个因素的影响，包括两端磁盘阵列缓存的大小、RPO 时间要求以及数据变化量等。因此，确定线路带宽需要根据实际环境的测量来进行。然而，由于业务的实时性要求，磁盘卷随时可能发生变化，因此专线连接是必要的。

为了避免数据复制过程中的单点故障，建议在同城灾备中心和异地灾备中心之间也申请一条专线，作为生产中心到异地灾备中心的备份复制线路。这样，即便主线路发生故障，备份线路也能迅速接管，确保数据复制的高可用性。

(3) 生产-同城-异地(A-B-C 模式)

在数据复制过程中，生产中心首先将数据同步复制到同城灾备中心。随后，同城灾备中心则通过广域网专线，采用异步的方式将数据进一步复制到异地灾备中心。与直接由生产中心发起数据复制不同，这种模式下数据的复制过程是由同城灾备中心主动发起的。这种异步复制技术的主要优势在于，它对生产中心业务的正常运行影响较小。

如图 8.8 所示，为了实现同城与异地灾备中心之间的异步复制，双方需要申请一条专用的网络线路。通过这条专线，同城灾备中心的数据能够以异步的方式被复制到异地灾备中心，从而确保数据的备份和容灾能力得到有效提升。

2) 资源配置要求

关于生产中心和灾备中心的资源配置，有以下几点要求需要特别注意。

(1) 生产中心和灾备中心都应当配置同构的存储设备，并且这些设备必须支持相同的远程数据复制功能。这是为了确保数据在复制过程中能够保持完整性和一致性。

(2) 在生产中心和灾备中心都需要部署远程存储复制软件。这款软件将负责数据的复制工作，确保数据能够及时、准确地从生产中心复制到灾备中心。

(3) 由于这种数据复制技术与主机平台无关，因此数据复制主要通过 SAN 网络来实现。

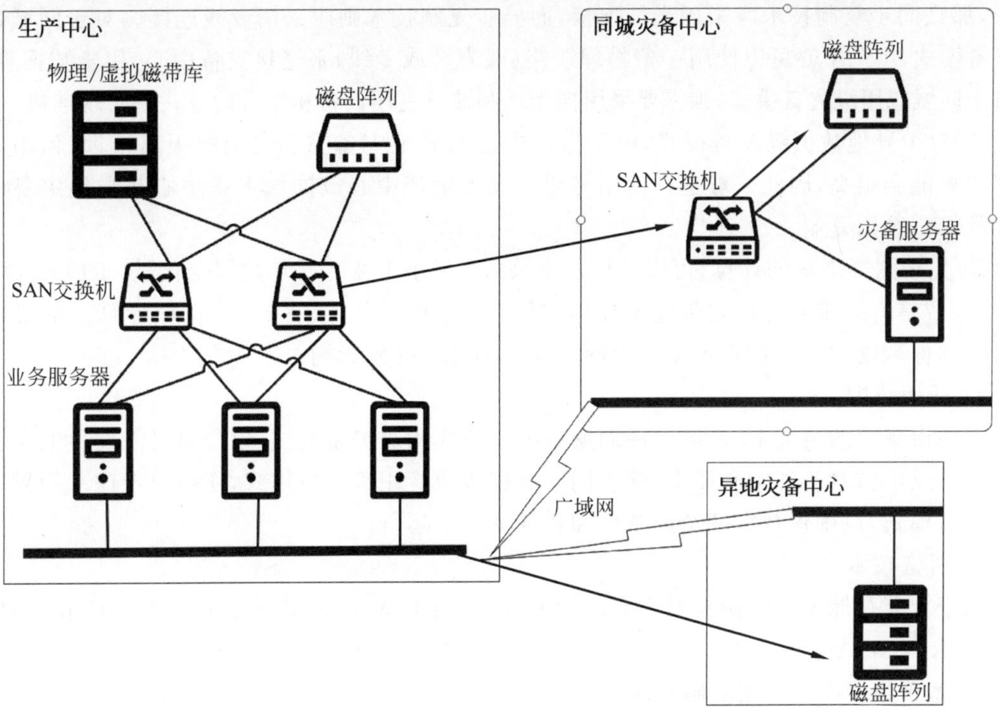


图 8.7　两地三中心灾备示意图(A-B、A-C 复制模式)

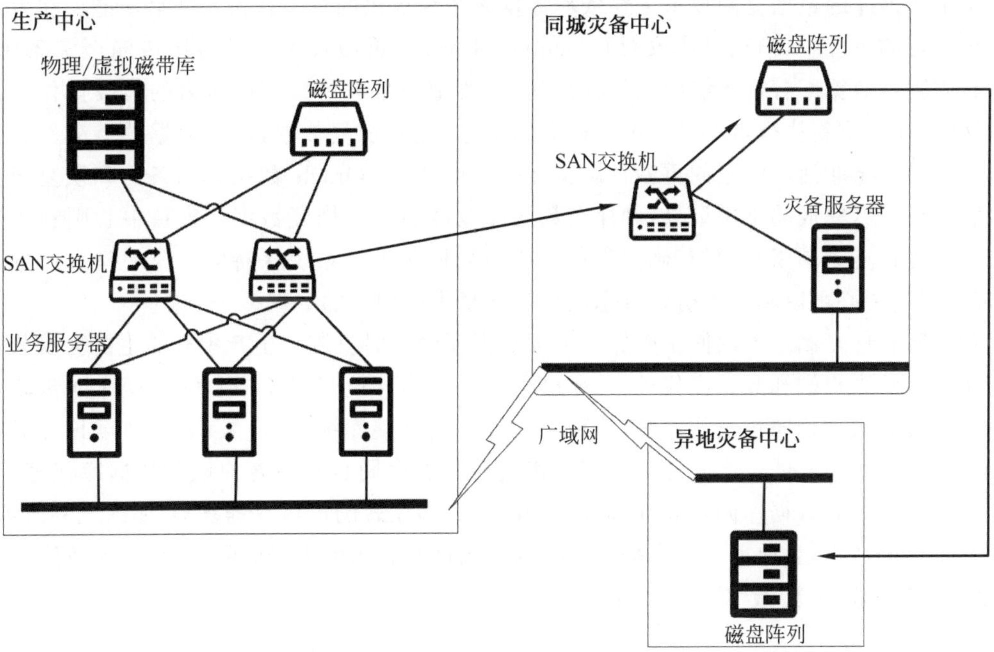


图 8.8　两地三中心灾备示意图(A-B-C 复制模式)

在同步复制模式下,一般要求采用光纤链路,因为这种链路具有较高的传输速度和稳定性;而在异步复制模式下,则一般采用专线连接,以满足长距离数据传输的需求。需要注意的是,同步复制通常比异步复制对网络带宽的要求更高。

(4) 在选择网络线路时,有以下几种方式可以考虑。

① 对于生产-同城复制模式,如果地市或省生产中心需要通过光纤或专线连接同城灾备

中心，那么同步复制技术应采用光纤连接，而异步复制技术则应采用专线连接。对于同城数据级灾备模式，生产中心可以使用一条物理线路（裸光纤或专线）来连接灾备中心，用于数据复制；而对于同城应用级灾备模式，则需要采用裸光纤和波分复用设备相结合的方式来实现连接。

② 对于异地数据级灾备模式，由于生产中心与异地灾备中心之间的距离较远，租用光纤的费用可能会很高，因此一般选择使用专线来实现生产中心或同城灾备中心与异地灾备中心之间的异步数据复制。

③ 关于网络带宽的计算，可以采用以下公式：最小带宽＝平均数据变化量/ RPO / 系数。其中，系数是有效带宽与线路带宽的比值，通常取值范围为 0.3～0.4。这样计算出的最小带宽可以确保数据的复制过程不会因为网络带宽不足而受到影响。

3）适用范围

在地市集中的情况下，推荐采用同城数据级或应用级灾备模式，以应对可能发生的灾害或数据丢失风险。对于省中心而言，除了同城数据级或应用级灾备模式，还可以考虑采用异地数据级灾备模式，以确保数据的全面备份和业务的连续运行。

4）可选技术

基于智能存储设备复制技术主要包括 EMC SRDF/Mirror View、HDS TrueCopy/HUR、IBM PPRC、NetApp SnapMirror、HP Continuous Access 等。

**2. 基于数据库的数据复制技术**

1）技术描述

基于数据库的数据复制技术主要依赖数据库系统提供的日志备份与恢复功能。在生产中心稳定运行的过程中，归档日志文件（Archived Log）或重做日志会被持续传输至灾备中心。重做日志则是数据库管理系统中的一种机制，主要记录事务对数据库所做的修改操作。在系统崩溃时，通过重新执行重做日志中未提交的事务，能够恢复数据，确保数据的持久性。归档日志文件是处于非活动状态的重做日志文件的备份，对于 Oracle 数据库的备份和恢复至关重要。它保存了已完成的重做记录，确保在数据库故障时能够恢复数据。灾备中心则利用这些日志文件进行连续的恢复操作，确保灾备系统的数据与生产系统保持同步。一旦生产中心出现故障，灾备中心可以利用备份的日志文件来恢复生产中心的数据。

数据库软件复制技术的使用确保了远程数据库的实时复制。生产中心的主机会安装数据库同步软件的客户端和数据库代理，并通过构建的网络环境与灾备中心的数据库同步软件服务器端进行通信。按照预设的规则，这种技术可以实现整库级、用户级、表级乃至日志级的数据同步。在生产中心的生产服务器上部署相应的数据库同步软件客户端和数据库代理后，可以实现与灾备中心数据库同步软件服务器端的一对多模式的远程数据复制，如图 8.9 所示。

通过这种技术，企业可以大大提高数据的可用性和容灾能力，确保在发生任何故障或灾难时，业务能够迅速恢复，数据得以保全。

2）资源配置要求

灾备中心可以配置与生产中心不同类型的存储设备，但这些设备的性能和容量应与生产中心相匹配，以确保在需要时能够无缝接管业务。为了保障数据的实时同步和备份，生产中心和灾备中心都需要部署基于数据库的复制软件。生产中心和灾备中心之间通过 IP 网络（通常是专线）进行数据复制，确保数据的实时传输和同步，以应对可能出现的故障或灾害。

3）适用范围

数据库复制技术一般适用于应用级灾备模式。

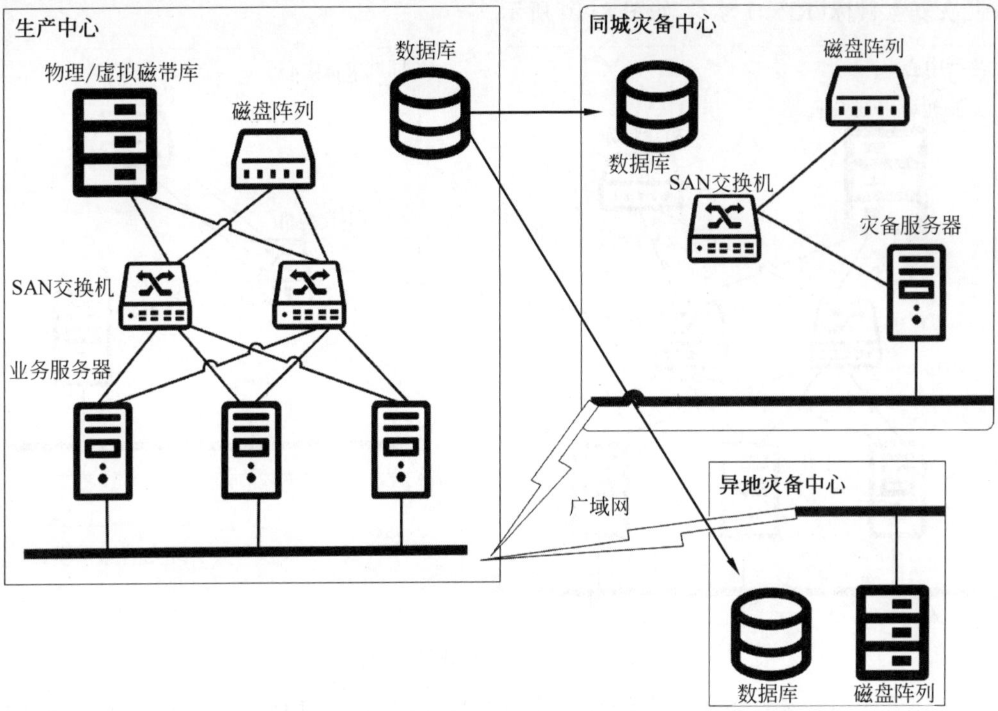


图 8.9 基于数据库的两地三中心示意图

4）可选技术

SyncNavigator 同步软件：一款基于日志的结构化数据实时复制备份软件。它通过解析源数据库在线日志或归档日志获得数据的增量变化，然后将这些变化应用到目标数据库，实现源数据库与目标数据库的同步。SyncNavigator 可以在异构的 IT 基础结构之间实现大量数据的亚秒级实时复制，适用于应急系统、在线报表、实时数据仓库供应、交易跟踪、数据同步、数据集中/分发、容灾备份等多种场景。

MysqlCopier：一款专业的 MySQL 数据库复制工具，能够将数据从一个 MySQL 数据库复制到另一个拷贝表，同时支持表到表的复制以及从 SQL 中查询复制，支持大批量复制，也支持存储和载入会话(Session)，使得反复复制更加便捷。

OracleCopier：一款简单方便的数据复制工具，专门用于 Oracle 数据库之间的数据复制。用户可以通过 OracleCopier 在 Oracle 数据库之间来回导数据，支持表到表的复制、从 SQL 查询复制到表，也支持批量复制，并且支持保存和加载 Session，以及通过命令行和计划任务进行操作。

**3. 基于主机的数据复制技术**

1）数据卷镜像方案

数据卷镜像方案是基于主机的复制技术中的一种重要形式。其工作原理依赖于生产中心和灾备中心之间的光纤链路连接。在生产中心，所有需要进行数据复制的服务器上都会安装专业的存储管理软件。与此同时，灾备中心也会配备相应的存储系统和主机。

这些专业的存储管理软件会将生产中心的存储系统与灾备中心的存储系统整合成一个镜像存储系统。当生产中心的主机执行写操作时，利用存储管理软件的镜像功能，该写操作会通过光纤链路实时传输至灾备中心的存储系统。只有当两个中心的存储系统都成功完成写操作后，该数据操作才会被视为真正完成。这种数据卷镜像方案确保了生产中心数据的“零丢失”，即数据恢复点目标(RPO)为零,如图 8.10 所示。

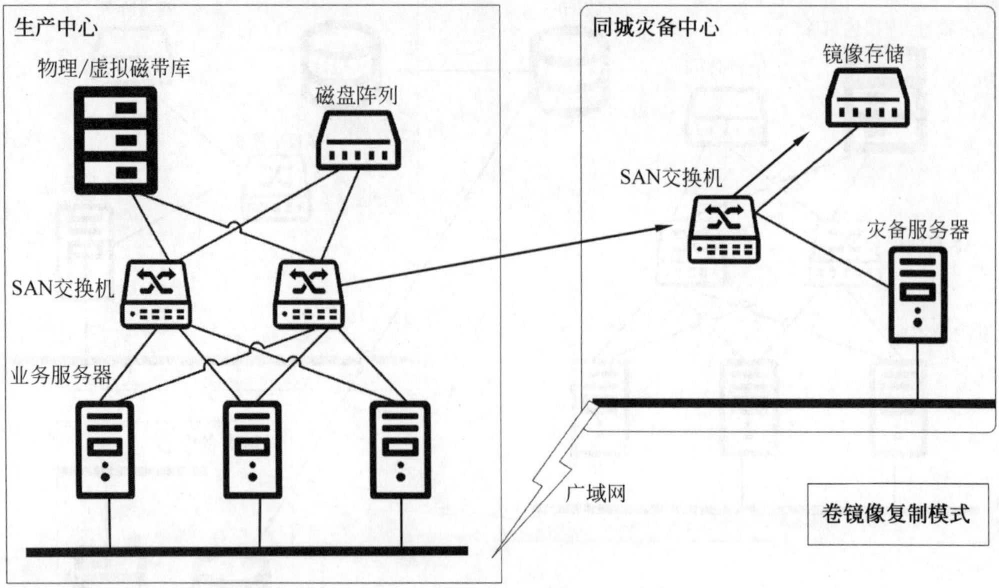


图 8.10　基于数据卷镜像示意图 1

考虑到生产中心和灾备中心存储系统镜像的特性,当其中任何一方的存储系统发生故障或性能下降时,专业的存储管理软件会迅速响应,自动将出问题的存储系统从镜像系统中移除。此时,正常的存储系统将独自承担业务运行,确保业务的连续性。这种由存储系统故障引发的灾难性事件,其灾难接管工作完全由专业存储管理软件自动执行,无须人工干预,从而实现了恢复时间目标(RTO)为零,即无停机时间,如图 8.11 所示。

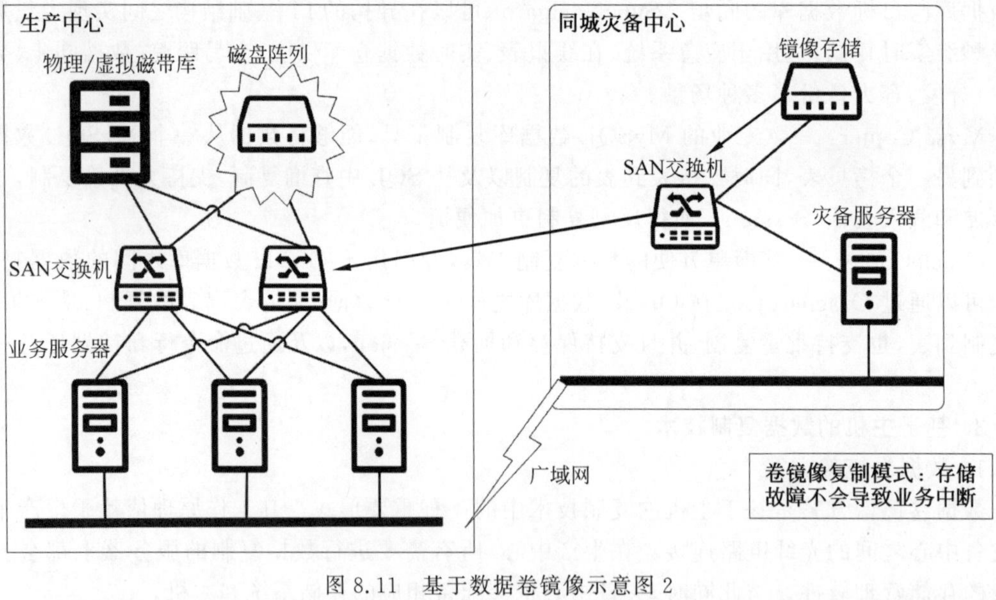


图 8.11　基于数据卷镜像示意图 2

当生产中心的主机遭遇故障时,业务不可避免地会遭受中断。为了迅速恢复业务连续性,可以利用集群管理软件的灾难切换功能。这一功能能够在极短的时间内,自动将生产中心的应用无缝切换至灾备中心的主机上。通过这种自动化的切换过程,可以最大限度地减少业务中断的时间,确保业务的稳定运行。如图 8.12 所示,这一切换过程能够高效地实现业务的快速恢复和连续性保障。

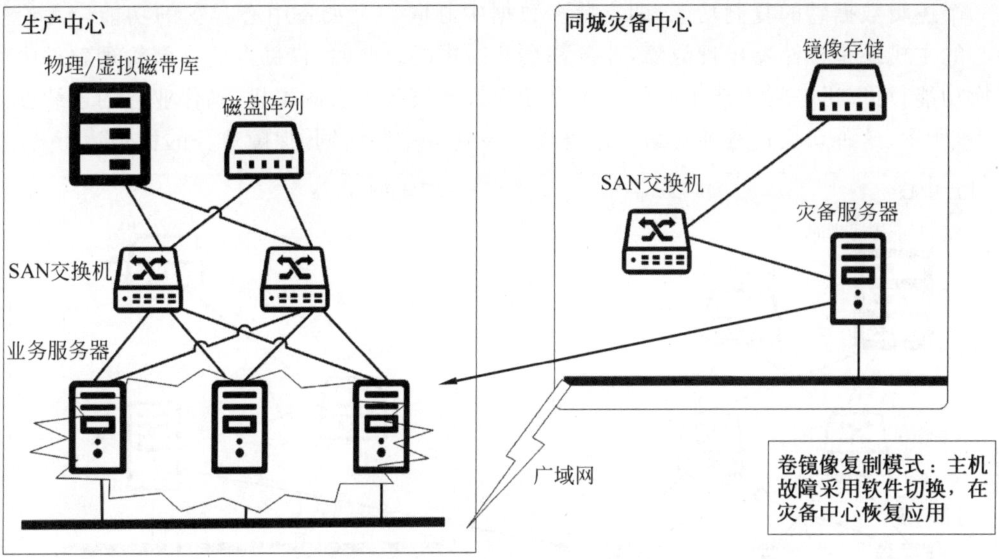


图 8.12 基于数据卷镜像示意图 3

2）数据卷复制方案

数据卷复制方案是另一种广泛应用的基于主机的复制技术。与数据卷镜像方案相似，它也依赖专业存储软件来实现容灾数据的复制。然而，两者在传输方式上有所不同，数据卷复制方案采用的是 IP 网络而非光纤链路。这种方式大多采用异步复制，使得灾备距离不再受限，即便超远距离也能实现灾备。

为了实施这种方案，生产中心和灾备中心的服务器都需要安装专业存储管理软件，并设定相应的数据卷复制关系。一旦数据初始化完成，生产中心主机每接收一个写操作，都会同步通过 IP 链路传送给灾备中心的主机，后者则会在其存储系统上执行这一写操作，如图 8.13 所示。

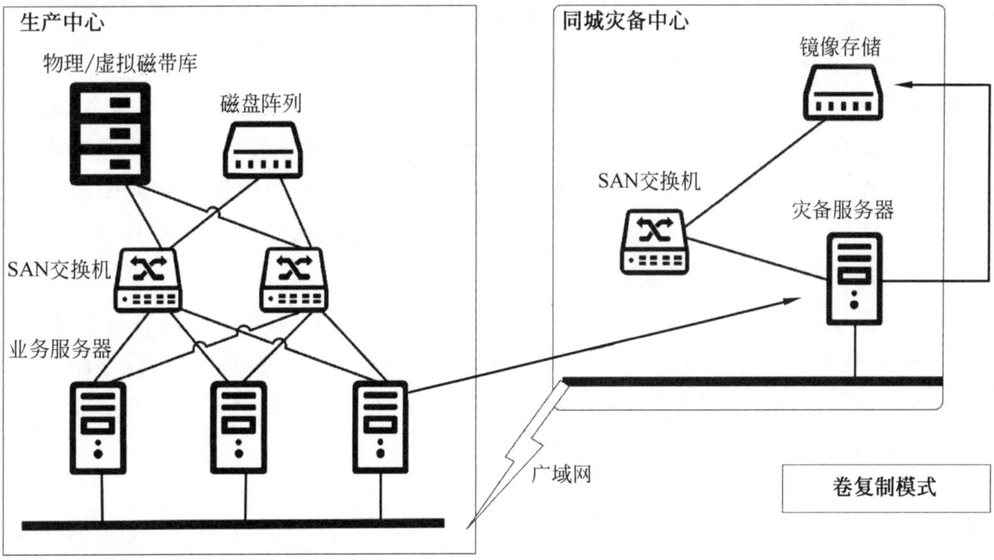


图 8.13 基于数据卷复制示意图 1

事实上，数据卷复制灾备方案也是一种高效的集中灾备方案，它支持高达 32 个逻辑数据卷对一个逻辑数据卷的复制功能，即支持多数据中心向一个灾备中心容灾的功能。无论是生产中心的主机还是存储器出现故障，业务都会暂时中断。此时，借助专业存储管理软件中的灾难切换功能，可以迅速将生产中心的应用自动切换至灾备中心的主机，确保业务的连续性。如图 8.14 所示，这种切换过程能够最大限度地减少业务中断时间，保障业务的稳定运行。

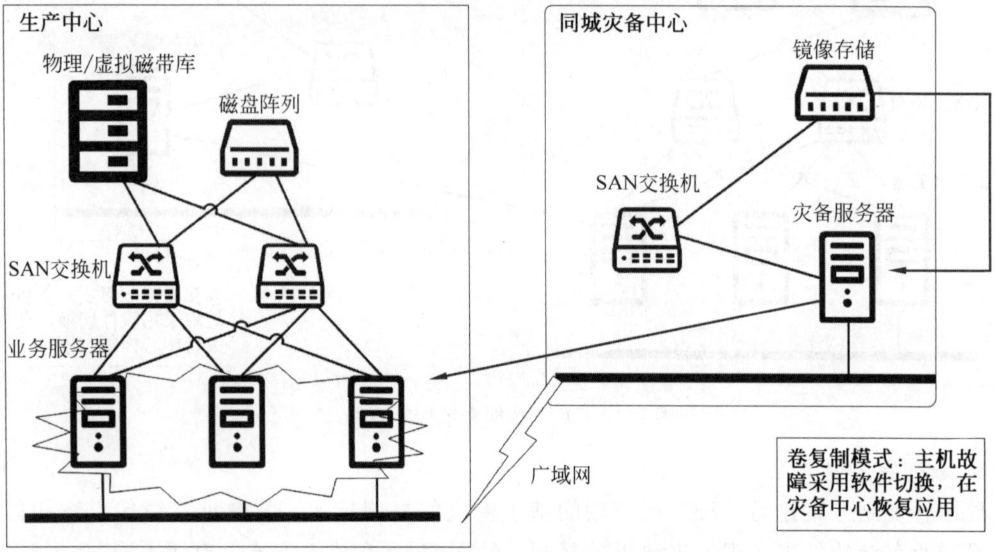


图 8.14　基于数据卷复制示意图 2

**4. 基于存储虚拟化的数据复制技术**

虚拟存储技术通过集中管理多个存储介质模块，实现大容量、高速传输功能。该技术将物理存储与逻辑表示分离，通过不同级别的虚拟化装置管理逻辑卷与物理实体间的映射关系。其中，存储虚拟化复制技术能实现生产中心与灾备中心间的逻辑卷复制，屏蔽物理存储设备差异。虚拟化存储管理装置可根据部署和管理方式分为三种模式：带外数据、带外管理模式，带内数据、带外管理模式，带内数据、带内管理模式，以满足不同场景的需求。

1）模式一：带外数据、带外管理模式

虚拟存储管理装置被设置在 SAN 网络的旁侧通道中，生产中心借助应用服务器或 SAN 交换机上的虚拟化端口，对写入的生产数据进行分割处理。在数据写入过程中，虚拟化端口会捕获这些写操作，并同时将这些操作写入物理存储系统以及本地的虚拟存储管理装置。虚拟存储管理装置接收到数据后，会对其进行压缩和打包，并通过 SAN 路由器的 IP 端口，将这些数据复制到灾备中心的虚拟存储装置中。

对于虚拟存储管理装置的管理，可以通过 IP 方式实现。即使虚拟存储管理装置出现故障，也不会影响应用服务器对物理存储设备的访问。同时，管理平台对装置的管理操作也不会对生产业务系统的性能产生任何影响。这一过程如图 8.15 所示，确保了数据的高效复制和业务的连续稳定运行。

2）模式二：带内数据、带外管理模式

虚拟存储管理装置被整合在 SAN 网络中，应用服务器仅能通过这一装置访问虚拟卷。在访问物理存储时，应用服务器也需依赖虚拟存储管理装置作为中介。此外，该装置还具备将生产中心的逻辑卷通过网络实时镜像至灾备中心相应装置的能力，确保数据的实时同步。

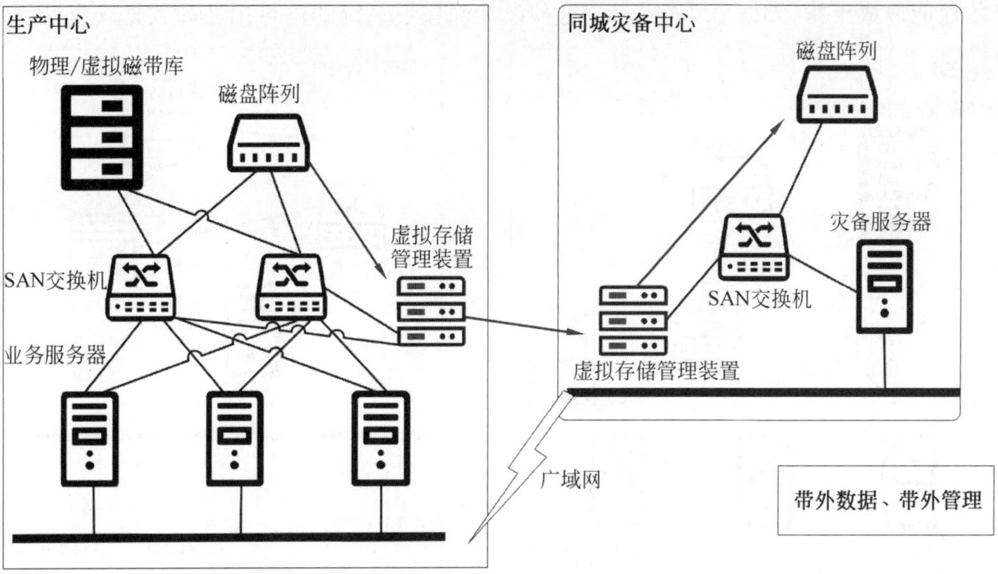


图 8.15 基于存储虚拟化的数据复制示意图 1

对虚拟存储管理装置的管理操作均通过 IP 方式实现,即便装置发生故障,应用服务器对物理存储设备的访问也不会受到影响。同时,管理平台对装置的管理操作不会干扰生产业务系统的正常运行,如图 8.16 所示,从而保证了系统的稳定性和数据的安全性。

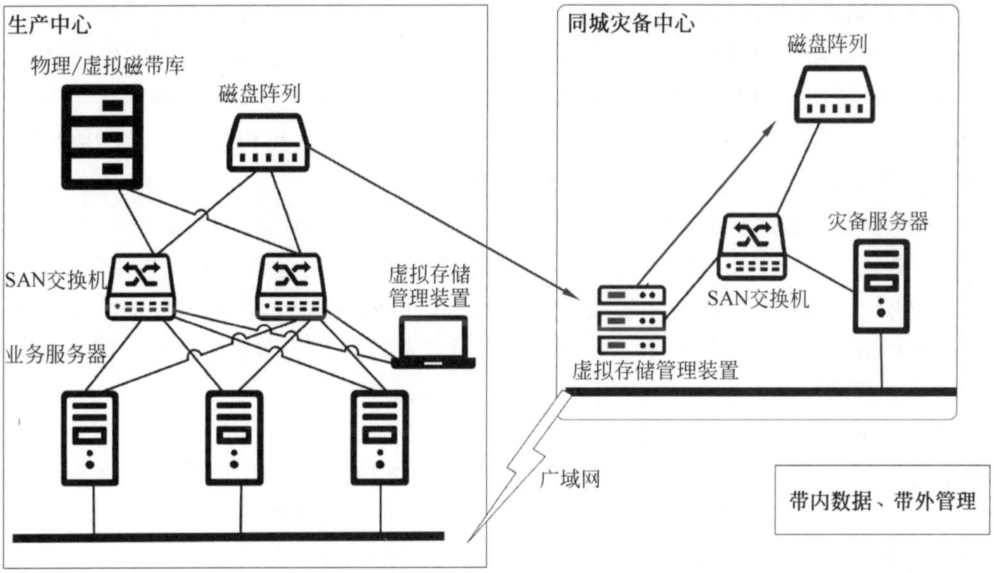


图 8.16 基于存储虚拟化的数据复制图 2

3) 模式三:带内数据、带内管理模式

虚拟存储管理装置被置于 SAN 网络中,应用服务器必须通过这一装置才能访问虚拟卷。该装置通过 SAN 网络进行管理,若发生故障,将直接干扰正常的生产业务运行。在此架构下,虚拟存储管理装置不仅支持应用服务器对虚拟卷的访问,还承担生产中心与灾备中心间数据复制的重任。然而,这种管理方式可能会对生产业务和数据复制性能产生一定影响。

幸运的是,对虚拟存储管理装置的管理可以通过 IP 方式进行,即使装置出现故障,应用服务器仍然可以正常访问物理存储设备。同时,管理平台对装置的管理操作并不会对生产业务系统的性能造成干扰,如图 8.17 所示。这种设计确保了系统的高可用性和数据安全性。

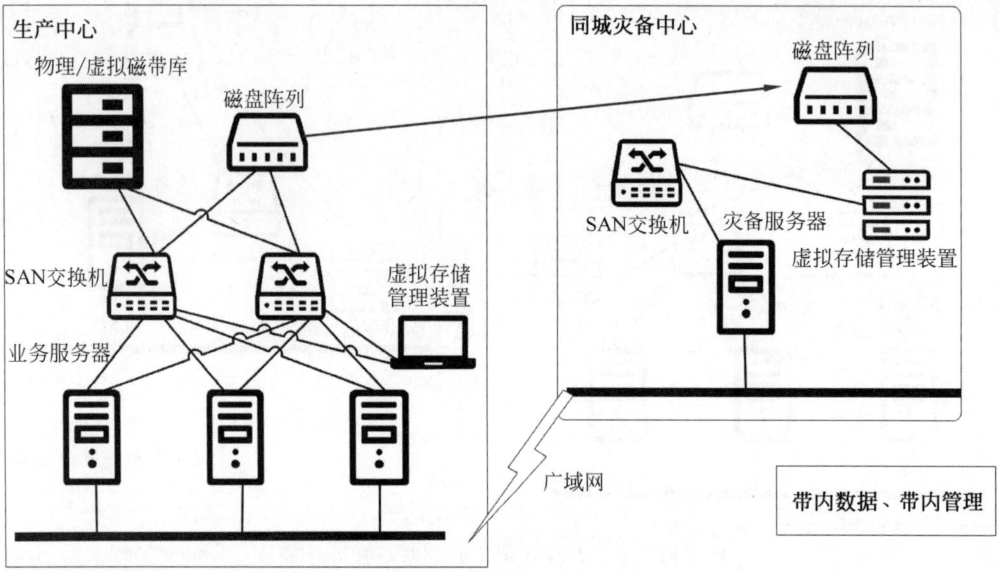


图 8.17　基于存储虚拟化的数据复制示意图 3

### 8.2.3　灾备方案对比

#### 1. 基于存储虚拟化的数据复制技术

**特点**:利用存储虚拟化技术实现高效、灵活的数据复制,能够集中管理和优化存储资源。

**适用场景**:适用于需要集中管理存储资源和优化存储利用率的场景。特别适用于大型企业或数据中心,它们通常拥有复杂的存储需求和多个存储系统。可以提供灵活的数据迁移和灾难恢复能力,同时对主机透明,不影响现有应用。

#### 2. 基于主机的数据复制技术

**特点**:数据复制功能实现在主机层,通过软件或代理服务进行数据的复制和同步。

**适用场景**:适用于对性能要求较高且需要在多个主机之间同步数据的环境。特别适用于中小型企业或分布式系统,其中,数据复制需求与特定的应用服务器紧密相关。可以实现更细粒度的数据管理和控制,但可能会占用更多的主机资源。

#### 3. 基于智能存储设备的数据复制技术

**特点**:数据复制功能内置在智能存储设备中,不需要额外的软件或硬件,实现数据的自动复制和同步。

**适用场景**:适用于需要高性能、自动化的数据复制和灾难恢复的场景。特别适用于对数据可用性和业务连续性要求极高的关键应用。通常用于金融、电信等对数据复制性能和稳定性有严格要求的行业。

#### 4. 基于数据库的数据复制技术

**特点**:专门针对数据库数据进行复制,确保数据库的一致性和完整性,适用于对数据库数据有较高要求的场景。

**适用场景**:适用于数据库密集型的应用,如在线事务处理(OLTP)或数据仓库系统。特别适用于需要确保数据一致性和完整性的场景,尤其是在数据库层面进行操作时。通常用于需要复杂查询、报表和分析的业务,以及需要多点复制或多级复制的场合。

# 8.3 容灾备份实例

## 8.3.1 双活

双活是指在两个生产中心部署相同的两个能力相同的业务系统。两个系统同时工作，地位对等、不分主从。具备在对方系统灾难发生时，接管对方业务的能力。双活通常需要负载均衡技术的支持。

### 1. 同城双活

同城双活模式是指在同一个城市内建立两个机房，它们各自承担一部分流量，一般入口流量完全随机，内部 RPC（Remote Procedure Call）调用尽量通过就近路由闭环在同机房，如图 8.18 所示。这种模式旨在保证服务的高可用性，当一个机房不可用时，另一个机房能够单独对外提供完整的服务。同城双活模式的核心优势在于，同城内的两个机房距离比较近，通信线路质量较好，比较容易实现数据的同步复制，保证高度的数据完整性和数据零丢失。

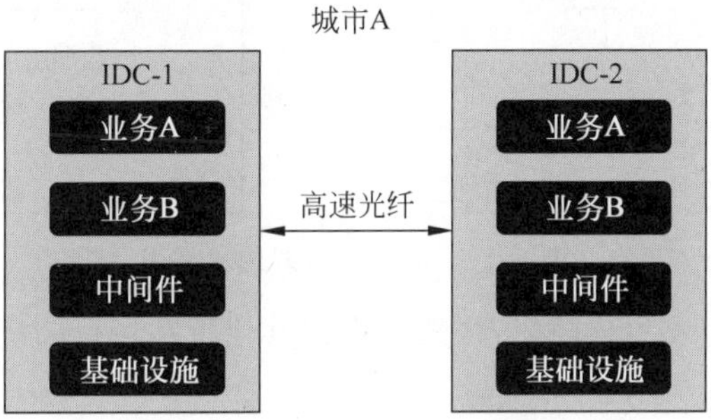


图 8.18　同城双活示意图

以下是云上某 SaaS 厂家同城双活案例。

云上的存储业务均采用虚拟机进行自建，业务的部署是按照账户的单号或双号来分组的，可以理解为一种简单的负载均衡和分区策略。这样，不同的账户数据可能被分配到不同的部署环境中，A 区域存储单号的数据，B 区域存储双号的数据。数据库同步使用双向方式，双向数据同步意味着 A 区和 B 区的数据库之间的数据是实时同步的，当一个数据库中的数据发生变化时，这些变化也会被同步到另一个数据库，确保数据在两个区域之间保持一致。AZ 通常指的是可用区（Availability Zone），即云服务提供商在一个特定地理区域内提供的物理位置，每个 AZ 数据库均存在全量数据，即包含所有必要的数据。当一个可用区故障，业务通过 DNS 以及业务调用配置下发能力，将业务切换到另外一个可用区，当业务切换到另一个可用区时，为了避免数据同步过程中的冲突和不一致，同步能力会被暂时取消。这意味着在切换期间，两个数据库之间的数据可能不再实时同步，直到问题被解决或业务重新稳定，如图 8.19 所示。

### 2. 异地双活

异地双活模式是一种分布式系统架构，它在地理位置相隔较远的两个或多个城市中建立机房，每个机房都能够独立承担业务流量和服务请求。与同城双活类似，异地双活模式的设计理念也是为了确保服务的高可用性和业务连续性。由于机房分布在不同的地理位置，即使面临自然灾害、大规模停电或其他区域性问题，也能保证至少有一个机房能够继续提供服务，从而大大降低了单点故障的风险。虽然异地双活中的机房距离较远，但通过高速网络连接和先进的数据复制技术，依然可以实现数据的同步复制，确保数据的完整性和一致性。异地双活架

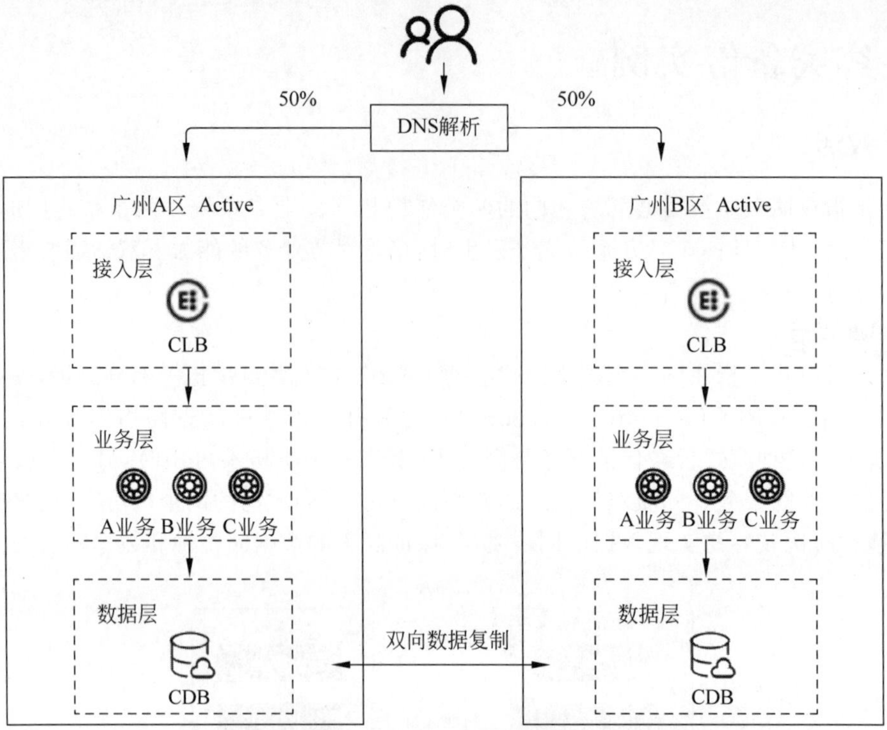


图 8.19　同城双活案例示意图

构能够在一个或多个机房发生故障时，快速切换到其他正常运行的机房，保证业务的连续性和服务的可用性，如图 8.20 所示。

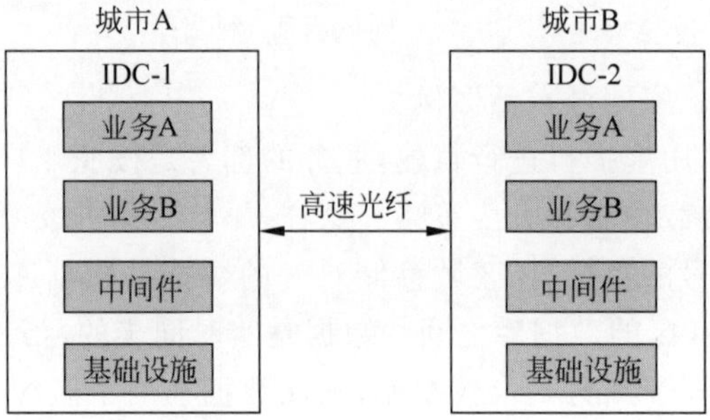


图 8.20　异地双活示意图

以下为某生活巨头异地多活的场景。

业务流量是由一个统一的调度系统进行管理的，这意味着所有的流量进入和分发都遵循一个中心化的策略或机制，流量通过路由层进行 set 路由。set 指的是前面提到的按账户单双号进行部署的分组，即路由层负责根据一定的规则(可能是负载均衡、地理位置、账户号等)将业务流量分发到各个 set。不同的 set 之间处理各自的业务流量，互不干扰。数据容灾策略中，各个 set 之间会进行数据的备份。如果某个 set 的数据出现问题或丢失，可以从另一个 set 中恢复数据。除了 set 之间的互备外，每个 set 还会与中心进行数据的互备。这样，每个 set 的数据实际上都有两个备份：一个在另一个 set 中，一个在中心。这形成了数据的三副本，进一步提高了数据的可靠性和容错能力。如果某个 set 发生故障，流量调度系统会检测到这一故障，并自动或手动地将流量从故障 set 切换到其他在运行的 set。这确保了服务的连续性，即使在部分系统组件故障的情况下，业务也能正常运行，如图 8.21 所示。

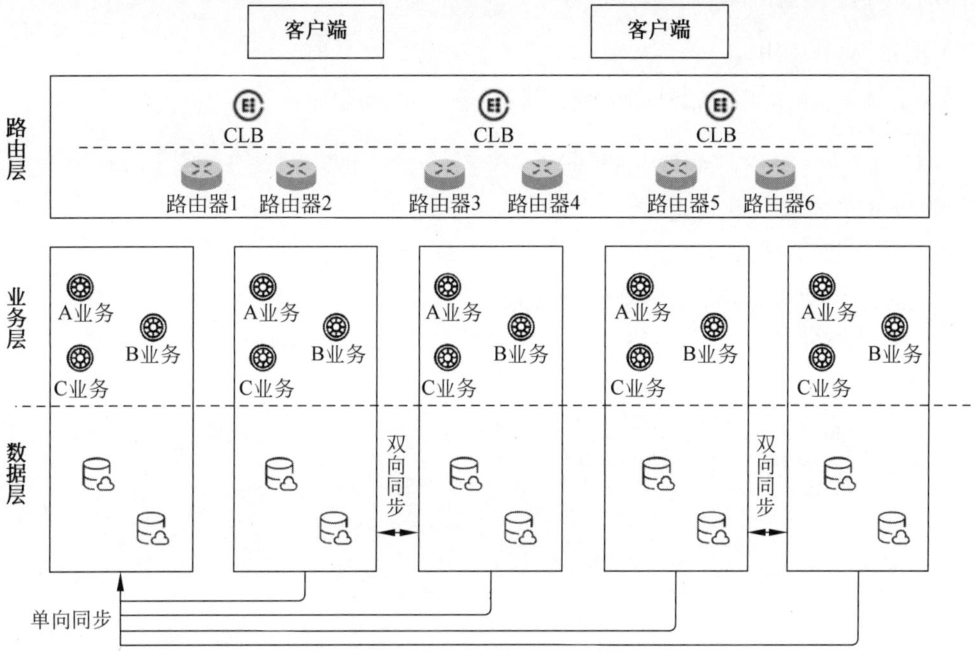


图 8.21 异地多活案例图

### 3. 模拟同城双活实验

由于同城双活的实验通常涉及网络配置、数据同步和故障切换等复杂操作，而且在单个主机上模拟两个完整的数据中心环境存在一定的局限性，这里提供一个简化版的同城双活实验设计，它将重点放在数据同步和应用层的故障切换上。

【实验目标】

(1) 验证在同一台主机上通过虚拟机实现的应用层同城双活配置。

(2) 测试简单的故障切换流程。

【实验环境】

(1) 一台主机，可安装虚拟化软件(如 VirtualBox)。

(2) 操作系统镜像文件(如 Ubuntu Server)。

(3) 简单的 Web 应用(如 Apache HTTP Server)。

【实验步骤】

步骤 1：创建虚拟机。

(1) 安装虚拟化软件。

以 VMware 为例，下载并安装 VMware。

(2) 创建两个虚拟机。

打开 VMware，创建两个虚拟机，分别命名为"WebServer1"和"WebServer2"。

为每个虚拟机分配足够的资源(例如：2CPU 核心，2GB 内存)。

为每个虚拟机创建虚拟硬盘，并安装操作系统。

步骤 2：配置 Web 应用。

(1) 安装 Web 服务器。

```
#通过 SSH 登录到每个虚拟机
#安装 Apache HTTP Server
```

```
sudo apt-get update
sudo apt-get install apache2
```

(2) 配置 Web 应用。

```
# 编辑 Apache 的默认网页,添加一些文本以区分两个 Web 服务器
sudo nano /var/www/html/index.html
# 在文件中添加文本,例如: "Welcome to WebServer1"和"Welcome to WebServer2"
```

步骤 3:配置本地负载均衡器。

(1) 安装负载均衡器。

```
# 在主机上安装简单的负载均衡器软件,如 Nginx
sudo apt-get install nginx
```

(2) 配置 Nginx。

```
# 编辑 Nginx 配置文件,设置反向代理
sudo nano /etc/nginx/sites-available/default
# 在 server 块中,设置 proxy_pass 指向两个 Web 服务器的 IP 地址
server {
    listen 80;
    server_name localhost;

    location / {
        proxy_pass http://<WebServer1_IP>:80;
        proxy_pass http://<WebServer2_IP>:80;
    }
}
```

步骤 4:测试和验证。

(1) 测试负载均衡。

```
# 在浏览器中访问主机的 IP 地址,应该能够看到 Web 应用的欢迎页面
# 刷新页面,内容应该在两个 Web 服务器之间切换
```

(2) 模拟故障切换。

```
# 通过 SSH 登录到其中一个 Web 服务器,并停止 Apache 服务
sudo systemctl stop apache2
# 刷新浏览器,应该只看到另一个 Web 服务器的欢迎页面
```

(3) 恢复服务。

```
# 重新启动停止的 Apache 服务
sudo systemctl start apache2
# 再次刷新浏览器,确认两个 Web 服务器的内容都能够正常显示
```

**注意事项:**

本实验仅为简化版,实际的同城双活方案需要考虑更多的因素,如数据同步、网络配置、故障检测和自动切换等。在单个主机上模拟两个数据中心的环境存在局限性,实际应用中需要在不同的物理服务器或云实例上部署。

### 8.3.2 灾备

这里灾备是指具有主从之分的灾备系统(双活是不分主从的灾备)。通常是建立一个主业务系统和一个从属(备用)的业务系统(可能只有数据中心),正常情况下仅有主业务系统在工作,在主业务系统故障时,再启用备用系统。灾备有热备、冷备等方式。

### 1. 热备

热备是一种数据备份和容灾策略，其核心特点是备份系统始终保持与主系统同步或接近同步的状态，以便在主系统发生故障时能够迅速接管业务，减少系统停机时间。热备通常用于关键业务系统，以确保数据的高可用性和业务连续性。如图 8.22 所示，热备具有实时同步、快速切换、零数据丢失、持续可用性的特点。

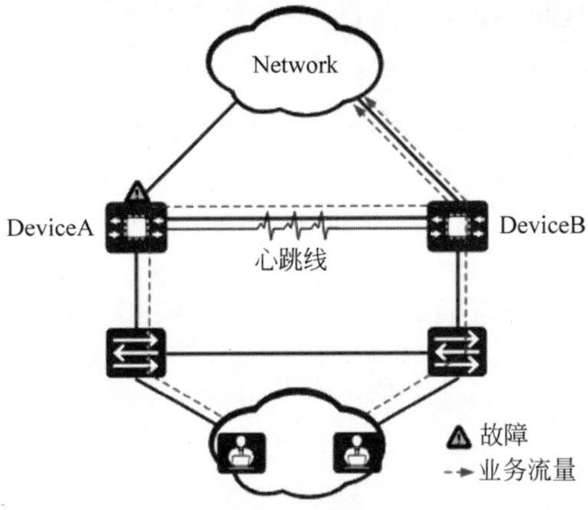


图 8.22 热备示意图

### 2. 冷备

冷备是一种数据备份和容灾策略，其特点是备份系统不与主系统实时同步，而是在需要时才进行数据恢复和系统启动。冷备通常用于那些不需要实时数据同步，但需要有数据备份以应对灾难恢复情况的场景。冷备系统通常会定期(如每日、每周或每月)进行数据备份，而不是实时同步。备份可以是全量备份，也可以是增量或差异备份。由于备份数据不是实时更新的，因此在主系统发生故障时，冷备系统需要一定的时间来启动和恢复数据，这可能导致较长的服务中断时间，但也因此可以优化资源使用，减少对生产系统的资源消耗。

### 3. 模拟双机热备实验

双机热备实验通常涉及配置两台服务器，使它们能够实时同步数据，并在一台服务器出现故障时，另一台服务器能够立即接管服务。由于这是一个复杂的实验，涉及网络配置、服务安装、数据同步等多个步骤，下面提供一个简化的实验设计，基于 Linux 环境下安装 MySQL 并配置双机热备来实现。

【实验目标】

(1) 学习双机热备的基本原理。

(2) 实现数据同步，通过配置主从复制，实现两台 MySQL 服务器之间的数据同步，确保数据的一致性。

(3) 故障切换操作，观察并理解当主服务器发生故障时，备份服务器如何接管服务并保证业务连续性。

【实验环境】

(1) 两台 Linux 服务器(可以是物理机或虚拟机)，分别命名为 mysql-master 和 mysql-slave。

(2) 服务器间网络互通，且安装有 MySQL 数据库。

(3) 操作系统：Linux(如 CentOS、Ubuntu 等)。

【实验步骤】

步骤 1：安装 MySQL。

(1) 在两台服务器上安装 MySQL 数据库。

```
#使用 yum 安装 MySQL(以 CentOS 为例)
sudo yum install mysql-server
```

(2) 启动 MySQL 服务并设置开机自启。

```
sudo systemctl start mysqld
sudo systemctl enable mysqld
```

步骤 2：配置主服务器(mysql-master)。

(1) 配置 my.cnf 文件，添加以下内容到[mysqld]部分。

```
server-id = 1
log_bin = /var/lib/mysql/mysql-bin.log
binlog_format = mixed
expire_logs_days = 10
```

(2) 重启 MySQL 服务。

```
sudo systemctl restart mysqld
```

(3) 创建用于复制的用户，并授权。

```
mysql -u root -p -e "CREATE USER 'repl'@'mysql-slave' IDENTIFIED BY 'your_password'; GRANT
REPLICATION SLAVE ON *.* TO 'repl'@'mysql-slave'; FLUSH PRIVILEGES;"
```

(4) 记录主服务器的二进制日志文件位置和服务器 ID，稍后在从服务器配置时需要用到。

```
mysql -u root -p -e "SHOW MASTER STATUS;"
```

步骤 3：配置从服务器(mysql-slave)。

(1) 配置 my.cnf 文件，添加以下内容到[mysqld]部分。

```
server-id = 2
relay_log = /var/lib/mysql/mysql-relay-bin.log
relay_log_index = /var/lib/mysql/mysql-relay-bin.index
log_bin = off
```

(2) 重启 MySQL 服务。

```
sudo systemctl restart mysqld
```

(3) 配置从服务器连接到主服务器。

```
mysql -u root -p -e "CHANGE MASTER TO
  MASTER_HOST = 'mysql-master',
  MASTER_USER = 'repl',
  MASTER_PASSWORD = 'your_password',
  MASTER_LOG_FILE = 'mysql-bin.000001',
  MASTER_LOG_POS = 4; #这里的文件名和位置根据 SHOW MASTER STATUS 的输出进行修改
FLUSH TABLES WITH READ LOCK;"
```

(4) 启动复制进程。

```
mysql -u root -p -e "START SLAVE;"
```

(5) 检查复制状态。

```
mysql -u root -p -e "SHOW SLAVE STATUS\G;"
```

步骤 4：测试。

(1) 在主服务器上创建一个数据库和表，并插入一些数据。

```
mysql -u root -p -e "CREATE DATABASE testdb;
USE testdb;
CREATE TABLE testtable (id INT AUTO_INCREMENT PRIMARY KEY, data VARCHAR(20));
INSERT INTO testtable (data) VALUES ('test data'), ('more test data'), ('yet more test data');
```

(2) 在从服务器上检查数据是否同步。

```
mysql -u root -p -e "USE testdb; SELECT * FROM testtable;"
```

(3) 如果一切正常，从服务器应该显示与主服务器相同的数据。

**注意事项：**

请确保替换上述命令中的 your_password 为实际使用的密码。在生产环境中，建议使用更安全的密码，并考虑网络安全措施，如防火墙配置、VPN 等。确保两台服务器的 MySQL 版本相同，以避免兼容性问题。在实际部署中，可能需要考虑更多因素，如网络延迟、数据一致性要求、监控和告警等。

## 8.3.3　两地三中心

两地三中心是一种企业级的数据备份和灾难恢复策略，它涉及在两个不同的地理位置建立三个数据中心：一个主生产中心和两个备份中心。这种架构旨在提供高度的业务连续性和数据安全性，确保在面对各种灾难情况时，关键业务能够持续运行。通过在两个地点部署三个数据中心，即使一个或多个数据中心受到严重影响，业务仍能通过其他中心继续运行。主生产中心的数据会定期或实时同步到两个备份中心，确保数据的多份副本和高可用性。在发生灾难时，可以迅速从一个中心切换到另一个中心，最小化业务中断和数据丢失，如图 8.23 所示。

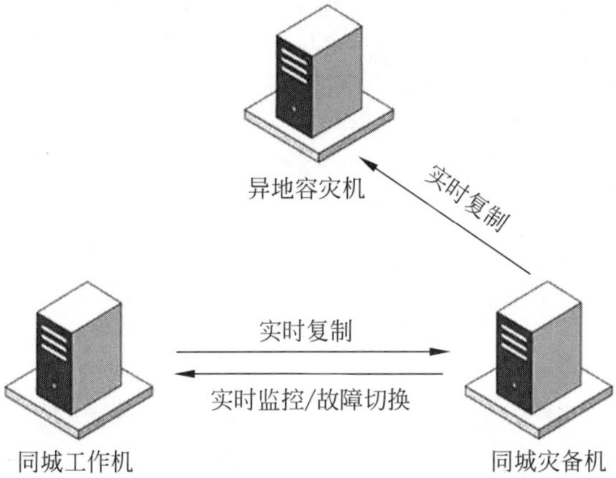


图 8.23　两地三中心示意图

由于两地三中心的模拟实验涉及复杂的网络配置、数据同步和多节点管理，因此在单个主机上完全模拟这一架构存在一定的局限性。不过，可以通过简化的方式来模拟两地三中心的核心概念。以下是一个基于虚拟机的简化实验设计。

【实验目标】

(1) 理解两地三中心的基本架构。

(2) 模拟数据同步和故障转移过程。

【实验环境】

(1) 一台主机,已安装虚拟化软件(如 VirtualBox)。

(2) 操作系统镜像文件,如 Ubuntu Server。

(3) 数据同步工具,如 rsync 或 mysql(用于数据库同步)。

【实验步骤】

步骤 1:创建虚拟机。

(1) 打开 VMware,创建三个虚拟机,分别命名为 primary、backup1 和 backup2。

(2) 为每台虚拟机分配适当的资源(例如:1CPU 核心,1GB 内存)。

(3) 为每台虚拟机创建虚拟硬盘,并安装操作系统。

步骤 2:配置网络。

(1) 为每台虚拟机配置网络接口,确保它们可以互相通信。

(2) 为每台虚拟机配置静态 IP 地址,例如:

```
primary: 192.168.1.10
backup1: 192.168.1.11
backup2: 192.168.1.12
```

步骤 3:安装和配置服务。

(1) 在 primary 上安装并配置一个简单的 Web 服务(如 Apache)和一个数据库服务(如 MySQL)。

```
sudo apt - get update
sudo apt - get install apache2 mysql - server
```

(2) 在 backup1 和 backup2 上安装相应的服务,并配置为只读模式或备份模式。

步骤 4:配置数据同步。

(1) 使用 rsync 在 primary 和 backup1 之间设置文件同步。

```
#在 primary 上安装 rsync
sudo apt - get install rsync
#创建同步脚本
sudo nano /etc/cron.hourly/sync - to - backup1
```

在脚本中添加以下内容。

```
#!/bin/sh
rsync -avz /var/www/html primary@192.168.1.11:/var/www/html
```

给予脚本执行权限:

```
sudo chmod +x /etc/cron.hourly/sync - to - backup1
```

(2) 同样,使用 rsync 在 primary 和 backup2 之间设置文件同步。

步骤 5:测试故障转移。

(1) 模拟 primary 节点故障,例如,通过 VMware 关闭 primary 虚拟机。

(2) 尝试访问 backup1 或 backup2 上的 Web 服务,确认服务是否可用。

(3) 如果 Web 服务可用,说明故障转移成功。

**注意事项:**

在实际的生产环境中,两地三中心通常涉及更复杂的配置,如数据库主从复制、负载均衡、自动故障切换等。为了确保数据的一致性和系统的稳定性,可能需要使用更高级的数据同步和复制工具。

# 小结

在本章中,深入探讨了数据容灾备份的概念、重要性、技术指标、不同级别的容灾方案以及实施这些方案的关键技术。我们了解到,数据容灾备份是确保企业在面临自然灾害、人为错误、硬件故障等突发事件时,能够保护关键数据并维持业务连续性的重要措施。首先,定义了容灾备份的核心目的:确保数据的完整性、可用性和业务的连续性。讨论了RTO(恢复时间目标)和RPO(恢复点目标),这两个关键指标对于衡量容灾系统的性能至关重要。RTO强调的是系统恢复正常运行所需的最长时间,而RPO则关注在灾难发生时可能丢失的数据量。接着,介绍了不同级别的数据容灾方案,从简单的本地备份到复杂的异地实时复制。每个级别的方案都有其适用的场景和优缺点,企业需要根据自身的业务需求、成本预算和技术能力来选择合适的方案。还探讨了实施数据容灾备份时的关键技术,包括基于存储虚拟化、主机、智能存储设备和数据库的复制技术。每种技术都有其特定的应用场景和实现方式,企业在设计容灾策略时需要综合考虑这些因素。此外,本章还提供了模拟同城双活和双机热备等实验的设计,这些实验可以帮助读者更好地理解数据同步和故障切换的过程。通过这些实验,可以观察到在主系统发生故障时,备份系统如何迅速接管业务,从而保证服务的高可用性。通过本章的学习,希望读者能够对数据容灾备份有一个全面的认识,并能够根据所学知识为企业设计和实施有效的容灾备份策略。在数字化时代,数据是企业最宝贵的资产之一,因此,对数据的保护和灾难恢复能力的建设是每个企业都必须面对的挑战。

# 习题

在线测试

**一、单项选择题**

1. 数据容灾备份的主要目的是什么?(  )
   A. 增加数据存储空间　　B. 保护数据免受损坏和丢失
   C. 提高数据处理速度　　D. 降低IT成本
2. 以下哪项不是衡量容灾系统的关键指标?(  )
   A. RPO (Recovery Point Objective)　　B. RTO (Recovery Time Objective)
   C. ROI (Return On Investment)　　D. RBA (Recovery Before Attack)
3. 在数据容灾备份中,“热备份”是指(  )。
   A. 数据备份存储在磁带或硬盘上　　B. 数据备份存储在远程地点
   C. 实时或近实时的数据备份和同步　　D. 定期的数据全量备份
4. 数据备份的3R原则指的是(  )。
   A. Redundance、Recovery、Revalidation　　B. Redundance、Remote、Replication
   C. Relevance、Retention、Recovery　　D. Reduction、Recovery、Reconstruction

**二、判断题**

1. RTO和RPO是衡量数据备份系统性能的两个重要指标。(  )
2. 容灾备份方案的设计不需要考虑业务连续性的要求。(  )
3. 云备份解决方案通常比传统备份方法更具成本效益。(  )
4. 在数据容灾备份中,数据的安全性和可用性比成本更为重要。(  )

三、简答题

1. 简述数据容灾备份中 RTO 和 RPO 的概念，并解释它们对企业数据保护策略的重要性。

2. 列举并简要说明至少三种不同的数据容灾备份技术，试比较它们的优缺点。

3. 以一个实际的企业案例，说明如何根据业务需求和资源状况选择合适的数据容灾备份方案。

4. 讨论在设计数据容灾备份方案时，应考虑哪些关键因素，并解释为什么这些因素对方案的成功实施至关重要。

# 第 9 章 数据安全销毁

**本章学习目标**

- 掌握数据销毁的基本概念和在信息安全生命周期中的关键作用。
- 熟悉国际和国内的数据销毁标准及其在不同行业中的实施要求。
- 了解并区分逻辑销毁与物理销毁的方法、适用场景和技术特点。
- 理解网络环境下数据销毁的挑战和解决方案,包括云存储数据的销毁策略。

本章首先介绍数据销毁的概念、标准,然后介绍数据销毁的分类及销毁方法,最后介绍当前云存储数据的销毁方法。

## 9.1 数据销毁介绍

### 9.1.1 数据销毁概述

数据安全生命周期的管理过程包括对数据进行识别与分类、采集、存储、处理、传输、共享与交换、使用、存档以及销毁等连续的阶段,旨在确保数据在整个存在周期内的安全性、完整性和合规性。

在数据安全生命周期的管理过程中,数据销毁环节是确保信息长期保密性和完整性的关键步骤。通过合理的数据销毁措施,可以有效预防未经授权的数据访问和潜在的信息泄露风险,从而保障数据在其生命周期的最终阶段得到妥善处理。

数据销毁是指采用各种技术手段将存储设备中的数据予以破坏或彻底删除,以确保数据无法被恢复,避免信息泄露,从而维护数据安全和隐私保护的过程。在国防、行政、商业等领域,存在大量需要进行销毁的数据,只有针对不同的载体采取不同的销毁方式,才能正确地将数据销毁。与纸质文件相比,数据文件的销毁技术更为复杂,程序更为烦琐,成本更为高昂。

计算机或设备被弃置、转售或捐赠之前,必须通过某种手段删除数据,确保其无法被恢复,以防止信息泄露。这一过程至关重要,特别是在涉及国家机密数据的情况下。数据销毁包括对所有存储设备中的数据进行安全擦除,以确保不留下任何痕迹。只有通过严格的数据销毁程序,才能有效保护个人隐私和敏感信息,避免不必要的风险和安全漏洞。

教育机构和企业应当建立明确的数据销毁政策,并确保全体员工严格遵守,以维护数据安全和隐私保护的重要性。

### 9.1.2 数据销毁标准

2022 年,工信部网安第 166 号文件的第二十条指出,工业和信息化领域数据处理者应当建立数据销毁制度,明确销毁对象、规则、流程和技术等要求,对销毁活动进行记录和留存。个人、组织按照法律规定、合同约定等请求销毁的,工业和信息化领域数据处理者应当销毁相应数据。工业和信息化领域数据处理者销毁重要数据和核心数据后,不得以任何理由、任何方式对销毁数据进行恢复,引起备案内容发生变化的,应当履行备案变更手续。

为了有效保护敏感信息并防止数据泄露，各国和组织纷纷提出了一系列数据安全标准。这些标准旨在规范数据处理和存储过程，确保信息安全性和隐私保护。通过遵循这些标准，组织可以建立健全的数据安全机制，降低数据泄露风险，增强信息保密性。同时，这些标准也为个人提供了指导，帮助他们更好地保护个人隐私数据。在面对日益增长的数据安全挑战时，遵循相应的数据安全标准是确保信息安全的重要举措。本节将从国外数据销毁标准、国内数据销毁标准、行业标准展开介绍，旨在为读者提供一个全面的数据销毁标准概览，帮助读者理解不同国家和地区在数据销毁方面的法规要求，以及特定行业对数据销毁的特殊标准。

**1. 国外数据销毁标准**

1）美国国家标准与技术研究院（NIST）指南

NIST 800-88 是美国国家标准与技术研究院发布的指南，旨在帮助组织和系统所有者根据信息的保密性分类做出合理的媒体清洗决策。该指南提供了从确定媒体类型到选择适当的清洗方法（包括清除、清洗和销毁）的全面流程，并强调了验证清洗效果的重要性，同时考虑了新兴存储技术对传统清洗方法的影响，确保敏感数据在媒体处置或重用前得到有效保护。

2）德国信息技术安全局（BSI）标准

BSI TR-03125 是德国信息技术安全局（Bundesamt für Sicherheit in der Informationstechnik，BSI）发布的数据销毁指南。这份指南为组织提供了关于如何安全销毁存储介质上的数据的指导，以确保敏感信息不会在数据销毁后被恢复和滥用。

BSI TR-03125 指南涵盖了多种数据销毁方法，包括物理销毁和逻辑销毁两种主要类型。物理销毁方法通常涉及将存储介质物理破坏到无法恢复的程度，例如，通过粉碎、熔炼或机械压碎等方式。逻辑销毁则通常指通过数据覆写、消磁或其他技术手段，使存储在介质上的数据变得不可恢复。

该指南还强调了在数据销毁过程中遵守法律法规的重要性，包括数据保护法规和相关的安全标准。此外，BSI TR-03125 还可能提供了关于如何评估不同数据销毁方法的适用性、如何选择合适的销毁工具和流程、如何记录和审计数据销毁活动的指导。

3）国际标准化组织（ISO）标准

（1）ISO/IEC 27001 信息安全管理。

ISO/IEC 27001 是一个国际标准，专门针对信息安全管理体系（Information Security Management System，ISMS）的建立、实施、维护和持续改进。该标准由 ISO 和国际电工委员会（IEC）共同制定，旨在帮助组织通过采用一套系统的方法来管理和保护信息资产，确保数据的安全性、完整性和可用性。

该标准明确指出，存储在信息系统、设备或任何其他存储介质中的信息，当不再需要时，应予以删除。这要求组织制定和实施适当的数据销毁政策和程序，以确保敏感数据在不再需要时能够被安全地销毁，防止未经授权的访问和数据泄露。

（2）ISO/IEC 29100 隐私框架。

ISO/IEC 29100 是一个由 ISO 和 IEC 共同发布的隐私框架标准，旨在为组织提供一个全面的隐私保护框架。该标准的核心目的是帮助组织在信息和通信技术（ICT）环境中处理个人身份信息（PII）时，确保隐私权得到适当的管理和保护。

ISO/IEC 29100 标准强调了在数据不再需要时，应采取适当的措施来确保数据的安全销毁。这包括但不限于：

① 数据最小化。只收集、使用和保留实现特定目的所必需的数据。

② 数据保留限制。根据法律、法规和业务需求，设定数据的保留期限，并在数据不再需要时进行销毁。

③ 数据销毁方法。采用适当的数据销毁技术，如物理销毁（例如粉碎、熔炼）或逻辑销毁（例如数据覆写、加密擦除），以确保数据不可恢复。

④ 销毁过程的记录和验证。记录数据销毁的过程，并在必要时进行验证，以证明数据已被安全销毁。

**2. 国内数据销毁标准**

GB/T 37988—2019《信息安全技术—数据安全能力成熟度模型》：这个标准给出了组织数据安全能力的成熟度模型架构，并规定了数据采集安全、数据传输安全、数据存储安全、数据处理安全、数据交换安全、数据销毁安全、通用安全的成熟度等级要求。其中，数据销毁安全是该标准的一部分，涉及数据销毁处置和存储媒体销毁处置的要求。

**3. 行业标准**

1）金融

（1）金融行业标准。

在金融行业中，数据安全标准是确保金融信息在整个生命周期内得到充分保护的关键。这些标准涵盖了数据的采集、传输、存储、使用、删除和销毁等环节，确保数据在整个过程中的安全性。例如，中国人民银行颁布的 JR/T 0223—2021《金融数据安全 数据生命周期安全规范》为金融机构提供了一套完整的数据安全框架，明确了数据安全的原则、防护措施、组织保障和信息系统运维的具体要求。该规范适用于金融机构在电子数据安全防护方面的实践，并为第三方评估机构提供了评估和检查的参考依据。

（2）金融数据销毁的特殊要求。

金融数据销毁的特殊规定着重于在数据不再需要或需依法销毁的情况下，金融机构应采取的措施。这些规定要求确保数据被彻底删除，以防止数据恢复或未授权访问。对于存储介质上的数据，可能需要采取物理销毁（如粉碎或熔炼）或逻辑销毁（如数据覆写或加密擦除）的方法。同时，要求金融机构记录销毁过程并对销毁效果进行验证，确保数据安全销毁。

2）医疗

（1）医疗保健行业标准。

医疗保健行业的数据安全标准主要关注保护患者隐私和敏感医疗信息。这些标准通常要求医疗机构在处理个人健康信息时遵循严格的隐私保护和数据安全原则。例如，国家卫生健康委员会发布的《国家健康医疗大数据标准、安全和服务管理办法（试行）》旨在加强健康医疗大数据服务管理，确保数据的安全性和合规性。这些标准涵盖了数据的采集、存储、使用、传输和销毁等全过程，强调了数据全生命周期的安全管理，并要求医疗机构在新建信息化项目时，网络安全预算应不低于项目总预算的5%。

（2）医疗信息的敏感性与销毁流程。

医疗信息的敏感性在于其包含个人健康数据、病历信息等高度敏感的个人信息。根据《个人信息保护法》，医疗健康信息被视为敏感信息，需要特别保护。在数据销毁流程中，医疗机构必须采取确保数据无法还原的销毁方式，以防止数据泄露或未经授权的访问。销毁方法可能包括物理销毁（如粉碎、熔炼）和逻辑销毁（如数据覆写、加密擦除）。此外，医疗机构还需记录销毁过程，并对销毁效果进行验证，确保数据安全销毁。

(3) 电子健康记录(EHR)的数据销毁。

EHR 的数据销毁标准要求医疗机构在 EHR 不再需要或依法应当销毁时,采取适当的销毁措施。EHR 中的数据通常包括患者的个人身份信息、病史、治疗记录等,因此对数据销毁的要求尤为严格。医疗机构应根据相关法律法规和行业标准,制定详细的数据销毁政策和程序,包括数据的识别、分类、销毁方法选择、执行和验证等步骤。销毁方法同样可能涉及物理销毁和逻辑销毁,且必须确保销毁后的数据不可恢复,以充分保护患者的隐私权益。

3) 信息技术与云服务行业

(1) 信息技术与云服务行业标准。

信息技术与云服务行业的数据销毁标准主要关注确保数据在不再需要时能够安全、有效地被删除,以防止数据泄露和未经授权的访问。这些标准通常包括数据销毁的方法、流程和技术要求,以及数据销毁后的验证和记录保存。例如,GB/T 41479—2022《信息安全技术 网络数据处理安全要求》提供了网络数据处理的安全管理和技术要求,其中包括数据销毁的相关指导。

(2) 云服务提供商的数据销毁责任。

云服务提供商在数据销毁方面承担着重要的责任。根据客户的要求,云服务提供商需要确保存储在云平台上的数据能够在合同结束或数据不再需要时被彻底销毁。这包括所有位置和形式的数据,如虚拟机、数据库、备份等。云服务提供商应提供透明的数据销毁流程,并允许客户或第三方进行审计,以验证数据销毁的效果。例如,华为云在其数据安全白皮书中提出了数据安全责任共担模型,明确了云服务提供商和客户在数据保护方面的责任边界,强调了双方在数据销毁过程中的共同责任。

各国权威机构提出的数据销毁标准旨在引导组织和个人在处理敏感信息时采取适当的数据销毁措施,以确保信息安全和隐私保护。在不同的应用场景中,选择符合标准的数据销毁方法能够有效降低信息泄露的风险,维护数据安全和隐私。这些标准通常包括数据销毁的具体步骤、技术要求和操作规范,以确保数据在销毁过程中彻底消除,不留任何可恢复的痕迹。遵循权威机构提出的数据销毁标准,有助于建立起全面的数据安全保障体系,有效应对日益严峻的信息安全挑战,保护个人隐私和敏感信息不受侵犯。

### 9.1.3 数据安全销毁的重要性

数据安全是指确保数据在存储、传输和处理过程中不受未经授权的访问、篡改或泄露的保护措施。数据销毁在信息安全领域中扮演着至关重要的角色,它指的是通过安全擦除或物理破坏等方式,彻底清除不再需要的数据,以防止数据泄露和隐私侵犯。

在当前数字化时代,大量个人和机构数据包含着大量敏感信息和隐私数据,若这些数据在不再需要时未经妥善销毁,将面临被恶意获取、泄露或滥用的风险。对于国家来说,数据安全销毁有助于维护国家机密和重要信息的安全,防止敌对势力获取敏感数据从而损害国家利益。对于组织来说,数据安全销毁能够保护企业的商业机密和客户信息,避免遭受数据泄露带来的声誉损失和法律责任。数据泄露可能导致个人隐私泄露、金融欺诈等问题,对企业的声誉和经济利益造成严重影响。

因此,数据销毁不仅是技术操作,更是一项重要的信息安全措施。通过数据销毁,可以有效防止敏感信息被不法分子获取,保护个人隐私和企业机密不受侵犯。此外,数据销毁有助于企业合规遵法，避免因数据保护不当而面临法律诉讼和罚款。综上所述，数据销毁在维护信息安全、保护隐私和确保合规方面至关重要，是信息管理和安全管理中不可或缺的一环。

# 9.2 数据销毁分类

数据销毁是数据安全生命周期中至关重要的一环，其作为最后一步旨在确保数据在不再需要时能够被安全地处理。在数据销毁阶段，采用专门设计的方法和工具来完全删除或销毁数据，以防止数据被恶意访问或泄露。这个过程不是简单地删除文件，而是通过彻底擦除存储设备上的数据，使其无法被恢复。数据销毁的实施对于保护个人隐私和敏感信息至关重要，有助于防止数据泄露和不当使用，从而维护数据的完整性和保密性。本节内容将重点介绍数据销毁的分类方式。

数据销毁可以根据不同的标准进行分类，例如，按照数据存储的位置和形式可以分为本地数据销毁和网络数据销毁；按照销毁方法可以分为物理销毁和逻辑销毁；按照销毁对象可以分为文件级销毁和设备级销毁；按照销毁程度可以分为完全销毁和部分销毁等。通过了解不同分类方式，可以更好地选择适合的数据销毁策略，确保数据安全性和隐私保护。

## 9.2.1 物理销毁法

物理销毁，又称为硬销毁，是一种通过外力或其他物理手段对数据存储介质进行损坏的方式，以确保数据被永久删除并无法恢复。这种方法可以包括破坏硬盘、碾压光盘等手段，以彻底销毁数据，防止数据泄露和不当使用。物理销毁是保护个人隐私和敏感信息的重要步骤，也是数据安全管理中不可或缺的环节。

**1. 消磁法**

消磁法只对磁性数据存储介质有效，如磁盘、磁带等，这种方法利用强磁场破坏磁性存储介质的磁性结构，从而销毁介质中原有的数据。但是由于磁性结构的破坏，这些磁性存储介质也会失去数据存储能力，因此如果希望能够循环使用硬盘，就不能够采用这种方法。

**2. 捣碎法**

捣碎法（或剪碎法），顾名思义，就是利用设备或工具，将存储介质捣碎或剪碎成细小的颗粒，从而达到销毁数据的目的，这种方法现在依然被用来处理光盘。

**3. 焚毁法**

焚毁法利用高温使存储介质化为灰烬，数据当然也就不复存在了。

通过以上物理销毁法的介绍可以看出，其原理都是通过破坏存储介质的物理结构从而对数据进行销毁，这些方法的特点是：数据销毁彻底、数据销毁速度快。但是由于数据销毁的同时，也要损失相应的存储设备，因此物理销毁法比较适用于对文件保密要求较高的军工、政府部门或商业机构，并不适用于普通大众，毕竟大多数人不会因为一个隐私文件就去销毁一块价值几百元乃至上千元的硬盘。

物理销毁是一种彻底而简单的数据销毁方法，通过对设备进行物理破坏来确保数据无法被恢复。常见的物理销毁方法包括破碎、烧毁、磁化等。这些方法可以有效地销毁设备中的数据，避免数据泄露和恢复。

然而需要注意的是，经过物理销毁的设备将无法再次使用。因为物理销毁通常会导致设备的损坏或破坏，使其无法正常运行。因此，在选择物理销毁方法时，需要权衡数据安全和设备再利用的需求。对于需要彻底销毁数据且不再需要设备的情况,物理销毁是一种有效的选择。但如果设备还有再利用的可能性,可以考虑其他数据销毁方法,如数据擦除或加密。这样可以在保障数据安全的同时,尽可能延长设备的使用寿命。

### 9.2.2 逻辑销毁法

逻辑销毁是指通过软件或硬件工具对数据进行处理,以覆盖或删除数据,使其无法被读取或恢复。

删除和格式化操作是计算机用户最常用的两种清除数据的方式,但其实它们并不是真正意义上的数据销毁方法。以 Windows 系统为例,无论磁盘的文件系统采用的是 FAT 还是 NTFS 格式,其文件存储时都是将文件分为两部分:文件目录索引和文件数据实体。删除文件就是系统在目录索引部分将文件标记为已删除,并将该文件所占用的簇标记为可用,从而让文件系统“误以为”该文件已经被清除了,事实上,被删除的文件数据实体依然完好地存放在磁盘上。在 Linux 文件系统中,使用索引节点(inode)来记录文件信息,文件的实际内容存储在磁盘的数据块中,Linux 文件系统通过索引节点中的指针来定位这些数据块的位置。当文件被删除时,通常的做法是将该文件的索引节点标记为不再使用,而数据块中的内容并不会立即被清除。

逻辑销毁法的工作就是对文件的数据实体部分进行数据覆盖,从而避免文件被非法恢复。本节主要介绍对磁盘、光盘、内存的数据销毁方法,以及对销毁原理进行介绍。图 9.1 包含对磁盘、光盘、内存中的数据进行逻辑销毁的方法。

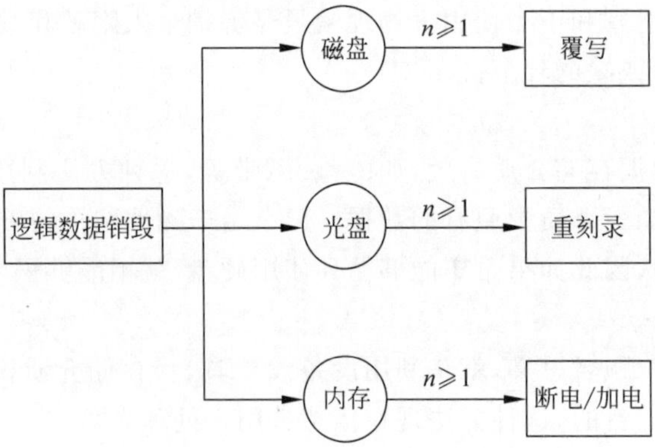


图 9.1 数据逻辑销毁示意图

#### 1. 磁盘覆写法

1) 磁盘概述

磁盘是计算机中用来存储数据的一种外部设备,它通过磁性材料将数据以磁场的形式存储在磁盘表面上。磁盘由一个或多个盘片(Platter)组成,每个盘片都有两个表面用于数据存储。盘片固定在一个转动的主轴(Spindle)上,可以高速旋转。磁盘上的数据读写是通过磁头(Head)完成的,磁头位于磁盘表面上方,可以在盘片上移动并读写数据。盘片表面被划分为多个同心圆环,称为磁道(Track),数据被存储在不同的磁道上。每个磁道被划分为多个扇区(Sector),每个扇区存储一定量的数据。磁头可以定位到特定的扇区进行数据读写。同一位置不同盘片上的磁道构成一个柱面(Cylinder),磁头可以同时访问不同盘片上的同一柱面。当计算机需要读取或写入数据时,磁头会定位到指定的磁道和扇区,通过磁性材料在磁盘表面上进行磁化或检测磁场变化，实现数据的读写操作。常见的磁盘包括机械硬盘(HDD)和固态硬盘(SSD)，机械硬盘使用机械结构旋转盘片进行数据存取，而固态硬盘则采用闪存芯片进行数据存储。图 9.2 展示了磁盘的组成部分。

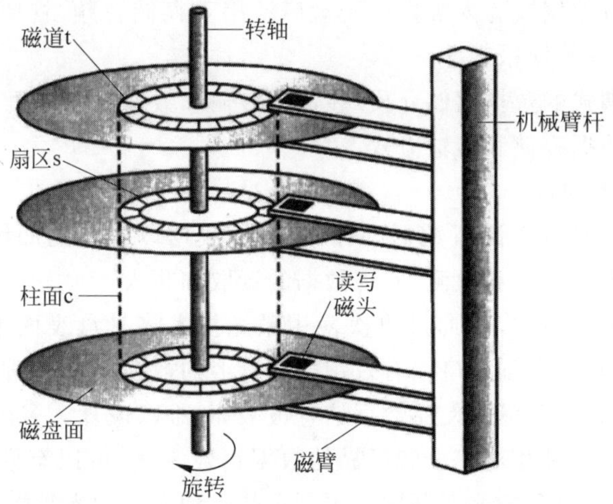


图 9.2　磁盘的组成部分

2）磁盘的数据销毁原理

磁盘作为一种外部存储设备，数据以磁场的形式存储在磁性材料上。当数据被写入磁盘时，磁性材料的磁性被改变，从而记录了数据的信息。

销毁磁盘数据的思想就是向需要销毁的数据所在的磁盘扇区中反复写入无意义的随机数据，如"0""1"，覆盖并替换原有数据，达到数据不可读的目的。由于磁盘上的数据是以磁场形式存储的，一旦数据被覆盖，原数据的磁场信息会被新数据覆盖，使得原数据几乎无法被恢复。多次覆写可以更加确保数据无法被恢复。《信息安全技术 数据销毁软件产品安全技术要求》(GA/T 1143—2014)中也对磁盘数据销毁技术进行了阐述。

(1) 数据覆写：将非敏感数据写入以前存有敏感数据的存储位置，以达到清除数据的目的。

(2) 三次数据销毁方法：对指定的目标磁盘以数据覆写的方式进行擦写，磁头经过各区段覆写三次，第一次通过固定字符覆写，第二次通过固定字符的补码覆写，第三次通过随机字符覆写。

(3) 七次数据销毁方法：对指定的目标磁盘以数据覆写的方式进行擦写，磁头经过各区段覆写 7 次，第 1 次和第 2 次通过固定字符及其补码覆写，接下来分别用单字符、随机字符覆写，然后再分别用固定字符及其补码覆写，最后使用随机字符进行覆写。

除了上述国内相关标准外，国外也有许多具有影响力的数据销毁技术标准。美军的数据销毁标准 DOD-5200.22M 便是使用了多达 7 次的重写覆盖来达到销毁效果的方法。除此之外，目前主流的重写算法还有 DOD-5200.22M 简单标准、RCMP TSSIT OPS-Ⅱ 标准，以及 Gutmann 数据 35 次重写算法等。对于不同安全级别的需求，可采用不同强度的重写算法。

**2. 光盘重刻录**

1）光盘概述

光盘是一种使用激光技术读写数据的存储介质，通过激光束在光盘表面上进行照射和检测，实现数据的读取和写入。主要包括 CD(Compact Disc)、DVD(Digital Versatile Disc)和

Blu-ray Disc 等不同规格和容量的光盘。光盘由一个或多个塑料盘片组成，盘片表面有一层反射性涂层和一层保护性涂层。数据以微小的凹坑（Pit）和平坦的区域（Land）的形式存储在盘片表面上。光盘的数据读写是通过激光束完成的，激光束照射在盘片表面上，根据凹坑和平坦区域的反射特性来读取数据或写入数据。光盘广泛用于存储音频、视频、软件程序等数据，也用于制作光盘游戏、电影等娱乐产品。

光盘作为一种便携式的数据存储介质，在信息传输和数据保存方面具有重要的应用价值，为用户提供了便捷的数据存储和传输方式。

2）光盘的数据销毁原理

光盘是一种使用激光技术读写数据的存储介质，数据以微小的凹坑和平整的区域表示。激光束在光盘表面上进行照射和检测，实现数据的读取和写入。

重刻录是一种数据销毁方法，通过再次使用激光技术将光盘表面重新刻录，覆盖原有数据，使原数据无法被恢复。重刻录可以有效销毁光盘上的数据。在重刻录过程中，新的数据会覆盖原有数据的凹坑和平整区域，使原数据信息被破坏，难以恢复。多次重刻录可以确保数据被有效销毁。重刻录是一种相对安全和可靠的数据销毁方法，可以有效保护个人隐私和敏感信息的安全，避免数据泄露和被恶意利用。重刻录是一种常见的光盘数据销毁方法，符合许多安全标准和规定。在处理旧光盘或不再需要的存储介质时，采用重刻录可以确保数据不会被泄露。

**3. 内存断电/加电法**

1）内存概述

内存是计算机中用于临时存储数据和指令的存储器件，用于存储 CPU 需要快速访问的数据和程序。内存在计算机系统中扮演着临时存储数据、程序和中间结果的重要角色，是 CPU 和硬盘之间数据交换的桥梁，影响计算机系统的性能和运行速度。内存主要分为随机存取存储器（RAM）和只读存储器（ROM）两种类型。RAM 用于存储运行中的程序和数据，而 ROM 用于存储固化的程序和数据，通常用于存储计算机系统的启动程序和基本输入输出系统（BIOS）。内存由一组存储单元组成，每个存储单元可以存储一定量的数据。CPU 通过内存地址总线和数据总线与内存进行通信，根据地址访问内存中的数据或指令。内存以字节为最小存储单位，数据和指令以二进制形式存储在内存单元中。内存根据存取速度和易失性分为静态 RAM（SRAM）和动态 RAM（DRAM）等不同类型。计算机系统中通常包含多级存储器层次结构，包括高速缓存（Cache）、主存储器和辅助存储器（硬盘、固态硬盘等），内存作为主存储器扮演着重要的角色。内存是计算机系统中至关重要的组成部分，直接影响计算机的运行速度和性能。合理的内存设计和管理对于提高计算机系统的效率和稳定性至关重要。

2）内存的数据销毁原理

内存是计算机中的一种易失性存储器，即在断电后数据会丢失。这意味着内存中存储的数据需要持续电源供应才能保持，一旦断电，数据将会被清除。通过断电来销毁内存中的数据是一种简单且常见的方法。当计算机断电后，内存中的数据会迅速消失，无法被恢复。这种方法适用于临时数据或需要临时销毁的数据场景。另一种方法是通过加电来销毁内存中的数据。在某些情况下，可以通过给内存加电来强制清除其中的数据，使其无法被访问。这种方法通常需要专业设备和操作，用于处理对数据安全要求较高的情况。断电或加电方法可以有效销毁内存中的数据，确保数据不会被恢复。这种方法适用于需要快速销毁数据或保护数据安全的场景，如处理敏感信息或保护隐私数据。断电或加电方法是一种简便且有效的数据销毁方法，可以确保内存中的数据不会被泄露或恢复。在处理需要保密的数据时，采用这种方法可以提高数据安全性。

软件销毁法的主要优点是不损坏存储设备，操作简单方便，适用范围广。缺点是销毁处理速度慢，覆写次数少时，数据销毁不彻底，销毁的数据依然有可能会被还原。

# 9.3 网络数据销毁

随着网络存储、私有云和公有云等技术的不断成熟，越来越多的组织机构选择将数据存储在网络（云）上，而非本地存储设备。在这种情况下，网络（云）存储中的数据销毁技术与本地存储中存在显著差异。在本地存储环境中，组织机构可以充分控制存储介质和数据，利用多种技术实现数据销毁，并确认数据是否已被有效销毁。然而，在网络（云）存储环境中，组织机构失去了对存储介质和数据的完全控制权，即使执行了数据销毁操作，也无法确定数据是否真正被销毁。

针对这种人工不可控的网络数据销毁需求，目前存在两种主要有效的数据销毁方式：一种方式是基于密钥销毁数据和基于时间过期机制销毁数据。基于密钥销毁数据的方法涉及使用密钥来加密数据，一旦密钥被销毁，数据也就无法再被解密访问。另一种方式是基于时间过期机制，通过设定数据的存储期限，在数据达到期限后自动销毁。这两种方式在网络存储环境中被广泛应用，提供了一定程度上的数据安全保障，然而在无法完全控制存储介质的情况下，数据销毁的验证仍具挑战性。

## 9.3.1 基于密钥销毁数据

基于密钥销毁数据是一种常见的网络数据销毁方式，其原理是通过使用密钥对数据进行加密，然后在需要销毁数据时，将密钥销毁，从而使得数据无法再被解密访问，实现数据的永久性删除。图 9.3 描述了基于密钥销毁数据的流程。

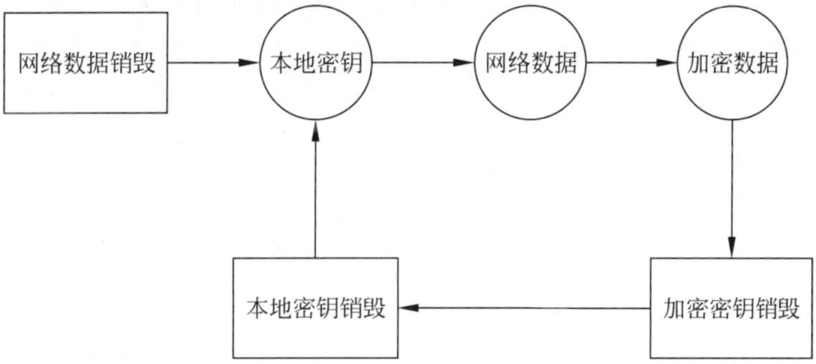


图 9.3 基于密钥销毁数据的流程

基于密钥销毁数据包括以下步骤。

**1. 数据加密**

首先，对需要销毁的数据进行加密处理，使用密钥将数据转换为密文，确保数据在存储或传输过程中不被未授权访问。

**2. 密钥管理**

密钥管理是关键步骤，需要确保密钥的安全性，只有授权的人员可以访问密钥。在需要销毁数据时，密钥会被销毁。

3. 数据销毁

一旦密钥被销毁，原始数据就无法再被还原，实现了数据的永久性删除。

在采用基于密钥销毁数据的方法时，必须严格关注密钥的安全性，确保密钥不被未经授权的个体获取，以防止敏感信息的泄露。同时，在执行数据销毁之前，应验证数据是否已被正确加密，保障数据完整性，避免任何未加密的敏感信息外泄。此外，选择适当的密钥销毁时机同样重要，只有在数据加密完成且不再需要进行访问时，才能销毁密钥，以确保数据的安全性和合规性得到妥善处理。

基于密钥销毁数据的方法提供了显著的数据安全性优势，因为通过加密数据并销毁相应的密钥，可以确保数据无法被解密和访问，从而大幅提高数据的安全性。此外，与其他数据销毁技术相比，这种方法的操作过程相对简单，易于实施。然而，这种方法也带来了密钥管理的挑战，因为必须投入额外的资源和精力来维护密钥的安全性，以防止未经授权的访问。最严重的挑战是，一旦密钥被销毁，与之加密的数据将无法恢复，这要求在操作过程中必须极为谨慎，以防止不可逆转的数据丢失。

综上所述，基于密钥销毁数据是一种有效的网络数据销毁方式，通过加密数据并销毁密钥，实现数据的永久性删除。在实施时需要注意密钥安全、数据完整性和密钥销毁时机，以确保数据安全性和隐私性。

## 9.3.2 基于时间过期机制数据自销毁

基于时间过期机制的数据自销毁方式是云存储环境下的另外一种安全的数据销毁方式，其思想也是通过数据不可用来实现数据销毁的目的。

在网络存储中，或者与其连接的其他环境中，安装一个数据自销毁程序，在数据销毁前给数据打上一个过期时间标记，然后对网络数据进行删除销毁操作。当攻击者通过数据恢复或其他途径访问已销毁的数据时，一旦数据自销毁程序根据时间标记信息监测到其为过期数据的访问，就会立即启动数据重写、复写、再次删除等销毁操作，这时，攻击者便无法正常访问已被销毁的数据，从而确保了网络数据销毁的安全性。图 9.4 描述了基于时间过期机制数据自销毁的流程。

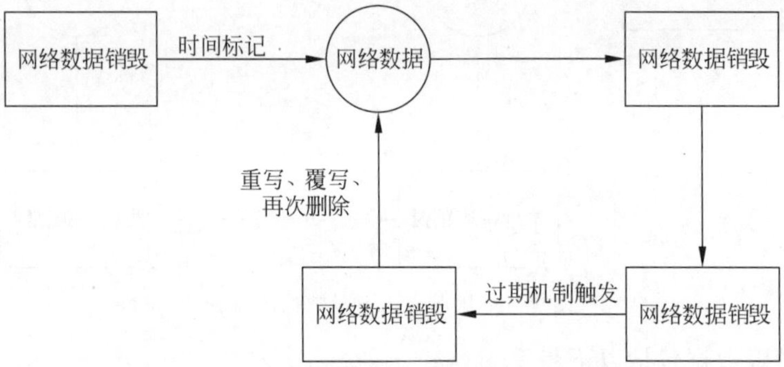


图 9.4　基于时间过期机制数据自销毁的流程

在实施基于时间过期机制的数据自销毁时，应该注意以下内容。首先需要准确设定数据的过期时间，以确保数据在其生命周期结束时能够自动触发销毁流程。同时，对数据进行有效的标记和追踪至关重要，这有助于监控数据状态并确保销毁进度符合预期。为了提高销毁的效率和准确性，应建立自动化的销毁流程，并采取必要的安全措施，如数据覆写或加密，以防止数据恢复。此外，在执行自销毁操作前，必须确保所有关键数据都有完整的备份，以便在任何意外情况下能够进行数据恢复。最后，确保整个自销毁机制遵循所有相关的法律法规，并能够提供详尽的审计日志，是保障数据安全和合规性的关键。

基于时间过期机制的数据自销毁方法在自动化处理过期数据方面展现出显著优势，减少了人为操作的介入，从而降低了因操作失误导致的数据丢失风险。该机制通过预设的时间触发条件，实现了数据的自动清除，优化了存储资源的管理。同时，这一方法有助于组织更好地遵守数据保留相关的法律法规要求。

然而，该机制也存在一定的局限性。不当的过期时间设定可能导致关键数据的非预期删除，增加了数据管理的复杂性。此外，自销毁系统可能因技术故障或配置错误而未能按计划执行，这要求组织进行严格的系统监控和维护。一旦数据被自动销毁，恢复工作可能面临重大挑战，特别是对于没有备份的数据。因此，在教材中强调，组织在采用基于时间过期机制的数据自销毁策略时，应进行周密的规划和充分的测试，确保数据销毁的准确性和合规性，同时建立有效的数据备份和恢复机制，以应对可能的意外情况。

# 小结

在本章中，全面探讨了数据安全销毁的概念、标准、方法及其在信息安全生命周期中的重要性。数据销毁是确保数据在不再需要时能够被安全、彻底地删除的过程，它对于保护个人隐私、防止数据泄露和维护组织合规性至关重要。首先，介绍了数据销毁的基本概念，包括数据安全生命周期的管理过程和数据销毁的必要性。我们了解到，数据销毁不仅包括对存储设备中的数据进行破坏或删除，还涉及采取合适的技术和流程来预防未经授权的数据访问和潜在的信息泄露风险。接着，讨论了数据销毁的标准，包括国内外的法规要求和行业标准。这些标准为组织提供了指导，帮助它们建立健全数据安全机制，降低数据泄露风险，并确保数据在其生命周期的最终阶段得到妥善处理。本章还详细介绍了数据销毁的分类和方法，包括逻辑销毁和物理销毁。逻辑销毁通过软件手段覆盖或删除数据，而物理销毁则通过物理手段直接破坏存储介质。每种方法都有其适用场景和优缺点，组织需要根据数据的敏感性、存储介质的特性、成本效益和法律法规要求来选择最合适的数据销毁策略。此外，还探讨了网络数据销毁的特殊挑战和解决方案，特别是在云存储和虚拟化环境中。我们了解到，网络数据销毁需要特殊的技术和控制措施，如基于密钥销毁数据和基于时间过期机制的数据自销毁，以确保数据安全销毁。综上所述，数据销毁是信息安全管理中不可或缺的一环，它要求组织和个人共同努力，遵循标准和最佳实践，以确保数据安全、隐私保护和合规性。通过本章的学习，读者应该能够更深入地理解数据销毁的重要性，并在实践中有效地应用相关知识。

# 习题

在线测试

**一、单项选择题**

1. 数据安全范围包括(　　)阶段的安全。

   A. 数据采集　　B. 数据处理　　C. 数据交换　　D. 数据销毁

2. 按照 GB/T 379882—2019，数据安全 PA(过程域)体系分为(　　)过程域。

   A. 数据采集　　B. 通用安全　　C. 数据生命周期　　D. 数据销毁

3. 数据销毁的主要目的是(　　)。

   A. 保护数据完整性　　B. 确保数据可用性

C. 避免数据泄露和维护隐私　　D. 提高数据处理速度

4. 根据 GB/T 37988—2019,数据销毁属于下列中的(　　)过程域。

A. 数据采集安全　B. 数据传输安全　C. 数据存储安全　D. 数据销毁安全

5. 以下(　　)不是物理销毁数据的方法。

A. 数据覆写　B. 粉碎硬盘　C. 熔炼磁带　D. 焚毁光盘

6. 逻辑销毁数据的主要优点是(　　)。

A. 操作简单方便　　B. 成本相对较低

C. 彻底销毁数据　　D. 可恢复已销毁数据

7. 下列中(　　)是德国信息技术安全局发布的数据销毁指南。

A. NIST 800-88　B. BSI TR-03125　C. ISO/IEC 27001　D. ISO/IEC 29100

8. 在数据销毁过程中,下列中(　　)措施是不必要的。

A. 验证销毁效果　　B. 记录销毁活动

C. 定期销毁所有数据　　D. 遵守法律法规

9. 电子健康记录(EHR)的数据销毁要求医疗机构(　　)。

A. 仅销毁纸质记录　　B. 销毁数据前通知患者

C. 采取适当的销毁措施　　D. 销毁后保留数据副本

10. 云服务提供商在数据销毁方面的责任包括(　　)。

A. 仅负责物理销毁　　B. 确保数据在云平台上的安全

C. 提供透明的数据销毁流程　　D. 销毁数据后恢复数据

11. 虚拟化环境下的数据销毁挑战主要包括(　　)。

A. 数据迁移　B. 数据快照　C. 数据克隆　D. 所有选项都是

12. 根据 ISO/IEC 27001 标准,组织应如何处理不再需要的数据?(　　)

A. 保留作为备份　B. 转移给第三方　C. 安全地销毁　D. 出售给回收公司

## 二、判断题

1. 数据销毁只适用于纸质文件。(　　)
2. 逻辑销毁通常比物理销毁更快且成本更低。(　　)
3. 根据《个人信息保护法》,医疗健康信息被视为敏感信息。(　　)
4. 物理销毁数据通常意味着数据可以被完全恢复。(　　)
5. 组织在销毁重要数据和核心数据后,可以恢复这些数据。(　　)
6. 网络数据销毁通常比本地数据销毁更简单。(　　)
7. 基于时间过期机制的数据自销毁方式可以确保数据的安全性。(　　)
8. 组织可以随意销毁个人、组织按照法律规定请求销毁的数据。(　　)
9. 数据销毁是信息安全管理中不可或缺的一环。(　　)
10. 磁盘的数据销毁原理是通过改变磁性材料的磁性来记录数据。(　　)

## 三、简答题

1. 简述数据销毁的定义及其重要性。
2. 简述物理销毁和逻辑销毁数据的基本区别。
3. 根据 ISO/IEC 29100 标准,组织应如何处理不再需要的个人身份信息?
4. 解释云服务提供商在数据销毁方面承担的责任。
5. 讨论虚拟化环境下数据销毁面临的挑战及其可能的解决方案。

# 第 10 章 隐私计算

**本章学习目标**

- 掌握隐私计算的基本概念。
- 了解隐私保护的相关法律法规。
- 熟练掌握常用的隐私计算方法。

本章首先介绍隐私计算的基本概念，然后介绍针对隐私保护问题如何使用不同的隐私计算方法，最后通过案例实践隐私计算方法。

## 10.1 隐私计算概念

近年来，大数据、云计算、物联网、人工智能等新兴技术广泛应用，极大地提升了数据采集、存储和分析的能力。2019 年，党的十九届四中全会首次将数据列为生产要素，高速发展的数字经济已经成为带动中国经济增长的核心动力之一。我国数字经济规模由 2017 年的 27.2 万亿元增至 2021 年的 45.5 万亿元，总量稳居世界第二，年均复合增长率达 13.6%。然而，数据要素本身往往含有敏感信息，面临着流通后的数据滥用、信息泄露和信息可被反推等隐私安全风险。

- 数据泄露。随着互联网、移动互联网、移动应用等信息技术的普及，用户的各种个人信息被大量采集和存储，一旦发生数据泄露事件，个人隐私就有可能遭到侵犯。例如，Facebook 与剑桥分析公司的数据泄露丑闻就是一个典型案例。
- 隐私滥用。一些企业或组织为了商业利益，未经用户同意擅自收集、使用个人隐私数据，严重侵犯了用户的知情权和自主选择权。例如，百度公司因滥用用户位置信息而遭到诉讼。
- 隐私权缺乏明确界定。随着技术发展，个人隐私的边界变得越来越模糊。什么样的信息属于隐私？什么样的使用和共享行为属于侵犯隐私？这些都缺乏明确的法律规定。
- 隐私保护手段落后。传统的数据加密、访问控制等技术，已经无法完全满足当前复杂的隐私保护需求。我们迫切需要更加先进、有效的隐私保护技术。

面对这些隐私保护难题，各国政府相继出台了一系列相关法规。

- 欧盟 GDPR：2016 年，欧盟正式实施《通用数据保护条例》（GDPR），这是世界上最全面和严格的隐私保护法规。GDPR 规定了包括个人同意授权、数据最小化、合法公平透明、完整性和机密性等多项原则，大幅提高了个人信息保护的标准。违反 GDPR 最高可罚款 2000 万欧元或企业全球总营业额的 4%。这极大地促进了欧洲企业和组织重视个人隐私保护。
- 中国个人信息保护法：2021 年，中国出台了《中华人民共和国个人信息保护法》，这是国内第一部专门规范个人信息保护的法律，为个人信息的收集、使用、共享等行为划定了明确的红线。此外，《中华人民共和国民法典》也将隐私权列为人格权的重要组成部分，进一步加强了隐私权的法律保护。

这些法规的出台，为隐私计算的发展奠定了坚实的法律基础。与此同时，密码学和安全协议技术的不断进步，也为隐私计算提供了有力的技术支撑。隐私计算(Privacy-Preserving Computation)应运而生，它是一种数据安全和隐私保护技术，旨在在不泄露敏感信息的前提下，实现数据的安全加工和有价值利用。隐私计算的核心思想是将数据处理过程隐藏起来，使参与计算的各方都无法获取原始隐私数据，但仍能完成预期的计算任务。这样不仅保护了个人隐私，也避免了数据的泄露和滥用。Gartner 发布的 2021 年前沿科技战略趋势中，将隐私计算(其称为隐私增强计算)列为未来几年科技发展的九大趋势之一。

# 10.2 隐私计算算法

## 10.2.1 差分隐私

差分隐私(Differential Privacy)是 Dwork 在 2006 年针对统计数据库的隐私泄露问题提出的一种新的隐私定义。在此定义下，对数据库的计算处理结果对于具体某个记录的变化是不敏感的，单个记录在数据集中或者不在数据集中，对计算结果的影响微乎其微。所以，一个记录因其加入数据集中所产生的隐私泄露风险被控制在极小的、可接受的范围内，攻击者无法通过观察计算结果而获取准确的个体信息。

通常，攻击者根据发布者所对外发布的模型推断数据的原始信息。其攻击的第一步是判断各个训练模型的训练数据集包含哪些样本。差分隐私的原理是使攻击者对任意数据库都无法判断模型是由哪个数据集训练得到的，以此来保证个人隐私。例如，如图 10.1 所示，对仅有一条数据样本不同的任意两个数据集 $D$ 和 $D'$，模型训练得到的模型非常相似，攻击者无法推断出模型 A 和 B 是由哪一个数据集训练得到的，那么个人数据隐私就有了保证。

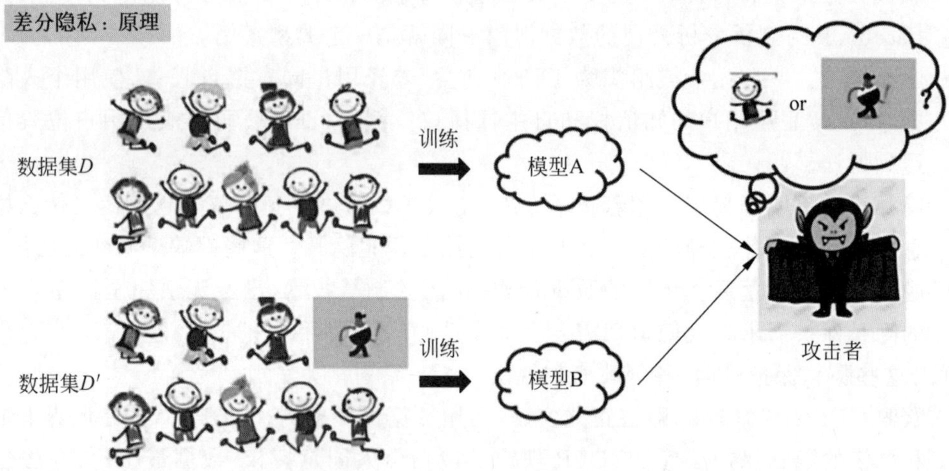


图 10.1　差分隐私基本原理

### 1. 基本定义

对于一个有限域 $Z$，$z \in Z$ 为 $Z$ 中的元素，从 $Z$ 中抽样所得 $z$ 的集合组成数据集 $D$，其样本量为 $n$，属性的个数为维度 $d$。

对数据集 $D$ 的各种映射函数被定义为查询(Query)，$F=\{f_1, f_2, f_3, \cdots\}$ 用来表示一组查询，算法 $M$ 对查询 $F$ 的结果进行处理，使之满足隐私保护的条件，此过程称为隐私保护机制。

设数据集 $D$ 与 $D'$ 具有相同的属性结构，两者的对称差记作 $D\Delta D'$，$|D\Delta D'|$ 表示 $D\Delta D'$ 中记录的数量。若 $|D\Delta D'|=1$，则称 $D$ 和 $D'$ 为邻近数据集。

**2. 差分隐私**

设有随机算法 $M$，PM 为 $M$ 所有可能的输出构成的集合。对于任意两个邻近数据集 $D$ 和 $D'$ 以及 PM 的任何子集 SM，若算法 $M$ 满足：$\Pr[M(D)\in \mathrm{SM}]\leqslant \exp(\varepsilon)\times \Pr[M(D')\in \mathrm{SM}]$，则称算法 $M$ 提供 $\varepsilon$-差分隐私保护，其中，参数 $\varepsilon$ 称为隐私保护预算，Pr[] 表示发生某一事件的概率。

如图 10.2 所示，算法 $M$ 通过对输出结果的随机化来提供隐私保护，同时通过参数 $\varepsilon$ 来保证在数据集中删除任一记录 $r$ 时，算法输出统一结果的概率不发生显著变化。

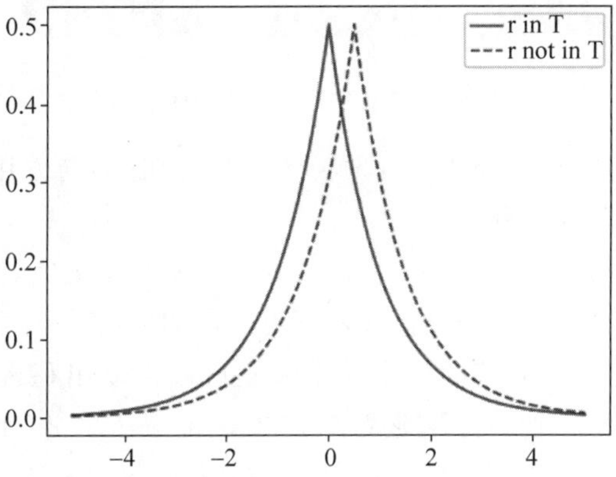


图 10.2 Laplace 分布

**3. 隐私保护预算**

从差分隐私的定义可知，隐私保护预算 $\varepsilon$ 用于控制算法 $M$ 在邻近数据集上获得相同输出的概率比值，反映了算法 $M$ 的隐私保护水平，$\varepsilon$ 越小，隐私保护水平越高。在极端情况下，当 $\varepsilon$ 取值为 0 时，即表示算法 $M$ 针对 $D$ 与 $D'$ 的输出的概率分布完全相同，由于 $D$ 与 $D'$ 为邻近数据集，根据数学归纳法可以很显然地得出结论，即当 $\varepsilon=0$ 时，算法 $M$ 的输出结果不能反映任何关于数据集的有用信息。因此，从另一方面，$\varepsilon$ 的取值同时也反映了数据的可用性，在相同情况下，$\varepsilon$ 越小，数据可用性越低。

## 10.2.2 安全多方计算

安全多方计算(Secure Multi-Party Computation，SMPC)是指在无可信第三方的情况下，多个参与方协同计算一个约定函数，除计算结果以外，各参与方无法通过计算过程中的交互数据推断出其他参与方的原始数据。作为隐私计算的一种常用工具，安全多方计算在安全性和易用性方面有着天然的优势，如图 10.3 所示。

安全多方计算起源于 1982 年姚期智院士提出的姚氏百万富翁问题：两个百万富翁在街头偶遇，双方想要知道谁更有钱，但他们都不想暴露自身的资产金额，如何在不借助第三方的情况下，得出谁更富有的结论。

安全多方计算不是单一技术路线，它包括秘密分享、不经意传输、混淆电路、同态加密等多种技术路线。

**秘密分享(Secret Sharing，SS)**可以被用来构造安全多方计算协议，在计算时，各参与方将

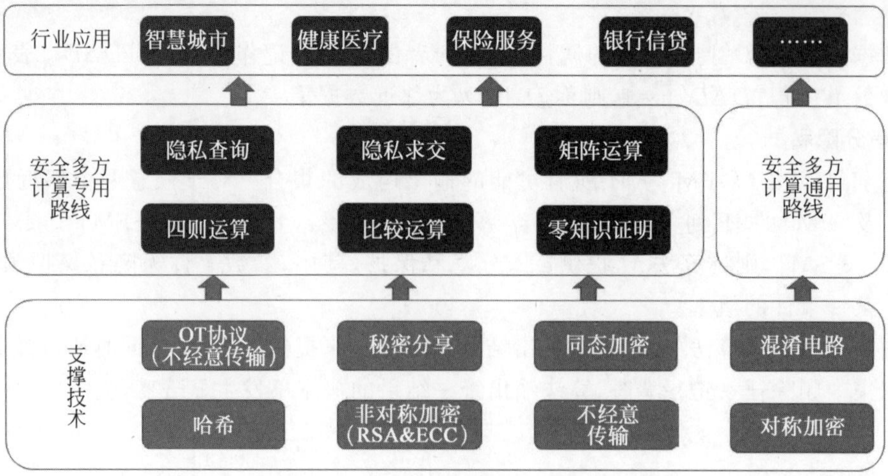


图 10.3　安全多方计算技术体系架构

自己的输入数据秘密分割成数据分片并分发到各参与方，各参与方用自己收到的数据分片进行计算和交互，实现安全多方计算。

秘密分享的一个经典方案是 Shamir 提出的阈值秘密分享方案，其特点是秘密数据的恢复并不需要全部数据分片，只需要部分数据分片即可。例如，可将一个秘密数据 $s$ 分割成 5 份秘密分量，由 5 个不同人员保管，而其中任意 3 个人就可以恢复出秘密数据 $s$。事实上，可以选取两个随机数 $a_1$、$a_2$，构造一个二次多项式 $f(x)=s+a_1x+a_2x^2$，计算 $f(1)\sim f(5)$，并将它们作为秘密分量分别交由 5 个不同人员保管，需要恢复秘密数据 $s$ 时，$f(1)\sim f(5)$ 中任意至少 3 个组合在一起，通过求解方程组即可得到秘密数据 $s$，而少于 3 个时则无法得到秘密数据 $s$。

**不经意传输（Oblivious Transfer，OT）**是一种保证通信双方隐私安全的通信协议，由通信双方即消息发送方和消息接收方参与。发送方将 $n$ 个消息加密后发送给接收方，接收方只能解密其中 $k$ 个加密消息，发送方无法确定接收方得到的消息是其中哪 $k$ 个，这就是 $n$ 选 $k$ 不经意传输。OT 实现技术有基于 RSA 的不经意传输协议、基于 ECC 的不经意传输协议、基于 IBC 的不经意传输协议等。

**混淆电路（Garbled Circuit，GC）**是指参与方将计算函数的计算逻辑编译成布尔电路，然后将布尔电路加密并打乱顺序完成混淆操作，之后，该参与方将加密电路以及与其输入相关的标签发送给另一参与方。另一方（作为接收方）通过不经意传输（OT）按照其输入选取标签，并在此基础上对混淆电路进行解密获取计算结果。混淆电路可以解决通用的安全多方计算问题，但是效率和性能有待进一步提升和优化，以更好地满足实际应用的需求。

### 10.2.3　同态加密

同态加密（Homomorphic Encryption，HE）是一种新型密码技术，能够在不解密的情况下直接对加密数据执行计算处理，输出的计算结果也是加密的，并且计算结果的解密结果与明文计算的结果相同。同态加密的概念最初在 1978 年，由 Ron Rivest、Leonard Adleman 和 Michael L. Dertouzos 共同提出，旨在解决在不接触明文数据或原始数据的前提下，对数据进行加工处理的问题。

目前，同态加密支持的运算主要为加法运算和乘法运算。按照其支持的运算程度，同态加密分为部分同态加密（Partially Homomorphic Encryption，PHE）和全同态加密（Fully

Homomorphic Encryption，FHE）。部分同态加密在数据加密后支持加法运算或乘法运算中的一种，根据其支持的运算的不同，又称为加法同态加密或乘法同态加密。半同态加密由于机制相对简单，相对于全同态加密技术，拥有着更好的性能。全同态加密对加密后的数据支持任意次数的加法和乘法运算。

如图10.4所示，一个典型的云计算应用场景下，同态加密方案应该具有以下的概率多项式时间算法。

KeyGen：密钥生成函数，主要是生成数据和解密所需的密钥。

Encrypt：加密函数，主要是使用密钥对数据进行加密。

Decrypt：解密函数，主要是使用密钥对数据进行解密。

Evaluate：主要是对加密后的数据进行计算，一般用于用户编写自己的处理方法。

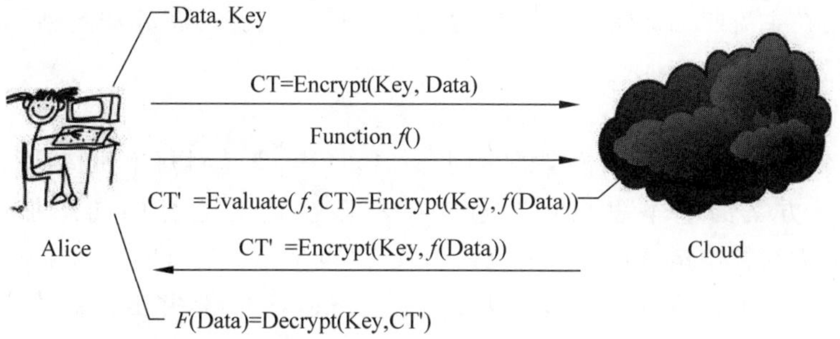


图10.4 云计算应用场景下同态加密流程

常见的同态加密算法中，Paillier算法和Benaloh算法仅满足加法同态，RSA算法和ElGamal算法只满足乘法同态，而Gentry算法则是全同态的。

**1. 半同态加密算法**

满足有限运算同态性而不满足任意运算同态性的加密算法称为半同态加密。典型的半同态加密特性包括乘法同态、加法同态、有限次数全同态等。

1）乘法同态加密算法

满足乘法同态特性的典型加密算法包括1977年提出的RSA公钥加密算法和1985年提出的ElGamal公钥加密算法等。

（1）RSA算法。

RSA算法是最为经典的公钥加密算法，至今已有40余年的历史，其安全性基于大整数分解困难问题。在实际应用中，RSA算法可采用RSA_PKCS1_PADDING、RSA_PKCS1_OAEP_PADDING等填充模式，根据密钥长度（常用1024位或2048位）对明文分组进行填充，而只有不对明文进行填充的原始RSA算法才能满足乘法同态特性。由于原始的RSA不是随机化加密算法，即加密过程中没有使用随机因子，每次用相同密钥加密相同明文的结果是固定的。因此，利用RSA的乘法同态性实现同态加密运算会存在安全弱点，攻击者可能通过选择明文攻击得到原始数据。

（2）ElGamal算法。

ElGamal算法是一种基于离散对数困难问题的公钥密码算法，可实现公钥加密和数字签名功能，同时满足乘法同态特性。ElGamal是一种随机化加密算法，即使每次用相同密钥加密相同明文得到的密文结果也不相同，因此不存在与RSA算法类似的选择明文攻击问题，是ISO同态加密国际标准中唯一指定的乘法同态加密算法。

2）加法同态加密算法

Paillier 算法是一种基于合数剩余类问题的公钥加密算法，也是目前最为常用且最具实用性的加法同态加密算法，已在众多具有同态加密需求的应用场景中实现了落地应用，同时也是 ISO 同态加密国际标准中唯一指定的加法同态加密算法。此外，Paillier 算法还可支持数乘同态，即支持密文与明文相乘。

**2. 全同态加密算法**

满足任意运算同态性的加密算法称为全同态加密。由于任何计算都可以通过加法和乘法门电路构造，所以全同态加密必须同时满足乘法同态和加法同态，并能够支持任意计算。

1）主流算法

全同态加密算法的发展起源于 2009 年 Gentry 提出的方案，后续方案大多基于格代数结构构造。目前已在主流同态加密开源库中得到实现的全同态加密算法包括 BGV 方案、BFV 方案、CKKS 方案等。

（1）第一代全同态加密方案——Gentry 方案。

Gentry 方案是一种基于电路模型的全同态加密算法，支持对每个比特进行加法和乘法同态运算。Gentry 方案的基本思想是构造支持有限次同态运算的同态加密算法并引入"Bootstrapping"方法控制运算过程中的噪声增长，这也是第一代全同态加密方案的主流模型。"Bootstrapping"方法通过将解密过程本身转换为同态运算电路，并生成新的公私钥对原私钥和含有噪声的原密文进行加密，然后用原私钥的密文对原密文的密文进行解密过程的同态运算，即可得到噪声更低的新密文。但是，由于解密过程本身的运算十分复杂，运算过程中也会产生大量噪声，为了给必要的同态运算需求至少预留足够进行一次乘法运算的噪声增长空间，需要对预先解密电路进行压缩简化，即将解密过程的一些操作尽量提前到加密时完成。

（2）第二代全同态加密方案——BGV/BFV 方案。

Gentry 方案之后的第二代全同态加密方案通常基于 LWE/RLWE 假设，其安全性基于代数格上的困难问题，典型方案包括 BGV 方案和 BFV 方案等。

BGV（Brakerski-Gentry-Vaikuntanathan）方案是目前主流的全同态加密算法中效率最高的方案。在 BGV 方案中，密文和密钥均以向量表示，而密文的乘积和对应的密钥乘积则为张量，因此密文乘法运算会造成密文维数的爆炸式增长，导致方案只能进行常数次的乘法运算。BGV 方案采用密钥交换技术控制密文向量的维数膨胀，在进行密文计算后通过密钥交换将膨胀的密文维数恢复为原密文的维数。同时，BGV 方案可采用模交换技术替代 Gentry 方案中的"Bootstrapping"过程，用于控制密文同态运算产生的噪声增长，而不需要通过复杂的解密电路实现。因此，在每次进行密文乘法运算后，首先需要通过密钥交换技术降低密文的维数，然后通过模交换技术降低密文的噪声，从而能够继续进行下一次计算。

BFV（Brakerski-Fan-Vercauteren）方案是与 BGV 方案类似的第二代全同态加密方案之一，同样可基于 LWE 和 RLWE 构造。BFV 方案不需要通过模交换进行密文噪声控制，但同样需要通过密钥交换解决密文乘法带来的密文维数膨胀问题。

目前，最为主流的两个全同态加密开源库 HElib 和 SEAL 分别实现了 BGV 方案和 BFV 方案。

（3）第三代全同态加密方案——GSW 方案。

GSW（Gentry-Sahai-Waters）方案是一种基于近似特征向量的全同态加密方案。该方案基于 LWE 并可推广至 RLWE，但其性能不如 BGV 方案等其他基于 RLWE 的方案。GSW 方案的密文为矩阵的形式,而矩阵相乘并不会导致矩阵维数的改变,因此 GSW 方案解决了以往方案中密文向量相乘导致的密文维数膨胀问题,无须进行用于降低密文维数的密钥交换过程。

(4) 浮点数全同态加密方案——CKKS 方案。

CKKS(Cheon-Kim-Kim-Song)方案是 2017 年提出的一种新方案,支持针对实数或复数的浮点数加法和乘法同态运算,得到的计算结果为近似值,适用于机器学习模型训练等不需要精确结果的场景。由于浮点数同态运算在特定场景的必要性,HElib 和 SEAL 两个全同态加密开源库均支持了 CKKS 方案。

2) 全同态工程实现开源工具

HElib 是一个实现同态加密的开源软件库。它支持具有自举的 BGV 方案和近似数 CKKS 方案。HElib 还包括针对高效同态评估的优化,重点关注密文打包技术的有效使用和 Gentry-Halevi-Smart 优化。

Microsoft SEAL 是一个易于使用且功能强大的同态加密库。

### 10.2.4 联邦学习

联邦学习(Federated Learning)是一种训练数据去中心化的机器学习解决方案,最早于 2016 年由谷歌公司提出,目的在于通过对保存在大量终端的分布式数据开展训练,学习一个高质量中心化的机器学习模型,解决数据孤岛的问题。联邦学习之所以能够解决数据隐私和治理的挑战,就在于其实现了把分散的"小数据"提供给机器学习模型。在联邦学习框架下,无论是训练阶段还是验证阶段,数据拥有方都不仅能规定自己的数据管制流程及其相关隐私政策,还能控制甚至取消数据访问权限。

总体流程是:用户数据不出本地,所有模型的训练都是在设备本地进行。本地模型训练完毕后将得到的模型参数或下降梯度,经过加密上传至云端,云端模型接收到所有上传的加密参数或梯度后,结合所有的参数值进行统一的聚合。例如,通过加权平均得到新的模型参数或下降梯度,然后将新的结果再重新下发到本地,本地更新得到一个全新的模型。下面通过图 10.5"羊吃草"的比喻来理解什么是联邦学习模型。

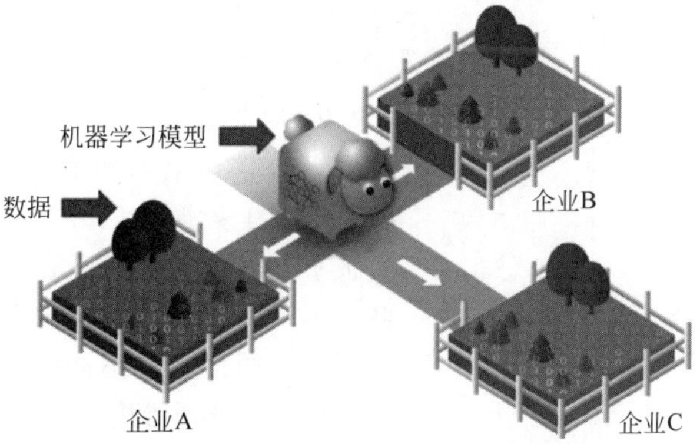


图 10.5 联邦学习中的"羊吃草"比喻

联邦学习"数据不动模型动"的优势就在于,无须再以中心化方式将数据从各本地机构复制到中心"数据湖",再由每个使用者复制到各自本地用于模型训练。由于是模型在各机构间移动,模型自身就能"汲取"越来越多的数据集而变得更大更强,更无须考虑数据存储的相关要求和成本。

杨强等人根据参与方数据分布的不同，将联邦学习分为三类，分别是横向联邦学习(Horizontal Federated Learning，HFL)、纵向联邦学习(Vertical Federated Learning，VFL)、迁移联邦学习(Transfer Federated Learning，TFL)，如图 10.6 所示。

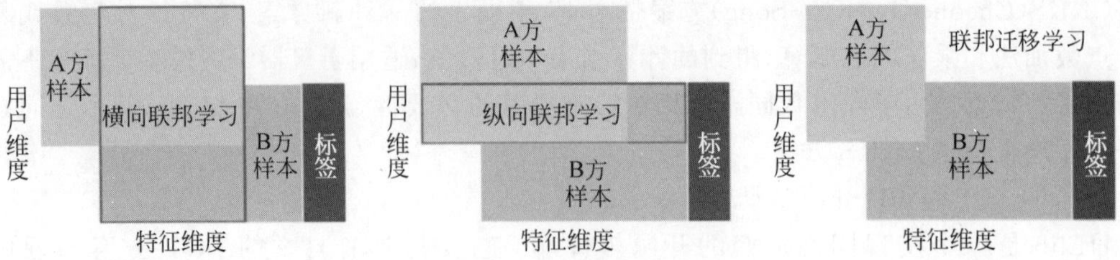


图 10.6　联邦学习分类

**1. 横向联邦学习**

横向联邦学习也称为“特征对齐的联邦学习”，适用于不同数据提供方的数据特征重叠很多但样本重叠较少的场景。在横向联邦学习过程中，各数据提供方联合具有相同特征的多行样本进行模型训练，即各数据提供方的训练数据是横向划分的，使得训练样本的总数量增加，如图 10.7 所示。

应用场景：两个或多个客户端上的数据集拥有相同的特征空间，而样本 ID 空间不同，目的是通过扩展样本的数量增加模型训练的精度。

例如，不同地区的银行，业务(特征空间)很相似，但是用户(样本 ID)的交集非常小。

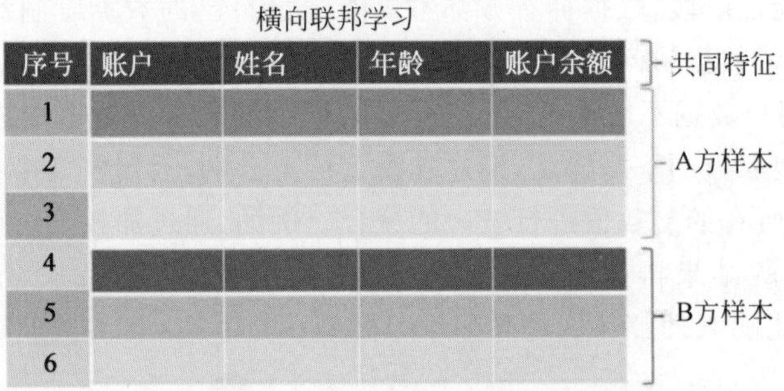


图 10.7　横向联邦学习

**2. 纵向联邦学习**

纵向联邦学习也称为“样本对齐的联邦学习”，适用于数据提供方的样本重叠很多，但数据特征重叠较少的场景。在纵向联邦学习过程中，各数据提供方先进行样本对齐，即找出共有样本，再联合共同样本的不同特征进行模型训练，使得训练样本的特征维度增加，如图 10.8 所示。

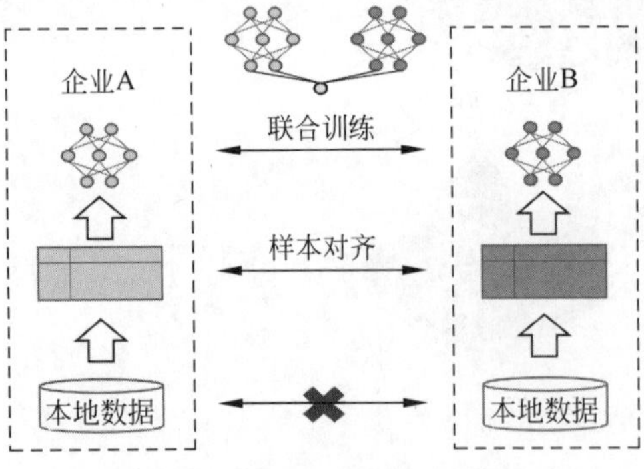


图 10.8　纵向联邦两方架构

应用场景：两个或多个客户端上的数据集拥有相同的样本 ID 空间，而特征空间不同，目的是通过扩展特征的数量提高模型训练的精度。

例如，同一地区的银行和电子商务公司，两者业务(特征)不同，但由于处于同一地区，用户(样本 ID 空间)基本都是一样的。

与横向联邦学习架构不同的是，纵向联邦学习的过程可以在中心服务器的协调下完成，也可以在去中心化的情况下完成,因此中心服务器是非必需的。例如,在两方联邦学习的场景下,不需要存在一个可信第三方来协调双方的训练任务。

**3. 迁移联邦学习**

迁移联邦学习适用于数据提供方的样本和特征重叠都较少的场景。在迁移联邦学习的过程中,不对数据进行划分,而利用迁移学习来解决单边数据规模小和标签样本少的问题,从而提升模型效果。

联邦迁移学习对应的是如下场景:在不同的数据方之间,若数据的样本空间与特征空间均只有很少部分的重叠,则可以使用迁移学习的机制,即使用已有模型迁移到另一个样本空间进行训练。

迁移学习是常见的机器学习建模策略,在将现有模型应用到新的场景时,新场景的特征空间或者样本空间可能会发生变化,直接运用原来的模型将不能达到好的效果,因此需要通过原模型来辅助新的模型训练。联邦迁移学习,即在保护各方数据隐私的情况下,利用迁移学习的思想将知识迁移到新的环境中,从而在降低训练成本和标注成本的同时保证了隐私的安全性。与横向/纵向联邦学习不同,联邦迁移学习在参与各方的数据样本及特征均存在较小交集的情况下,可以利用其独特的训练模式,充分学习各方数据信息。例如,在金融场景中,可以利用大型金融企业的模型进行迁移学习,从而提高小微企业的欺诈检测模型的效果。

# 小结

综上所述,隐私计算作为一项新兴的技术领域,在保护个人隐私的同时促进了数据的有效分析和共享,具有广阔的应用前景和社会意义。随着技术的不断进步和法律法规的完善,隐私计算将在各个领域发挥越来越重要的作用。而差分隐私、安全多方计算、同态加密和联邦学习是隐私计算领域的主要算法,它们各自具有特定的优点和适用场景,可以在不同的隐私计算场景中发挥重要作用,为数据隐私保护提供有效的技术支持。

# 习题

在线测试

**一、单选题**

1. 隐私计算的核心是实现在(　　)下的数据计算。

A. 加密状态　　B. 明文状态　　C. 随机状态　　D. A 和 C

2. 以下哪种隐私计算技术允许在不共享原始数据的情况下,各方协同训练机器学习模型?(　　)

A. 同态加密　　B. 安全多方计算　　C. 联邦学习　　D. 差分隐私

3. 差分隐私通过什么方式来保护个人隐私?(　　)

A. 加密数据　　B. 隐藏数据　　C. 添加随机噪声　　D. 分割数据

4. 哪种隐私计算技术可以被应用于供应链管理、医疗诊断等领域,在保护个人隐私的同时实现多方利益诉求的平衡?(　　)

A. 同态加密　　B. 安全多方计算　　C. 差分隐私　　D. 联邦学习

5. 以下哪个不是隐私计算的主要技术手段?(　　)

A. 同态加密　　B. 差分隐私　　C. 边缘计算　　D. 可信执行环境

6. 下列哪个机构将隐私计算（隐私增强计算）列为未来几年科技发展的九大趋势之一？（　）

A. 联合国　B. 世界经济论坛　C. 国际标准化组织　D. Gartner

7. 中国于哪一年出台了第一部专门规范个人信息保护的法律《个人信息保护法》？（　）

A. 2019 年　B. 2020 年　C. 2021 年　D. 2022 年

8. 根据 GDPR，违反该条例最高可被罚款多少？（　）

A. 100 万欧元

B. 500 万欧元

C. 1000 万欧元

D. 2000 万欧元或企业全球总营业额的 4%

9. 在隐私计算中，添加随机噪声的目的是（　）。

A. 提高计算效率　B. 保护个人隐私　C. 增强数据安全性　D. 实现多方协作

10. 下列哪项不属于隐私计算的应用前景？（　）

A. 医疗健康　B. 金融风控　C. 城市规划　D. 政治宣传

11. 相比传统加密技术，同态加密的优势在于（　）。

A. 提高加密强度　B. 减少计算开销

C. 允许在加密状态下操作　D. 简化密钥管理

12. 隐私计算中的“联邦学习”技术，主要解决的问题是（　）。

A. 数据隐私泄露　B. 计算效率低下　C. 数据分散孤立　D. 模型训练困难

## 二、判断题

1. 隐私计算是一种单一的技术。（　）
2. 同态加密技术允许在加密状态下直接对数据进行计算。（　）
3. 安全多方计算需要参与方共享各自的私密输入。（　）
4. 联邦学习可以避免数据集中带来的隐私风险。（　）
5. 隐私计算中间件屏蔽了隐私计算技术的复杂细节。（　）
6. 隐私计算的发展与信息技术的快速进步无关。（　）
7. 欧盟 GDPR 的出台为隐私计算的发展奠定了法律基础。（　）
8. 隐私滥用问题是隐私计算兴起的主要原因之一。（　）
9. 可信执行环境是隐私计算的重要技术手段之一。（　）
10. 隐私计算只适用于金融、医疗领域。（　）

## 三、简答题

1. 简要概括隐私计算的核心思想。
2. 列举并简述隐私计算的主要技术手段。
3. 隐私计算兴起的主要背景是什么？
4. 为什么说隐私计算是一个跨学科技术体系？
5. 隐私计算在未来社会治理中将发挥什么样的作用？

# 第11章 数据审计

**本章学习目标**

- 了解数据审计的基本概念和原理。
- 熟练掌握和应用数据库审计、应用审计、主机审计、网络审计的方法和技术。

本章首先介绍数据审计的基本概念和原理，然后介绍数据库审计、应用系统审计、主机系统审计、网络安全审计的技术和方法，最后通过案例演示数据安全审计流程。

## 11.1 数据审计概念

数据审计在当前数字经济时代至关重要，数据已成为一项关键战略资源。随着数据的重要性不断增加，与数据安全相关的风险也显著增加。数据泄露和未经授权的数据使用已成为常见的安全事件，对个人隐私、企业商业机密和国家级数据构成严重威胁。例如，在2018年，社交媒体巨头Facebook爆发了一个严重的数据泄露事件，涉及数百万用户的个人数据被非法获取和滥用。这些数据包括用户的个人资料、好友关系、私信等敏感信息。这次事件的发生，主要是由于Facebook在数据共享方面的管理不当。如果进行了有效的数据安全审计，则可能会发现这个问题，及时调整数据共享策略以避免这次数据泄露事件。2022年，某互联网公司旗下App发生大规模用户数据泄露，包括用户手机号、地理位置、通讯录等隐私信息，引发广泛关注和公众反响。此事件暴露了企业对于用户隐私保护的重视程度不足。2023年年初，某知名在线教育平台发生服务器数据泄露，数百万用户的个人信息和学习记录遭到窃取和倒卖。这不仅给用户的隐私安全带来威胁，也可能被利用进行诈骗犯罪。2023年3月，某省级政府部门的信息系统遭黑客攻击，导致大量公民敏感信息泄露，引发舆论哗然。这一事件暴露了政府部门在数据安全防护方面的严重漏洞。从这些案例来看，无论是互联网企业还是政府机构，都难以避免遭受数据泄露的风险。这些安全事故不仅造成了直接的经济损失，更严重影响了机构的社会形象和公众的信任。

数据审计已经成为企业和政府机构必须重视的关键工作。只有通过定期开展审计，组织才能及时发现和解决安全隐患，提高合规性管控，增强整体的数据安全防护能力，最大限度地避免数据泄露等安全事故的发生，切实保护关键数据资产。此外，数据安全审计还能够帮助企业满足法规要求，避免因违反数据保护法规而带来的法律风险。

数据审计是数据安全管理的一个关键组成部分，它是指对数据全生命周期中的各个环节进行监控、记录和分析，以确保数据的合法性、完整性和可用性。通过数据审计，企业可以及时发现和预防数据安全事故，并为事后的调查取证提供依据。

数据审计的目标如下。

(1) 提高数据可见性：记录和跟踪用户对数据的各种操作行为，增强对数据访问和使用的可见性。

(2) 确保合规性：监控数据处理活动是否符合相关法律法规和行业标准的要求，维护企业合规性。

(3) 检测异常行为：及时发现数据访问、修改、删除等异常操作，有利于及时发现并应对数据安全威胁。

(4) 支持事后分析：为事后的安全事件分析和处置提供详细的审计记录，为责任认定和损失评估提供依据。

数据审计的主要步骤如下。

(1) 首先明确审计的目标和范围，确定需要审计的数据和数据处理过程。

(2) 收集数据和审计证据，包括数据源、数据处理过程、数据访问和使用记录等。

(3) 随后对收集的数据和审计证据进行分析，识别数据相关的问题和风险。

(4) 基于分析结果，评估数据的风险和合规性，确定需要采取的措施。

(5) 根据评估结果，提出审计结论和建议，包括数据质量改进、数据访问和使用控制、数据备份和恢复等。

(6) 将审计结论和建议编写成审计报告，向相关部门和管理层汇报审计结果和建议。

(7) 跟踪和监督采取的改进措施，确保数据的质量和合规性得到持续改进。

总体来说，数据审计是数据安全管理的重要手段，能够为企业的数据资产保驾护航，确保数据安全可控。

## 11.2 数据审计原理

数据安全审计是企业或组织确保数据安全的一项关键性工作。通过系统、全面地对组织的数据安全状况进行评估和分析，数据安全审计可以帮助企业及时发现和解决数据安全隐患，切实保护关键数据资产。

### 11.2.1 数据审计的基本原理

(1) 合规性原则：数据安全审计的首要目标之一就是评估组织在数据管理和保护方面是否符合相关法律法规、行业标准和内部政策的要求。审计人员需要深入了解适用于组织的各项数据合规要求，并据此制定审计标准，检查组织的实际执行情况。只有确保组织的数据管理行为合法合规，才能真正实现数据安全。

(2) 全面性原则：数据安全审计应该覆盖组织数据生命周期的各个环节，包括数据收集、存储、处理、传输、使用和销毁等。只有对整个数据管理链条进行全面审查，才能发现隐藏在各个环节的安全风险，提出针对性的改进措施。审计人员需要广泛收集各类相关信息，并进行深入分析，形成全面的审计结论。

(3) 持续性原则：数据安全环境瞬息万变，组织的数据资产、业务流程和数据管理措施也在不断更新。因此，数据安全审计不能是一次性的事件，而需要定期开展，持续跟踪组织数据安全状况的变化。只有建立起常态化的数据安全审计机制，才能及时发现新出现的安全隐患，推动持续的数据安全改进。

(4) 独立性原则：数据安全审计应当由具有专业素质和独立性的第三方审计机构或内部审计部门来执行。只有审计人员具备足够的专业能力和独立性，才能客观公正地评估组织的数据安全状况，发现问题并提出合理建议。审计人员应当保持独立、公正的立场，不受任何内部或外部因素的影响。

### 11.2.2 基于数据生命周期管理的安全审计

数据生命周期指的是数据从创建、获取、存储、使用、共享直至销毁的整个过程。在这个过程中，数据可能会面临各种潜在的威胁和风险，如未经授权的访问、数据泄露、篡改或不合规的使用等。数据生命周期安全管理审计旨在确保每个阶段都有适当的安全措施和管理机制，从而最大程度地降低数据被泄露或损坏的风险。

**1. 数据收集管理审计**

在数据收集环节，审计的重点应关注以下几方面。

(1) 数据收集的合法性和合规性：审计人员需要检查组织收集数据的目的和依据是否合法合规，是否获得了数据主体的明确授权。同时，需要评估数据的收集范围和粒度是否过于宽泛，是否收集了不必要的个人隐私信息等。

(2) 数据分类标识：组织应根据收集的数据性质和敏感程度，建立健全的数据分类标识体系。审计人员需要评估该分类标准是否合理，数据是否按标准进行了明确标识，以确保后续的数据安全管控。

(3) 数据收集渠道管控：审计人员需要检查组织采集数据的渠道是否安全可靠，是否存在未经授权的非正式渠道。同时，需要评估数据收集过程中采取的安全措施，如身份认证、数据加密等，是否能有效防范数据泄露风险。

(4) 数据收集记录管理：组织应建立健全的数据收集活动记录，包括数据来源、收集时间、收集人员等关键信息。审计人员需要检查这些记录是否完整准确，能否为后续的数据溯源提供依据。

数据收集环节的审计重点在于确保组织的数据采集行为合法合规，并采取有效的安全管控措施，防范数据泄露风险。

**2. 数据传输管理审计**

在数据传输环节，审计的重点应关注以下几方面。

(1) 数据传输安全域划分：组织应根据数据敏感性和传输风险，合理划分数据传输的安全域，并对不同安全域采取差异化的安全控制措施。审计人员需要评估这种安全域划分是否合理，各域的安全措施是否足够有效。

(2) 数据传输安全措施：针对不同安全域，组织应采取相应的安全措施，如加密传输、身份认证、访问控制等。审计人员需要检查这些安全措施的设计合理性和实施有效性，确保数据在传输过程中不会遭受窃听或篡改。

(3) 数据传输监控和记录：组织应建立完善的数据传输监控和审计记录机制，记录数据传输的来源、目标、时间、方式等关键信息。审计人员需要评估这些记录的完整性和准确性，并分析是否存在异常的数据传输行为。

(4) 跨域数据传输管控：对于跨安全域的数据传输，组织应制定严格的审批和安全管控流程。审计人员需要检查这些流程是否健全，是否得到有效执行，防范数据在跨域传输中遭受非法访问或泄露。

数据传输环节的审计重点在于确保组织合理划分数据安全域，并针对不同域采取有效的安全防护措施，全程监控和记录数据传输活动，特别是跨域传输。

**3. 数据存储与恢复管理审计**

在数据存储与恢复环节，审计的重点应关注以下几方面。

（1）数据存储安全措施：组织应针对不同类型和敏感程度的数据，采取相应的物理隔离、访问控制、加密等安全措施。审计人员需要评估这些安全措施的设计合理性和实施有效性，确保数据在存储过程中不会遭受非法访问或被篡改。

（2）数据备份与恢复机制：组织应建立健全的数据备份和恢复机制，以确保关键数据在意外事件发生时能够及时恢复。审计人员需要检查数据备份的频率、方式、介质以及恢复演练的情况，评估其是否能够满足组织的业务连续性要求。

（3）数据存储安全审计：组织应定期对数据存储环境进行安全审计，包括物理环境、系统配置、访问控制等方面。审计人员需要评估这种审计机制的有效性，并根据审计结果提出针对性的优化建议。

（4）数据销毁管理：对于不再需要的数据，组织应建立规范的数据销毁流程和管控措施，确保数据不会被非法获取或恢复。审计人员需要检查数据销毁的方式、时机和记录是否合理，防范数据在销毁环节遭受泄露。

数据存储与恢复环节的审计重点在于确保组织采取了适当的物理和技术安全措施，建立健全的数据备份和恢复机制，并定期对数据存储环境进行全面审计，确保数据在整个存储生命周期得到充分保护。

**4. 数据处理与加工管理审计**

在数据处理与加工环节，审计的重点应关注以下几方面。

（1）身份认证和访问控制：组织应建立健全的身份认证和访问控制机制，确保只有经过授权的人员才能接触和操作相关数据。审计人员需要检查这些机制的设计合理性和执行有效性，防范未授权访问造成的数据泄露。

（2）数据脱敏与加密：对于一些敏感性较强的数据，组织应采取脱敏或加密措施，确保在处理和加工过程中不会被非法获取。审计人员需要评估这些措施的合理性和有效性，防范数据在使用过程中遭受泄露。

（3）审计日志记录：组织应建立完善的数据处理和加工活动审计日志，记录关键操作的时间、执行人员、操作内容等信息。审计人员需要检查这些日志的完整性和准确性，为后续的数据安全分析和事件溯源提供依据。

（4）敏感数据管控：对于一些高度敏感的个人隐私数据或商业机密，组织应建立更加严格的管控措施，限制接触范围，并针对处理和加工全过程进行全面监控。审计人员需要重点关注这类敏感数据的管控情况。

数据处理与加工环节的审计重点在于确保只有经过授权的人员才能接触和操作相关数据，并采取必要的脱敏或加密措施，同时建立完善的审计日志记录机制，特别是对于高度敏感的数据。

**5. 数据使用与安全审计**

在数据使用环节，审计的重点应关注以下几方面。

（1）身份认证和访问控制：与数据处理环节类似，组织应建立健全的身份认证和访问控制机制，确保只有经过授权的人员才能访问和使用相关数据。审计人员需要检查这些机制的设计合理性和执行有效性。

（2）数据使用审计：组织应建立完善的数据使用审计机制，记录用户的访问、查询、导出等各种数据使用行为。审计人员需要分析这些审计记录，发现是否存在异常的数据使用行为，如批量导出、未授权访问等，以及时发现和预防数据泄露风险。

(3) 数据脱敏与加密：同样地，对于敏感性较强的数据，组织应在使用过程中采取必要的脱敏或加密措施，防范数据在使用环节遭受泄露。审计人员需要评估这些措施的有效性。

(4) 安全审计机制：组织应建立健全的数据安全审计机制，定期对数据使用环节进行全面检查和评估，发现并及时修复存在的安全隐患。审计人员需要评估这种审计机制的合理性和有效性，确保数据使用安全得到持续保障。

数据使用环节的审计重点在于确保只有经过授权的人员才能访问和使用相关数据，并对数据使用行为进行全面审计和监控，防范数据在使用过程中遭受泄露或非法利用。

**6. 数据共享与流动管理审计**

在数据共享与流动环节，审计的重点应关注以下几方面。

(1) 数据共享政策和流程：组织应制定完善的数据共享管理政策和审批流程，明确数据共享的条件、方式、安全措施等。审计人员需要评估这些政策和流程的合理性和可操作性，确保数据共享行为合法合规。

(2) 数据共享安全控制：对于需要进行跨组织或跨境数据共享的情况，组织应采取必要的安全控制措施，如身份认证、访问控制、加密传输等，确保数据在流转过程中不会遭受泄露或篡改。审计人员需要检查这些安全措施的有效性。

(3) 数据流向管控和审计：组织应建立健全的数据流向管控和审计机制，记录数据的共享对象、共享时间、共享方式等关键信息，并对数据流向的合法性和安全性进行持续监控。审计人员需要评估这种机制的合理性和有效性。

(4) 跨境数据流动合规性：对于涉及跨境数据流动的情况，组织应严格遵守相关法律法规的要求，如获得数据主体的同意、与接收方签订数据保护协议等。审计人员需要重点关注组织在跨境数据流动方面的合规性。

数据共享与流动环节的审计重点在于确保组织制定了合理的数据共享管理政策和流程，采取了必要的安全控制措施，并建立了完善的数据流向管控和审计机制，特别是对于涉及跨境数据流动的情况，确保合法合规。

**7. 数据归档与销毁管理审计**

在数据归档与销毁环节，审计的重点应关注以下几方面。

(1) 数据归档管理：对于需要长期保存的数据，组织应建立完善的数据归档管理机制，包括归档目录、存储介质、访问控制等。审计人员需要检查这些机制的合理性和有效性，确保归档数据的完整性和可靠性。

(2) 数据销毁管理：对于不再需要保留的数据，组织应制定规范的数据销毁流程和方法，如物理销毁、数据覆盖等，确保数据无法被恢复和泄露。审计人员需要评估这些销毁措施的有效性，并检查销毁记录的完整性。

(3) 数据安全审计：组织应定期对数据归档和销毁环节进行安全审计，检查是否存在数据遗漏、泄露等安全隐患。审计人员需要评估这种审计机制的合理性和有效性，并督促组织及时整改发现的问题。

(4) 合规性评估：对于一些涉及个人隐私或商业机密的数据，组织在归档和销毁环节，还应遵守相关法律法规的要求。审计人员需要重点关注这方面的合规性，确保组织的做法符合合规性要求。

数据归档与销毁环节的审计重点在于确保组织建立了完善的数据归档和销毁管理机制，采取了有效的安全措施，并定期进行安全审计，确保数据在这些环节不会遭受泄露或丢失，同时满足相关合规要求。

总之，基于数据生命周期各个环节的数据安全审计重点，涉及数据收集、传输、存储、处理、使用、共享、归档和销毁等全方位内容。审计人员需要全面把握这些环节，结合组织的实际情况，设计针对性的审计程序和方法，发现并解决数据安全隐患，切实维护组织的关键数据资产。只有如此，数据安全审计才能真正发挥应有的作用。

## 11.3 数据库审计

数据库审计是指对数据库系统及其中存储的数据进行安全监控和审计的过程。数据库是企业数据资产的核心，作为存储企业核心数据资产的关键系统，数据库审计非常重要。数据库审计主要包括以下几方面。

### 11.3.1 用户活动审计

数据库用户活动审计是数据库审计的核心内容之一。它主要记录数据库用户的各种操作行为，如登录、查询、更新、删除等，并对这些行为进行分析。这有助于发现非法访问、权限滥用、内部威胁等问题。

案例分析：

某互联网公司发现公司核心业务数据库频繁出现异常访问行为，经过审计发现，某员工利用特权账号导出了大量客户隐私数据，并试图泄露给竞争对手。通过对用户活动审计记录的分析，公司及时发现并阻止了这起内部数据泄露事件，避免了较大损失。

### 11.3.2 数据变更审计

数据变更审计主要记录数据库中数据的增删改操作，包括谁进行了哪些变更、变更时间、变更内容等。这对于事后的数据完整性核查和事故调查很有帮助。

案例分析：

某金融机构发现客户账户余额异常波动，经过审计发现，某员工利用内部账号非法修改了客户账户信息，转移了大量资金。通过对数据变更审计记录的分析，公司找到了事故的根源，并对该员工进行了处罚，同时补偿了受影响的客户损失。

### 11.3.3 权限变更审计

权限变更审计主要记录数据库用户权限的变更情况，如新增用户、修改权限、删除用户等。这有助于监控权限变更的合理性和及时发现权限滥用。

案例分析：

某政府部门发现内部信息系统数据泄露事件频发，经过审计发现，某 IT 管理员利用内部权限，非法授予多名员工对敏感数据的访问权限。通过对权限变更审计记录的分析，部门及时发现并纠正了这一问题，同时加强了权限管理制度的建设。

### 11.3.4 配置变更审计

配置变更审计主要记录数据库系统参数、存储过程、触发器等配置信息的变更情况。这有助于追溯配置变更的原因，并及时发现可能产生安全隐患的配置变更。

案例分析：

某制造企业发现生产数据库频繁出现性能问题，经过审计发现，某 DBA 在未经批准的情况下，擅自修改了数据库的内存分配参数。通过对配置变更审计记录的分析，企业找到了导致性能问题的根源，并要求 DBA 遵守变更管理流程，避免了进一步的数据库风险。

### 11.3.5 审计日志管理

除了记录审计内容，数据库审计系统还需要对审计日志进行管理，包括日志的存储、备份、分析等。确保审计日志的完整性和可用性，为事后调查提供可靠依据。

案例分析：

某电商公司发生重大数据泄露事件，但由于审计日志管理不善，导致关键审计记录丢失。这严重影响了公司事后的原因分析和取证工作，给公司造成了巨大的声誉和经济损失。从此，公司高度重视审计日志的完整性和可用性管理，确保审计记录为后续调查提供有力支撑。

数据库审计是数据安全审计的重点内容之一，涉及用户活动、数据变更、权限变更、配置变更等多个方面。通过对这些审计记录的分析，可以及时发现各类数据安全隐患，为后续的事故调查和持续优化提供依据，是企业和政府机构必须重视的关键工作。

## 11.4 应用审计

应用审计是指对运行在操作系统之上的各种应用程序进行安全监控和审计的过程。它是主机审计的重要组成部分，着眼于审查应用层面的访问控制、数据处理流程以及与底层系统之间的交互情况。应用审计主要包括以下几方面。

### 11.4.1 用户访问审计

记录用户通过应用系统访问数据的情况，包括访问时间、访问方式（如登录、API 调用等）、访问数据类型等。这有助于监控非法访问，并追溯责任主体。

案例分析：

某金融机构发现客户账户频繁出现异常交易，经过用户访问审计发现，某客户经理在深夜和节假日大量访问客户敏感信息，并进行了非法交易操作。通过分析访问行为记录，机构及时发现并阻止了该内部人员的不法行为，避免了进一步损失。

### 11.4.2 操作行为审计

记录用户在应用系统中进行的各种数据操作，如新增、修改、删除、导出等。这有助于发现异常操作行为，并为事后的数据完整性核查提供依据。

案例分析：

某政府部门发现内部系统频繁出现重要数据丢失，经过审计发现，某 IT 管理员在未经授权的情况下，擅自删除了部门的重要文件数据。通过对关键操作的审计记录，部门找到了事故原因，并对该管理员进行了严厉处罚，同时完善了关键操作的审批机制。

### 11.4.3 权限变更审计

记录应用系统中用户权限的变更情况，如新增用户、修改角色、删除权限等。这有助于监控权限分配的合理性，防范权限滥用。

案例分析：

某制造企业发现生产管理系统频繁出现操作异常，经过审计发现，某生产主管利用内部关系，非法获取了系统管理员权限。通过分析权限变更记录，审计系统及时预警了该异常行为，企业据此撤销了该主管的越权权限，避免了进一步的数据风险。

### 11.4.4 配置变更审计

记录应用系统自身配置信息的变更情况，如系统参数、业务规则、接口定义等。这有助于追溯配置变更的原因，并评估变更对系统安全的影响。

案例分析：

某互联网公司发现核心业务系统频繁出现性能问题，经过配置变更审计发现，某运维人员在未经批准的情况下，擅自调整了应用服务器的资源配置。通过分析正常配置模式，审计系统及时预警了该异常变更，公司据此回滚了配置，避免了进一步的系统故障。

### 11.4.5 异常事件审计

记录应用系统中的各类异常事件，如登录失败、访问拒绝、接口调用错误等。这有助于及时发现安全隐患，并为事后分析提供依据。

案例分析：

某电商公司发现核心业务系统遭到勒索软件攻击，导致大量数据被加密。通过对异常事件记录的分析，审计系统还原了攻击过程，为公司的应急响应、数据恢复提供了关键线索，最大限度地减少了损失，并为后续的法律诉讼提供了有力支持。

应用系统审计是数据安全审计的重要组成部分，涉及用户访问、操作行为、权限变更、配置变更、异常事件等多个方面。通过对这些审计记录的全面分析，企业可以深入了解数据的访问和使用情况，及时发现和预防各类数据安全隐患，为数据资产的有效保护提供支撑。只有建立起完善的应用系统审计机制，企业才能真正实现数据安全的全方位管控。

## 11.5 主机审计

主机审计是指对计算机系统中主机（即服务器、工作站或个人计算机）的操作和活动进行记录、监控和分析的过程。在信息安全领域，主机审计通常涵盖了对主机操作系统、应用程序、网络服务等方面的审计，本节侧重介绍操作系统层面的审计。

主机审计的目的是确保主机系统的安全性、完整性和可用性，以及监控和识别潜在的安全威胁和风险。它可以帮助管理员了解系统的运行情况，发现异常活动和不当行为，及时采取措施进行处理和调查，保护系统的安全和数据的机密性。主机审计主要包括以下几方面。

### 11.5.1 用户活动审计

用户活动审计是指对系统用户在计算机系统中的操作和活动进行记录、监控和分析的过程。在操作系统层面，用户活动审计主要包括对用户登录、文件访问、系统命令执行等活动的记录和分析。其主要目的是跟踪用户在系统中的非法登录、权限滥用等行为，确保系统的安全性和合规性，同时帮助管理员发现和防止不当行为和安全事件。

案例分析：

某政府部门发现内部系统频繁出现数据泄露事件，经过用户活动审计发现，某内部员工利用远程登录凭证，在非工作时间频繁访问敏感数据。通过分析登录审计记录，部门及时发现并阻止了该员工的非法行为，避免了更大损失。

### 11.5.2 系统事件审计

系统事件审计是指对操作系统中发生的各种事件和活动进行记录、监控和分析的过程。在操作系统层面，系统事件审计通常包括对用户登录、文件访问、进程启动、系统配置变更等活动的记录和分析。其主要目的是确保系统的安全性、完整性和可用性，同时帮助管理员及时发现异常行为和安全事件，加强对系统的管理和监控。

案例分析：

某电信运营商发现核心业务系统频繁宕机，经过系统事件审计发现，某运维人员在未经批准的情况下，擅自重启了关键应用服务。通过分析系统状态变更记录，运营商及时定位了导致故障的根因，并对该运维人员进行了严肃处理。

### 11.5.3 文件访问审计

文件访问审计是指对计算机系统中的文件和目录访问操作进行记录、监控和分析的过程。在操作系统层面，文件访问审计主要包括对用户对文件和目录的打开、读取、写入、修改、删除等操作进行记录和分析。其主要目的是跟踪文件的访问和操作情况，确保文件的安全性和完整性，同时帮助管理员发现和防止不当访问和数据泄露风险。

案例分析：

某保险公司发现客户信息频繁外泄，经过文件访问审计发现，某客户经理在未经授权的情况下，大量访问和下载了客户的隐私信息。通过分析访问记录，公司确认了事故责任人，并对其予以严惩，同时加强了对关键文件的访问控制。

### 11.5.4 进程行为审计

进程行为审计是指对进程在系统中的运行行为进行审计和监控，以确保进程的行为符合预期，并能够及时发现和应对潜在的安全风险。进程行为审计可以记录进程的创建、终止、文件读写、网络连接等行为，并将这些行为记录保存为审计日志，供以后分析和审计使用。

案例分析：

某政府部门发现内部网络频繁出现异常流量，经过进程行为审计发现，某恶意程序正在尝试通过系统进程建立外部网络连接。通过对异常进程行为的自动检测和预警，部门及时发现并隔离了该恶意程序，避免了进一步的数据泄露。

主机审计是数据安全审计的重要组成部分，涉及用户活动、系统事件、文件访问、进程行为等多个方面。通过对这些审计记录的全面分析，企业可以及时发现和预防各类主机安全隐患，为数据资产的有效保护提供强有力的基础支撑。只有建立起完善的主机审计机制，企业才能确保数据在存储和处理过程中的安全可控。

## 11.6 网络审计

网络审计是指对计算机网络中的通信流量、网络设备、网络服务等方面进行记录、监控和分析的过程。在信息安全领域，网络审计通常涵盖了对网络流量、网络设备配置、网络服务运行情况等方面的审计。网络审计的目的是确保网络的安全性、稳定性和可用性，以及监控和识别潜在的安全威胁和风险。它可以帮助管理员了解网络的运行情况，发现异常活动和不当行为，及时采取措施进行处理和调查，保护网络的安全和数据的机密性。网络审计主要包括以下几个方面。

### 11.6.1 流量监控审计

流量监控审计是网络审计的核心内容之一，它记录网络流量的各项指标，如总流量、访问源 IP、访问目标、协议类型等。这些信息对于发现异常流量情况和及时识别潜在的网络攻击非常关键。

案例分析：

某大型银行发现近期网络总流量出现异常增长，经过深入分析发现，大量流量集中在少数几个 IP 地址上。进一步排查发现，这些 IP 地址正在向银行内部服务器发起大规模的 DDoS 攻击。

通过实时监控网络流量指标，银行安全团队迅速发现了这一异常情况。他们随即启动应急预案，调用 DDoS 防御设备对攻击流量进行过滤和缓解，成功阻止了攻击。同时，他们分析攻击模式，并向相关部门报警，最终追查到了攻击源头，防范了进一步的损失。

### 11.6.2 连接会话审计

连接会话审计记录网络连接的建立、维持和终止情况，包括连接时间、连接方向、连接状态等。这有助于分析网络访问模式，发现可疑连接行为。

案例分析：

某知名互联网公司发现旗下一款应用程序频繁出现崩溃，经排查发现是因为应用服务器遭受了大规模的 CC 攻击。

通过对连接会话的审计分析，该公司安全团队发现，在短时间内有大量来自不同 IP 地址的连接请求涌入应用服务器，严重耗费了系统资源，导致应用程序无法正常提供服务。

他们随即采取限制连接数、临时屏蔽攻击源 IP 等措施，成功缓解了攻击，维护了应用程序的正常运行。同时，他们还根据攻击模式调整了应用防护策略，提高了系统的抗压能力。

### 11.6.3 应用协议审计

应用协议审计记录网络传输中各类应用协议的使用情况，如 HTTP、FTP、SMTP 等。这有助于发现非法使用应用协议的情况，并识别潜在的应用层攻击。

案例分析：

某知名企业发现内部网络频繁出现使用非标准端口访问企业 Web 应用程序的情况，经过深入分析发现，这些异常访问都是利用了 Web 应用程序漏洞进行的攻击。

通过对网络传输中各类应用协议的审计，企业安全团队发现大量来自不同地理位置的 IP 地址在使用非标准端口访问企业 Web 应用。他们进一步分析发现，这些攻击利用了 Web 应用程序中的 SQL 注入和远程命令执行等漏洞。

基于这一分析结果，企业迅速采取了及时更新 Web 应用程序补丁、调整防火墙规则等措施，成功阻止了这些攻击。同时，他们还对 Web 应用程序进行了全面的安全评估和加固，进一步提高了系统的防护能力。

### 11.6.4 安全事件审计

安全事件审计记录网络设备(如防火墙、IDS/IPS 等)检测到的各类安全事件,如非法访问、病毒木马、DDoS 攻击等。这有助于及时发现和应对网络安全威胁。

案例分析:

某大型电力公司发现旗下一处输电站频繁出现网络设备异常行为报警,经过排查发现是遭受了恶意软件感染。

通过对安全事件审计记录的分析,公司安全团队发现,IPS 系统检测到该输电站内部某台关键控制设备频繁尝试向外部 IP 地址发送大量可疑流量。进一步追溯发现,该设备已被黑客植入了远控木马程序,正在窃取敏感数据并试图控制电力系统。

公司安全团队迅速隔离了该设备,并启动应急预案,成功遏制了事态进一步恶化。同时,他们加强了工控系统的安全防护,提高了应对工控系统安全事件的能力。

### 11.6.5 审计日志管理

网络审计系统需要对审计日志进行统一管理,包括日志的集中存储、异常报警、长期保存等,确保网络审计记录的完整性和可用性。

案例分析:

某政府部门研究发现,近期内部网络频繁出现异常登录行为,但要追溯具体原因非常困难。经过仔细分析,部门信息安全团队发现,各网络设备的审计日志存储位置分散,缺乏统一管理,给事故分析带来了极大障碍。于是,他们着手部署了集中的审计日志管理平台,将各类网络设备的日志集中存储,并配备了智能分析引擎,实时监控异常事件。在这一平台的支持下,部门信息安全团队迅速发现并追溯了这些异常登录行为的原因,原来是某员工的账号遭到了黑客入侵。他们随即封锁了该账号,并根据审计记录进行了深入调查,最终查明了入侵源头。

通过对网络层面的各类活动进行审计,企业可以全面感知网络安全状况,为数据安全防护提供有力支撑。

## 11.7 数据审计实例

下面来看一个具体的数据审计实例,以说明数据审计在企业数据安全管理中的实际应用。

某制药企业拥有一个用于研发管理的应用系统,该系统涉及大量的研发数据,包括实验记录、配方设计、临床试验数据等,这些数据都属于企业的核心机密。为了确保这些数据的安全,企业实施了全面的数据审计措施。

### 11.7.1 数据库审计场景

首先,该企业对应用系统所依赖的数据库进行了审计,记录了所有用户的数据库操作行为,包括登录、查询、更新、删除等。通过对这些审计记录的分析,发现了以下几个问题。

- 某研发人员在离职前夕,大量下载了与新项目相关的实验数据,并试图将数据带走。
- 一名行政人员多次未经授权访问和修改了临床试验数据,企图隐瞒某些不利信息。

- 数据库管理员频繁修改数据库用户权限，未经批准擅自提升了某些普通用户的权限。

通过这些审计发现，企业及时采取了相应的补救措施，如撤销非法访问权限、追究相关人员责任等，避免了重要研发数据的泄露。

### 11.7.2 应用审计场景

除了数据库审计，该企业还针对应用系统本身进行了审计。主要记录了用户的登录情况、数据访问行为、操作日志等。通过分析这些审计记录，发现了以下几个问题。

- 某研发人员频繁在非工作时间登录系统，并大量下载了与新专利相关的数据。
- 研发主管在未经批准的情况下，擅自修改了某项目的配方数据。
- 一名实习生通过他人账号登录系统，删除了大量临床试验记录。

针对这些问题，企业及时采取了禁止非工作时间访问、严格权限审批、账号使用审查等措施，有效阻止了内部人员的非法数据操作行为。

### 11.7.3 主机和网络审计场景

为了进一步加强对关键系统和网络的监控，该企业还开展了主机和网络审计。主要记录了关键服务器的用户登录、进程执行、文件访问等情况，以及重要网络设备的流量、连接、安全事件等。通过分析这些审计数据，发现了以下几个问题。

- 某台应用服务器上出现了可疑进程，经排查发现是被黑客植入的木马程序。
- 某研发子网段内出现了大量异常流量，经分析发现是遭受了 DDoS 攻击。
- 多名员工在工作时间外频繁访问境外网站，可能存在数据外泄风险。

针对这些问题，企业迅速进行了系统修复、网络隔离、员工培训等应对措施，最大限度地减少了数据安全事故的影响。

通过全方位的数据审计，该制药企业不仅及时发现并处置了一系列数据安全问题，而且为后续的合规性审查、风险评估提供了有力支撑。可以说，数据审计在企业数据安全管理中发挥了关键作用。

## 小结

数据安全是企业不可忽视的重要问题。数据安全审计可帮助企业全面了解自身的安全状况，发现潜在的安全隐患，及时采取措施进行修补，提升企业的数据安全防护能力。在进行数据安全审计的过程中，需要考虑到数据的复杂性和多样性，全面了解企业的数据安全状况，确保安全审计的结果与企业的实际情况相符合。数据安全审计可应用于各个领域，具有重要作用，保障企业和用户的数据安全。

## 习题

在线测试

**一、单项选择题**

1. 数据安全审计的主要目的是(　　)。

A. 提高系统性能　　B. 保护数据安全和完整性

C. 提高用户体验　　D. 提高网络连接速度

2. 数据审计可以帮助发现以下哪种异常行为？（　　）

A. 正常用户操作　B. 合规行为　C. 未经授权的访问　D. 日常系统维护

3. 数据审计的关键内容不包括（　　）。

A. 记录　B. 监控　C. 清理　D. 分析

4. 文件访问审计主要用于监控用户对系统中文件和目录的（　　）。

A. 打印操作　B. 修改操作　C. 格式化操作　D. 关闭操作

5. 主机审计的主要目的是（　　）。

A. 监控网络流量　B. 保护网络设备

C. 确保主机系统的安全和完整性　D. 提高网络性能

6. 网络审计可以帮助管理员优化网络的（　　）。

A. 负载均衡　B. 硬件配置　C. 软件版本　D. 数据存储

7. 数据安全审计通常不包括对以下哪个方面的审计？（　　）

A. 用户登录　B. 文件访问　C. 网络配置　D. 物理安全

8. 数据审计可以帮助发现和防止哪种类型的安全威胁？（　　）

A. 自然灾害　B. 计划外停机　C. 数据泄露　D. 硬件故障

9. 对于数据审计，以下哪个步骤不是必需的？（　　）

A. 记录　B. 监控　C. 删除　D. 分析

10. 数据审计的最终目标是（　　）。

A. 增加系统复杂性　B. 减少数据存储空间

C. 提高数据安全性和合规性　D. 提高系统性能

**二、判断题**

1. 数据审计的主要目的是保护数据的机密性和完整性。（　　）
2. 文件访问审计主要监控用户对系统中文件的删除操作。（　　）
3. 主机审计主要用于监控网络设备的配置情况。（　　）
4. 网络审计可以帮助管理员优化网络带宽和性能。（　　）
5. 数据审计不包括对物理安全的审计。（　　）
6. 文件访问审计记录用户对文件的读取、写入和修改操作。（　　）
7. 主机审计可以帮助发现未经授权的用户登录。（　　）
8. 网络审计可以检测和识别网络中的安全事件和入侵行为。（　　）
9. 数据审计的主要目标是增加系统的复杂性。（　　）
10. 数据审计的最终目标是提高数据的可用性。（　　）

**三、简答题**

1. 简述数据审计的主要目的和意义。
2. 数据审计的关键内容包括哪些方面？
3. 数据审计与合规性检查之间有何关联？
4. 简述文件访问审计的作用和实现方法。
5. 网络审计可以帮助发现哪些网络安全威胁？

# 第3部分

# 数据安全治理与典型产品介绍

# 第12章 数据安全治理

**本章学习目标**

- 熟练掌握数据安全治理概念。
- 了解数据安全治理目标。
- 熟练掌握数据安全治理体系框架。
- 熟练掌握数据安全治理实践思路。

本章首先介绍数据安全治理概念和目标，然后介绍如何运用数据安全治理理念构建数据安全体系架构，最后介绍数据安全治理的实践思路。

## 12.1 数据安全治理概念

**数据安全治理**，可以分为“数据安全”与“治理”两部分，如图12.1所示，其中，**数据安全**可理解为目标，**治理**可理解为手段。在《数据安全法》中明确将数据安全定义为“通过采取必要措施，确保数据处于有效保护和合法利用的状态，以及具备保障持续安全状态的能力”。“治理”对应的英文单词是“governance”（源自拉丁文或古希腊语“steering”一词，原意是“引领导航”），是指遵照具有共识的指导原则，通过协调和配合共同追求一致目标的过程。针对“治理”的概念，在全球治理委员会（CGG）中进一步解释为“个人与公私机构管理其自身事务的各种不同方式之总和；是使相互冲突或不同利益得以调和并且采取联合行动的持续的过程”，其中包含4个方面的特征，即：

- 治理不仅是一整套规则条例，也不是一种活动，而是一个活动集合的过程。
- 治理过程的基础不是简单的控制和支配，更重要的是协调。
- 治理既涉及公共部门，也包括私人部门。
- 治理不意味着只是一种固定的制度，而是持续的互动。

因此，治理更强调协调和合作，一般不应简单表述成一套严格的规则条例或正式制度，通常是以一种依托法规标准和协调机制，通过多组织、多部门横向协同配合与持续优化的过程，来实现行动目标。因此，结合数据安全和治理的概念定义，从广义和狭义两个角度来理解数据安全治理。

**从广义上来讲**，数据安全治理是在国家数据安全战略的指导下，为形成全社会共同维护数据安全、促进开发利用和产业发展的良好环境，国家有关部门、行业组织、科研机构、企业、个人共同参与和实施的一系列活动集合。包括完善相关政策法规，推动政策法规落地，建设实施标准体系，研发应用关键技术，培养专业人才等。

**从狭义上来讲**，数据安全治理是指在组织机构数据安全战略的指导下，为确保数据处于有效保护和合法利用的状态，以及具备保障持续安全状态的能力，内外部相关方协作实施的一系列活动集合。包括建立数据安全治理组织架构，制定数据安全制度规范，构建数据安全技术体系，建设数据安全人才梯队等。

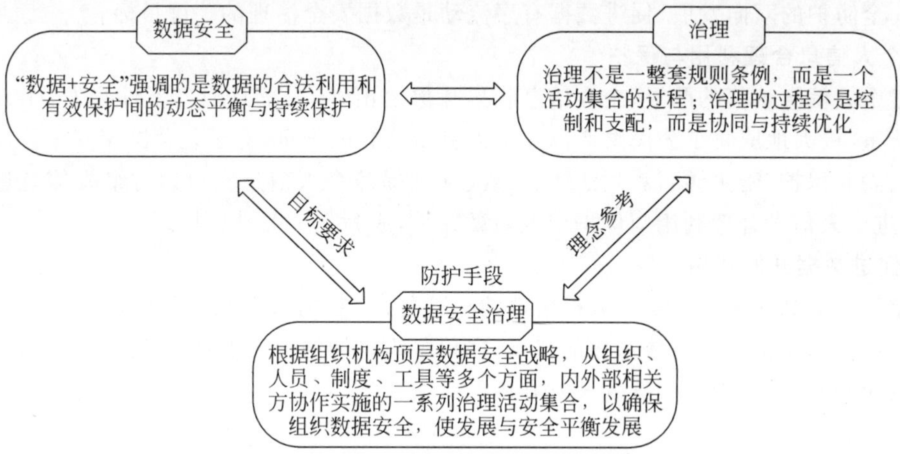


图 12.1 数据安全治理概念

**国际咨询机构** Gartner(数据安全治理倡导者)认为"数据安全治理不仅是一套用工具组合的产品级解决方案,而是从决策层到技术层,从管理制度到工具支撑,自上而下贯穿整个组织架构的完整链条。组织机构内的各个层级之间需要对数据安全治理的目标和宗旨取得共识,确保采取合理和适当的措施,以最有效的方式保护信息资源。"**微软**提出了专门强调隐私、保密和合规的**数据安全治理框架(DGPC)**,虽然没有明确指出数据安全治理的定义,但其核心思想指出:"数据安全治理理念主要围绕人员、流程、技术三个核心能力领域的具体控制要求展开,与现有安全框架体系或标准协同合作以实现治理目标,最终更好实现数据安全风险控制"。因此,数据安全治理并不是单纯使用技术工具就能实现的。**从宏观上看**,数据安全治理要处理好制度、组织、人员、工具间的关系;**从微观上看**,数据安全治理的本质则是要处理好各类人员(身份)对组织资产(IaaS/PaaS/SaaS/各类数据)所施加的行为,若某人员对组织机构资产采取了不恰当的行为,将导致资产所承载信息的**机密性(Confidentiality)**、**完整性(Integrity)**、**可用性(Availability)**受损,便会产生数据安全事件。例如,某电商企业的数据分析师每月通过订单事实表汇总销售额并配置看板,该行为符合预期。若分析师在没有特殊业务要求的情况下查看用户订单明细数据,则该行为不恰当。此类行为应该被治理。

## 12.2 数据安全治理目标

合规保障是数据安全治理的底线要求,风险管理是数据安全治理需要解决的重要问题。数字经济时代,数据的流通交易才能最大限度释放数据价值。因此,数据安全治理的目标是在合规保障及风险管理的前提下,实现数据的开发利用,保障业务的持续健康发展,确保数据安全与业务发展的双向促进。

**1. 安全合规**

逐渐细化的数据安全监管要求,为数据安全合规工作的推进提出了更高的要求。及时发现合规差距,协助组织机构履行数据安全责任义务,为业务的稳定运行和规范化开展筑牢根基是数据安全治理工作的首要目标。

**2. 数据发展与安全**

数据作为新型生产要素,其强流动性是产生和释放数据价值的前提,针对数据广泛流动过程中可能产生的数据泄露、篡改、破坏、非法利用等风险,如何采取有效的防护手段,保障开发利用与安全防护的双向发展，促进数据有序流动是数据安全治理的关键目标。

**3. 个人信息合理利用与保护**

随着个人信息价值的凸显，个人信息收集乱象突出，个人信息泄露事件频发，个人信息滥用程度严重，极大地威胁了公民财产以及个人身份信息的安全，甚至危及国家安全。国家高度重视个人隐私保护，密集颁布系列法律、法规、标准保障个人信息安全。对个人信息进行有效治理，促进个人信息合理利用与保护个人隐私并重，成为又一关键目标。

**4. 促进数据开发利用**

数字经济的高速发展离不开数据价值的充分释放，数据安全则是保障数据价值释放的重要基石。数据安全治理通过体系化的建设，完善组织机构的合规管理和风险管理工作机制，提升数据安全保护水平，促进数据的开发利用。

# 12.3 数据安全治理体系架构与方法

## 12.3.1 数据安全治理体系之间的联系

**数据安全治理体系**是组织机构达成数据安全治理目标需要具备的能力框架，组织机构应围绕该体系进行建设。按照数据安全治理的概念，围绕以数据为中心的治理体系不断完善，如图 12.2 所示，形成以**数据分类分级**为治理基石，**数据安全管理体系**、**技术体系与运营体系**为治理核心，监督评价体系促进治理效果，形成更为完善、合理、全面的治理框架。

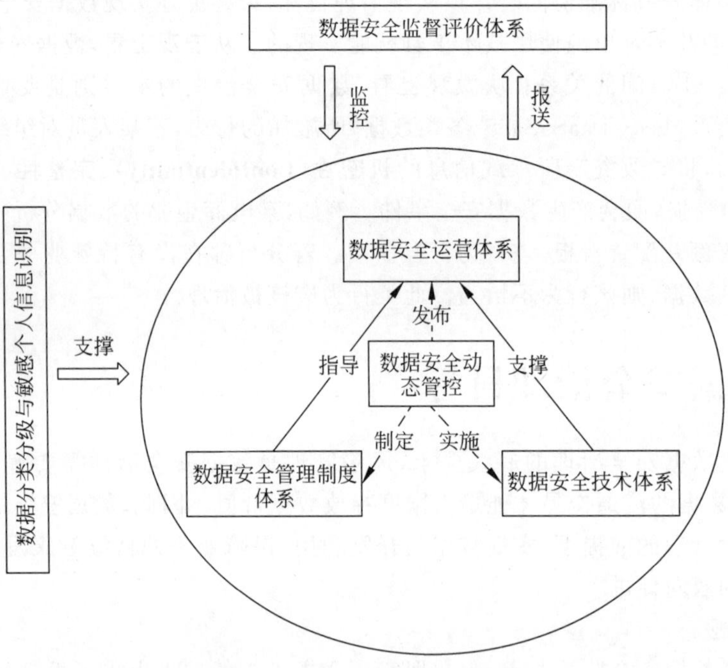


图 12.2 安全治理体系之间的联系

数据分类分级和敏感信息识别的作用是帮助确定需要保护的数据对象，这是进行差异化、动态化数据安全管理的前提。**数据安全管理制度**是多样化安全管理工作的第一步。**数据安全技术**应用是在处理数据时确保安全的技术需求和工具支持。**数据安全运营**是把管理和技术应用衔接起来，保持持续的安全保护。通过将这些要素融合在一起，形成一个以动态数据安全管控策略为核心、管理为驱动、运营为纽带、技术为支撑的治理核心。而**数据安全监督评价**则是对治理情况进行总体的监督和评价,以促进组织的治理水平提升。

### 12.3.2 数据安全治理体系框架

在 Gartner 2017 安全与风险管理峰会上,分析师 Marc Antoine Meunier 发表《2017 年数据安全态势》演讲,提及"数据安全治理(Data Security Governance,DSG)"。Marc 将其比喻为"风暴之眼",以此来形容数据安全治理在数据安全领域中的重要地位及作用。*State of Security Governance,2017-Where Do We Go Next?* 是 Gartner 对于数据安全治理的完整理念和方法论。如图 12.3 所示,**Gartner** 对数据库安全治理形成了一个从上而下的整体框架(实施步骤),包括从治理前提、具体目标到技术支撑的完整体系。Gartner 提醒各位数据安全治理专家,从上到下,从需求调研开始实施数据安全治理。千万不要跨过数据摸底、治理优先级分析、制定治理整体策略,而直接从技术工具开始对数据安全进行治理。

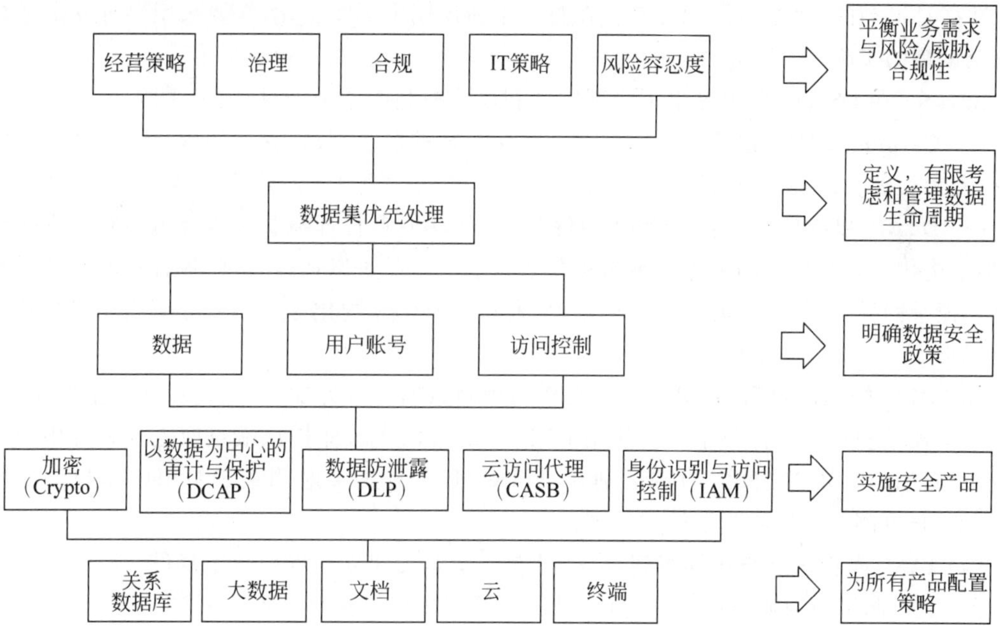


图 12.3 Gartner 数据安全治理框架

Gartner **数据安全治理实施步骤**:业务需求与风险/威胁/合规性之间的平衡→数据优先级→制定策略,降低安全风险→实施安全工具→策略配置同步。

**第一步:业务需求与风险/威胁/合规性之间的平衡**

这里需要考虑 5 个维度的平衡:经营策略、治理、合规、IT 策略和风险容忍度。这也是治理队伍开展工作前需要达成统一的 5 个要素。

- 经营战略:确立数据安全的处理如何支撑经营策略的制定和实施。
- 治理:对数据安全需要开展深度的治理工作。
- 合规:企业和组织面临的合规要求。
- IT 策略:企业的整体 IT 策略同步。
- 风险容忍度:企业对安全风险的容忍度在哪里。

**第二步:数据优先级**

进行数据安全治理前,需要先明确治理的对象,企业拥有庞大的数据资产,本着高效原则,

Gartner 建议，应当优先对重要数据进行安全治理工作，如将“数据分级分类”作为整体计划的第一环，将大大提高治理的效率和投入产出比。通过对全部数据资产进行梳理，明确数据类型、属性、分布、访问对象、访问方式、使用频率等，绘制“数据地图”，以此为依据进行数据分级分类，以此对不同级别数据实行合理的安全手段。这个基础也会为每一步治理技术的实施提供策略支撑。

**第三步：制定策略，降低安全风险**

从两个方向考虑如何实施数据安全治理：访问关系、安全策略。

访问关系：明确数据的访问者(应用用户/数据管理人员)、访问对象、访问行为。

安全策略：基于这些信息制定不同的、有针对性的数据安全策略。这一步的实施更加需要数据资产梳理的结果作为支撑，以提供数据在访问、存储、分发、共享等不同场景下，既满足业务需求，又保障数据安全的保护策略。

**第四步：实施安全工具**

数据是流动的，数据结构和形态会在整个生命周期中不断变化，需要采用多种安全工具支撑安全策略的实施。

Gartner 在 DSG 体系中提出了实现安全和风险控制的 4 个工具/技术手段。

(1) **Crypto(加密)**：包括数据库中的结构化数据的加密、数据存储加密、传输加密、应用端加密、密钥管理、密文访问权控等多种技术。

(2) **DCAP(以数据为中心的审计和保护)**：可以集中管理数据安全策略，统一控制结构化、半结构化和非结构化的数据库或数据集合。这些产品可以通过合规、报告和取证分析来审计日志记录的异常行为，同时使用访问控制、脱敏、加密、令牌化等技术划分应用用户和管理员间的职责。

(3) **DLP(数据防泄露)**：DLP 工具提供对敏感数据的可见性，无论是在端点上使用，在网络上运动还是静止在文件共享上。使用 DLP，组织可以实时保护从端点或电子邮件中提取的数据。DCAP 和 DLP 之间的根本区别在于，DCAP 工具更多地侧重于组织内用户访问的数据，而 DLP 更侧重于将离开组织的数据。

(4) **IAM(身份识别与访问管理)**：IAM 是一套全面建立和维护数字身份，并提供有效的、安全的 IT 资源访问的业务流程和管理手段，从而实现组织信息资产统一的身份认证、授权和身份数据集中管理与审计。身份和访问管理是一套业务处理流程，也是一个用于创建、维护和使用数字身份的支持基础结构。

**第五步：策略配置同步**

策略配置同步主要针对 DCAP 的实施而言，集中管理数据安全策略是 DCAP 的核心功能，而无论访问控制、脱敏、加密、令牌化哪种手段都必须注意对数据访问和使用的安全策略保持同步下发，策略执行对象应包括关系数据库、大数据类型、文档文件、云端数据等数据类型。

“数据安全治理”区别以往的任何一种安全解决方案，它会是一个更大的工程、技术和产品，不再是数据安全治理框架中的主体，结合组织决策、制度、评估、核查，是这个框架的指导思想。

**微软的数据安全治理框架(DGPC)**摒弃组织内不同部门独立解决的问题解决方式，以统一、跨学科的方式实现以下三个目标。

(1) 传统 IT 安全方法侧重于 IT 基础设施，关注边界安全和终端安全。应在传统 IT 安全方法的基础上加强对存储数据的保护。

(2) 在原有安全会涉及隐私保护措施的基础上,强调隐私相关的保护措施,包括获取、保护和执行用户对信息的收集、处理或第三方共享的行为措施。

(3) 统一数据安全和数据隐私合规地控制目标和控制行为,合理化处理两者的关系。

2010 年,微软提出了 DGPC(Data Governance for Privacy, Confidentiality and Compliance,隐私、保密和合规性的数据治理框架)。

### 1. 与 Gartner DSG 的区别和联系

(1) 区别:Gartner DSG 以数据安全治理为目标,制订分层级、分步骤的流程化思想,强调安全和风险管理;DGPC 以数据隐私合规为目标,围绕人员、流程和技术三个部分展开,强调隐私保护。

(2) 联系:数据安全保护措施与隐私保护措施有重叠,两者都关注团队的建立和技术保护措施的落地;两者都为数据安全治理提供了指导思想,实际落地时可以根据需要两者结合。

### 2. 详细解释

DGPC 数据安全治理框架如图 12.4 所示。

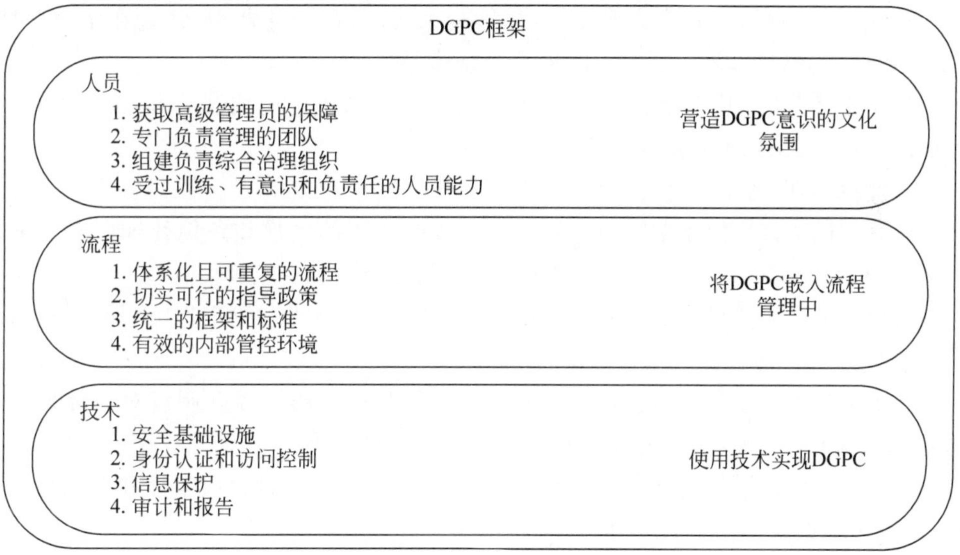


图 12.4 DGPC 数据安全治理框架

1) 人员

建立一个由组织内的个人组成的 DGPC 团队,团队中的每个人承担明确的角色和职责,同时要为团队中的人提供足够的资源。该团队可以是一个虚拟组织,团队中的成员需要完成行为原则、政策和流程的定义,安全策略的配置和数据管理的监督等工作。

2) 流程

团队组建完成后,接下来需要定义流程。首先通过查阅组织需要满足的法律法规、标准政策、公司发展战略,充分了解组织在数据安全治理和隐私保护方面需要满足的要求;其次,制定专门用于数据隐私保护的原则和要求;之后,梳理数据流向,探查数据安全、隐私合规的风险,分析风险并采取适当的控制措施。

3) 技术

使用"风险/差距分析矩阵"表格的方式,分析特定数据流并识别存在于流程中的风险问题。该表格由三个要素组成:信息生命周期、4 个技术领域以及组织的数据隐私和机密性原则。

### 3. 信息生命周期

DGPC 框架中将信息生命周期分为收集、更新、处理、删除、传递、存储 6 个阶段。信息生命周期可分为收集、使用、维护、存储、传递 5 个阶段，也可以按照数据生命周期的采集、传输、存储、处理、交换和销毁的方式来定义。无论采用什么方式定义信息生命周期，目的都是识别信息在系统中的流动过程，根据不同阶段的性质识别在不同阶段存在的安全风险，并按照阶段实施风险控制措施。

### 4. 4 个技术领域

4 个技术领域组成一个参考框架，用于判断风险的可接受程度。

(1) 安全的基础架构：技术基础架构是安全保护的底线，减少软硬件设备的内外部入侵危害。

(2) 身份和访问控制：为保护个人信息免受未经授权的访问，需要建立认证机制、数据访问控制机制和用户账户管理机制，实现全流程跟踪管理用户访问过程。

(3) 信息保护：数据存放于数据库、文档管理系统、文件服务器中，并且在生命周期中流动，需要对数据分类分级，采用加密等多种手段持续保护。

(4) 审计和报告：采用监控、自动化审计等方式验证数据访问控制的有效性，发现信息保护流程中的风险点，识别可疑或不合规行为。

### 5. 数据隐私和保密原则

(1) 在整个机密数据使用期限内遵守政策：按照适用的法规和条例处理所有数据，保护用户隐私并尊重用户的选择和意愿，允许用户在必要时审查和更正其信息。

(2) 减少数据滥用造成的数据机密性风险：通过管理、技术和物理保障，加强访问授权限制，细粒度管控数据访问权限。

(3) 减少数据丢失造成的数据机密性风险：分析数据泄露途径并制订对应计划，对重要数据采取加密措施，并对重要信息系统提供更严格的保护措施。

(4) 记录适用的控制措施并验证其有效性：通过采取适当的监督、审计和控制措施，验证用户行为的合规性，发现违规行为和信息泄露风险。

本书提出的数据安全治理体系主体框架是一个三层架构，如图 12.5 所示，分别包括数据安全运营平台、数据安全管控平台、数据安全管理平台。在整个体系框架中，核心部分体现在数据安全管控层面，包括**数据安全战略层**、**数据全生命周期安全层**和**基础安全层**。数据安全管理平台建立覆盖决策、管理、执行与监督等多层级的组织管理架构，数据安全运营平台对整个数据中心进行实时的响应控制。

**数据安全运营平台**的功能包括数据的资产管理、合规监管、实时监测、数据安全态势分析及通报预警。安全运营中心通过采集数据中心中的数据，对数据进行汇聚、分析及治理来实现对整体数据的实时管控，并从监管的角度分析集成数据，实时处理异常情况，保障数据安全。

**数据安全管控平台**是数据安全治理框架的核心，其中主要包括**数据安全战略层**、**数据全生命周期安全层**和**基础安全层**三个部分。

(1) **数据安全战略层**是推进数据安全治理工作开展的战略保障模块，要求组织机构在启动各项工作前，应制定相应的战略规划。数据安全战略从数据安全规划、机构人员管理两方面入手，前者确立目标任务，后者组建治理团队。具体包括以下内容。

• 数据安全规划要求根据国家政策、组织业务发展需要以及数据安全需求等多方面因素

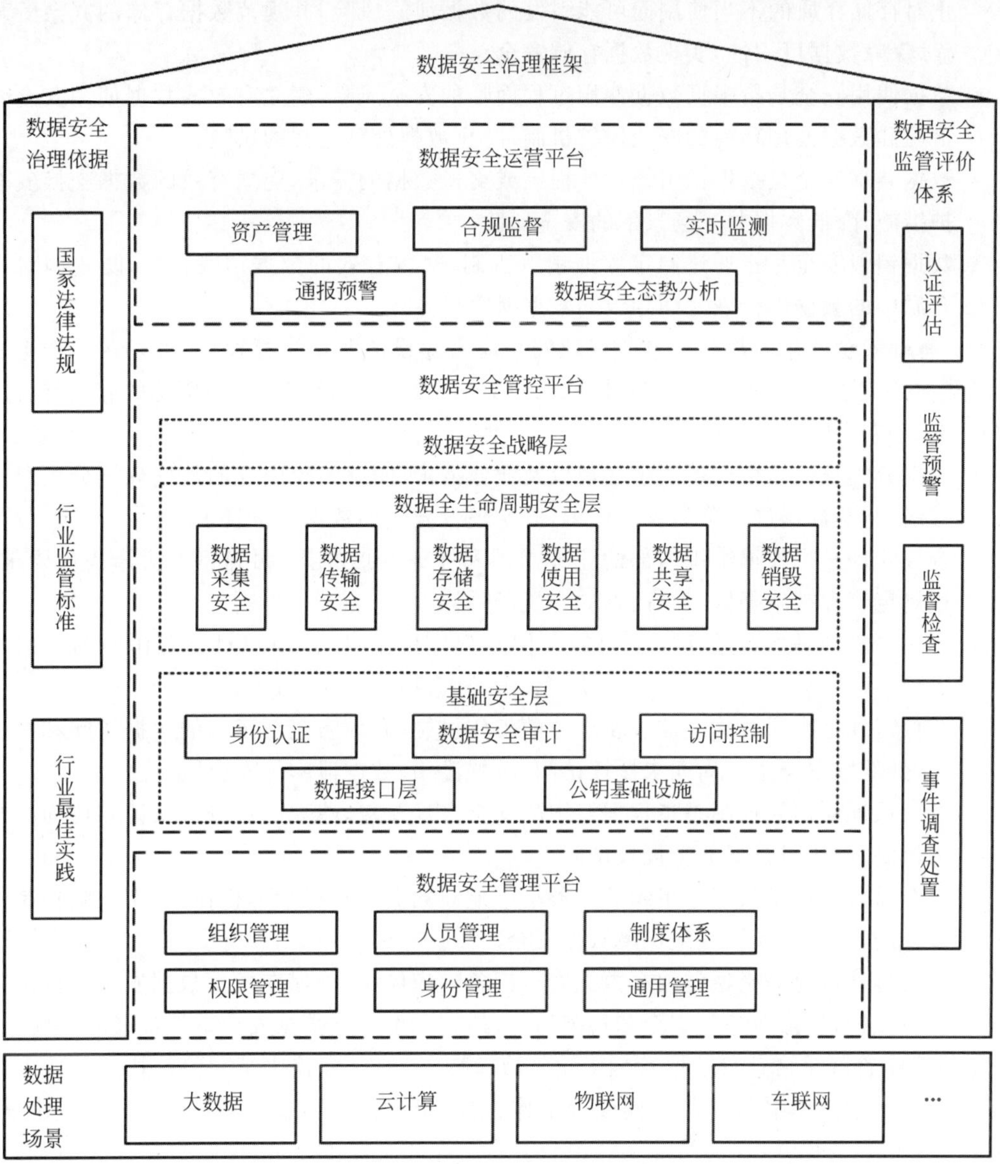


图 12.5　数据安全治理体系主体框架

明确组织整体数据安全规划。

- 机构人员管理要求建立负责组织内部数据安全工作的部门人员和岗位，并与人力资源管理部门进行联动，防范机构人员管理过程中存在的数据安全风险。

(2) **数据全生命周期安全层**是评估组织数据安全合规及风险管理等工作深入各业务场景能力水平的重要模块。要求组织机构以采集、传输、存储、使用、共享、销毁 6 个环节为切入点，设置管控点和管理流程，保障数据安全。具体来说，包括以下内容。

- 数据采集安全是指根据组织对数据采集的安全要求，建立数据采集安全管理措施和安全防护措施，规范数据采集相关流程，从而保证数据采集的合法、合规、正当和诚信。
- 数据传输安全是指根据组织对内和对外的数据传输需求，建立不同的数据加密保护策略和安全防护措施，防止传输过程中的数据泄露等风险。
- 数据存储安全是指根据组织内部数据存储安全要求，提供有效的技术和管理手段，防止对存储介质的不当使用而可能引发的数据泄露风险，并规范数据存储的冗余管理流程，保障数据可用性，实现数据存储安全。

- 数据使用安全是指根据数据使用过程面临的安全风险，建立有效的数据使用安全管控措施和数据处理环境的安全保护机制，防止数据处理过程的风险。
- 数据共享安全是指根据组织对外提供或交换数据的需求，建立有效的数据交换安全防护措施，降低数据共享场景下的安全风险。
- 数据销毁安全是指通过制定数据销毁机制，实现有效的数据销毁管控，防止因对存储介质中的数据进行恢复而导致的数据泄露风险。

(3) **基础安全层**作为数据全生命周期安全能力建设的基本支撑模块，可以在多个生命周期环节内复用，是整个数据安全治理体系建设的通用要求，能够实现建设资源的有效整合。具体来说，包括以下内容。

- 数据分类分级是指根据法律法规以及业务需求，明确组织内部的数据分类分级原则及方法，并对数据进行分类分级标识，以实现差异化的数据安全管理。
- 合规管理是指根据组织内部的业务需求和业务开展场景，明确相关法律法规要求，通过制定管理措施降低组织面临的合规风险。
- 合作方管理是指通过建立组织的合作方管理机制，防范组织对外合作中的数据安全风险。
- 监控审计是指通过建立监控及审计的工作机制，有效防范不正当的数据访问和操作行为，降低数据全生命周期未授权访问、数据滥用、数据泄露等安全风险。
- 身份认证与访问控制是指根据组织的安全合规要求，建立用户身份认证和访问控制管理机制，防止对数据的未授权访问。
- 安全风险分析是指根据组织的业务场景建立数据安全风险分析体系，将风险控制在可接受的水平，最大限度地保障数据安全。
- 安全事件应急是指通过建立数据安全应急响应体系，确保在发生数据安全事件后能够及时止损，保障业务的安全和稳定运行，最大程度降低数据安全事件带来的影响。

**数据安全管理平台**针对数据安全多元化治理特点，建立覆盖决策、管理、执行与监督等多层级的组织管理架构，各级部门协同配合工作，定岗定责落实治理行动；在人员管理维度，需注重能力的培养与提升，并加强安全意识教育；在管理制度维度，需围绕数据处理活动，构建从方针政策、管理制度、流程规范到执行文档的层级全面的制度集合，并伴随治理过程持续进行优化与调整。

在监督评价体系方面，行业主管单位通过评估认证、监测预警、事件调查处置、监督检查、纠正问责等活动实现数据安全治理。

### 12.3.3 数据安全治理的流程

如图 12.6 所示，数据安全治理的构建步骤一般是**组织构建→资产梳理→策略制定→过程控制**。

**1. 组织构建**

组建专门的数据安全团队，是作为数据安全治理建设的首要任务，是保证数据安全治理工作能够持续执行的基础。

建立数据安全治理团队，并明确团队中各成员的管理职责，团队组成依组织的具体情况，

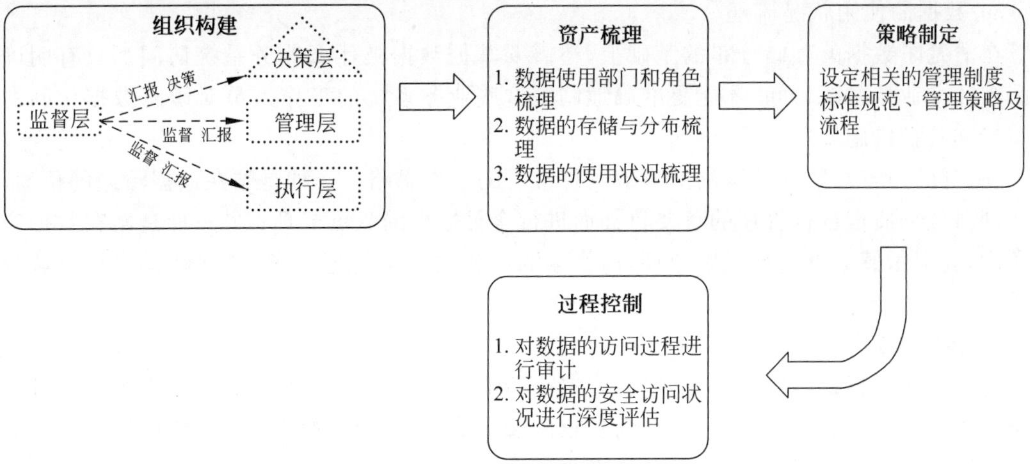


图 12.6 数据安全治理流程

可以是实际存在的，也可以是各部门成员组成的虚拟团队，是数据安全治理工作开展的基础资源保障。

面向数据安全，组织内部通常设立数据安全治理委员会或数据安全治理小组来负责对数据安全治理工作的管理、执行和监督。团队职责在于对数据进行分类、分级、保护、使用和管理原则的制定。团队成员应包括内部的数据安全专家，以及所有与数据安全有关部门（如 IT 支持、人资、法律、财务、业务和市场、运营和维护、知识产权、风险管理、审计、保密等）的人员代表；在一些大型的组织中，因为数据安全正日益变成影响发展的重要因素，数据安全治理委员会或数据安全治理小组成员甚至会包括主管副总裁、董事会成员等高级管理人员。数据安全治理团队的成员同时也是数据安全制度的受众。他们是数据安全策略、规范和流程的执行者和被管理者，同时也是数据的使用者、管理者、维护者、分发者。只有将这些角色的人员代表纳入团队中，才能使得在数据安全治理中制定的安全原则、安全措施和安全规范能够在具体执行中得到有效实施。数据安全治理组织自上而下包含决策层、管理层、执行层，另外还存在一个贯穿整个数据安全治理过程的监督层对整个过程进行监督、审计。人员不应出现交叉，即一个人不可以同时担任两个层级中的角色，避免出现因受利益和工作方面影响从而降低或绕过标准的情形。

**2. 资产梳理**

资产梳理是数据资产安全管理的第一步，通过资产梳理能够掌握数据资产分布、数据责任确权、数据使用流向等，使数据资产安全管理更全面。

1）数据使用部门和角色梳理

在数据资产的梳理中，需要明确这些数据如何被存储，数据被哪些部门、系统、人员使用，数据被如何使用。对于数据的存储和系统的使用，往往需要通过自动化的工具进行；而对于部门和人员的角色梳理，更多是要在管理规范文件中体现。对于数据资产使用角色的梳理，关键要明确在数据安全治理中不同受众的分工、权利和职责。

2）数据的存储与分布梳理

敏感数据在什么数据库中分布着，是实现管控的关键。只有清楚敏感数据在什么库中分布，才能知道需要对什么样的库实现怎样的管控策略；对该库的运维人员实现怎样的管控措施；对该库的数据导出，实现怎样的模糊化策略；对该库数据的存储实现怎样的加密要求。

3）数据的使用状况梳理

在清楚了数据的存储分布的基础上，还需要掌握数据被什么业务系统访问。只有明确了数据被什么业务系统访问，才能更准确地制定这些业务系统的工作人员对敏感数据访问的权限策略和管控措施。

在实际工作中，数据资源的梳理有两种常见的工作思路。一种是站在数据治理的角度，为了达到对数据质量进行管理的首要目标而进行全量数据的盘点梳理；另一种是站在数据安全的角度，先对敏感数据进行识别梳理，以快速响应相关安全管理要求，再逐渐扩展至全域数据范围。

**3. 策略制定**

在掌握了数据资产概况后，需要制定安全策略作为数据资产管控的安全规则。通过数据分类分级与重要数据识别，区分人员角色权限及场景，制定针对性的安全策略，能够实现对敏感数据进行分级管控，使数据在生命周期中安全流动。

设定相关的管理制度、标准规范、管理策略及流程，并围绕策略流程，构建运营管控机制，开展数据安全治理工作，与网络安全管理相结合，实现"可持续化的数据安全治理能力"。

实现策略流程所涉及的数据全生命周期的数据安全防护技术的建设，并结合数据治理和网络安全相关技术，形成完整的技术支撑体系。

组织机构内部通过专业的数据安全治理团队、明确的数据安全治理策略和流程、全面的数据安全运营机制、覆盖数据全生命周期的技术手段为支撑，围绕数据使用的业务场景活动，分析安全需求，同时加强数据安全宣传、培训、教育，提升数据资产的整体保障能力。

**4. 过程控制**

策略制定后需要建立数据安全治理的过程控制机制，包括对数据访问、使用、传输等环节进行监控和审计，及时发现并处理数据安全风险和异常情况，确保数据安全策略的有效执行和持续改进。

（1）对数据的访问过程进行审计，判断这些数据访问行为过程是否符合所制定的安全策略。审计数据的访问过程是确保数据安全策略有效执行的重要环节。这包括对数据访问的记录、分析和审查，以确认访问行为是否与安全策略相符合。通过审计，可以及时发现和解决潜在的安全漏洞或违规行为，进一步加强数据的安全性和合规性。

（2）对数据的安全访问状况进行深度评估，看在当前的安全策略有效执行的情况下，是否还有潜在的安全风险。深度评估数据的安全访问状况是为了检查当前安全策略的有效性，并发现潜在的安全风险。这种评估需要综合考虑数据访问的各个方面，包括权限控制、身份验证、数据加密等。通过深度评估，可以识别安全策略执行中可能存在的漏洞或不足之处，并及时采取措施进行改进和优化，以提高数据安全性和防范潜在的安全威胁。

数据安全需要动态跟踪，持续改善。可通过资产梳理，持续掌握数据资产动态；通过预警演练，提升应急响应能力；通过数据安全评估，了解数据安全管控现状，持续优化安全策略等。

# 12.4 数据安全治理实践

## 12.4.1 数据安全治理实践思路

**数据安全治理体系**给出了组织机构数据安全治理的建设框架，如何将整套框架切实应用于建设过程，离不开实践路线的构建。我们遵循"全局体系规划，场景有序落地，运营持续加强，评估助力优化”的数据安全治理实践理念，进而丰富形成“规划—建设—运营—优化”的闭环路线。

基于以上数据安全治理实践理念，可以按照自顶向下和自底向上相结合的思路推进实践过程。一方面，组织自顶向下，以数据安全战略规划为指导，以规划、建设、运营、优化为主线，围绕构建数据安全治理体系这一核心，从组织架构、制度流程、技术工具和人员能力 4 个维度构建全局建设思路。另一方面，组织自底向上，针对各业务场景敏捷落地相关数据安全能力点，以快速满足业务场景的数据安全需求，降低数据安全治理的长期性对业务开展的影响。通过各个场景的建设与完善，最终全面覆盖组织的所有数据处理活动。以上的实践过程可以有效避免管理和技术的“两张皮”问题。

**1. 数据安全规划**

数据安全规划阶段主要确定组织数据安全治理工作的总体定位和愿景，根据组织整体发展战略内容，结合实际情况进行现状分析，制定数据安全规划，并对规划进行充分论证。

1）现状分析

组织应通过现状分析找到数据安全治理的核心诉求及差距项，以此作为规划设计的依据。可以从安全是否合规、风险现状分析、行业最佳实践对比入手。

**一是数据安全是否合规**。数据安全合规是组织履行数据安全相关责任义务的底线要求。不同组织应对组织适用的外部法律法规、监管要求、标准规范等进行梳理，将重要条款与现有情况进行对比，分析其差距，确定合规需求。

**二是数据安全风险现状分析**。有效的数据安全风险管理是组织推进业务发展的重要保障。不同组织需结合其业务场景，基于数据全生命周期安全防护要求，通过数据安全风险评估等方式识别数据面临的安全威胁及所在环境的脆弱性，形成风险问题清单，提炼数据安全建设需求点。

**三是行业最佳实践对比**。行业对比是组织经营决策的主要参考。通过分析同行业的数据安全建设先进案例，并与组织现状进行横向对比，有助于提炼出更加适宜的数据安全建设方向和建设思路。

2）方案规划

组织机构应根据现状分析结果，结合数据安全治理目标，给出可落地实施的数据安全治理规划方案，并提炼重点目标和任务，分阶段落实到工程实施中。通过对组织架构、制度流程、技术工具、人员能力的不断建设与完善达成建设目标。以一个数据安全治理建设刚起步的企业为例，一般来说，可以将数据安全规划分为三个阶段。

**第一阶段**，组织尚处于数据安全治理建设初期，急需在内部明确数据安全治理职责分工和管理要求，因而建议主要完成初步的数据安全治理体系建设工作，包括数据安全组织机构的建立、数据安全制度体系的编制、数据安全基础能力建设以及数据安全意识培训宣贯。同时，数据分类分级作为实施数据安全管理措施和技术措施的前提，是一个需要提前布局且长期推进的工作。

**第二阶段**，组织有了一定的数据安全治理基础，可以在这一阶段着重完善数据安全技术能力体系，通过建设统一的管理平台，全面落实数据安全管理规范及策略要求，并通过常态化数据安全运营，实现持续的数据安全保障能力。同时，应加强数据安全能力培训体系的构建，培养复合型数据安全专业人才，壮大数据安全人才队伍。

**第三阶段**，组织已经初步建成数据安全治理体系，这一阶段以持续优化为主要目标，重在建立数据安全治理的量化评估体系，定期开展数据安全评估评测，监测各项指标的达标情况。再根据评估评测结果及时优化建设内容，最终达到较高的数据安全治理水平。同时，通过提炼并输出成功经验，促进行业共同进步。

3）方案论证

为保障规划方案在建设过程中的顺利实施，应从以下方面进行论证分析。

**一是可行性分析**，根据组织现状，明确人力、物力、资金的投入与产生的效益对比，协调数据安全管理机制和技术能力建设与业务系统之间的分歧，确保在业务发展与安全保障之间达到平衡。

**二是安全性分析**，方案在正式实施前，要进行详细的方案论证分析，确保可以在业务稳定运行的前提下实施治理建设，同时要考虑治理过程中可能产生的新风险，避免未知风险的引入。

**三是可持续性分析**，数据安全治理是持续性过程，随着业务拓展和技术进步，规划方案在保证与当前组织现有体系兼容的同时，也要考虑与后续的发展相适应。因此数据安全治理方案不仅要考虑当下，还要着眼于未来。在满足当前数据安全需求的同时，还要适应后续的持续发展。

**2. 数据安全建设**

数据安全建设阶段主要对数据安全规划进行落地实施，建成与组织相适应的数据安全治理能力，包括组织架构的建设、制度体系的完善、技术工具的建立和人员能力的培养等。通过数据安全规划，组织机构对如何从零开始建设数据安全治理体系有了一定认知，同时也应意识到数据安全治理的建设是一项需要长期开展和持续投入的工作，无法一蹴而就。为了快速响应不同业务场景下不同的数据安全策略要求，应基于场景需要选择性部署技术工具，编制三级操作指南文件，形成四级记录模板。通过逐个场景的数据安全建设，最终推动数据安全治理体系在组织内的全面落地。具体场景化数据安全治理建设的总体路线分为如下 5 步。

**第一步：全面梳理业务场景**

梳理数据资产和业务场景是组织进行场景化数据安全治理建设的前提，可以帮助组织机构了解数据安全治理对象全貌，为组织场景化数据安全治理提供行动地图。

目前，对业务场景的划分尚未有统一的标准，在这里将场景划分方法归类为基于数据全生命周期和基于业务运行环境两种划分方式。

1）基于数据全生命周期的场景划分

基于数据全生命周期的场景划分环节抽象出典型应用场景，如图 12.7 所示。基于数据全生命周期的场景划分是分别在**采集**、**传输**、**存储**、**使用**、**共享**、**销毁**各环节抽象出典型的应用场景。

- 数据采集环节主要有个人信息主体数据采集、外部机构数据采集、数据产生等场景。
- 数据传输环节主要有内部系统数据传输、外部机构数据传输等场景。
- 数据存储环节主要有数据加密存储、数据库安全等场景。
- 数据使用环节主要有应用访问、测试和开发、数据准入、数据运维、网络和终端安全、数据分析与挖掘等场景。
- 数据共享环节主要有内部共享和外部共享等场景。
- 数据销毁环节有逻辑删除、物理销毁和数据退役等场景。
- 此外还有一些基础性的工作，如数据分类分级，应该作为单独的场景纳入整体的场景视图中。

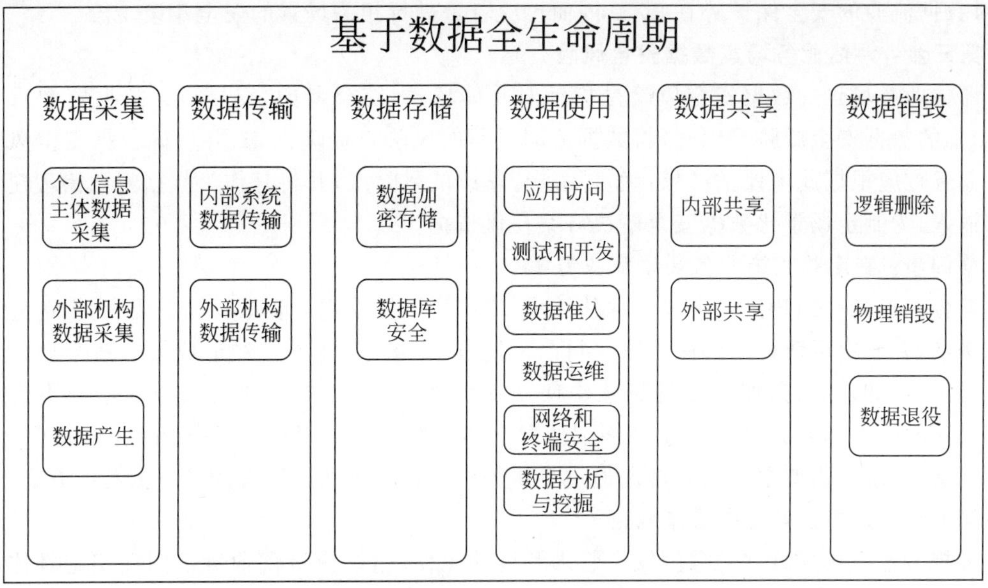


图 12.7　基于数据全生命周期的场景划分

基于数据全生命周期的场景划分方式，一方面能更好地契合当前法律法规中关于数据全生命周期的安全要求；另一方面更加匹配当前主流的数据安全治理体系框架。

2）基于业务运行环境的场景划分

组织的业务虽然各有不同，但是其业务运行环境的划分基本相同，据此可以将业务场景划分为办公场景、生产场景、研发场景、运维场景等。还可以基于支撑业务运行的基础设置进一步细分为云、终端等场景，如图 12.8 所示。

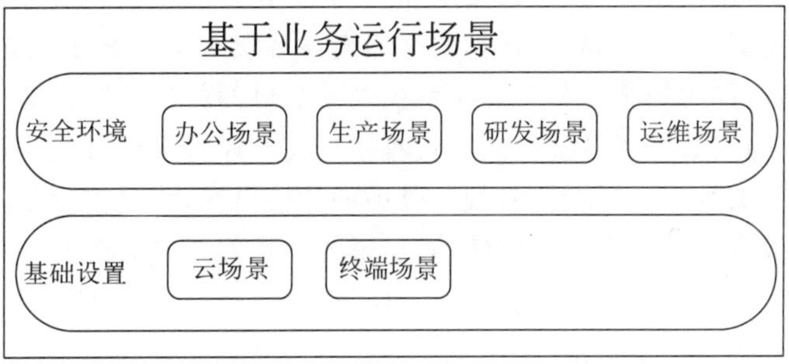


图 12.8　基于业务运行场景的划分

基于业务运行环境的场景划分方式，一方面与业务的研发上线紧密关联，有利于场景的识别；另一方面兼容组织安全域的划分，有利于充分利用原有的网络安全能力。

**第二步：确定业务场景治理优先级**

确定业务场景治理优先级需要，明确业务场景治理的开展优先级。在业务场景梳理完成后，组织需要综合考虑监管要求、数据安全风险和业务发展。以上文提到的基于数据全生命周期的场景划分方式为例，数据分类分级是数据安全的基础性工作基本已经成为行业共识，随着行业数据分类分级指南的不断建立和完善，组织应跟紧行业发展步伐，前置数据分类分级工作的优先级。其次，数据采集环节中个人信息主体数据采集、外部机构数据采集等场景均涉及个人信息权益保护，是当前数据安全合规出现问题的高危场景，容易影响组织品牌形象，因而需要优先治理。此外，数字经济的繁荣发展离不开数据的流通共享，随之而来的风险也在不断显现，对数据流通的安全保护势在必行，因而也应着重进行相关场景的安全建设。

**第三步：评估业务场景数据安全风险**

评估业务场景的数据安全风险是指针对具体场景，综合考虑合规要求、数据资源重要程度、面临的数据安全威胁等因素，将数据流动过程的风险点梳理出来，并明确数据安全风险等级。业务方应根据此项评估结果，确定要进行整改的风险点，并将其作为数据安全治理建设需求的输入，为制定场景化数据安全解决方案提供依据。

**第四步：制定并实施业务场景解决方案**

结合业务场景的数据安全风险评估结果，组织可以根据相关政策及标准要求，申请充分的资源保障，并制定可落地的解决方案。目前，对于部分场景，业界已经形成了一些公认的典型解决方案，例如，在数据加密存储场景中使用加解密系统，并在算法的选择上避开不安全的MD5、AES-ECB、SHA1 等算法；在终端场景下部署终端 DLP(Data Loss Prevention) 等。但更多情况下，组织需要根据实际情况通过自研解决方案或者甄选适宜的供应侧解决方案。

**第五步：完善业务场景操作规范**

为规范业务场景日常的数据安全管理和运营工作，组织应督促业务部门在实施具体的技术措施后，及时完善组织整体数据安全制度体系中关于三级与四级的制度文件，如《远程访问操作规范》《数据备份操作规范》《数据防泄露操作规范》《堡垒机操作规范》等，以保持制度流程和技术落地的一致性。

**3. 数据安全运营**

数据安全运营阶段通过不断适配业务环境和风险管理需求，持续优化安全策略措施，强化整个数据安全治理体系的有效运转。数据安全运营治理是对数据安全建设活动过程的保障支撑，是开展大数据平台服务业务的重要保障。通过加强各单位的有效沟通，建立协同防御的安全机制，发挥已有的基础安全能力，加强安全监测与通报预警能力建设，确保大数据平台在可管理、可监视、可预见的状态下运行。数据安全运营保障需要做好数据安全的态势感知、预警监测和应急响应工作，同时加强对各单位和数据技术提供商的持续监督管理，有效落实安全事件调查取证和追责，对大数据服务业务运行过程中的安全风险进行有效的管控。

如图 12.9 所示，数据安全运营从常规运营中的监控出发，通过实时监控、定期日志审核方式，对数据安全、业务安全两方面进行持续监测，形成常态安全与应急安全两套安全运维闭环。同时，巡检自查流程和应急响应流程的执行充分考虑合规性和安全性需求，通过安全设施和工作流程的调整将管理规章制度落地。

1）风险防范

数据安全治理的目标之一是降低数据安全风险，因此建立有效的风险防范手段，对于预防数据安全事件发生有重要作用，可以从数据安全策略制定、数据安全基线扫描、数据安全风险评估三方面入手。

（1）数据安全策略制定。一方面，根据数据全生命周期各项管理要求，制定通用安全策略，另一方面，结合各业务场景安全需要，制定针对性的安全策略。通过将通用策略和针对性策略结合部署，实现对数据流转过程的安全防护。

（2）数据安全基线扫描。基于面临的风险形势，定期梳理、更新相关安全规范及安全策略，并转换为安全基线，同时直接落实到监控审计平台进行定期扫描。安全基线是组织数据安全防护的最低要求，各业务的开展必须满足。

（3）数据安全风险评估。通过将日常化定期开展的数据安全风险评估结果与安全基线进

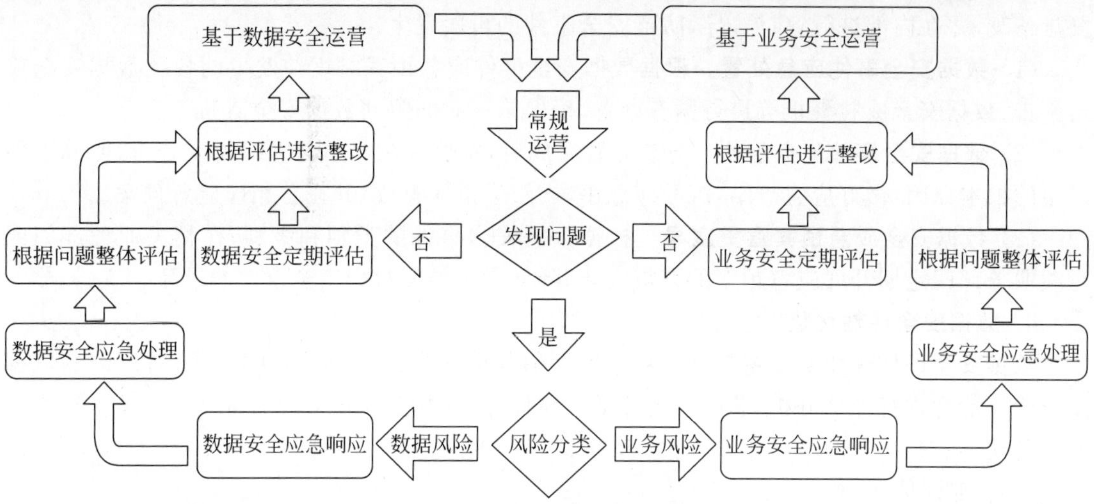


图 12.9 数据安全运营体系

行对标，发现不满足基线要求的评估项，再通过改进业务方案或强化安全技术手段的方式实现风险防范。

2）监控预警

数据安全保护以知晓数据在组织内的安全状态为前提，需要组织在数据全生命周期各阶段开展安全监控和审计，以实现对数据安全风险的防控。可以通过态势监控、日常审计、专项审计等方式对相关风险点进行防控，从而降低数据安全风险。

（1）**态势监控**。根据数据全生命周期的各项安全管理要求，建立组织内部统一的数据安全监控审计平台，对风险点的安全态势进行实时监测。一旦出现安全威胁，能够实现及时告警及初步阻断。

（2）**日常审计**。针对账号使用、权限分配、密码管理、漏洞修复等日常工作的安全管理要求，利用监控审计平台开展审计工作，从而发现问题并及时处置。审计内容包括但不限于如表 12.1 所示内容。

**表 12.1 日常审计项目示例**

| | |
|---|---|
| **审计项目** | 敏感数据是否加密存储 |
| | 敏感数据是否加密传输 |
| | 活跃度异常账号、弱口令、异常登录 |
| | 个人信息采集是否得到授权 |
| | 异常/高风险操作行为 |
| | 敏感数据是否脱敏使用 |
| | 漏洞是否定期修复 |
| | 接口安全策略的落实情况 |
| | 销毁过程的日常监督 |
| | 分类分级策略是否正确落实 |

（3）**专项审计**。以业务线为审计对象，定期开展专项数据安全审计工作。审计内容包括数据全生命周期安全、隐私合规、合作方管理、鉴别访问、风险分析、数据安全事件应急等多方面内容，从而全面评价数据安全工作执行情况，发现执行问题并统筹改进。

3）应急处理

一旦风险防范及监控预警措施失效，导致发生数据安全事件，组织应立即进行应急处置、复盘整改，并在内部进行宣贯宣导，防范安全事件的再次发生。

(1) **数据安全事件应急处置**。根据数据安全事件应急预案对正在发生的各类数据安全攻击警告、数据安全威胁警报等进行紧急处置，确保第一时间阻断数据安全威胁。

(2) **数据安全事件复盘整改**。应急处置完成后，应尽快在业务侧组织复盘分析，明确事件发生的根本原因，做好应急总结，沉淀应急手段，跟进落实整改，并完善相应应急预案。

(3) **数据安全应急预案宣贯宣导**。根据数据安全事件的类别和级别，在相关业务部门或全线业务部门定期开展应急预案的宣贯宣导，降低发生类似数据安全事件的风险。

**4. 数据安全评估优化**

数据安全评估优化阶段主要是通过内部评估与第三方评估相结合的方式，对组织的数据安全治理能力进行评估分析，总结不足并动态纠偏，实现数据安全治理的持续优化及闭环工作机制的建立。

1) 内部评估

组织应形成周期性的内部评估工作机制，内部评估应由管理层牵头，执行层和监督层配合执行，确保评估工作的有效执行，并应将评估结果与组织的绩效考核挂钩，避免评估流于形式。常见的内部评估手段包括评估自查、应急演练、对抗模拟等。

评估自查通过设计评估问卷、调研表、定期执行检查工具等形式，在组织内部开展评估，主要评估内容至少应包括数据全生命周期的安全控制策略、风险需求分析、监控审计执行、应急处置措施、安全合规要求等内容。

应急演练通过构建内部人员泄露、外部黑客攻击等场景，验证组织数据安全治理措施的有效性和及时止损的能力，并通过在应急演练后开展复盘总结，不断改进应急预案及数据安全防护能力。应急演练可采用实战、桌面推演等方式，旨在验证数据安全事件应急的流程机制是否顺畅、技术工具是否实用、安全处置是否及时等，进一步完善应急预案，补齐能力短板。

对抗模拟通过搭建仿真环境开展红蓝对抗，或模拟黑产对抗，帮助组织面对内外部数据安全风险时实现以攻促防，沉着应对，并在这个过程中不断挖掘组织数据安全可能存在的攻击面和渗透点，尤其是面对组织内部数据泄露风险，可以有针对性地完善数据安全治理工作机制和技术能力。

2) 第三方评估

除了内部评估外，组织还应引入第三方评估。第三方评估以国家、行业及团体标准等为执行准则，能客观、公正、真实地反映组织数据安全治理水平，实现对标差距分析。如中国信息通信研究院 2020 年年底推出的国内首个数据安全治理能力评估服务，结合业务场景和全生命周期数据流，从组织架构、制度流程、技术工具、人员能力的建设情况入手，综合考察组织数据安全治理能力的持续运转及自我改进能力。目前该评估服务已在金融、电信、互联网、汽车等多个行业领域获得广泛认可，是组织进行全面摸排、横向对比的重要抓手。

### 12.4.2 医疗领域数据安全治理实践

医疗行业是我国基础民生行业，是国家大力进行保障的行业，涵盖了卫生健康相关的医院、药品、器械、健康管理等一系列领域。经过多年大规模的信息化建设，医疗行业沉淀形成了规模巨大的数据集合，这些数据价值巨大、风险巨大，关系着亿万公民的个人隐私，也关系着社会运行的安全、稳定。过去若干年，医疗行业的发展与信息化、互联网化的发展密不可分，未来也将与医疗数据的开发利用密不可分，互联网医院、医联体建设、专科联盟建设、联合诊疗、医疗健康信息互联互通、临床医学研究、可穿戴健康监测、公共卫生监测等工作都与医疗数据的共享交换密不可分，医疗数据的共享、流动使用是必然趋势；与此同时，医疗行业的数据泄露风险必然加大，数据安全管理与防护工作将面临更大的挑战，数据安全不再仅仅是信息化负责人的工作责任，更是各医疗单位管理者的重要责任。

医院经过多年的信息化建设，已经具备了 HIS(医院信息系统)、PACS(医学影像系统)、LIS(检验信息系统)、RIS(放射信息系统)、CIS(临床信息系统)、EMR(电子病历系统)、CDSS(临床辅助决策支持系统)等与患者诊疗密切相关的 IT 系统，这些信息系统后端存储着大量的患者个人信息(如身份证号、家庭住址、家庭关系、医保卡号、银行卡号等)以及患者诊疗信息(如检查、检验、病症、处方等)，这些信息对于个人来讲非常隐私，信息泄露会造成患者的家庭纠纷、社会歧视甚至人身安全；这些信息具有巨大商业价值，是医药、保健、保险、广告等商业机构高度关注的数据。

**1. 医疗数据安全治理思路**

数据安全治理是一个长期的工作，是以推动数据有序而安全地使用为目标；推动医院的数据安全治理工作，必须依托于国家的《数据安全法》《个人信息保护法》《数据出境安全评估办法》等国家层面的法规制度，同时按照卫健委颁布的《医疗卫生机构网络安全管理办法》要求推进。在这些制度要求中，最迫切需要关注的是《个人信息保护法》，因为医院的核心数据主要是由患者隐私和与患者相关的电子病历数据构成，未来大概率会成为个人信息保护的重点评估检查单位。另外，从当前来看，医院大概率不会作为关键信息基础设施单位来要求，也暂时不用作为国家重要数据进行安全要求(与国家安全、经济发展以及公共利益密切相关的数据)，但是随着《网络数据安全管理条例》正式发布，存储 100 万以上个人信息的医院，将按照国家重要数据来进行安全要求。最后，医院作为个人信息的重要存储单位，需要满足数据出境合规的要求。

患者信息的存储、访问已经基本能够覆盖医院的绝大多数应用场景和 IT 环境，因此对于患者信息保护的全面加强也将对医院商业数据的保护起到显著提升的效果。在基于患者信息保护的数据安全体系建设完毕后，将把医院商业数据的保护要求逐步地并入，形成一个更为完善的医院数据安全治理体系建设。因此，本节将主要以医院患者信息保护为中心，来阐述医院数据的分类分级原则、结合患者数据生命周期和应用场景的安全保护要求、相关制度与规范的建立等。同时，为了降低医院数据安全合规的复杂度，符合法规要求的同时提升数据利用的便利性，建议国家卫健委就一些行业默认执行的规则进行显性的行业规定下发，以减少医院数据安全工作者在执行中的法规困惑，包括如下内容。

(1) 明确医院在诊疗过程中收集的个人信息和诊疗信息可以用于医院的诊疗过程中，不需要与患者另行签署个人信息处理同意书。

(2) 明确医院在诊疗过程中收集的个人信息和诊疗信息，出于医疗档案留存需要，可以长久保存(如 30 年)，不用遵循患者删除权。

(3) 明确医院在诊疗过程中收集的个人信息和诊疗信息，在采用去标识化手段后，可以进行网上联合诊疗。

(4) 明确医院在诊疗过程中收集的个人信息和诊疗信息，在医联体中，不需要与患者另行签署同意书。

(5) 明确医院收集的诊疗信息在去除标识化后，可以用于医学研究中，不需要与个人另行签署同意书。

(6) 明确医院收集的个人信息和诊疗必要信息在进行医保申请时,可以传递给医保机构,不需要与个人另行签署同意书。

(7) 明确医院收集的个人信息和诊疗必要信息在上报给卫健委备案时,不需要与个人另行签署同意书。

(8) 面向商业保险查询个人电子病历信息时,需要出示纸质或电子的个人同意书。

(9) 其余未涉及的,遵循《个人信息保护法》中的一般要求。

同时,将在假定这些原则的前提下,进行后续的数据安全相关措施的建议,并以此为目标,形成医院数据安全治理的整体思路如下。

(1) 以患者隐私数据安全管理和保护为目标,以电子病历数据分类分级保护为核心,面向医院数据应用场景,构建医院数据安全基础能力。

(2) 以平衡数据安全与开发利用、提升医院数据应用效率为目标,完善医院数据安全和检查评估体系。

**2. 数据安全治理框架**

对于医院的患者信息保护,需要结合医院常见数据使用场景,如患者诊疗、健康检查和出入院管理的过程中,并结合患者和治疗过程的数据采集、传输、存储、使用、开发利用、开放共享、委托处理、互联网医疗、数据删除和销毁的整个生命周期进行统筹思考。

医疗数据安全治理框架整体示意如图 12.10 所示,将以医院电子病历数据分级为基础,建立患者数据生命周期安全防护体系,并通过完善数据安全组织建设、明确医疗数据各场景的数据安全需求、完善管理和技术体系建设,全面保障医疗数据安全。

患者数据生命周期和数据场景安全防护要求是数据生命周期安全框架的核心,针对不同级别的数据,明确其在数据生命周期各个环节的安全防护要求,是医院开展数据安全防护工作的基本依据。

结合患者数据使用场景及电子病历数据的特点,建立覆盖医疗数据生命周期和数据使用全场景安全防护机制,是保障医疗数据安全的必经之路。

同时,组织保障、管理体系也是医疗数据安全框架必不可少的组成部分,确保数据安全工作具有自决策层、管理层、执行层到监督层的完善组织体系,为数据安全相关工作奠定制度、规范基础;在医院日常的诊疗过程中,数据安全技术体系的建设非常重要,加强在边界管控、安全监测、安全审计、访问控制、数据脱敏、检查评估,能够有力保障数据安全防护机制的有效执行,以及在数据安全事件发生时能够及时发现与响应、处置。

## 12.4.3 政务领域数据安全治理实践

目前,我国已经建成了人口、法人、宏观经济、空间地理等一批基础库,以及投资项目、医疗健康、公共资源交易、社会保障等主题数据资源,为履行经济运行、政务服务、市场监管、社会治理等政府职责提供有力支撑。各地区积极探索政务数据治理模式,建设政务数据管理、应用平台,统一归集、统一治理辖区内政务数据,以数据共享支撑政府高效履职和数字化转型。通过建立从过程可信到结果可信的数据协同生态,在安全管理的基础上实现外部大数据资源、人工智能算法与政务数据的碰撞,能够充分激发政务数据应用场景,提升政府智能决策水平,同时为更大范围、更深层次部门协调应用的产生提供坚实的基础保障。

在数字时代和国家治理现代化背景下,政府拥有数量大、价值高的数据资源,通过开放共享进而发挥这些数据资源的潜在价值,是数字时代促进经济社会发展的必然要求。随着人类

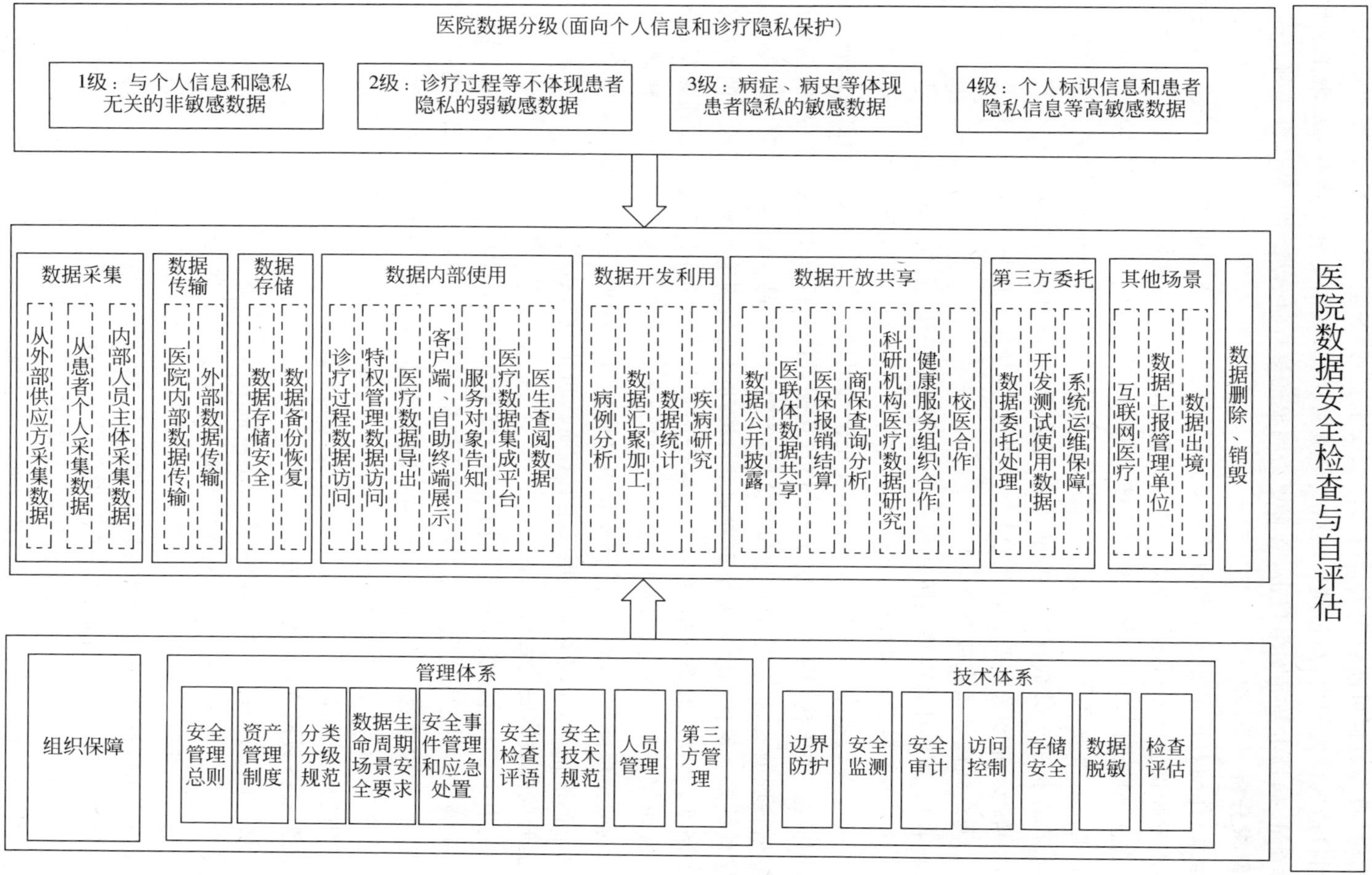


图 12.10 医疗数据安全治理框架

社会迈入数字时代，数字政府、数字经济及数字社会加速发展，数据日益成为新的生产要素，而政务数据作为重要的数据资源，对于促进经济社会发展具有重要作用。近年来，我国政府高度重视政务数据开放共享，充分释放政务数据“红利”，政务数据已经成为促进经济社会发展的新引擎。然而，政务数据可能包含大量有关国家安全、公共安全、个人隐私及商业秘密的内容，一旦被滥用将造成巨大损失，与传统的网络安全威胁相比，数据安全风险不再局限于利用安全漏洞、恶意流量、病毒木马等网络攻击，具有更为明显的多样性、动态性、整体性等特点。

**1. 需求分析**

近年来，伴随着技术的进步和时代的变迁，数据的产生速度更快、维度更多、来源更广、关联更强，体量和价值已不可同日而语。迎着大数据的风口，各地深入学习贯彻习近平总书记提出的，以信息化推进国家治理体系和治理能力现代化，将庞大的数据资源转化为生产力，开展政府数字化和城市数字化工作，构建数字引领、数据支撑的政务现代化体系等重要精神。现阶段，各省市都在推进公共数据体系的建设，促进政府在管理体制、管理观念、管理方式和管理手段等方面的转变，推动公共数据向安全化、移动化、智慧化方向发展，通过数字化转型贯彻落实数字中国、网络强国等国家战略。

2021 年 11 月 1 日，《中华人民共和国个人信息保护法》实施，与《关键信息基础设施安全保护条例》《中华人民共和国数据安全法》和《中华人民共和国网络安全法》共同织起了“三法一条例”网络安全及数据安全保障网，为数据安全治理提供了强有力的制度保障和理论支撑。中共中央、国务院《关于构建更加完善的要素市场化配置体制机制的意见》中提到“探索建立统一规范的数据管理制度、提高数据质量和规范性，丰富数据产品。研究根据数据性质完善产权性质。制定数据隐私保护制度和安全审查制度。推动完善适用于大数据环境下的数据分类分级安全保护制度，加强对政务数据、企业商业秘密和个人数据的保护”，这对加强数据资源整合和安全保护提出了要求。同时，国家标准、行业监管、地方政府等多个层面也对数据安全治理提供了相关的政策保障和要求。大数据安全策略和标准体系的完善，为大数据安全防护、审计、运营提供了标准依据，使政务大数据安全管控有法可依，有法必依。

**2. 提升政务数据安全合规水平**

以中共中央、国务院《关于构建数据基础制度更好发挥数据要素作用的意见》为代表，一系列相关政策及法律法规陆续出台，对处理政务数据、商业数据和个人隐私数据做出法律要求。此外，各地区、行业监管部门也制定了一系列监管要求，如果相关部门或企业触犯法律或者违反法规，轻则受到行政处罚，重则受到刑事处罚，甚至国家审查。满足安全合规要求是政务数据安全治理的核心目标。

**3. 加强政务数据资产保护能力**

继土地、劳动力、资本、技术之后，数据作为新型的第五大生产要素，已成为具备重要价值信息的资产。在生产和生活过程中，产生和收集的数据权属通常为本人、本部门、本地区，安全保护责任也一并划归。数据作为一种资产，已经在社会层面和商业层面具有巨大的价值。政府相关部门使用数据进行社会治理和公民服务方面的研究，例如，疫情防控大数据的应用，而企业也可以使用治理后可开放的政务数据进行用户行为分析，改善产品体验和服务精准度。在政府业务办理过程中产生和收集的数据，是国家无形的资产，在数字时代属于核心竞争力的一种，需要被有效地保护起来，那么政务数据治理过程中也应时刻保证数据的安全，治理过程的安全。

**4. 促进政务数据要素价值释放**

数据安全治理是激活数据要素潜能，发挥政务数据要素价值的必备步骤。加快建设数字经济、数字社会、数字政府，以数字化转型整体促进生产方式、生活方式和治理方式变革，已经成为国家和社会共同的认知。随着数据种类和量级不断高速增长，数据收集、存储、使用、加工、传输、提供、公开、销毁等过程从未如现今如此复杂，而且这一趋势仍然是长期向上的。如果不进行数据安全治理建设，可能会出现被数据反噬的现象，即因为庞大的数据保护和维护成本以及低级的使用效率，使得政府在耗费大量人、财、物的同时并没有发展或难于创新业务，最终拖累政府正常业务开展。

**5. 治理思路**

治理的核心就是通过最有效的管理，用最小的资源达到最大回报的过程。因此，数据安全治理的重心应为平衡数据发展与数据风险控制之间的关系，并体现覆盖数据全生命周期的安全风险管控处置。具体包括根据各组织自身数据安全风险状况，建立组织整体数据安全规划，规划中应明确数据安全的总体目标和基本原则，组织当以合规遵循为基本底线，以保障业务发展为首要目标，并从组织层面树立积极的安全文化，使得组织上下对数据安全的重要性和必要性达成共识。同时还应从高层强化对数据安全的重视与引领，由各业务领域高层人员参与组建数据安全决策机构，以法律法规为依据，以监管为指引，建立覆盖全局联动的数据安全治理体系。

### 12.4.4　工业领域数据安全治理实践

无工业，不大国；工业不强，大国不兴。工业持续发展了几个世纪，成为如今的庞大产业。从工业 1.0 蒸汽动力的使用，到 2.0 电力的广泛应用，3.0 使用信息计算技术，历次工业革命让工业生产实现了由“大规模生产”到“电气化生产”再到“自动化生产”的转变，如今人类已经进入以智能化为核心的工业 4.0 时代。工业数据发展阶段如表 12.2 所示。

**表 12.2　工业数据发展阶段**

| 时段 | 特　　点 | 主要产生途径 | 数据内容 | 主要作用 |
|---|---|---|---|---|
| 蒸汽革命 | 产业结构发生变化，数据量增多，数据仅限于工艺领域 | 通信技术的应用 | 工艺数据 | 构建远程监控能力 |
| 电气革命 | 产业结构、管理结构发生改变，数据从传统的工艺领域扩展至管理、运营领域。“二次数据”大量产生 | 厂级调度的产生 | 工艺数据 | 形成控制领域数据中台 |
| 信息革命 | 从工艺生产-生产管理-企业运营-企业供销存-企业监管均利用数据作为媒介实现。以工业“二次数据”为基础的工业互联网平台产生更多高价值“三次数据”“四次数据”等，提升工业产能 | 两化融合的推进 | 管理数据 | 工艺间协同 |
| | | | 办公数据 | 人员间协同 |
| | | 生产应用的投用 | 管理数据 | 强化生产管理 |
| | | | 工艺数据 | 优化生产结构 |
| 数字/智能革命 | 工业数据将下钻至生产底层。边缘计算产生更多“二次数据”进行流转 | 工业应用的数字化 | 工艺数据 | 工艺模型共享 |
| | | 工业互联网的诞生与发展 | 工艺数据 | 故障预判及维护 |
| | | | 运营数据 | 生产定制化 |

工业数据作为国家基础性战略资源，是驱动工业数字化转型发展的核心，是构建数字经济的基石。数据安全是信息安全的核心部分。保障数据安全和促进数据开发利用，可有效维护网络安全、信息安全、系统安全、内容安全和信息物理融合系统安全，从而维护国家主权、安全

和发展利益。

**工业数据的特征如下。**

- **多态性**：时序、关系表、文档、图片、音视频等格式与形态多样。
- **实时性**：数据采集、处理等实时性要求高。
- **闭环性**：支撑闭环场景下的动态持续调整。
- **级联性**：单个环节数据破坏可造成级联影响。
- **更具价值属性**：强调用户价值驱动和数据本身的可用性。
- **更具产权属性**：数据产权属性明显高于个人用户信息。
- **更具要素属性**：数据作为新型生产要素推进制造业高质量发展。

随着工业数据的不断发展，工业领域数据整体呈现出种类繁多、数量庞大、涉及范围广的特征，而数据的流向、流动路径、存储位置、使用方式都在发生新的变化；同时也伴随着数据违规传输、非授权访问、云端数据大规模泄露等风险，数据全生命周期各环节风险无处不在，导致工业企业的数据安全建设难度较大，强化工业领域数据安全保障已经迫在眉睫。工业领域作为《数据安全法》提及的行业领域之首，是当前强化数据安全保障的重要领域。

**1. 工业领域数据安全治理主要面临的挑战**

(1) 工业数据形态多、格式多，数据采集接口多种多样，难以实施有效的整体防护，采集的数据可被黑客注入脏数据，存在不可靠风险。

(2) 工业数据实时性强，传统加密传输等安全技术难以适用，数据传输面临泄露、监听等风险。数据多路径、跨组织的复杂流动模式，导致数据传输难溯源。

(3) 缺乏完善的工业数据安全分类分级隔离措施和授权访问机制，存储数据存在被非法访问窃取、篡改等风险。

(4) 工业数据的源数据多维异构、碎片化，传统数据清洗与解析、数据包深度分析等措施的实施效果不佳。

(5) 在工业互联网环境下数据加速流通，数据所有者和使用者分离情况普遍存在，数据产权确权难。

(6) 工业企业涉及数据出境的安全挑战：数据出境涉及主体众多，流转路径复杂，不可控因素强，易遭受攻击，安全风险严峻。

(7) 工业企业资金投入不足，数据安全管理、技防、人员等方面尚不能构成体系化。

**2. 工业数据安全治理实践思路**

1) 制定数据安全战略，开展顶层规划

工业企业的数据安全治理第一步是做好需求调研与合规性分析，制定合适的数据防护思路，确定数据安全战略。开展顶层规划，需要对业务和现有资源等情况进行评估，充分了解自身数据需求，以及在数据处理各个环节中的不同风险。结合业务需求、监管要求、自身能力，确定企业数据安全目标，制定数据安全战略，并定期进行审查修订。

2) 工业数据分类分级，核心资产明晰

工业数据是指工业领域产品和服务全生命周期产生和应用的数据，包括但不限于工业企业在研发设计、生产制造、经营管理、运维服务等环节中生成和使用的数据，以及工业互联网平台企业(以下简称平台企业)在设备接入、平台运行、工业 App 应用等过程中生成和使用的数据。

工业数据分类分级以提升企业数据管理能力为目标，坚持问题导向、目标导向和结果导向相结合，企业主体、行业指导和属地监管相结合，分类标识、逐类定级和分级管理相结合。工业数据处理者在数据处理活动中自主决定处理目的、处理方式。数据处理活动包括但不限于数据收集、存储、使用、加工、传输、提供、公开、删除、销毁等活动。

工业和信息化领域数据处理者应当每年梳理数据，按照相关标准规范识别重要数据和核心数据，并形成本单位的具体目录。

根据行业要求、特点、业务需求、数据来源和用途等因素，工业和信息化领域数据分类类别包括但不限于研发数据、生产运行数据、管理数据、运维数据、业务服务数据等。

根据数据遭到篡改、破坏、泄露或者非法获取、非法利用，对国家安全、公共利益或者个人、组织合法权益等造成的危害程度，工业和信息化领域数据分为一般数据、重要数据和核心数据三级。

工业和信息化领域数据处理者可在此基础上，结合实际细分数据的类别和级别。

3）加强数据安全管理，形成制度体系

工业和信息化领域数据处理者实行企业“一把手”负责制，落实数据安全主体责任，明确数据安全分管领导和责任部门，健全数据安全规章制度，提高数据安全防护能力，构建数据安全治理体系。

企业数据安全管理组织架构通常应该包含一个最高决策部门，通常由最高管理者、管理者代表及各部门负责人组成，其职责是实现信息安全管理体系和对数据安全保护事项负全面领导责任，以及数据安全事件的决策应对，负责制订、落实信息安全管理工作计划，建立健全公司的信息安全管理体系，保持其有效、持续运行。最高决策部门下设管理部门和监督部门，管理部门负责各数据安全具体制度和实施细则的制定、各部门对应领域数据合规治理，直接向董事会汇报工作；监督部门负责制度运行中的风险监测和各部门对数据合规执行落地的监督；明确执行层，即各个业务部门，由部门负责人推动基层员工对于企业数据安全保护具体事项的落地实施；最后是参与层，主要由工业企业内部全部员工及外部合作伙伴参与、配合，遵守企业内部数据安全治理相关要求。

加强数据安全管理制度体系建设，包括制定数据安全管理办法、数据分类分级规范、数据安全审计办法、数据安全评估办法，建立数据内部登记审批制度、风险监测制度、数据安全应急管理制度等，制定数据安全事件应急预案并定期演练。

从流程管理角度看，全流程数据安全管理制度应当涵盖企业全部的数据处理活动中，对于流程管控要求，应以法律法规和规范性文件的强制性规定为基础，结合企业经营管理实际，以全流程数据安全管理制度能够得到有效实施并取得服务于企业经营目标的实际效果为标准，包含但不限于数据收集、数据存储、数据使用、数据对外要求、数据删除环节等。

**数据收集**：明确在数据分类分级的基础上收集数据的目的和用途，数据收集流程以及数据收集安全管理要求制度等并及时更新。规范数据收集渠道及外部数据源鉴定方式，并对收集来源方式、数据范围和类型进行记录，确保数据来源的合法性。提供满足数据收集安全要求的安全管理技术方案。定期对数据收集工具进行安全测试并持续优化。数据收集人员是否能充分理解数据收集的法律要求、安全和业务需求，并能根据业务需求和具体情况选择合理的数据收集方式。

**数据存储**：按照法定要求留存相应数据，并在数据分类分级基础上建立数据存储安全制度，包括存储介质及逻辑存储管理、存储系统结构设计、介质保存环境、数据备份与恢复等各项制度，制定差异化的数据存储方案并及时更新，提供满足数据存储安全要求的安全管理技术方案，定期对支撑数据存储安全的技术工具进行安全测试并持续优化。负责数据存储管理的人员须熟悉数据存储结构，具备根据技术发展、实践案例、合规要求变化调整数据存储方案的能力。

**数据使用**：在数据分类分级基础上，明确各业务场景数据使用范围和权限、合规要求、使用安全防护要求和数据使用限制等各项制度并及时更新。明确数据使用权限审批流程，对数据源、数据使用场景、数据使用范围、数据使用逻辑进行审核以开放相应权限。对使用数据输出的业务结果进行安全审查，避免业务结果包含不必要的敏感数据。定期对支撑数据使用安全的技术工具进行安全测试并持续优化，并提供满足数据使用安全要求的安全管理技术方案。使用数据的人员须基于业务场景和合规要求对数据使用过程中所可能引发的安全风险进行有效的评估，并能够针对各业务场景提出有效的解决方案。

**数据对外提供**：在数据分类分级基础上，明确各业务场景中数据对外提供的范围、目的、方式、安全管理措施等各项制度并及时更新。明确向境外提供数据的安全管理规范，对外部数据接收者进行评估，以确保其具备足够的数据保护能力，并与其签订协议，明确数据使用方式、数据留存时间、数据安全保护责任及保密义务。在数据对外提供后，对外部数据接收者的数据处理行为进行监督，提供满足数据对外提供安全要求的安全管理技术方案，定期对支撑对外提供数据的安全的技术工具进行安全测试并持续优化。负责数据对外提供的人员须充分了解数据对外提供制度，能够对数据接收者的安全保护能力进行评估，以采取合理的数据对外提供方案。

**数据删除**：在数据分类分级的基础上，建立数据删除、存储介质销毁、对外提供数据删除及介质销毁等各项制度并及时更新。建立数据删除、存储介质销毁流程和审批机制，对审批和销毁过程进行完整记录。提供满足数据删除要求的安全管理技术方案，定期对支撑数据删除的技术工具进行安全测试并持续优化。负责数据删除的人员熟悉数据删除的相关合规要点，能够根据需求使用相应的数据删除工具、介质销毁工具。

加强人员、安全管理制度建设，建立一套完善的数据安全管理制度及数据安全策略和规程，通过制度文件管控，防范数据泄露，保障公司数据安全。

4）定期安全风险评估，持续事件监测

工业企业应构建日常数据安全风险评估和事件监测机制，安全风险评估的主要范围和内容：基于数据的资产、漏洞、脆弱性、威胁情报等进行数据关联分析和感知；对业务人员、第三方运维人员等人员监测其数据访问异常行为。特别要加强进口关键控制设备、通过 VPN 从国外进行远程运维、故障预测诊断等环节数据的监测与安全风险评估。具体基于数据流转过程开展风险评估，至少需要评估以下方面：第一，资产识别，其目的是识别相应的资产价值；第二，脆弱性识别，识别资产所在的办公终端和应用系统有无脆弱性以及其脆弱性严重程度；第三，威胁识别，评估有无外部威胁导致安全事件的可能性，出现安全事件之后计算其风险值，然后判断现有的安全措施能否缓解风险，从而对风险值进行计算；最后，针对风险分析制定对应的优化安全措施或保持安全措施。对于非结构化数据，安全部门要与业务部门共同梳理数据的整个流转过程，并基于整个流转过程开展风险评估，至少需要评估以下几方面。

（1）应用系统权限访问控制、敏感数据展示安全、敏感数据下载安全管控、敏感数据操作日志记录。

（2）文档管理系统的权限控制、日志记录。

（3）打印安全管控。

(4) 邮件内部流转的安全管控。

(5) 邮件外部流转的安全管控。

持续针对工业数据生命周期开展安全风险监测,对组织现有数据安全控制措施的有效性进行识别和判断,再回归到优化改进制度及策略上,从而保障数据安全技术体系建设的稳定可靠。数据资产的安全,需要持续运营才可以保证。利用安全管理平台和基于数据的态势感知平台,从数据合规、数据资产、业务场景、数据风险等多个维度进行监测、评估分析、健康指标打分。对运营人员进行实训演练,提升人员技能水平,助力常态化运营持续有效执行。

5) 确保工业数据安全,落实技防体系

数据安全治理的技防体系相对比较复杂,所以数据安全治理的技术实施不是一蹴而就,可以分成三个阶段完成。第一阶段主要为数据资产梳理与数据资产的风险识别,针对不同级别数据,进行安全风险核查。第二阶段更加侧重数据应用的各个场景下安全能力的建设,初步实现重点场景下的数据安全全面可管、可控,并建立数据安全风险感知,完善内控安全保障,可落地的技术包括 API 敏感数据监测与防护、数据脱敏、水印溯源等,通过技术工具对重点安全场景实现全方位的保护。第三阶段全面完成数据安全建设,覆盖制度落地到数据应用的各个场景,通过数据安全风险感知的完善,实现数据安全风险全局可视,从全局视角大幅度提升对数据安全威胁的识别、理解、分析和响应的综合防护能力。

### 12.4.5 数据安全治理实践具体案例

**1. 华泰证券股份有限公司**

1) 建设思路

(1) 厘清数据安全风险,明确安全治理方向。

证券行业是产生和积累数据量最大、数据类型最丰富的领域之一,随着证券行业数字化转型、深化,证券业数据有着更加广泛的应用场景、应用范围,有着更高的应用价值。随着证券业数据的价值日益凸显,数据非法采集、数据贩卖、数据篡改、数据攻击、数据权限滥用等安全问题也层出不穷。如何更加安全地保障企业的数字化转型,降低数据安全风险,释放数据价值,成为诸多转型企业中的重点工作。面对新形势带来的安全挑战,华泰证券积极应对,从外部攻击风险、内部数据滥用风险、外部渠道数据泄露风险 3 方面,厘清当前面临的数据安全风险,梳理的风险点覆盖管理体系、制度流程、技术手段、运营机制 4 个层面。

面对上述数据安全风险,华泰证券开展了新一轮的数据安全治理工作。从完善数据安全制度管理体系、建立数据安全风险评估机制、建设分层分级的数据权限管控体系、提升数据安全风险监测和响应能力、强化外部渠道数据泄露跟踪调查能力 5 个方面着手,全方位保护公司重要数据资产以及客户信息,为公司数字化转型保驾护航。

(2) 构建数据安全治理体系,夯实数字化转型基础。

华泰证券从顶层明确公司数据安全管理战略,强化公司数据安全管理体系,以贯彻国家网络空间安全战略、满足政策合规要求、统筹全体系数据安全为目标,推进公司整体安全管控水平不断提升,为业务发展保驾护航。华泰证券以数字化转型战略为指引,以数据安全管理为保障,以技术体系为支撑,建立了覆盖数据全生命周期的企业级数据安全治理体系。

华泰证券对标国家行业标准,并结合自身数据安全战略、数据安全管理体系,建立了基于数据全生命周期的数据安全管理三层框架体系,从管控层、技术支撑层、运营层三个维度开展数据全生命周期安全管理工作。

2）治理实践

华泰证券严格按照国家《数据安全法》《个人信息保护法》等法律法规、行业规范和监管规定，落实数据安全相关工作，通过建立健全数据安全管理机制，基于“制度、组织、人员、技术”为核心的管理框架，规范数据处理活动，强化公司经营活动中相关数据处理的合法合规性，从数据安全管理体系、数据安全技术体系、数据安全运营体系等方面推进数据安全治理实践，打造了证券行业数据安全治理标杆。

（1）建立规范化的数据安全管理体系。

华泰证券从数据安全组织架构、数据安全制度体系两个方面开展数据安全治理工作，以满足监管要求以及风险管理需要。

组织架构方面，华泰证券建立了完备的数据安全组织架构体系，设立公司数据治理委员会，在经营管理层的领导下，负责统筹和领导数据安全工作；数据治理委员会下辖数据安全与个人信息保护工作小组，由信息技术部门、业务部门、合规风控部门派员参与，多部门协同推进数据安全工作，将数据安全责任落实到每个部门、每个业务、每个系统和每个员工。加强数据安全人才培养，建立起一支具备数据安全管理、数据安全建设、数据安全运营等专业安全能力的自有人才队伍。

制度体系方面，华泰证券深入研究国家关于数据安全、个人信息保护相关的法律法规和标准，结合公司实际情况，建立了公司的数据安全三层制度体系，包括顶层的公司级数据安全管理办法、围绕数据全生命周期的安全管理规范、细化的各类数据安全细则、对数据安全管理职责分工、数据全生命周期安全保护要求、个人信息保护要求、数据安全实施细则等进行了明确，实现对数据全生命周期安全防护保障以及对数据安全管理和运营的支撑。

（2）建设覆盖数据全生命周期的数据安全技术体系。

华泰证券以防范外部数据窃取、防范内部数据滥用和防范外部渠道泄露为抓手，依托数据安全可视化能力、数据安全运营能力、数据安全平台能力，构建公司数据安全三层技术体系，进一步加强数据安全保护能力，防范信息泄露。

数据安全平台能力，基于 IPDR 框架，部署各类数据安全技术手段，覆盖网络、平台、应用、终端，形成事前、事中、事后的数据安全技术能力，并通过各技术能力组合形成风险识别、安全评估、安全防御、安全监测、安全响应 5 大服务能力。

数据安全运营能力，包括数据安全管理、能力运营、策略管理、安全事件分析 4 个方面。数据安全管理方面，通过深度分析各类法律法规和标准，形成数据安全基线和风险矩阵，为能力运营、策略管理和安全事件分析提供指引。能力运营方面，基于数据安全平台能力，开展安全评估、安全监测、安全检测和应急处置。策略管理方面，根据公司数据安全态势，动态调整数据安全管控策略，保障数据安全高效流转。安全事件分析方面，对数据安全告警、数据流转记录、用户行为日志等进行分析溯源，发现数据安全风险。

数据安全可视化能力，基于数据安全平台能力和运营能力，绘制展示公司数据地图、数据流向图，依托态势感知能力展现数据安全风险态势、用户行为画像。

（3）实施精细化的数据安全运营体系。

华泰证券从风险防范、监控预警、应急处置 3 方面，构建“感知风险、看见威胁、抵御攻击”的数据安全运营体系，为公司数字化转型保驾护航。

**风险防范**，采用“基线化”+“工程化”+“技术化”理念，以法律法规、行业标准、实践指南为切入点，将数据安全评估过程嵌入业务原有生产流程并在早期介入风险管理，降低业务数据安全风险。

**监控预警**，依托数据安全技术体系，动态监控公司内部跨网、跨域、跨实体流转的数据，实时发现数据安全威胁并预警，快速溯源处置安全事件。

**应急处置**，建立数据安全事件应急响应机制，编制应急预案，开展应急演练，确保事件发生后可以快速响应，及时恢复，最大程度上减少损失，并降低事件造成的消极影响。

**2．中国联通广东省分公司**

1）建设思路

广东联通以合法合规、安全使用为驱动，强化对内对外数据安全管控，分阶段规划构建“组织、管理、技术、运营”数据安全体系并不断完善。通过对数据全生命周期的防护，实现端到端的数据安全治理。总体分为以下三个阶段建设数据安全体系。

（1）第一阶段为“基础建设”，通过规划数据安全治理体系，组建数据安全组织，建设基础数据安全能力，夯实防护体系底座基础。

（2）第二阶段为“能力升级”，通过升级数据安全一体化运营平台能力，逐步加强数据安全能力覆盖，实现基本完整的运营闭环。

（3）第三阶段为“优化运营”，通过完善数据安全运营体系，实现数据安全指标精细化运营。

在治理过程中，对内专注于规范数据使用处理全流程，落实看数用数过程中数据分类分级管控各项安全措施；以及对数据要素赋能生产，数据服务过程构建安全防护体系。对外专注于数据对外合作的安全管控以及个人隐私保护。

广东联通的数据安全治理，在组织层面，嵌入广东联通数据治理组织架构，构建了自上而下的数据安全治理组织，明确部门职责分工、对人员定责定岗；在管理方面，承接集团数据安全要求，形成 4 级管理制度体系；在技术体系方面，广东联通使用集团集约化数安能力，结合省份自建数安能力，搭建对内对外的数据安全防护体系；在安全运营层面，通过“作业本”方式跟踪数据安全任务，结合考核与激励的管理措施，逐步实现数据安全精细化运营。

2）治理实践

（1）构建数据安全治理框架。

广东联通综合业界最佳的数据安全框架，依据集团公司战略与数据战略目标，制定数据安全治理战略。在战略指导下，建立了一体化数据安全治理体系，即从数据安全组织、管理体系、技术体系到安全运营，提高广东联通数据安全管理及防护能力，使数据安全风险可感、可视、可控，保障数据安全有序流动。

（2）建立健全数据安全治理体系。

以组织架构为保障，通过建立健全数据安全管理体系、数据安全技术体系和数据安全运营体系，推动数据安全治理。

① **建立数据安全组织体系**。广东联通设置了数据治理指导委员会（办公室），统筹推进数据安全工作，下设数据安全专项组，由管理组、业务组、对外合作组、技术组、隐私保护安全合规组、监督组 6 个小组构成，合力推动数据安全全面落地。

② **完善数据安全管理体系**。广东联通依据国家、行业主管部门的数据安全相关法律法规与标准规范及联通集团相关数据安全要求，逐步构建 4 级数据安全制度体系，覆盖了数据全生命周期及数据分类分级、基础安全等各方面要求。

③ **健全数据安全技术体系**。广东联通数据安全技术体系以数据识别、数据加密、数据脱

敏、接口安全、数据防泄露、操作审计、数据销毁、数据溯源 8 个安全能力为基础，围绕数据全生命周期安全需求，在集团能力基础上构建省分集约化数据安全能力，实现数据安全立体化防护。同时，积极研究并逐步推动建立隐私计算平台，探索个人隐私数据对外协同数据处理时合规防护，确保用户隐私数据安全。

④ **完善数据安全运营体系**。广东联通以安全合规需求为驱动，组建 SOC，构建了围绕数据感知、风险感知、安全合规、事件管理 4 个方面的运营体系，制定了安全实施、安全意识、数据保护、安全事件、敏感数据扩散 5 项运营指标，运用恰当的安全技术和管理手段，整合人、技术、流程，持续降低数据安全风险。依据运营指标结果，广东联通不断优化总结运营内容，提升数据安全运营能力，为数据持续性提供安全防护。

# 小结

本章首先讲解了数据安全治理概念、目标；然后介绍了数据安全治理的体系架构与方法，包括数据全面管理的收集、存储、处理、传输和销毁等各个环节；最后介绍了数据安全治理的相关实践，包括数据安全治理的思路和在医疗、政务、工业等不同领域的具体实践案例。通过本章的学习，读者可以了解数据安全治理的方法、思路，为数据安全治理实践工作奠定基础。

# 习题

在线测试

## 一、单项选择题

1.《数据安全法》从哪个角度为执行者设定了合规的要求？（　　）

A. 信息保护角度　　B. 数据保护角度

C. 信息安全角度　　D. 数据与安全的角度

2. 以下哪项属于《数据安全法》出台的目的？（　　）

A. 规范数据处理活动，保障数据安全，促进数据开发利用，保护个人、组织的合法权益，维护国家主权、安全和发展利益

B. 维护数据安全，应当坚持总体国家安全观，建立健全数据安全治理体系，提高数据安全保障能力

C. 在中华人民共和国境外开展数据处理活动，损害中华人民共和国国家安全、公共利益或者公民、组织合法权益的，依法追究法律责任

D. 开展数据处理活动，应当遵守法律、法规，尊重社会公德和伦理，遵守商业道德和职业道德，诚实守信，履行数据安全保护义务，承担社会责任，不得危害国家安全、公共利益，不得损害个人、组织的合法权益

3. 数据安全治理可以分为“数据安全”与“治理”两部分，其中，“数据安全”是（　　），“治理”是（　　）。

A. 目标 手段　　B. 手段 目标　　C. 方法 内容　　D. 内容 方法

4. 资产所承载的信息具有（　　）。

A. 机密性　　B. 完整性　　C. 可用性　　D. 以上都有

5. 数据安全的目标有（　　）。

A. 安全合规　　B. 数据发展与安全

C. 个人信息合理利用与保护　　D. 促进数据开放利用
E. 以上都有

6. 在数据安全治理体系之间，(　　)作为治理基石。
A. 数据　　B. 数据分类分级
C. 数据安全管理体系　　D. 数据安全技术体系

7. 将数据安全治理流程按正确顺序排序(　　)。
(1) 梳理数据资产　(2) 策略制定　(3) 过程控制　(4) 建立组织机构
A. (1)(2)(3)(4)　B. (4)(1)(2)(3)　C. (4)(3)(1)(2)　D. (1)(2)(4)(3)

8. 数据安全实践思路包括以下(　　)部分。
A. 数据安全规划　　B. 数据安全建设
C. 数据安全运营　　D. 数据安全评估优化
E. 以上都有

9. 在数据安全治理实践思路中的数据规划中需要从以下(　　)方面进行论证分析。
A. 可行性分析　B. 安全性分析　C. 可持续性分析　D. 以上都有

10. 在数据安全运营阶段需要从以下(　　)方面进行监控预警。
A. 态势监控　B. 日常审计　C. 专项审计　D. 以上都有

**二、判断题**

1. 在数据安全治理中，数据安全可理解为手段。(　　)
2. 数据安全治理只涉及公共部门，不涉及私人部门。(　　)
3. 合规保障是数据安全治理的底线要求。(　　)
4. 组织构建是数据安全治理建设的首要任务。(　　)
5. 数据安全治理只是一套规则条例。(　　)

**三、简答题**

1. 简述数据安全治理与传统安全概念的差异。
2. 简述数据安全治理的概念。
3. 数据安全治理可分为哪两个部分？它们之间的关系是什么？
4. 试列举数据安全治理的目标。
5. 简述数据安全体系之间的联系。
6. 本书提出的数据安全治理总体框架主要分为哪三层？简述各层结构。
7. 简述数据安全治理的一般步骤。
8. 简述数据安全治理实践的一般思路。
9. 基于数据全生命周期的场景划分为哪几部分？
10. 日常审计中主要针对哪些项目？

# 第13章 数据安全能力与典型产品介绍

本章学习目标

- 了解数据安全能力与典型产品。

本章主要介绍了与数据安全能力相关的典型产品。

## 13.1 数据库加密产品

**数据库加密产品**具备多项功能和能力。它可以满足合规要求，采用国家密码局认证备案的加密设备，支持SM4对称算法，符合网络安全法等法规对核心业务数据加密的要求。产品能够预防内部高权限用户泄密，通过独立的权限控制机制，确保未授权用户无法访问敏感数据，同时保障DBA的日常运维操作。产品还能有效预防存储层明文泄密，通过对敏感数据的加密存储，即使数据文件被外部黑客获取，也无法解读其中的内容，从而保护数据的安全性。最重要的是，产品具备自主可控的安全性，采用国家认证的加密设备和独立的密钥管理体系，保障了数据的安全性和可控性，即使在数据库被攻击或泄露的情况下，数据依然安全可靠。

此产品的优势主要体现在3方面。首先是透明数据加密，对应用和工具完全透明，无须改造，支持国家密码管理机构认定的加密算法和国际主流加密算法，同时可以按照表和表空间的粒度提供加密配置，确保敏感数据以密文形式存储。其次是高效数据检索，即使数据加密后，依然能够对密文数据提供索引能力，保持数据库的高效访问能力，通过密文索引技术实现对密文数据的索引查询。最后是增强的访问控制，引入了数据安全管理员角色，与数据库管理员相互独立，共同实现对敏感字段的强存取控制，实现权责一致，同时提供了对普通字段的一般性访问权限控制。产品还通过与数据库的数据集成存储、RAC支持、双机热备等技术，提供了高可用性和易维护性，保障了加密产品在异常故障处理和数据安全方面的可靠性。

数据库加密系统部署主要分为以下两项工作。

(1) DES安全服务器：主要负责加密策略配置、密钥管理等。支持主从模式。

(2) DES安全代理(TDE扩展插件)：部署完成后，数据库服务会具备数据加密和解密、增强的权限控制等能力。

通常情况下，在部署安全代理的过程中需要重启数据库服务，会导致数据库暂停对外服务。

## 13.2　动态数据脱敏系统

**动态数据脱敏产品**是一款无须改造应用和数据库即可实现数据动态脱敏的高效解决方案。该产品采用先进的技术手段，能够根据访问行为动态调整脱敏策略，保障敏感数据的安全性与可用性。其丰富的脱敏算法和灵活的设置方式，确保了对敏感数据的高效保护，同时满足了网络安全法及相关规定的合规要求。通过自动发现敏感数据和高准确性的脱敏方法，有效降低了人工操作的疏漏风险，提升了数据处理的效率和准确性。此外，产品还具备高性能和高可用性，通过完备的容灾管理机制，保障了业务系统的连续性和稳定性。

通过 SQL 代理技术，动态数据脱敏工具在数据库通信协议层面实现了完全透明、实时的敏感数据掩码能力；在不改变相应的业务系统逻辑的前提下，保证脱敏后的数据保留原数据的特征和分布；对敏感数据进行遮蔽处理，既不影响正常的运维工作，又能够保证数据安全；广泛适用于银行、证券、保险等金融机构，在政府部门、涉密单位也有很好的适用场景。

动态数据脱敏采用代理接入部署模式与半透明网桥部署模式。

**代理接入部署模式**：将数据脱敏系统并联接入网络，客户端逻辑连接脱敏系统设备的 IP 地址，数据库脱敏系统设备转发流量到数据库服务器。

**半透明网桥部署模式**：将数据脱敏系统物理串联接入网络，所有用户访问的网络流量均串联流经该设备。通过半透明网桥技术，客户端看到的数据库服务的 IP 地址不变。

## 13.3　静态数据脱敏系统

**静态数据脱敏产品**是一款全面满足等保合规需求的高效数据保护解决方案，如图 13.1 所示。通过内置的自动发现算法，能够智能识别系统中的敏感数据，包括个人信息、银行账户等，实现对数据的全面保护。无论是同构还是异构数据库，产品都能够轻松应对，确保数据的有效性和可用性。其内置丰富的脱敏算法，支持多种高效脱敏方式，如同义替换、部分数据遮蔽等，能够灵活适配不同的数据需求和场景。同时，产品提供简单易用的设置和管理功能，让用户能够轻松完成脱敏任务的设计和执行。高性能的脱敏引擎确保了脱敏速度的高效和稳定，同时全方位的敏感数据管理机制提供了对数据的全面管理和监控。

**静态数据库脱敏系统**主要包括敏感数据发现、数据抽取、数据脱敏、数据输出的主流程功能，同时包括数据源管理、脱敏任务管理、算法配置关联、用户权限管理等主要功能。

静态数据脱敏采用单服务器部署模式和成对服务器部署模式，满足用户不同的部署需求场景。

**单服务器部署模式**：将连接业务部门的生产数据库，对生产数据进行抽取和数据脱敏，脱敏后的数据输出到测试部门的测试数据库中，供测试部门使用。

**成对服务器部署模式**：在业务部门数据出口及测试部门数据入口分别部署脱敏服务器，可将业务部门的数据进行有效隔离，通过离线方式，满足测试部门使用业务部门脱敏后数据的需求。

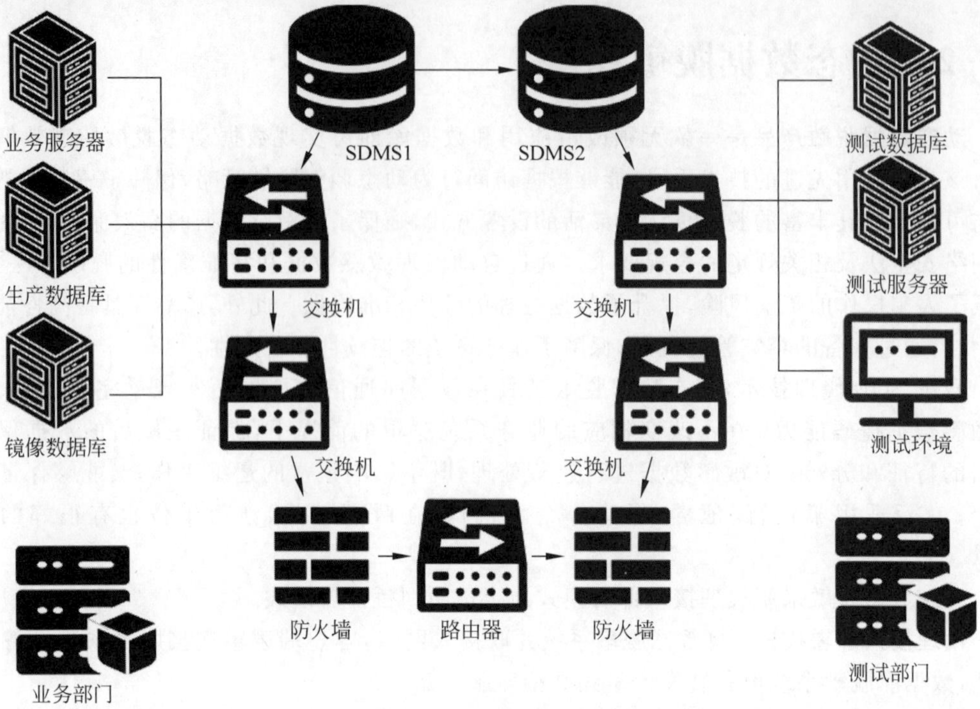


图 13.1　数据脱敏部署

## 13.4　数据安全中心

**数据安全中心(Data Security Center,DSC)**,在满足等保 2.0"安全审计"及"个人信息保护"的合规要求的基础上,提供了敏感数据识别、数据安全审计、数据脱敏、智能异常检测等数据安全能力,形成一体化的数据安全解决方案。敏感数据主要包括客户资料、技术资料、个人信息等高价值数据,这些数据以不同形式存在于个人的资产中。敏感数据的泄露会给企业带来严重的经济和品牌损失。DSC 可根据预先定义的敏感数据关键字段,扫描 MaxCompute、OSS、阿里云数据库服务(RDS、PolarDB-X、PolarDB、OceanBase、表格存储)、自建数据库等数据库中的数据,通过敏感数据规则中的命中次数来判断是否属于敏感数据。

**数据库安全中心**是一款功能强大的数据安全解决方案,具备全面的数据管理、安全审计、风险监控和合规管理功能。它支持自动接入阿里云上的各种数据资产,提供灵活的数据分类分级、安全基线检查、数据审计和脱敏等功能,帮助企业实时监控数据安全状态,识别和防范各种安全威胁,满足合规要求,保障敏感数据的安全使用。

**数据安全中心**是一个用于保护云端数据安全的服务,用户首先需要开通并使用相关的对象存储服务(OBS)或关系数据库服务(RDS),确保有数据可供扫描。然后,在数据安全中心控制台上,用户可以查看文件风险概况和详情,并配置敏感数据识别规则。数据安全中心会自动检测用户的云上授权资产,并对其进行风险评估。用户可以针对检测出的敏感数据进行处理或脱敏,并设置异常事件的告警通知,以保障数据安全,如图 13.2 所示。

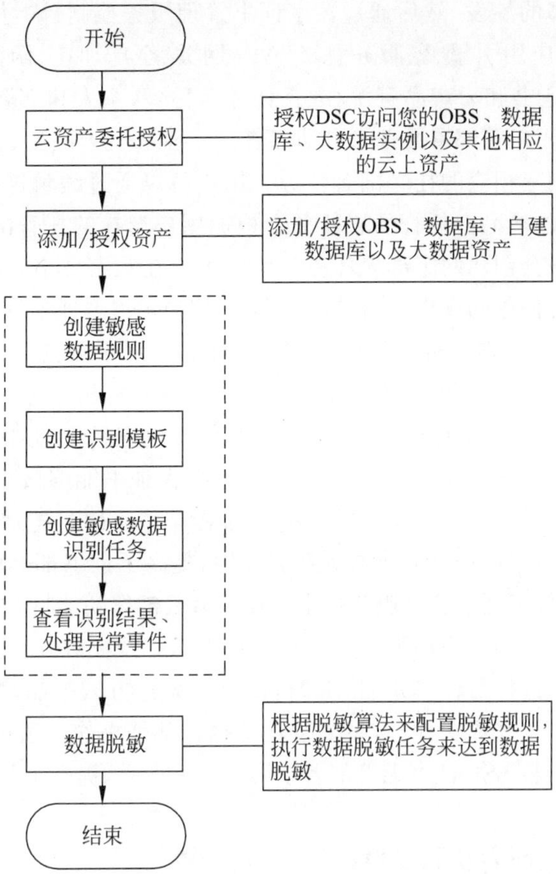


图 13.2　数据安全中心使用流程

## 13.5　数字证书管理服务

**数字证书管理服务**是阿里云平台上提供的一体化数字证书解决方案，与多家数字证书颁发机构合作，为用户提供全生命周期的证书管理服务。该服务通过深度集成阿里云产品，支持用户快速获取多种类型的 SSL 证书，并提供一键部署到云产品中的便捷功能，助力用户以较低成本实现网站和移动应用的 HTTPS 加密传输，确保数据的安全性。此外，数字证书管理服务不仅支持购买、申请、部署证书等基本功能，还提供托管服务、网站代理 HTTPS 等扩展功能，以及丰富的 API 和私有 CA 服务，满足了用户在安全证书管理方面的多样化需求。

除了提供基本的证书管理功能外，数字证书管理服务还具备多项优势和能力。首先，通过与知名数字证书颁发机构合作，保证证书的可信度和加密强度，确保网站用户的数据安全。其次，支持多种证书类型的选择，包括 OV、EV、DV 等，覆盖了不同应用场景的需求。另外，该服务快速签发 SSL 证书，无须切换到不同的 CA 系统，简化了证书的申请和签发流程，节省了用户的时间成本。此外，数字证书管理服务还提供证书托管服务、私有 CA 服务等高级功能，帮助用户实现证书的自动更新和部署，降低了证书管理的运维成本。通过这些功能和能力，数字证书管理服务为用户提供了便捷、高效、安全的数字证书解决方案。

此产品有多种部署方式，分别是**云产品部署**、**托管部署**、**云服务器部署**和**多云部署**。

(1) **云产品部署**。使用数字证书管理服务控制台部署 SSL 证书到不同的产品上。首先，用户需要完成 SSL 证书的签发,然后通过数字证书管理服务控制台上传证书。部署 SSL 证书的产品包括 Serverless 应用引擎、微服务引擎、API 网关、全球加速、函数计算等。用户需要创建证书部署任务,选择证书和云产品资源,配置任务名称、联系人和部署时间,并提交任务。

(2) 托管部署。使用**托管部署服务**来自动部署 SSL 证书到产品上。用户在申请证书时选择了托管服务后,会自动创建相应的托管部署任务。用户可以通过编辑这些任务来设置证书的自动部署时间或修改部署的产品。托管部署任务会根据用户选择的托管次数创建对应的任务,例如,选择三年的托管服务会创建两个部署任务。用户可以在数字证书管理服务控制台中进行编辑、删除和查看托管部署任务的操作。通过这些操作,用户可以方便地管理 SSL 证书的部署。

(3) 云服务器部署。部署 SSL 证书到**云服务器**上。用户需要先完成 SSL 证书的签发。然后,用户可以通过数字证书管理服务控制台创建云服务器部署任务。在任务创建过程中,用户需要选择目标 SSL 证书和云服务器,并设置部署任务的名称和证书类型。接着,用户需要配置证书路径、私钥路径、证书链路径以及重启命令,确保证书能够被正确部署到云服务器上。最后,用户确认配置并提交任务,系统会自动执行部署操作。通过这些步骤,用户可以将 SSL 证书无缝集成到云服务器 Web 应用证书更新流程中,提高了证书部署的效率和准确性。

(4) 多云部署。在数字证书管理服务控制台使用**多云部署**功能将 SSL 证书部署至第三方云产品。首先,用户需要在控制台添加第三方云账号的 AK,并授权对应的权限策略。接着,在多云部署页面创建部署任务,选择目标 SSL 证书和待部署的第三方云产品,配置任务名称、AK 以及部署时间。最后,确认配置并提交任务,系统会自动执行部署操作。通过这些步骤,用户可以简化证书迁移及配置流程,将 SSL 证书无缝部署至第三方云产品,提高了部署的效率和准确性。

## 13.6 STS 临时访问权限管理服务

**STS(Security Token Service)**是一种临时访问权限管理服务。RAM 提供 RAM 用户和 RAM 角色两种身份。其中,RAM 角色不具备永久身份凭证,而只能通过 STS 获取可以自定义时效和访问权限的临时身份凭证,即安全令牌(STS Token)。通过 RAM 用户调用 AssumeRole 接口或进行角色 SSO,可以获取具有自定义时效和访问权限的 STS Token,以实现对资源的临时访问。STS Token 的获取方式主要有两种:一是使用 RAM 用户调用 AssumeRole 接口获取,适用于跨账号访问和临时授权场景;二是在角色 SSO 过程中通过调用 AssumeRoleWithSAML 或 AssumeRoleWithOIDC 接口获取,用于实现单点登录(SSO 登录)。STS Token 具有时效性,有效期可以自定义,到期后将自动失效,从而减少长期访问密钥泄露的风险,并提供更加灵活和精细的云资源授权。通过 STS,用户可以更加安全地管理访问权限,有效降低信息安全风险,同时提高资源访问的灵活性和精细度。

STS 是一种云安全服务,用于为 RAM 用户(或其他云账号)颁发临时的安全令牌,以便在一定时间内访问资源,从而实现安全授权和身份验证的目的。STS 的使用场景包括但不限于以下几种。

**临时授权**:用户可以使用 STS 为 RAM 用户颁发临时的安全令牌,以控制 RAM 用户对资源的访问权限和有效期限,从而实现更安全和灵活的授权管理。

**跨账号访问**:用户可以使用 STS 跨账号访问资源,例如,在不同的账号之间共享资源或进行数据交换等操作。

**安全联合认证**:用户可以使用 STS 作为身份提供方,与其他云厂商或企业的身份验证系统进行联合认证，实现安全互通和数据共享。

如何使用STS，可以参考以下步骤。

在控制台创建RAM用户，并为该用户授予相应的访问权限。

在RAM用户的访问控制策略中，添加STS访问权限，如AliyunSTSAssumeRoleAccess权限。

使用STS SDK或API，向STS服务请求临时的安全令牌，并使用该令牌访问阿里云资源。

以下是使用阿里云STS SDK获取临时安全令牌的示例代码(使用Java SDK)。

```
//创建STS客户端实例
DefaultProfile profile = DefaultProfile.getProfile("cn-hangzhou", "accessKeyId",
"accessKeySecret");
IAcsClient client = new DefaultAcsClient(profile);
//创建获取临时安全令牌的请求
AssumeRoleRequest request = new AssumeRoleRequest();
request.setRoleArn("acs:ram::1234567890123456:role/aliyunrpa-role");
request.setRoleSessionName("aliyunrpa-session");
request.setDurationSeconds(3600);
//发送请求并获取临时安全令牌
AssumeRoleResponse response = client.getAcsResponse(request);
String accessKeyId = response.getCredentials().getAccessKeyId();
String accessKeySecret = response.getCredentials().getAccessKeySecret();
String securityToken = response.getCredentials().getSecurityToken();
//使用临时安全令牌访问相关资源…
```

在这段代码中，使用Java SDK创建了一个STS客户端实例，并使用AssumeRoleRequest请求获取临时的安全令牌。获取到的临时令牌包括AccessKeyId、AccessKeySecret和SecurityToken等信息，可以使用这些信息访问资源。

总的来说，STS是一种强大的云安全服务，可以帮助用户实现更灵活、安全和高效的授权管理和身份验证。

## 13.7 访问控制

**访问控制(Resource Access Management,RAM)**服务提供了全面的功能和强大的能力。用户可以通过RAM实现集中式访问控制，包括集中管理每个RAM用户及其登录凭证，并为其绑定多因素认证设备以提升账户安全性。此外，RAM还支持集中控制RAM用户的访问权限，包括对资源的操作权限和访问方式的控制，确保RAM用户在指定的时间和网络环境下，通过安全信道访问特定的资源。同时，RAM还允许外部身份集成，包括单点登录SSO、钉钉账号集成和SCIM用户同步，以便企业与商家进行用户身份的整合和管理。

RAM具备精细多元的权限设置能力，用户可以根据实际需求，灵活配置系统权限策略或自定义权限策略，实现对资源的精细化控制。权限的控制粒度非常细致，支持在资源级和操作级向RAM用户、用户组和角色授予访问权限，并且可以根据请求源IP地址、日期时间、资源标签等条件属性创建更精细的资源访问控制策略。此外，RAM提供了云SSO功能，实现了多账号统一身份权限管理，让用户能够一次性统一配置，完成对多个阿里云账号的身份管理、单点登录和权限配置。通过这些功能和能力，RAM帮助用户降低信息安全风险，提高资源访问的安全性和灵活性。

账号(主账号)对账号中的资源具有完全管理权限，且无法进行条件限制(例如，访问来源IP地址、访问时间等)，多人共用时也无法在审计日志中区分出具体使用人，一旦泄露风险极大，强烈建议不要使用账号(主账号)进行日常运维管理。可以在RAM中创建一个RAM用户，授予AdministratorAccess权限，充当账号管理员，该管理员可以对账号下所有云资源进行管控操作。之后可以通过该管理员创建多个 RAM 用户，进行分权管理。用户可以使用**快速配置或手动配置方式**创建账号管理员。

（1）**快速配置**。创建 RAM 用户，先登录到 RAM 控制台，然后单击“身份管理”→“用户”，再单击“创建用户”，填写用户基本信息和访问方式参数，如登录名称、显示名称、访问方式（如控制台访问或 OpenAPI 调用访问），设置登录密码或生成 AccessKey，并完成安全验证。创建完成后，需为 RAM 用户添加权限，使其能够访问云资源。

（2）**手动配置方式**。在 RAM 控制台，先创建 RAM 用户，设置登录名称、显示名称以及访问方式，如控制台登录密码和多因素认证策略。然后为该 RAM 用户添加权限，选择授权应用范围、授权主体和权限策略，如系统策略 AdministratorAccess。最后，使用新创建的 RAM 用户登录控制台，输入 RAM 用户名和密码，完成登录，如有开启多因素认证，则需输入验证码。

在创建 RAM 用户并授权的步骤中，首先使用主账号登录 RAM 控制台，在概览页面选择快速开始，然后单击账号管理员场景，在此查看或修改账号管理员配置信息，系统默认启用控制台访问方式并绑定 AdministratorAccess 系统策略，具备管理所有资源的权限，执行配置后等待完成并保存 RAM 用户名和登录密码。随后，使用新创建的 RAM 用户登录控制台，输入 RAM 用户名和密码登录，若开启了多因素认证则需进一步验证。

## 13.8 数据水印系统

**数据水印系统（DWS）**是一款将水印标记嵌入原始数据中，数据进行分发后能实现泄露数据溯源的产品，具有高隐蔽性、高易用性、高管理融合性等特点。本产品通过系统外发数据行为流程化管理，具有对数据外发行为事前数据发现梳理、申请审批、事中添加数据标记、自动生成水印、事后文件加密、外发行为审计、数据源追溯等功能，避免了内部人员外发数据泄露无法对事件追溯，提高了数据传递的安全性和可追溯能力。

系统通过智能自动发现功能辅助用户发现敏感数据完成外发数据梳理；通过对原数据添加伪行、伪列等方式进行水印处理，保证分发数据正常使用。水印数据具有高可用性、高透明无感、高隐蔽性不易被外部发现破解。一旦信息泄露第一时间从泄露的数据中提取水印标识，通过读取水印标识，追溯数据流转过程，精准定位泄露单位及责任人，实现数据溯源追责。水印使用流程如图 13.3 所示。

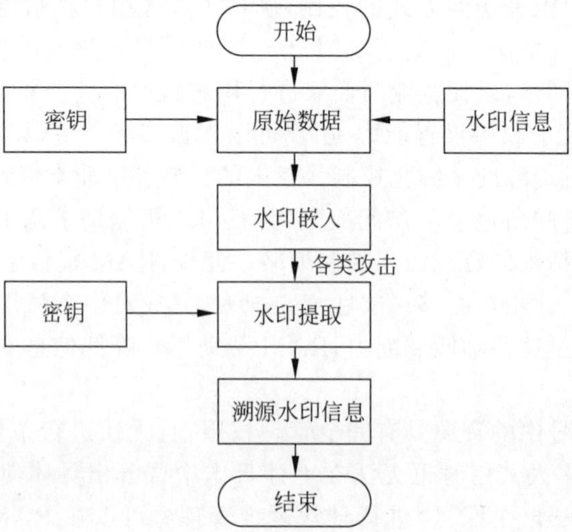


图 13.3　水印使用流程

## 13.9　备份一体机

**备份一体机**是一款主要针对数据的存放进行相应备份保护的软硬件一体化产品，为数据提供完整的存储、备份、容灾综合解决方案。产品支持备份各类服务器数据，包括操作系统、文件、数据库、虚拟化平台等。根据型号的不同，备份一体机能为用户核心数据提供天级、小时级或者秒级的安全备份保护。该产品优势包括傻瓜式集中管控，通过基于B/S架构的Web操作管理界面实现资源状态监控和多种备份任务配置方式，维护简便；支持远程异地备份，提供智能压缩、加密、重复数据删除和断点续传等功能，实现多台设备全局集中控制管理；CDP持续数据保护可实时监控被保护磁盘，毫秒级细颗粒度I/O抓捕，实现RPO约等于0；利用快照技术实现已备份数据任意历史时间点回退，快速恢复数据，解决客户逻辑错误风险。

### 1. 备份保护场景

如图13.4所示，这种备份一体机的部署方式允许在不改变用户原有系统结构的情况下，将其旁路接入LAN或SAN网络中。一旦用户数据丢失或被篡改，可以利用该系统实现快速恢复。相较于传统备份方式的周期循环备份，此系统采用永久增量备份，有效解决备份窗口问题。此外，它全面支持主流操作系统、数据库和虚拟化平台的备份保护，确保对各种数据类型的全面覆盖。通过快照技术实现无限历史点留存，可迅速恢复到篡改前的时间点数据，有效防护数据篡改。而通过挂载恢复功能，用户可在分钟级内快速挂载数据，解决紧急数据丢失的问题，提供了全面而高效的数据保护和恢复解决方案。

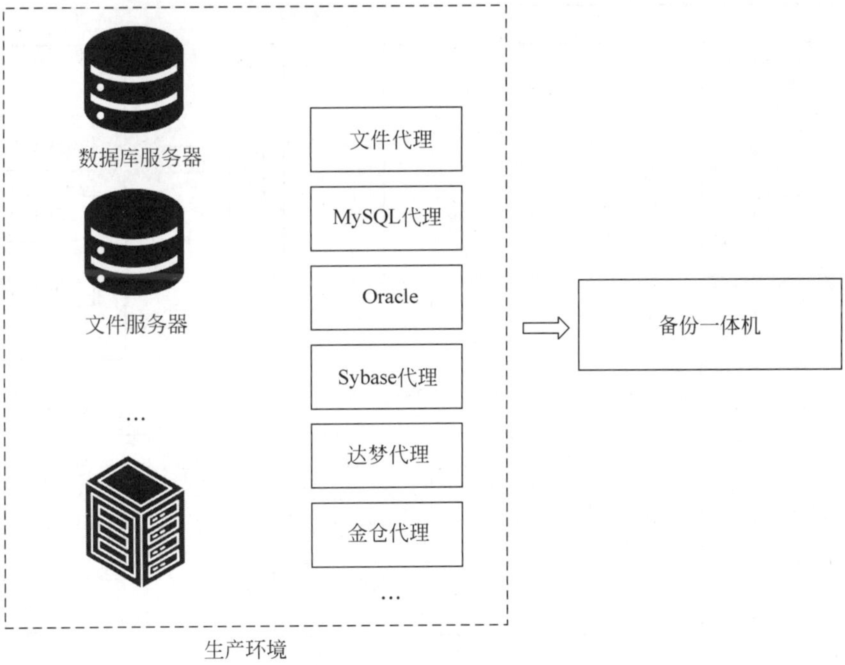


图13.4　备份保护场景

### 2. 容灾保护场景

在不改变用户原有系统结构的情况下，容灾一体机可以旁路接入LAN或SAN网络中。一旦用户数据丢失，该系统可实现快速恢复；当业务系统宕机时，也能通过该系统实现业务接管。其采用CDP实时备份保护和细颗粒度备份保护，确保数据安全可靠，用户无须担忧。此外，该系统全面支持主流操作系统、数据库和虚拟化平台的备份保护，为各种环境提供全面覆盖。同时，用户可根据需求自行选择时间点进行仿真演练，事后生成完整演练报告，以便排除安全隐患。这一方案保障了业务的高可用性，实现了任意时间点业务系统中断的快速应急接管，为用户提供了安全可靠的容灾解决方案。

## 13.10 数据库安全审计系统

**数据库安全审计系统**是一款功能全面的解决方案，提供实时监控和告警功能，以及精确的审计和追溯能力，帮助用户及时采取安全措施，预防各种安全风险。系统能够针对内外部的异常登录、高危操作、权限变更等危险行为进行实时监控告警，同时通过协议分析、完全 SQL 解析等技术确保审计的精确性和可靠性。其界面简单易用，提供 SQL 语句翻译能力，使非技术人员也能快速了解数据库访问情况。满足政策合规需求，建立健全行为分析模型，提供风险预警，帮助客户构建数据安全管理规范和制度。支持四十余种数据库类型，包括国际主流数据库、国产数据库、非关系型数据库等，覆盖全面。通过全捕获数据库访问流量和详细记录关键会话信息，实现全面的审计，确保信息安全尽在掌握。其提供了全面的实时监控和告警功能，以及精确的审计和追溯能力，帮助用户及时采取安全措施，防范各种安全风险。数据安全审计系统框架如图 13.5 所示。

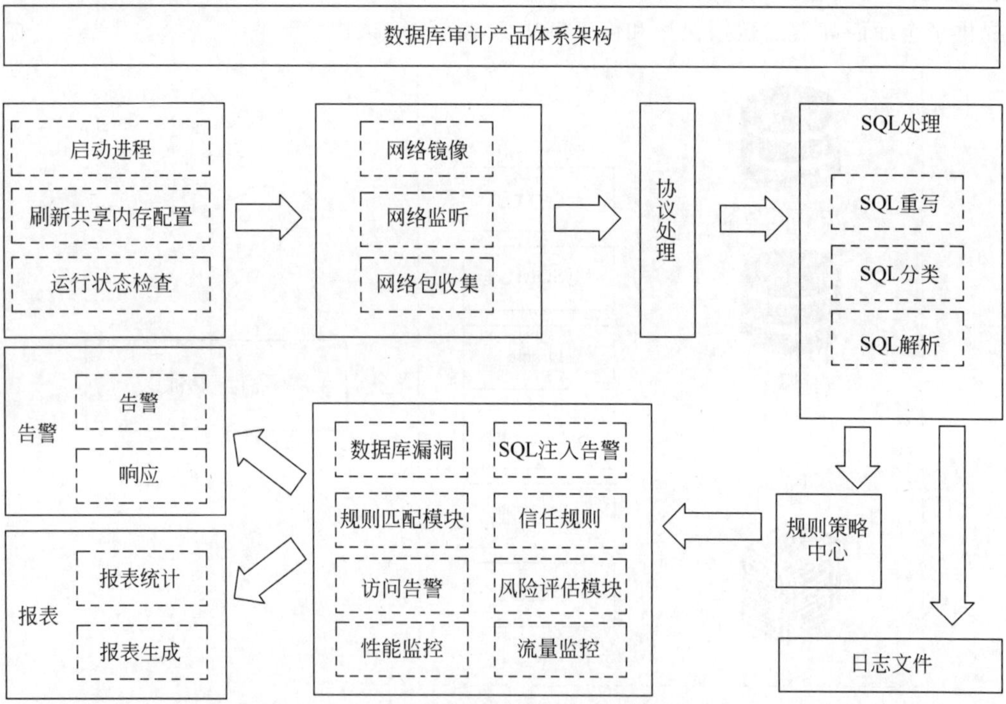


图 13.5 数据安全审计系统框架

**数据库安全审计系统部署方式**主要分为旁路审计、虚拟化审计、本地审计三种。

**1. 旁路审计部署方式**

在无须插件植入数据库的前提下，实现数据库通信流量的全量解析和审计。旁路模式下系统并不直接接入数据库网络，而是将网络流量镜像传输给审计系统，系统通过网络监听口捕获镜像流量完成审计。

**2. 虚拟化审计部署方式**

虚拟环境部署，可适用于主流私有云环境（如青云、华为云、阿里云、腾讯云等），可以支持虚拟机环境部署（如 VMware、KVM 等）。系统可基于 CentOS 操作系统解压安装，可基于以下两种方式进行实时数据采集。

1）虚拟交换机引流

适用于数据库和应用在同一虚拟化环境下，依赖虚拟交换机（VSwitch）进行流量镜像，网络配置方式类似于物理机设备的“旁路镜像”。

2）Rmagent 插件部署

虚拟环境中，虽然支持 VSwitch（虚拟交换机）功能，实现在虚拟环境下的数据镜像，但在实施过程中往往受到环境影响无法完成数据引流。为了适应虚拟环境下的灵活部署，产品可基于 rmagent 插件部署于数据库服务器从而完成数据采集。

其思路是：在被审计的机器上安装 rmagent 插件，可以从网卡上进行抓包，然后通过 TCP 连接，把此网络包发送给审计设备。审计系统提供接口和 rms 程序用于接收 rmagent 传输的数据包，接收后传输到数据区进行协议解析并形成常规的审计。rmagent 具备良好的兼容性，可适用于 CentOS、Red Hat、Solaris、AIX 等主流操作系统。

**3. 本地审计部署方式**

数据库的本地操作行为包括 TCP 式协议访问、客户端工具直连访问。系统通过部署 rmagent 组件可以利用 npcap 抓取本地“回环口”流量，并将采集到的数据库本地通信信息，通过内部网络传递给审计设备完成本地流量解析。

数据库客户端工具（如 SQLPlus）部署于数据库服务器，可以直连数据库 Server 进行操作，此类信息无法通过回环口抓包获取。系统通过向客户端工具植入插件的方式，获取操作日志，并传递给 rmagent 完成信息采集，从而实现全量的数据库本地行为记录。

## 13.11 应用安全审计系统

**应用安全审计系统**（Application Security Audit System，AAS）是一款基于网络流量通信协议分析和解析技术的数据安全产品，具有应用接口自动发现、敏感数据识别、应用账号发现、流式计算引擎及高速匹配引擎等核心技术。可帮助用户全面掌握敏感数据使用状况，及时防控敏感数据行为风险，针对数据泄露事件进行有效溯源，快速梳理业务应用及接口资产。该产品在政府、金融、能源等领域有着良好的应用场景。应用安全审计系统部署框架如图 13.6 所示。

**应用（API）数据安全审计产品**采用旁路和插件两种部署模式：采用**“旁路侦听”**的部署模式，部署在核心交换机中，通过端口镜像方式捕获数据流量，系统利用 Smart 审计引擎进行数据分析与告警，不改动网络拓扑、不影响业务数据、不改变使用习惯；对于部署在公有云/私有云上的应用系统，可采用**插件（Agent）的方式**从应用云主机上或者 Nginx 等代理服务器上获取网络流量，实现对应用/API 接口的解析。

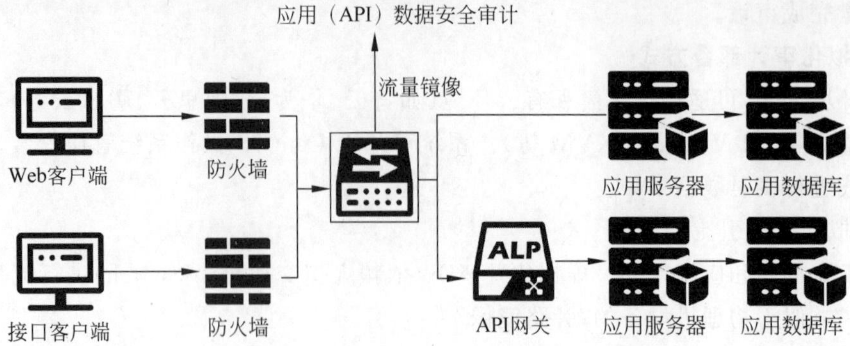


图 13.6　应用安全审计系统部署框架

## 13.12　应用合规平台

**应用合规平台**是一款提供小程序、移动 App 应用隐私合规检测的产品，基于相关法律法规、国家标准、行业标准等，对小程序、移动 App 应用进行静态、动态的技术检测(见图 13.7)，其功能包括动态沙箱检测技术和 DPI 深度报文检测技术，前者监测应用运行中的行为，后者分析应用通信传输数据，以深入检测应用的合规性。产品提供全面的合规证据链，包括检测报告和应用调用堆栈信息，以协助开发者定位和整改合规问题。针对小程序，产品支持非侵入式检测，只需要提供 App ID 即可进行检测，并支持多引擎合规检测，助力发现和解决小程序中的隐私合规问题。对于移动 App，产品根据法律法规、国家标准和行业标准，全面检测个人信息收集使用行为和用户权益保障情况，提供专业的整改建议。综合而言，应用合规平台致力于帮助企业识别和解决应用的隐私合规问题，为企业安全合规提供有力支持。

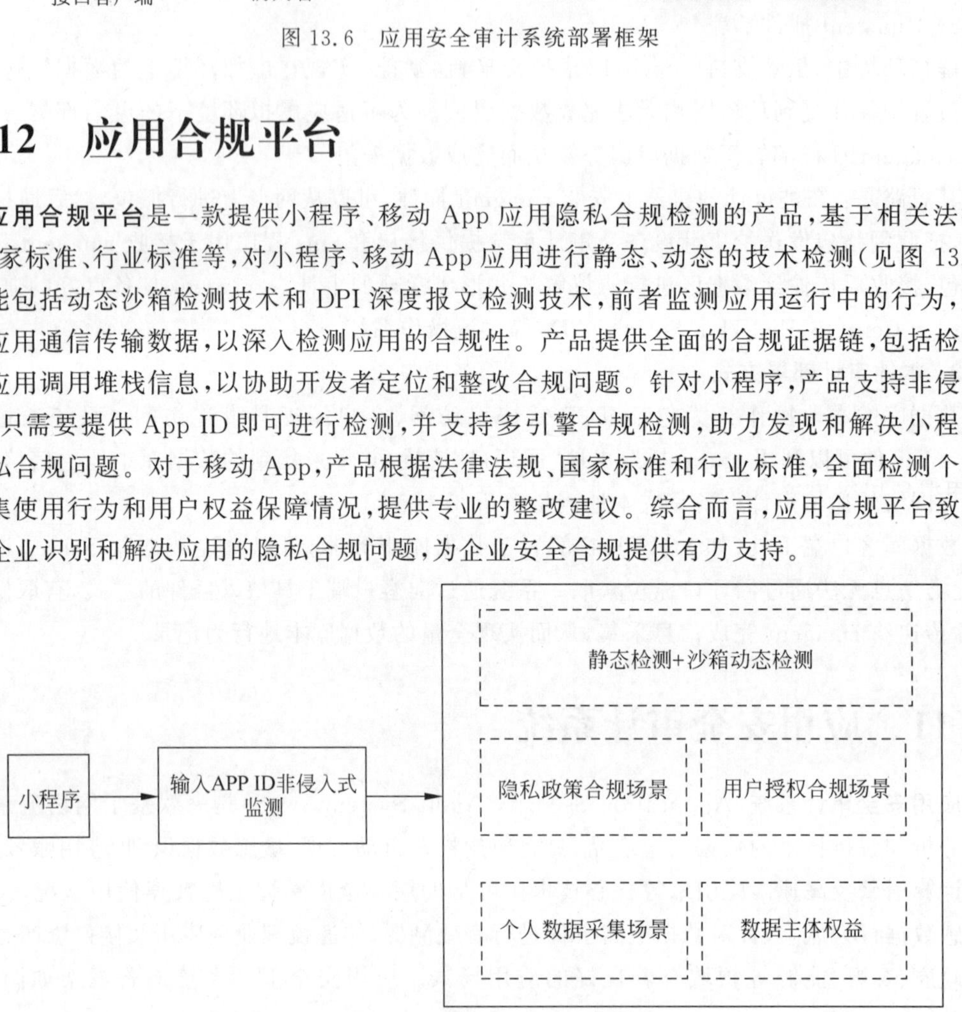


图 13.7　小程序隐私合规场景

### 1. 小程序隐私合规场景

随着互联网的进一步发展，小程序已经作为常用互联网服务的新入口，已全面渗透用户生活，成为数字化时代不可或缺的一部分，小程序在汇聚大量用户个人信息的同时也暴露一些在个人信息收集与使用方面的风险问题，隐私合规问题已经侵害着小程序使用用户的合法权益。该产品可以提供：

(1) 非侵入式检测(仅需提供 App ID 即可检测)。

(2) 多引擎合规检测支撑。

**2. 移动 App 隐私合规场景**

移动 App 隐私合规场景如图 13.8 所示。

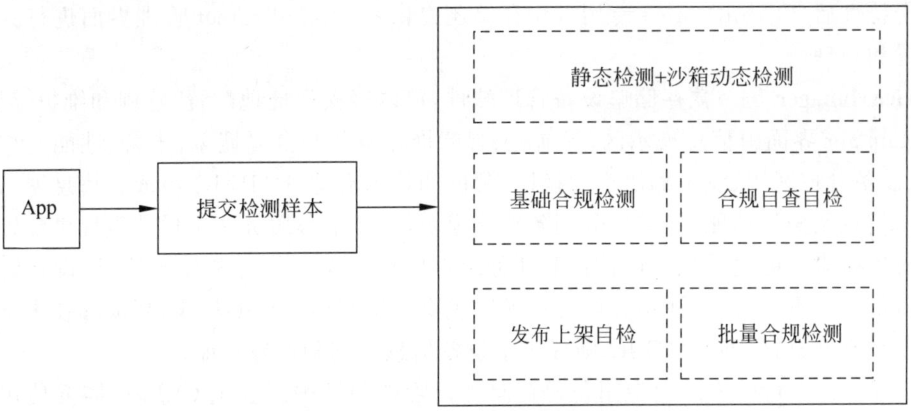


图 13.8 移动 App 隐私合规场景

根据法律法规、国家标准、行业标准等,对移动 App 收集使用个人信息行为、对用户权利保障等多个方面进行合规性检测,帮助 App 开发者、公司发现应用隐私合规问题,提供专业整改建议。该产品可以提供:

(1) 全面的法规政策场景检测能力。

(2) 静态结合动态专业隐私合规检测能力。

**申请使用应用合规服务**,前提是已经注册云账号并完成实名认证,以及购买了应用合规平台服务。先登录应用合规平台控制台,在左侧导航栏选择自动化版,然后提交应用的基本信息和隐私声明文件进行基础检测。在上传应用基本信息页面,上传 Android APK 应用并添加隐私声明文件,随后进行基础检测。检测完成后,可以在检测列表中筛选检测报告,并通过预览/下载报告获取详细的检测信息。

# 13.13 数据保护产品

**数据保护产品**提供的全面的数据保护解决方案,旨在应对不断增长的数据安全挑战。该产品围绕数据的全生命周期提供端到端的保护,包括存储防勒索解决方案、高效备份、便捷归档和全面容灾。针对勒索软件威胁,数据保护提供端到端数据加密、AIR GAP 复制技术,以及防篡改和防删除功能,保障数据的完整性和安全性。此外,产品支持高效备份,通过多流引擎和特征缩减技术实现快速备份和数据缩减,确保数据不丢失。归档功能结合蓝光存储实现数据长期保存,提供冷数据快速访问和高安全性,同时易于运维。最后,数据保护提供多种容灾方案,包括本地高可用、主备、双活和 3DC,以保障业务连续性和稳定性。综合而言,该产品具备全面的数据保护能力,可帮助企业应对复杂的数据安全挑战,确保业务不中断、数据不丢失、信息长期留存。

**数据保护**具备端到端的数据保护能力,包括存储防勒索解决方案、高效备份、便捷归档和全面容灾。针对勒索软件等威胁,提供端到端数据加密、AIR GAP 复制等防御机制,保障数据安全完整。同时,产品支持多流备份、数据缩减优化等功能,确保数据高效备份和缩减。归档方面结合蓝光存储实现长期数据保存,提供便捷访问和高安全性。最后,多种容灾方案确保业务连续性，为企业提供全方位的数据保护解决方案。

以 OceanProtect X3000 1.3.0 产品为例，OceanProtect 专用备份存储提供了 DeviceManager 和 CLI 两种操作与维护方式，以适应不同环境下、不同使用习惯的要求。购买数据备份特性后，OceanProtect 专用备份存储还提供了 OceanProtect 管理界面进行数据备份业务配置和管理。

**DeviceManager** 是一款存储单设备管理软件，可以轻松便捷地配置、管理和维护存储设备。DeviceManager 界面由信息展示区、导航栏、智能推荐服务和全局搜索、告警、性能监控和任务统计区、设备管理区域、注销和语言切换区、帮助和技术支持、DME IQ 组成。信息展示区提供相关界面信息及操作功能，导航栏分列各功能模块，智能推荐服务和全局搜索提供配置项参数推荐和对象搜索功能，告警、性能监控和任务统计区展示系统状态和任务情况，设备管理区域支持设备信息查看与修改，注销和语言切换区提供退出和语言切换功能，帮助和技术支持提供联机帮助与官网链接，而 DME IQ 则提供了设备信息查询和设置功能。

**CLI** 提供命令行的方式对专用备份存储进行管理和维护。登录 CLI 时，需要使用终端软件，如 Windows 操作系统自带的超级终端软件，或者 PuTTY 软件。有以下两种方式可以登录 CLI。

(1) 通过专用备份存储的串口进行登录。由于必须在设备旁边才能连接到串口，因此该方式通常在不知道存储系统管理 IP 地址或者是存储系统异常时使用。

(2) 通过存储系统的管理网口进行登录。在路由可达的情况下，只要在终端软件中输入管理网口的 IP 地址，即可登录 CLI。由于 IP 网络四通八达，所以即使离存储系统很远也能够登录，因此该方式是最常用的登录方式。

可以使用管理界面进行业务配置和管理。软件界面包括信息展示区、集群切换区、导航栏、全局搜索区、告警和任务统计区、中英文切换和注销区以及帮助区。信息展示区显示当前操作的相关界面，集群切换区显示所有接入的集群并允许用户切换，导航栏列出各功能模块，全局搜索区支持搜索范围和内容，告警和任务统计区显示系统运行状态和任务情况，中英文切换和注销区提供切换语言和注销功能，帮助区提供联机帮助和软件版本信息。

## 13.14 隐私计算平台

**隐私计算平台**是一款完全自研的产品，融合了多方安全计算、联邦学习和差分隐私等多种技术，实现了原始数据不出库、数据可用不可用、用法用量可监管的目标。该平台具备工业级部署与落地能力，支持大规模数据在实际应用环境中的流通与协作，帮助企业在保障数据安全和隐私的同时，最大程度挖掘数据价值。

产品优势包括安全中立自主可控，采用去中心化系统架构模式，实现了调度有中心、计算无中心的方式，同时采用国密算法确保数据安全可控；兼容友好灵活易用，支持大规模无代码化规则标签能力，集成性良好，适配性强，降低了融合成本；性能优越功能完备，具备高可扩展性和高并发、高实时性，支持亿级数据联邦学习建模和隐私求交，同时独创了面向多方安全计算的通用分布式计算框架，实现了超大规模数据流通的分布式并行处理。

**隐私计算平台**是基于自研的联邦学习建模技术、密码学技术及大数据系统技术开发的多方安全计算框架，在保护数据安全和用户隐私的前提下，完成多方数据的分布式数据融合、联合建模和数据使用，如图 13.9 所示。真正实现了数据(原始数据和衍生数据)不出库，计算因

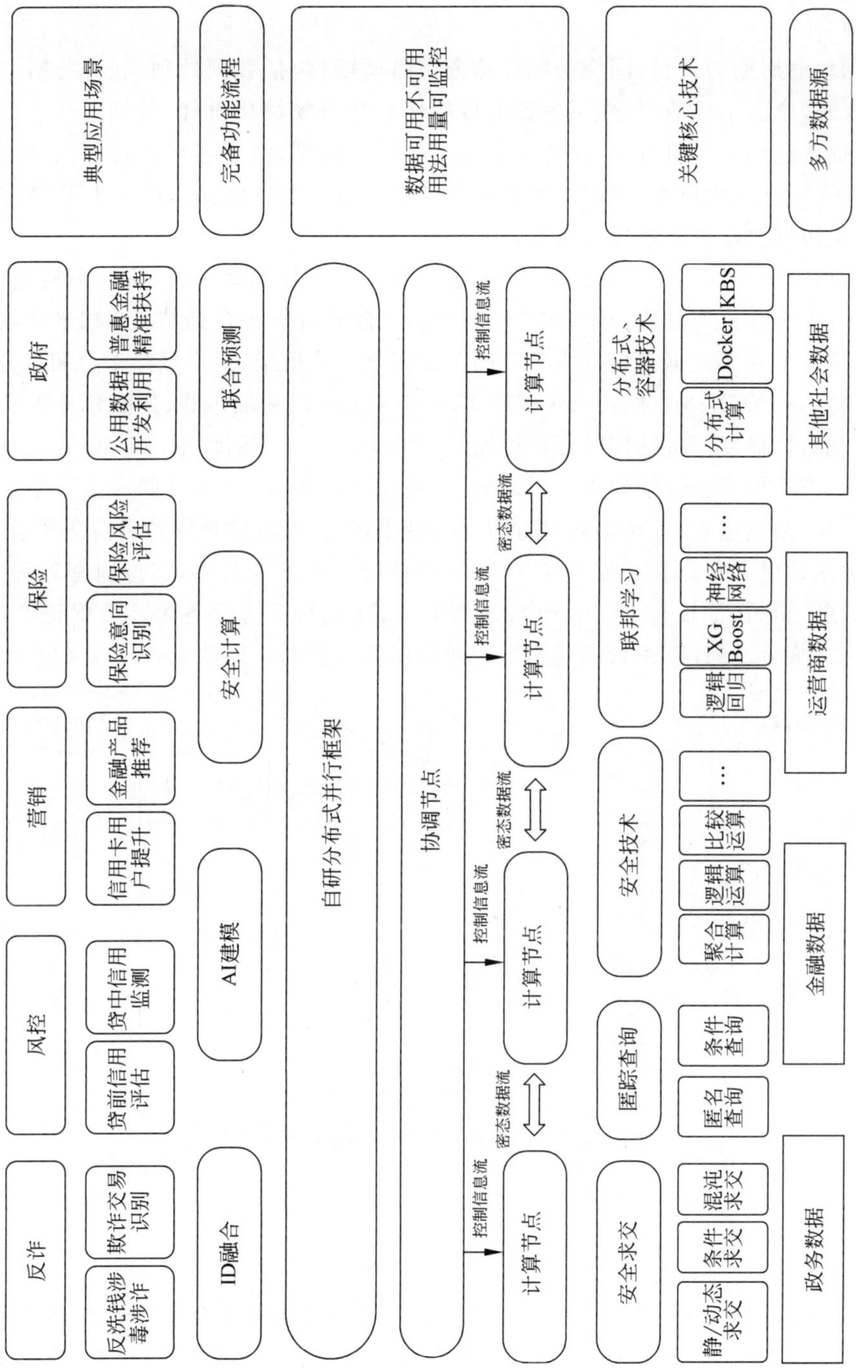

图 13.9　隐私计算平台框架

子全流程加密，数据和计算去中心，控制有中心，运算任务及状态、数据属性及流向具备中心监控功能，确保实现数据深度挖掘的同时保护原始数据的隐私性。隐私计算平台覆盖包括政府部门、金融机构等全面的隐私计算场景需求，在风控反欺诈、营销线索获取、智能城市等场景具有广泛的落地应用。目前已帮助多家政府机构、央企、国企及大型互联网公司实现机构间数据合作的落地。

以数据生命周期为视角，围绕隐私计算全生命周期（包括数据处理、联合分析、联合建模、数据分析等）多个需求环节，提供了**完整的可视化支持与模块化设计**。同时，基于行业应用场景，还能够提供包括黑名单查询、评分卡等在内的基础模型，便于客户方技术人员零门槛上手并大幅降低应用落地的成本。同时，平台充分考虑了同数据中台、AI 中台、区块链等平台的对接，降低各类数据协作主体的接入成本。

以银行风险防控为例，隐私计算平台通过国家金融科技测评中心（银行卡检测中心，简称“中心”）多方安全计算产品检测，如图 13.10 所示。隐私计算平台是基于自研的联邦学习建模技术、密码学技术及大数据系统技术开发的多方安全计算框架，提供联邦学习和多方安全计算的功能，支持 LR、XGBoost、K-means 等机器学习算法以及基础运算、PSI、PIR 等安全计算功能，确保实现数据深度挖掘的同时保护原始数据的隐私性。在测评中，Tusita 全方面符合测试的技术要求、安全要求及性能要求。具体地，在技术要求方面，Tusita 隐私计算平台符合参与方与工作时序、数据输入、算法输入、协同计算、结果输出、调度管理等各项检测要求，能够满足常见应用需求；在安全要求方面，隐私计算平台符合各项安全要求，支持国密算法，从协议安全、隐私数据安全、认证授权、密码安全、通信安全、存证与日志等各个环节保证产品安全性；在性能要求方面，隐私计算平台满足多个金融应用场景下的计算性能和计算精度要求。

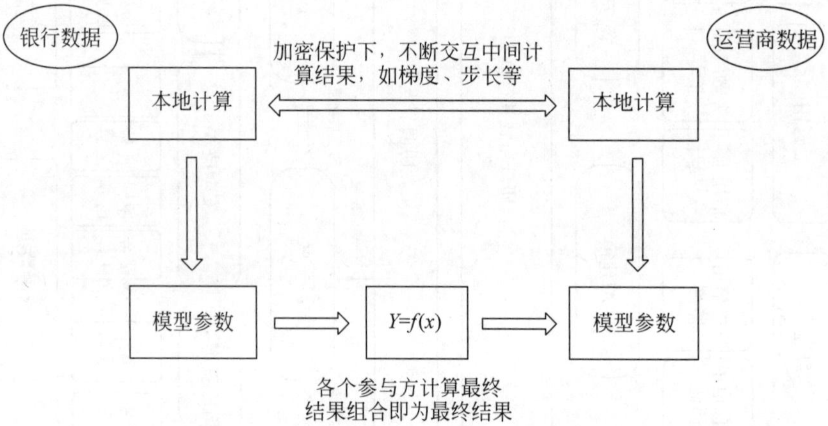


图 13.10　隐私计算平台应用银行风险防控

# 小结

本章介绍了数据安全能力与一系列典型产品，涵盖了数据库安全审计系统、应用系统安全审计系统、数据水印系统、动态数据脱敏系统、静态数据脱敏系统、数据安全中心、数字证书管理服务、数据库加密产品、访问控制、临时访问权限管理服务、应用合规平台、数据保护产品以及隐私计算平台等内容。通过对本章内容的学习，希望读者能够加深对典型数据安全能力与典型产品的认识，通过对本章内容的学习，希望读者能够加深对典型数据安全能力与典型产品的认识。

# 参考文献


[1] 全国信息技术标准化技术委员会. 信息技术　元数据注册系统(MDR)　第1部分：框架：GB/T 18391.1—2009[S]. 北京：中国标准出版社，2009.

[2] 全国信息技术标准化技术委员会. 信息技术　元数据注册系统(MDR)　第5部分：命名和标识原则：GB/T 18391.5—2009[S]. 北京：中国标准出版社，2009.

[3] 全国网络安全标准化技术委员会. 数据安全技术　数据分类分级规则：GB/T 43697—2024[S]. 北京：中国标准出版社，2024.

[4] 全国工业过程测量控制和自动化标准化技术委员会. 智能制造　工业数据　分类原则：GB/T 42128—2022[S]. 北京：中国标准出版社，2022.

[5] 全国网络安全标准化技术委员会. 数据安全技术　数据分类分级规则：GB/T 43697—2024[S]. 北京：中国标准出版社，2024.

[6] KATZENBEISSER S，PETITOLAS F. Information hiding techniques for Stegano graphy and digital watermaking[J]. EDPACS，2000，28(6)：1-2.

[7] 冯斌. 信息隐藏与数字水印[M]. 北京：机械工业出版社，2022.

[8] 杨榆，雷敏. Information hiding and digital watermarking[M]. 北京：北京邮电大学出版社，2017.

[9] 王俊杰. 数字水印与信息案例技术研究[M]. 北京：知识产权出版社，2014.

[10] 蒋天发. 数字水印技术及其应用[M]. 北京：科学出版社，2015.

[11] 何冰. 图像置乱及数字水印技术[M]. 西安：陕西科学技术出版社，2020.

[12] 刘海燕. 数字音频水印技术及应用[M]. 北京：清华大学出版社，2016.

[13] 杨义先，钮心忻. Theory and applications of digital watermarking[M]. 北京：高等教育出版社，2006.

[14] MOHASSEL P，ZHANG Y. Secureml：A system for scalable privacy-preserving machine learning[C]. 2017 IEEE Symposium on Security and Privacy (SP). IEEE，2017：19-38.

[15] BONAWITZ K，IVANOV V，KREUTER B，et al. Practical secure aggregation for privacy-preserving machine learning [C]. Proceedings of the 2017 ACM SIGSAC Conference on Computer and Communications Security，2017：1175-1191.

[16] ACAR A，AKSU H，ULUAGAC A S，et al. A survey on homomorphic encryption schemes：Theory and implementation[J]. ACM Computing Surveys，2018，51(4)：1-35.

[17] LI T，SAHU A K，TALWALKAR A，et al. Federated learning：Challenges，methods，and future directions[J]. IEEE Signal Processing Magazine，2020，37(3)：50-60.

[18] YANG Q，LIU Y，CHEN T，et al. Federated machine learning：Concept and applications[J]. ACM Transactions on Intelligent Systems and Technology，2019，10(2)：1-19.

[19] 熊平，朱天清，王晓峰. 差分隐私保护及其应用[J]. 计算机学报，2014，37(1)：101-122.

[20] 叶青青，孟小峰，朱敏杰，等. 本地化差分隐私研究综述[J]. 软件学报，2017，29(7)：1981-2005.

[21] 李宗育，桂小林，顾迎捷，等. 同态加密技术及其在云计算隐私保护中的应用[J]. 软件学报，2017，29(7)：1830-1851.

[22] 窦家维，刘旭红，周素芳，等. 高效的集合安全多方计算协议及应用[J]. 计算机学报，2018，41(8)：1844-1860.

[23] 吴晨涛. 信息存储与IT管理[M]. 北京：人民邮电出版社，2015.

[24] SU C. Big data security and privacy protection[C]. 2019 International Conference on Virtual Reality and Intelligent Systems(ICVRIS). IEEE，2019：87-89.

[25] 贾如春，周晓花，陈新华，等. 数据安全与灾备管理[M]. 北京：清华大学出版社，2016.

[26] 刘隽良，王月兵，覃锦端. 数据安全实践指南[M]. 北京：机械工业出版社，2022.

[27] 李南.大数据时代互联网安全审计问题探析[J].电子元器件与信息技术,2022,6(9):148-151+247.
[28] 张照龙,谢江.工业互联网数据安全技术概览和未来技术展望[J].工业信息安全,2022,(9):61-66.
[29] 张岳军,陈淑芬,杜正.城市政务云大数据安全建设与应用[J].网络空间安全,2022,13(3):25-34.
[30] 高倩.基于大数据的电子政务云安全审计体系构建[J].技术经济与管理研究,2022(2):8-14.
[31] 侯高攀.云存储中数据安全审计关键技术研究[D].西安:西安电子科技大学,2021.
[32] 韩佳逸.科创板新一代信息技术企业IPO审计风险研究[D].北京:北京交通大学,2023.
[33] 陶俊伊.大数据环境下政府审计转变思考[J].合作经济与科技,2022(22):156-157.
[34] 李杉,陈利芳,游霞,等.面向气象部门的内外网数据安全交互系统的设计与实现[J].中国新通信,2023,25(23):128-130+163.
[35] 王敬勇,张高高,夏晓雪.社会网络视角下云安全风险的审计研究[J].会计之友,2024(1):14-22.
[36] 张帮君.数据安全审计方法与实施探索[J].网络安全技术与应用,2024(1):70-72.
[37] 张文韬,王洪珑,吴少辉.跨境数据的数字安全产业研究:场景分析与未来发展[J].科技智囊,2024(1):58-69.
[38] 张莉.数据治理与数据安全[M].北京:人民邮电出版社,2019.
[39] 邢晨.工业数据安全的挑战与应对策略[J].工业控制计算机,2024,37(4):114-115.
[40] 马梅若.构建数据分类分级制度筑起数据安全防线[N].金融时报,2023-07-27(003).
[41] 徐贝贝.压实数据安全管理责任制定数据分类分级保护制度[N].金融时报,2024-03-25(003).
[42] 赵静,王林林,杨梦翔,等.政策工具和政策特性视角下《数据安全法》内容解析[J].郑州航空工业管理学院学报(社会科学版),2024,43(2):96-103.
[43] 韩文聪.数据安全文献的问题研究与分析[J].信息系统工程,2024(4):144-148.
[44] 全国信息安全标准化技术委员会.信息安全技术　网络数据处理安全要求:GB/T 41479—2022[S].北京:中国标准出版社,2022.